高等教育规划教材

Visual Basic 程序设计教程

第 3 版

刘瑞新　汪远征　主　编

徐雅静　汪晓诗　由赢公　等编著

机械工业出版社

本书以 Visual Basic 6.0 中文版为语言背景，以程序结构为主线，采用案例方式，通过大量实例，全面、细致地讲解了 Visual Basic 可视化面向对象编程的概念和方法。主要内容包括 Visual Basic 程序设计概述、Visual Basic 语言基础、数据的输入与输出、选择结构程序设计、循环结构程序设计、数组、过程、变量与过程的作用范围、菜单与对话框、多重窗体与环境应用、键盘与鼠标事件过程、图形与图像、数据文件、面向对象的程序设计和数据库访问技术。本书涵盖了最新《全国计算机等级考试二级考试大纲（Visual Basic 程序设计）》的内容。全书概念清楚、逻辑性强、层次分明、例题丰富，适合教师课堂教学和学生自学。

本书适合作为大学本科、高职高专院校的教材，也适合作为全国计算机等级考试 Visual Basic 程序设计二级考试的教材。

本书配有电子教案，需要的教师可登录 www.cmpedu.com 免费注册，审核通过后下载，或联系编辑索取（QQ：2966938356，电话：010-88379739）。

图书在版编目（CIP）数据

Visual Basic 程序设计教程 / 刘瑞新，汪远征主编. —3 版. —北京：机械工业出版社，2015.1（2018.10重印）
高等教育规划教材
ISBN 978-7-111-48279-6

Ⅰ. ①V… Ⅱ. ①刘… ②汪… Ⅲ. ①BASIC 语言－程序设计－高等学校－教材 Ⅳ. ①TP312

中国版本图书馆 CIP 数据核字（2014）第 238418 号

机械工业出版社（北京市百万庄大街 22 号 邮政编码 100037）
责任编辑：和庆娣　　责任校对：张艳霞
责任印制：李　洋
北京瑞德印刷有限公司印刷（三河市胜利装订厂装订）

2018年10月第3版 · 第4次印刷
184mm×260mm · 20印张 · 496千字
6601—8100册
标准书号：ISBN 978-7-111-48279-6
定价：45.00元

凡购本书，如有缺页、倒页、脱页，由本社发行部调换

电话服务
服务咨询热线：（010）88379833
读者购书热线：（010）88379649

网络服务
机 工 官 网：www.cmpbook.com
机 工 官 博：weibo.com/cmp1952
教育服务网：www.cmpedu.com
金 书 网：www.golden-book.com

出版说明

当前，我国正处在加快转变经济发展方式、推动产业转型升级的关键时期。为经济转型升级提供高层次人才，是高等院校最重要的历史使命和战略任务之一。高等教育要培养基础性、学术型人才，但更重要的是加大力度培养多规格、多样化的应用型、复合型人才。

为顺应高等教育迅猛发展的趋势，配合高等院校的教学改革，满足高质量高校教材的迫切需求，机械工业出版社邀请了全国多所高等院校的专家、一线教师及教务部门，通过充分的调研和讨论，针对相关课程的特点，总结教学中的实践经验，组织出版了这套“高等教育规划教材”。

本套教材具有以下特点：

1）符合高等院校各专业人才的培养目标及课程体系的设置，注重培养学生的应用能力，加大案例篇幅或实训内容，强调知识、能力与素质的综合训练。

2）针对多数学生的学习特点，采用通俗易懂的方法讲解知识，逻辑性强、层次分明、叙述准确而精炼、图文并茂，使学生可以快速掌握，学以致用。

3）凝结一线骨干教师的课程改革和教学研究成果，融合先进的教学理念，在教学内容和方法上做出创新。

4）为了体现建设“立体化”精品教材的宗旨，本套教材为主干课程配备了电子教案、学习与上机指导、习题解答、源代码或源程序、教学大纲、课程设计和毕业设计指导等资源。

5）注重教材的实用性、通用性，适合各类高等院校、高等职业学校及相关院校的教学，也可作为各类培训班教材和自学用书。

欢迎教育界的专家和老师提出宝贵的意见和建议。衷心感谢广大教育工作者和读者的支持与帮助！

机械工业出版社

前　言

本书第 1 版特色显著，深受广大师生的欢迎，连续多年被许多高等院校选为教材。但随着 Visual Basic 新版本的推出（Visual Basic .NET、Visual Basic 2005～2013），Visual Basic 6.0 现在已经很少作为实际的程序设计开发工具，而演变成为一种相关专业程序设计方法的教学语言和全国计算机等级考试的考试课程，所以目前许多大专院校的程序设计课程讲授的仍然是 Visual Basic 6.0。为了适应新的教学要求，我们编写了第 2 版。在编写第 2 版时，为了使学生掌握更多的程序设计知识，我们把重点放在程序设计的层面上，而不是某个程序设计语言上。为此，在教材的组织上，以可视化程序设计作为主线，以相关的 Visual Basic 控件作为辅助，使学生重点掌握程序设计的基本知识、设计思想以及可视化程序设计的通用方法与步骤，这样学生在学习本课程时就不再局限在 Visual Basic 6.0 上，在以后需要编程解决实际问题时，可以很容易地过渡到其他程序设计语言（如 Visual Basic 2012、Visual C#、Java 等）。

在内容具体细节的安排上，本书把难点分散到各章节中，采用案例方式，每章均以具有代表性、实用性、趣味性的实例贯穿其中，使学生容易理解，提高分析问题和解决问题的能力，掌握 Windows 环境中的可视化面向对象编程的概念和方法，包括 Visual Basic 程序设计概述、Visual Basic 语言基础、数据的输入与输出、选择结构程序设计、循环结构程序设计、数组、过程、变量与过程的作用范围、菜单与对话框、多重窗体与环境应用、键盘与鼠标事件过程、图形与图像、数据文件、面向对象的程序设计和数据库访问技术等。本书的教学时数建议为 72 学时（其中授课为 36 学时，上机练习为 36 学时）。

作为本书的第 3 版，我们修正了一些疏漏，按照最新的《全国计算机等级考试二级考试大纲（Visual Basic 程序设计）》增加了近几年全国计算机等级考试二级 Visual Basic 的考试真题作为例题或习题，还在第 2 版的基础上增加了“图形与图像”一章，而删去“Visual Studio 2005 简介”一章，以便让学生更加专注于 Visual Basic 内容的学习，学习本书后，可参加全国计算机等级考试。

本书由刘瑞新、汪远征主编，徐雅静、汪晓诗等编著，刘瑞新编写第 1、15 章，汪远征编写第 2、5、8、9 章，由嬴公编写第 3 章，徐雅静编写第 4、7、10 章，贺俊华编写第 6 章，汪晓诗编写第 11、12、13 章，第 14 章及试题的验证、电子教案制作等由刘克纯、陈文焕、刘有荣、李刚、田金雨、曹媚珠、骆秋容、王如雪、孙明建、李索、刘大学、缪丽丽、沙世雁、田金凤、陈文娟、王茹霞、田同福、徐维维、徐云林、李继臣、王如新、赵艳波编写完成，本书由刘瑞新、汪远征统编定稿。

计算机技术发展迅速，书中难免存在疏漏和不足，欢迎读者批评指正。同时也希望老师和同学们提出宝贵意见，以便完善本书的教材体系。

编　者

目　录

第1章 Visual Basic程序设计概述

本章主要介绍程序设计的一些基本知识、基本概念和基本方法，为读者学习和掌握Visual Basic（简称VB）程序设计奠定基础。

1.1 计算机程序设计概述

计算机程序就是计算机解决某些特定问题所需的符号化指令序列，或者说是用计算机语言描述的特定问题的解决步骤。编写程序的过程称为程序设计，在程序设计时离不开程序设计语言。通常把给计算机编制程序的符号系统及规则称为计算机的程序设计语言。这些符号系统及规则构成了计算机的指令系统。当人们利用计算机完成一项工作时，只需要告诉计算机什么时候、在什么条件下干什么，计算机便根据指令一条一条地执行，并返回结果。

1.1.1 程序设计语言简介

任何一个计算机系统都是按照人们用某种程序设计语言编写的程序进行工作的，人们通过程序设计语言编写的程序来指挥和控制计算机运行。程序设计语言是人与计算机进行交流的有效工具，在计算机科学技术的发展过程中，发挥了巨大的作用。

程序设计语言的产生和发展，直接推动了计算机的普及和应用。在计算机不断发展的历史过程中，程序设计语言也经历了从低级到高级的发展阶段。

1．机器语言

计算机能直接识别的程序设计语言只有机器语言。机器语言是计算机能执行的指令代码，这种语言是由若干0和1的序列组成的指令，也就是人们常说的二进制代码。用机器语言设计的程序称为机器语言程序，这是一种最低级的计算机语言程序。由于这种程序全部由二进制数字组成，所以难记、难写、难读，而且在程序设计过程中很容易出错，一旦出错也不容易检查。机器语言难记、难写、难读的特点，使机器语言程序维护起来困难重重。另外，由于不同类型的机器，其二进制代码系统也不相同，所以在一台计算机上设计的程序，到另一台计算机上往往无法使用，从而使程序的可移植性很差。总之，由于机器语言的上述特点，使得用这种语言设计程序效率低，操作困难，不利于程序设计的推广与应用。

2．汇编语言

针对机器语言的上述特点，人们对机器语言进行了改进，使用一种比较直观、便于记忆的指令符号来代替二进制数字的机器指令代码，这就是汇编语言。汇编语言的每条指令通常使用英文单词或其缩写形式表示，也叫助记符，例如，用ADD（英文单词“加”）表示加，用SUB（英文单词“减”subtract的缩写）表示减等。助记符相对于二进制数字的机器指令代码来说容易记忆，所以汇编语言的出现，是程序设计语言的一大进步，甚至可以说，汇编语言是高级语言的先驱。

汇编语言使用的助记符不是二进制的机器代码语言，因此计算机无法识别，但是汇编语言的这些助记符与机器指令代码是一一对应的，只需用一个专门的程序将其转换为机器指令代码即可，因此用汇编语言设计的程序，与机器语言程序运行的速度相仿，而这个负责转换的程序叫汇编程序。转换前的汇编程序叫源程序，转换后的汇编程序叫目标程序。

不过，汇编语言相对于人们熟悉的自然语言仍然相差较远，而且汇编语言与机器语言相同，它也是面向机器的。换句话说，用汇编语言在一台机器上设计的程序，到另一机器上往往不能运行，即可移植性差。

由于机器语言与汇编语言都是面向机器的，所以人们也叫它们低级语言。

3．高级语言

20 世纪 50 年代中期出现了高级语言，高级语言比较圆满地克服了机器语言与汇编语言的不足，是程序设计语言的一大突破。高级语言接近人们熟悉的自然语言（主要指英语），掌握与使用都十分方便。高级语言具有通用性，在其初始阶段是面向过程的语言。高级语言与具体的计算机指令系统没有直接关系，因此用高级语言设计的程序可以在各种类型的计算机上运行。当然，计算机并不能识别与执行用高级语言设计的程序，因此，必须将高级语言程序转换为机器语言程序，才能在计算机上得以执行，这种转换的过程叫“翻译”。

任何一种高级语言系统都包含专门用于“翻译”的程序。对高级语言的“翻译”有两种方式，一种是“解释”方式，即“翻译”一句执行一句，负责这种“翻译”方式的程序叫解释程序；另一种是“编译”方式，是将整个程序“翻译”完毕后再予以执行，负责这种“翻译”方式的程序叫编译程序。

“翻译”前的程序叫源程序或源代码，源代码通常是文本形式；“翻译”后的程序叫目标程序或目标代码，目标代码是二进制形式。

用解释程序“翻译”执行程序比编译程序“翻译”执行程序慢得多。不论是解释还是编译，在“翻译”过程中都会自动检查源程序中的语法错误。

1.1.2 算法及其描述

1．算法的概念

什么是算法？当代著名计算机科学家 D. E. Knuth 称：“一个算法，就是一个有穷规则（指令）的集合。其中之规则规定了一个解决某一特定类型的问题的运算序列。”简单地说，任何解决问题的过程都是由一定的步骤组成的，把解决问题确定的方法和有限的步骤称作算法。

程序设计主要包括两个方面：行为设计与结构设计。行为设计是对要解决的问题提出达到目的需要实施的一些步骤，并对这些步骤加以必要的细化，在此基础上用某些方式完整地描述出来，其结果就是算法；结构设计是针对所要解决的问题，对数据定义数据结构（包括物理结构和逻辑结构）。有了好的算法、合适的数据结构，再使用某些程序设计语言加以具体实现，即可得到程序。

凡是有过程序设计经历的人都会对 N. Wirth 提出的“算法+数据结构=程序”有深刻的领悟。算法是程序的灵魂，它在产生程序的过程中占有重要的地位。

通俗地说，算法就是指为解决一个问题而采取的方法和步骤，或者说是解题步骤的精确描述。不要认为只有“计算”问题才有算法。广义地说，处理任何问题都有一个“算法”问题，例如，菜谱就包含算法，因为它除了列出做菜的原料以外，还列出操作的每一步骤。当然，这里讨论的是计算机算法，即计算机能执行的算法。

2．算法的表示

表示一个算法可以采用不同形式。

（1）用自然语言表示算法

可以用人们日常生活中使用的语言即自然语言来表示算法，用自然语言表示算法的好处是人人都懂，人人都会。

【例 1-1】计算函数 $M(x)$的值：

$$M(x)=\begin{cases}bx+2a & x\leqslant a\\ a(c-x)+3c & x>a\end{cases}$$

其中 a，b，c 为常数。

算法分析：本题是一个数值运算问题。其中 M 代表要计算的函数值，有两个不同的算式，根据 x 的取值决定采用哪一个算式。根据计算机具有逻辑判断的基本功能，用计算机解题的算法如下：

1）将 a、b、c 和 x 的值输入到计算机。

2）判断 $x \leqslant a$，如果条件成立，执行步骤 3），否则执行步骤 4）。

3）按表达式 $bx+2a$ 计算出结果存放到 M 中，然后执行步骤 5）。

4）按表达式 $a(c-x)+3c$ 计算出结果存放到 M 中，然后执行步骤 5）。

5）输出 M 的值。

6）算法结束。

上面的过程就是算法，即解决问题的方法与步骤，可以看出，用自然语言表示清楚、易懂，但往往需要非常冗长的文字来表述。而且用自然语言来表示算法有时会产生“二义性”，例如，“张三对李四说他的儿子考上了大学”，就使人弄不明白是张三的儿子还是李四的儿子。当然在现实生活中，这种二义性较容易解决，比如说张三只有女儿。但在计算机编程中，这种二义性是无法解决的。因此除了简单的问题外，通常不用自然语言表示算法。

（2）用流程图表示算法

流程图是用一些图框、流程线以及文字说明来描述解决问题的方法与步骤。用流程图来表示算法，直观、形象、容易理解。

美国国家标准化协会（American National Standard Institute，ANSI）规定了一些常用的流程图符号，见表 1-1。

表 1-1　流程图符号

符　号	名　称	说　明
圆角矩形	起止框	表示算法的开始与结束
菱形	判断框	用来根据给定的条件是否满足决定执行两条路径中的某一条路径
矩形	处理框	用来表示赋值等一般操作
平行四边形	输入/输出框	表示输入或输出操作
箭头线	流程线	表示流程的方向
小圆圈	连接点	用于将没有画在一起的同一流程的各部分连接起来

用流程线将各种操作图符号连接在一起就构成了一个完整的算法流程图，例 1-1 中算法的流程图如图 1-1 所示。

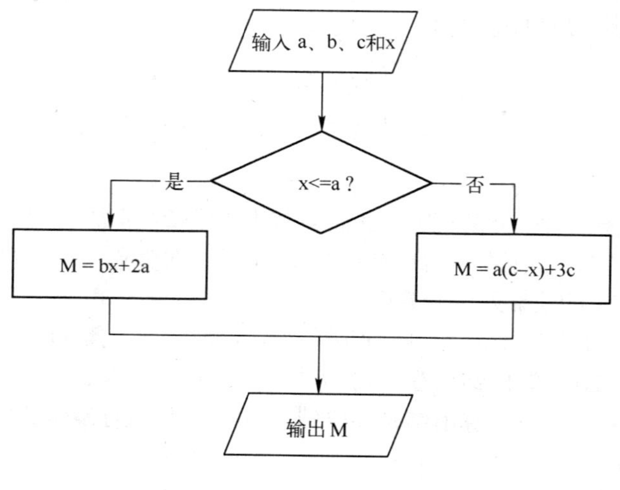

图 1-1　传统流程图

1.1.3　程序设计方法概述

用计算机解决工作中遇到的各种问题，常常需要设计和编写程序。程序的正确性、可靠性、可读性、可理解性、可修改性和可维护性如何，直接影响计算机的执行结果和使用效率，所以设计和编写程序并不是简单写一个程序，而是保证程序有很高的正确性、可靠性、可读性、可理解性、可修改性和可维护性。要达到这一目的，必须采用科学的程序设计方法。

程序设计方法种类很多，主要有模块化程序设计方法、结构化程序设计方法和面向对象程序设计方法等。

1．模块化程序设计方法

模块化程序设计方法是一个常用且有效的方法。在设计和编写大型程序时，可以对其进行模块化分解，以降低程序的复杂性，提高程序的正确性、可靠性、可读性和可维护性。

模块是数据说明、接口声明和执行语句等程序对象的集合，可独立命名，并通过模块名来调用、访问和执行，如 VB 语言的子过程、函数、模块等程序对象可看成是模块。模块化就是把大程序划分成若干模块，每个模块完成一个子功能，模块间相互协调，共同完成特定功能，其实质是把复杂问题分解成许多容易解决的小问题，如图 1-2 所示。

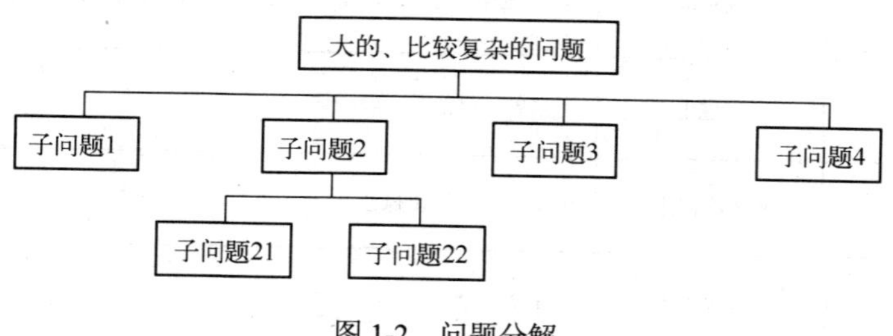

图 1-2　问题分解

值得注意的是，并不是模块分解得越细越好、模块数越多越好。实际上，当模块细化到一定程度时，因为模块数增加，其模块间接口复杂度和代价将增大。所以模块数不宜太多，应凭经验选择一个合适的模块数。

2．结构化程序设计方法

结构化程序设计方法产生于20世纪60年代末，它对后来的程序设计方法的研究和发展产生了重大影响，直到今天它仍然是程序设计中采用的主要方法。

结构化程序设计的概念最早由著名计算机科学家E. W. Dijkstra提出。1965年他在一次会议上指出："可以从高级语言中取消GOTO语句"。1966年，Bohm和Jacopini证明了"只用三种基本的控制结构就能实现任意单入口和单出口的程序"。这三种基本控制结构是"顺序结构""判断结构"和"循环结构"，如图1-3所示。1972年，IBM公司的Mills进一步提出，程序应该只有一个入口和一个出口。1971年，IBM公司在纽约时报信息库管理系统的设计中首次成功地使用了结构化程序设计技术。

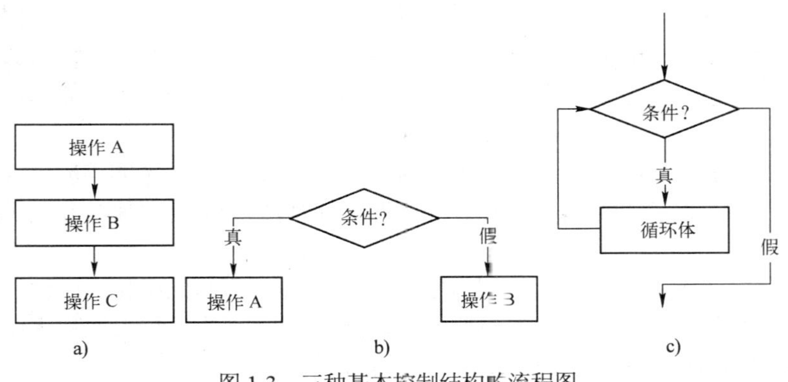

图1-3　三种基本控制结构的流程图

a) 顺序结构　b) 判断结构　c) 循环结构

结构化程序设计主要包括：一是使用三种基本控制结构，二是采用自顶向下和逐步求精方法。结构化程序设计强调程序设计风格和程序结构的规范化，自顶向下和逐步求精方法是求解复杂问题的有效方法。自顶向下和逐步求精方法是由抽象到具体、由粗到细的方法。第一次细化称为"顶层设计"，然后通过一步一步细化，它们依次称为第二层、第三层设计，直到不需细化为止。细化结果可得到一个树型层次结构图，如图1-4所示。

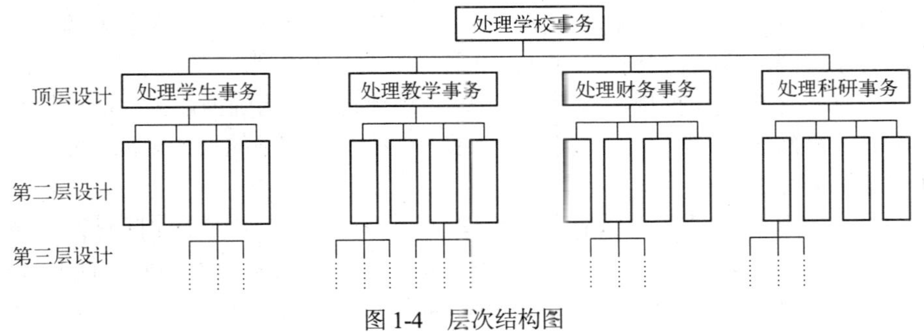

图1-4　层次结构图

3．面向对象程序设计方法

模块化和结构化程序设计方法属于传统的程序设计方法。进入20世纪80年代，随着计算机科学技术的飞速发展，传统程序设计方法的不足和缺陷已经开始显现。传统的程序设计方法采用以功能和操作为驱动的思维方式，程序中数据从属于操作，该方法不利于人们有效地分析问题，算法和程序结构与求解的实际问题不完全一致，这种不一致性，大大降低了程序的可读性、可维护性和可修改性。用传统程序设计方法开发的程序不易维护和修改，一旦需要修改，将牵一发而动全身，修改工作量将会大幅度增加。针对传统程序设计方法的不足和缺陷，在20世纪80年代，开始研究面向对象程序设计方法。进入20世纪90年代，面向对象程序设计方法趋于完善和成熟，同时基于面向对象的程序设计语言不断出现，高级语言开始引入面向对象概念和理念，如C++语言。

面向对象的程序设计方法是当前程序设计的大势所趋。面向对象的程序设计方法是对结构化程序设计方法的重新认识。在程序的设计中，算法总是与特定的数据结构密切相关，算法含有对数据结构的访问，特定的算法只适用于特定的数据结构，因此算法与数据结构在编程中应该是一个密不可分的整体，这个整体叫对象。

面向对象的程序设计通过类、对象、继承和多态等机制形成一个完善的编程体系。面向对象编程（Object-Oriented Programming，OOP）将程序设计中的数据与对数据的操作作为一个不可分割的整体，通过由类生成的对象来组织程序。对象包含属性与方法，能识别和响应一定的事件。

面向对象的程序设计多采用可视化的方式。可视化是在程序开发的集成环境中，将类与对象以可见的图形及文字方式显示，通过对图形的操作即可由类创建对象，并对对象的属性值进行操作。

面向对象程序设计并不绝对排斥结构化程序设计方法，而将结构化程序设计方法中的三种基本结构变为其程序设计中局部代码设计的基本结构。例如，在面向对象程序设计中，对象的事件方法、属性等代码的设计仍然遵循三种基本结构的原则。

用面向对象方法设计和编写程序，其结构与求解的实际问题完全一致，有很高的可读性、可维护性和可修改性。

面向对象程序设计方法一般分三级设计：概念级、系统级和规范级。

概念级设计：从实际问题出发，分析用户需求和功能需求，识别问题中所涉及的所有对象（实体）及相互关系，如学生管理中的学生名册、成绩单、学籍档案等，根据分析结果建立求解问题的概念模型（用图形表示）。详细描述每一对象的属性（一组变量、数据结构、状态）和操作（置初值、查询、修改、运算）。

系统级设计：进一步分析对象及相互作用，对对象进行取舍，增加附加对象，选择控制流方法，创建对象实例，将概念级创建的概念模型转换成现实模型。

规范级设计：分析现实模型，建立和绘制“类结构表”，明确描述类层次结构及其继承关系，描述类的所有操作和方法，将现实模型转换成便于程序实现的设计规范，程序员根据设计规范设计算法和编写程序。

为了与程序设计的这种新思想配合，各种程序设计语言都引进了面向对象程序设计的概念，如Borland公司将Pascal语言升级为Delphi，C语言升级为C++ Builder；而Microsoft公司则将Basic升级为Visual Basic。实际上，Visual Basic语言因为其中导入事件驱动、面向对象、可视化等程序设计概念，功能已非常强大，用户可用它方便地完成从界面设计、数据库处理到多媒体控制等大部分任务。

1.2 Visual Basic 简介

Visual Basic（简称 VB）是美国微软（Microsoft）公司推出的 Windows 环境下的软件开发工具，使用 VB 可以既快又简单地开发 Windows 应用软件。

1.2.1 Visual Basic 概述

Visual 是指开发图形用户界面（GUI）的方法。Visual 的意思是“视觉的”或“可视的”，也就是直观的编程方法。在 VB 中引入了控件的概念，如各种各样的按钮、文本框、复选框等。VB 把这些控件模式化，并且每个控件都由若干属性来控制其外观及工作方法。这样，采用 Visual 方法无须编写大量代码去描述界面元素的外观和位置，而只要把预先建立的控件加到窗体上，就像使用“画图”之类的绘图程序，通过选择画图工具来画图一样。

Basic 是指 BASIC（Beginner's All-purpose Symbolic Instruction Code）语言，之所以叫做“Visual Basic”，就是因为它使用了 BASIC 语言作为代码。VB 在原有 BASIC 语言的基础上进一步发展，至今包含了数百条语句、函数及关键词，其中很多与 Windows GUI 有直接关系。VB 与 BASIC 有着千丝万缕的联系，如果学过 BASIC 语言的话，看到 VB 的程序结构会感到很亲切。专业人员可以用 VB 实现其他任何 Windows 编程语言的功能，而初学者只要掌握几个关键词就可以建立实用的应用程序。

随着微型计算机技术的飞速发展，美国微软公司的 Microsoft Windows 以其具有多任务性、图形用户界面、动态数据交换、对象链接与嵌入等强大功能，而成为当今微型计算机操作系统的主流产品。众多的软件开发者已从原来的 DOS 软件开发转向 Windows。许多商用软件公司为适应这一趋势推出了不少 Windows 环境下的软件开发工具，如 Visual C++、Visual Basic、 C++、Builder、Delphi、C# Builder PowerBuilder 等。但对于希望在 Windows 环境中开发一般的应用程序的初学者，VB 无疑是较理想的。使用 VB 不仅可以感受到 Windows 带来的新技术、新概念和新的开发方法，而且 VB 是目前众多 Windows 软件开发工具中效率很高的一个。另外 VB 系列产品得到了计算机工业界的承认，得到了许多软件开发商的大力支持。

1.2.2 Visual Basic 的发展过程

早在 1991 年，为了简化 Windows 应用程序的开发，微软公司推出了 Visual Basic 1.0。比尔·盖茨说，Visual Basic 1.0 的推出是“惊世骇俗的”“令人震惊的新奇迹”。它极大地改变了人们对 Windows 的看法以及使用 Windows 的方式。

1992 年，经过对 Visual Basic 1.0 的修改后，微软推出了 Visual Basic 2.0。

1993 年经再次修改完善后，Visual Basic 3.0 上市了。从这一版开始，Visual Basic 在 Windows 中几乎是无所不能的了！

1995 年，随着 Windows 95 轰轰烈烈的发布，Visual Basic 4.0 也随之问世。

1997 年，微软公司开始推出 Windows 开发工具套件 Microsoft Visual Studio 1.0，其中包括了 Visual Basic 5.0，1998 年发布的 Microsoft Visual Studio 98 则包含了 Visual Basic 6.0。

Visual Basic 5.0 以前的版本主要应用于 DOS 和 Windows 3.x 环境中 16 位程序的开发，从 Visual Basic 5.0 以后的版本则只能运行在 Windows 95 或 Windows NT 操作系统下，是一个 32 位应用程序的开发工具。

Visual Basic 6.0 共有 3 个版本：标准版、专业版、企业版。标准版主要是为初学者了解基于 Windows 的应用程序开发而设计的；专业版主要是为专业人员创建客户/服务器应用程序而设计的；企业版则是为创建更高级的分布式、高性能的客户/服务器或 Internet/Intranet 上的应用程序而设计的。

2002 年，微软公司发布 Visual Basic.NET，2003 年发布 Visual Basic 2003，2005 年发布 Visual Basic 2005，2008 年发布 Visual Basic 2008，2010 年发布 Visual Basic 2010，2012 年发布 Visual Basic 2012，2013 年发布最新版本 Visual Basic 2013。

1.2.3 Visual Basic 的特点

VB 是从 BASIC 发展而来的，对于开发 Windows 应用程序而言，VB 是目前所有开发语言中最简单、最容易使用的语言。作为程序设计语言，VB 程序设计具有以下特点。

1. 可视化的设计平台

用传统程序设计语言编程时，需要通过编程计算来设计程序的界面，在设计过程中看不到程序的实际显示效果，必须在运行程序的时候才能观察。如果对程序的界面不满意，还要回到程序中去修改，这一过程常常需要反复多次，大大影响了编程的效率。VB 提供的可视化设计平台，把 Windows 界面设计的复杂性“封装”起来。程序员不必再为界面的设计而编写大量程序代码，只需按设计的要求，用系统提供的工具在屏幕上“画出”各种对象，VB 自动产生界面设计代码，程序员所需要编写的只是实现程序功能的那部分代码，从而大大提高了编程的效率。

2. 面向对象的设计方法

VB 采用面向对象的编程方法（OOP），把程序和数据封装起来作为一个对象，并为每个对象赋予相应的属性。在设计对象时，不必编写建立和描述每个对象的程序代码，而是用工具“画”在界面上，由 VB 自动生成对象的程序代码并封装起来。

3. 事件驱动的编程机制

VB 通过事件执行对象的操作。在设计应用程序时，不必建立具有明显开始和结束的程序，而是编写若干个微小的子程序，即过程。这些过程分别面向不同的对象，由用户操作引发某个事件来驱动完成某种特定功能，或由事件驱动程序调用通用过程执行指定的操作。

4. 结构化的设计语言

VB 是在结构化的 BASIC 语言基础上发展起来的，加上了面向对象的设计方法，因此是更具有结构化的程序设计语言。

5. 充分利用 Windows 资源

VB 提供的动态数据交换（DDE）编程技术，可以在应用程序中实现与其他 Windows 应用程序建立动态数据交换、在不同的应用程序之间进行通信的功能。

VB 提供的对象链接与嵌入（OLE）技术则是将每个应用程序都看做一个对象，将不同的对象链接起来，嵌入到某个应用程序中，从而可以得到具有声音、影像、图像、动画及文字等各种信息的集合式文件。

VB 还可以通过动态链接库（DLL）技术将 C/C++或汇编语言编写的程序加入到 VB 的应用程序中，或是调用 Windows 应用程序接口（API）函数，实现软件开发包（Software Develop Kit，SDK）所具有的功能。

6. 开放的数据库功能与网络支持

VB 具有很强的数据库管理功能。不仅可以管理 MS Access 格式的数据库，还能访问其他外部数据库，如 FoxPro、Paradox 等格式的数据库。另外，VB 还提供了开放式数据连接（ODBC）功能，可以通过直接访问或建立连接的方式使用并操作后台大型网络数据库，如 SQL Server、Oracle 等。在应用程序中，可以使用结构化查询语言（SQL）直接访问 Server 上的数据库，并提供简单的面向对象的库操作命令、多用户数据库的加锁机制和网络数据库的编程技术，为单机上运行的数据库提供 SQL 网络接口，以便在分布式环境中快速而有效地实现客户机/服务器（Client/Server）方案。

1.3 Visual Basic 程序设计的基本概念

传统的编程方法使用的是面向过程、按顺序进行的机制，其缺点是程序员始终要关心什么时候发生什么事情，处理 Windows 环境下的事件驱动方式工作量太大。VB 采用的是面向对象、事件驱动编程机制，程序员只需编写响应用户动作的程序，如移动鼠标、单击事件等，而不必考虑按精确次序执行的每个步骤，编写代码相对较少。另外，VB 提供的多种控件可以快速创建强大的应用程序而不需涉及不必要的细节。

1.3.1 可视化编程与事件驱动编程

VB 使用的“可视化编程”方法，是“面向对象编程”技术的简化版。在 VB 环境中所涉及的窗体、控件、部件和菜单项等均为对象，程序员不仅可以利用控件来创建对象，而且还可以建立自己的控件，这是 Windows 环境下的编程新概念。

利用可视化编程，程序员通过对鼠标进行单击操作就能够创建图形用户界面（GUI）。可视化编程使程序员免于编写许多代码，如用来生成窗体的代码、用于窗体属性的代码、确定窗体在屏幕中位置的代码、在窗体中创建和放置一个标签的代码、改变窗体颜色的代码等。所有这些代码都将作为工程的一部分。非专业的 Windows 程序员也可以创建具有各种功能的 Windows 程序。程序员创建 GUI，并编写代码来描述用户与这个 GUI 交互时（单击、按键、双击等）所发生的事件，这些称为事件的内容是由 Windows 操作系统传递给程序的。

编写响应这些事件的代码称为事件驱动编程。利用事件驱动编程，用户（不是程序员）可以指明程序执行的顺序。实际上是用户“驱动”程序，而不是程序“驱动”用户，这样计算机将变得更加“友好”。例如网页浏览器，当打开一个网页浏览器时，可默认设置为载入或者不载入网页。当载入网页后，它只是“保持”在那里，不进行任何操作，浏览器处于这种事件监听状态（即监听事件）。如果用户按下了某个按钮，浏览器就开始执行某个相关的动作，但只要它执行完这个动作，就会继续处于监听状态，用户的动作决定了浏览器的动作。

1.3.2 对象的属性、事件和方法

在现实生活中，任何实体都可以视为对象（Object）。如一只气球是一个对象，一台计算机也是一个对象。一台计算机又可拆成主板、CPU、内存、外设等，这些部件又都分别是对象，因此计算机对象可以说是由多个“子”对象组成的，即是一个容器（Container）对象。

在 VB 中，常用的对象有工具箱中的控件、窗体、菜单、应用程序的部件以及数据库等。从可视化编程的角度来看，这些对象都具有属性（数据）和行为方式（方法）。简单地说，属性用于描述对象的一组特征，方法为对象实施一些动作，对象的动作则常常要触发事件，而触发事件又可以修改属性。一个对象建立以后，其操作就通过与该对象有关的属性、事件和方法来描述。

1．对象的属性

每个对象都有一组特征，称之为属性。不同的对象有不同的属性，如小孩玩的气球所具有的属性包括可以看到的一些性质，如它的直径、颜色以及描述气球状态的属性（充气的或未充气的）。还有一些不可见的性质，如它的寿命等。通过定义，所有气球都具有这些属性，当然这些属性也会因气球的不同而不同。

在可视化编程中，每一种对象都有一组特定的属性。有许多属性可能为大多数对象所共有，如 BackColor 属性定义对象的背景色。还有一些属性只局限于个别对象，如只有命令按钮才有 Cancel 属性，该属性用来确定命令按钮是否为窗体默认的取消按钮。

每一个对象属性都有一个默认值，如果不明确地改变该值，程序就将使用它。通过修改对象的属性能够控制对象的外观和操作。对象属性的设置一般有两条途径。

1）选定对象，然后在属性窗口中找到相应属性直接设置。这种方法的特点是简单明了，每当选择一个属性时，在属性窗口的下部就显示该属性的一个简短提示，缺点是不能设置所有所需的属性。

2）在代码中通过编程设置，格式为

对象名.属性名 ＝ 属性值

如下述代码可以设置标签控件 Label1 的标题为“轻轻松松学用 VB6.0”：

```
Label1.Caption＝"轻轻松松学用 VB6.0"
```

2．对象的事件

事件（Event）就是对象上所发生的事情。在 VB 中，事件是预先定义好的、能够被对象识别的动作，如单击（Click）事件、双击（DblClick）事件、装载（Load）事件、鼠标移动（MouseMove）事件等，不同的对象能够识别不同的事件。当事件发生时，VB 将检测两条信息，即发生的是哪种事件和哪个对象接收了事件。

每种对象能识别一组预先定义好的事件，但并非每一种事件都会产生结果，因为 VB 只是识别事件的发生。为了使对象能够对某一事件做出响应（Respond），就必须编写事件过程。

事件过程是一段独立的程序代码，它在对象检测到某个特定事件时执行（响应该事件）。一个对象可以响应一个或多个事件，因此可以使用一个和多个事件过程对用户或系统的事件做出响应。程序员只需编写必须响应的事件过程，而其他无用的事件过程则不必编写，如命令按钮的“单击”（Click）事件比较常见，其事件过程需要编写，而其 MouseDown 或 MouseUp 事件则可有可无，程序员可根据需要选择。

3．对象的方法

一般来说，方法就是要执行的动作。上面所述的气球本身就具有其固有的方法和动作。如：充气方法（用氦气充满气球的动作），放气方法（排出气球中的气体）和上升方法（放手让气球飞走）。用户对具体实现过程并不关心，关键是最终收到的效果。

VB 的方法与事件过程类似，它可能是函数，也可能是过程，它用于完成某种特定功能而不能响应某个事件。如对象打印（Print）方法、显示窗体（Show）方法、移动（Move）方法等。每个方法完成某个功能，但其实现步骤和细节用户既看不到、也不能修改，用户能做的工作就是按照约定直接调用它们。

方法只能在代码中使用，其用法依赖于方法所需的参数的个数以及它是否具有返回值。当方法不需要参数并且也没有返回值时，可用下面的格式调用对象方法：

对象名.方法名

如图片框 Picture1 有刷新显示方法 Refresh，在事件过程代码中调用该方法的代码为

Picture1.Refresh

1.3.3 Visual Basic 的编程环境

1．集成开发环境介绍

启动 VB 后，出现“新建工程”对话框，如图 1-5 所示。

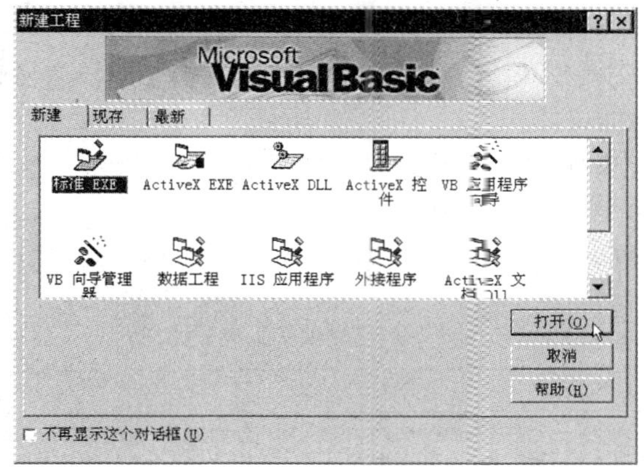

图 1-5 “新建工程”对话框

使用 VB 开发的应用程序或其他程序都被称为“工程”。选择“新建”选项卡可以建立一个新的工程，选择“现存”选项卡可以打开原来已有的工程，选择“最新”选项卡可以打开最近建立或使用过的工程。

在“新建”选项卡中选中“标准 EXE”选项，然后单击“打开”按钮，出现集成开发环境的主界面，如图 1-6 所示。

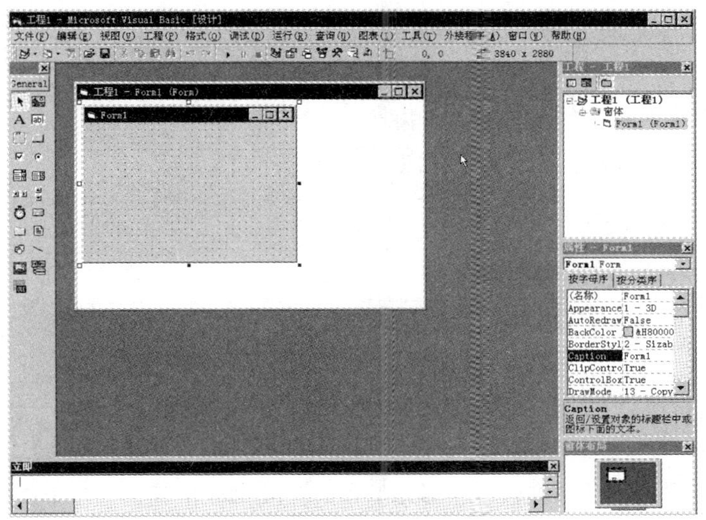

图 1-6 VB 6.0 集成开发环境

VB 6.0 集成开发环境除了具有标准 Windows 环境的标题栏、菜单栏、工具栏外，还有工具箱、属性窗口、工程管理器窗口、窗体设计器、立即窗口、窗体布局窗口等开发工具。

（1）标题栏和菜单栏

标题栏中显示的有窗体控制菜单图标、当前激活的工程名称、当前工作模式以及最小化、最大化/还原、关闭按钮。

菜单栏中显示了“文件”“编辑”“视图”“工程”“格式”等菜单项，其中包含了 VB 编程的常用命令。单击菜单栏中的菜单名，即可打开下拉菜单。在下拉菜单中显示了各种功能子菜单，包含执行该项功能的热键和快捷键。

（2）工具栏及数字显示区

在菜单栏的下面是工具栏，工具栏提供了许多常用命令的快速访问按钮。单击某个按钮，即可执行对应的相关操作。

VB 集成开发环境中的默认工具栏是“标准”工具栏，对准菜单栏或工具栏右击，弹出工具栏快捷菜单，可进行标准、编辑、窗体编辑器和调试等工具栏的显示/隐藏的切换。工具栏可以紧贴在菜单栏之下，也可拖放到窗体的其他任何地方。“标准”工具按钮见表 1-2。

表 1-2 “标准”工具按钮

图 标	名称与功能	快 捷 键
	添加标准 EXE 工程——用来添加新的工程到工作组中。单击其右边的箭头，将弹出一个下拉菜单，可以从中选择需要添加的工程类型	
	添加窗体——用来添加新的窗体到工程中，单击其右边的箭头，将弹出一个下拉菜单，可以从中选择需要添加的窗体类型	
	菜单编辑器——显示菜单编辑器对话框	〈Ctrl+E〉
	打开工程——用于打开已有的工程文件	〈Ctrl+O〉
	保存工程——用于保存当前的工程文件	
	启动——开始运行当前的工程	〈F5〉
	中断——暂时中断当前工程的运行	〈Ctrl+Break〉
	结束——结束当前工程的运行	
	工程资源管理器——打开工程资源管理器窗口	〈Ctrl+R〉
	属性窗口——打开属性窗口	〈F4〉
	窗体布局窗口——打开窗口布局窗口	
	对象浏览器——打开对象浏览器对话框	〈F2〉
	工具箱——打开工具箱窗口	
	数据视图窗口——打开数据视图窗口	
	可视化部件管理器——打开可视化部件管理器	

数字显示区包含两部分，左数字区显示的是对象的坐标位置（窗体工作区的左上角为坐标原点，即（0，0）位置），右数字区显示的是对象的高度（向下递增）和宽度，即对象的大小。

2．控件工具箱

新建或打开“标准 EXE”工程时，VB 将同时打开控件工具箱。

VB 的控件工具箱包含了建立应用程序所需的各种控件，如图 1-7a 所示。另外，VB 还提供了很多 ActiveX 控件。使用这些控件有两种方法：一是向工具箱中添加需要的控件，二是自己定义一张“选项卡”。

（1）添加 ActiveX 控件

向工具箱中添加 ActiveX 控件的步骤如下：

1）在工具箱的空白处右击。在弹出的快捷菜单中选择“部件”命令，或选择“工程”菜单中的“部件”菜单命令，弹出“部件”对话框，如图 1-7b 所示。

2）在“部件”对话框中选中所需要的控件，然后单击“确定”按钮退出，所选择的控件即可添加到工具箱中。

要删除工具箱中的 ActiveX 控件，按照上述操作去掉选中标志即可。

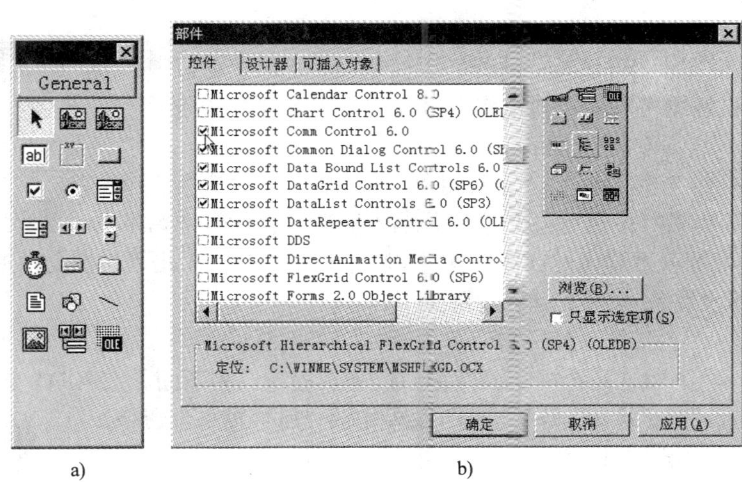

a)　　　b)

图 1-7　控件工具箱与“部件”对话框

a) 控件工具箱　b)“部件”对话框

（2）定义选项卡

VB 6.0 与早期版本的工具箱的主要差别是：可以定义选项卡来组织、安排控件。按照下列操作步骤可将一些常用控件保存在一张单独的选项卡上。

1）在工具箱的空白处右击。

2）在弹出的快捷菜单中选择“添加选项卡”命令。

3）在打开的“新选项卡名称”对话框中输入选项卡名称，如 ww，如图 1-8 所示。然后单击“确定”按钮退出。

4）按住鼠标左键将所需的控件拖到创建的选项卡 ww 上，如图 1-9 所示。

5）用同样的方法可以添加多个选项卡。单击选项卡名称可在不同的选项卡之间切换。

3．工程窗口

应用程序是建立在工程的基础上完成的，而一个工程则是各种类型文件的集合。这些文件包括工程文件（Vbp）、窗体文件（Frm）、二进制数据文件（Frx）、类模块文件（Cls）、标准模块文件（Bas）、资源文件（Res）和包含 ActiveX 控件的文件（Ocx）。

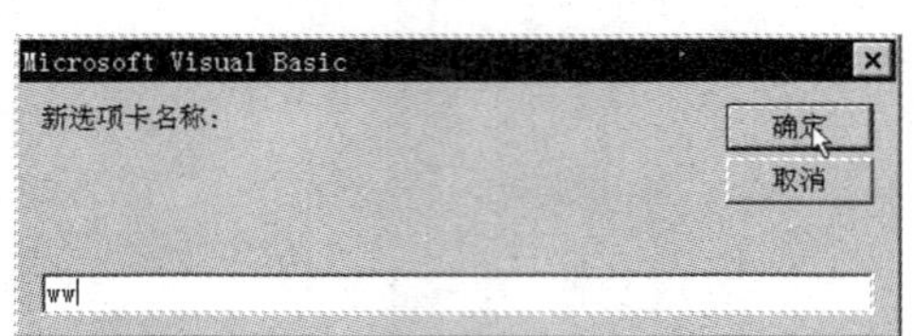

图 1-8　输入选项卡名称

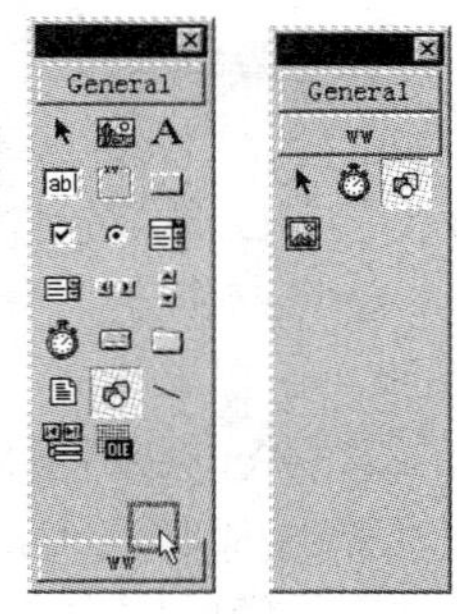

图 1-9　添加控件到选项卡

工程文件就是与该工程有关的所有文件和对象的清单，这些文件和对象自动链接到工程文件上，每次保存工程时，其相关文件信息随之更新。当然，某个工程下的对象和文件也可供其他工程共享使用。在工程的所有对象和文件被汇集在一起并完成编码以后，就可以编译工程，生成可执行文件。

“工程窗口”类似于 Windows 下的资源管理器，在这个窗口中列出了当前工程中的窗体和模块，其结构用树状的层次管理方法显示，如图 1-10 所示。

图 1-10　工程窗口

在工程窗口中有“查看代码”“查看对象”和“切换文件夹”三个按钮。单击“查看代码”按钮可打开“代码编辑器”查看代码，单击“查看对象”按钮可打开“窗体设计器”查看正在设计的窗体，单击“切换文件夹”按钮则可隐藏或显示包含对象文件夹中的个别项目列表。

4．属性窗口

在 VB 集成环境的默认视图中，属性窗口位于工程窗口的下面。按〈F4〉键，或单击工具栏中的“属性窗口”按钮，或选择“视图”菜单中的“属性窗口”命令，均可打开属性窗口，如图 1-11 所示。

图 1-11　属性窗口

“属性窗口”包含选定对象（窗体或控件）的属性列表，在设计程序时可通过修改对象的属性设计其外观和相关数据，这些属性值将是程序运行时各对象属性的初始值。“属性窗口”的内容包括：

- 对象下拉列表框：标识当前选定对象的名称以及所属的类。单击右侧的下拉箭头，可列出当前窗体及所包含的全部对象的名称，可从中选择要更改其属性的对象。
- 选项卡：可按字母序和分类序两种方式显示所选对象的属性。
- 属性列表：左列显示所选对象的所有属性名，右列可以查看和修改属性值。有的属性取值具有预定值，如右侧显示“...”式按钮或下拉箭头式按钮，都有预定值可供选择。在“属性”列表中双击属性值可以遍历所有选项。选择任一属性并按〈F1〉键可得到该属性的帮助信息。
- 属性说明：显示所选属性的简短说明。可通过右键快捷菜单中的“描述”菜单来切换显示或隐藏“属性说明”。

5．窗体设计器

“窗体设计器”也称为“对象窗口”，主要用来在窗体上设计应用程序的界面。窗体中的对象（控件）可随意在窗体上移动或改变大小，但锁定控件后则不可随意修改。工程中的每一个窗体都有自己的窗体设计器窗口，如图 1-12a 所示。

在窗体的空白区域右击，将弹出快捷菜单，可切换到“代码窗口”“菜单编辑器”“属性窗口”，还可以选择“锁定控件”和“粘贴”命令，如图 1-12b 所示。

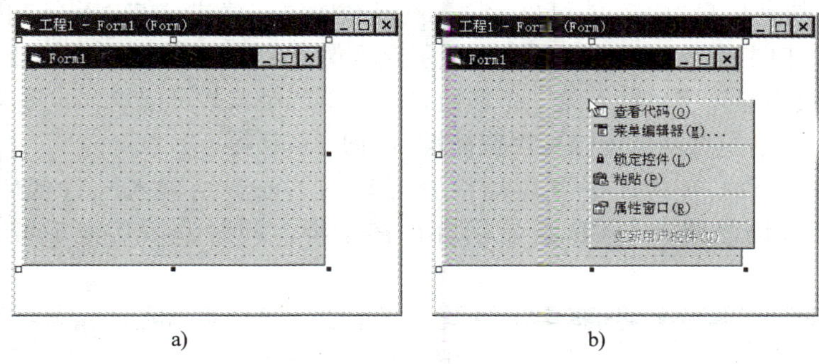

图 1-12　窗体设计器窗口

a) 窗体设计器　b) 快捷菜单

6. 代码窗口

“代码窗口”又称“代码编辑器”，各种通用过程和事件过程代码均在此窗口上编写和修改。有四种方法可打开“代码窗口”：

- 双击窗体的任何地方。
- 右击窗体，在弹出的快捷菜单中单击“查看代码”。
- 单击工程窗口中的“查看代码”按钮。
- 选择“视图”菜单中的“代码窗口”命令。

在“代码窗口”中有“对象下拉列表框”“过程下拉列表框”和“代码区”，如图 1-13a 所示。

“对象下拉列表框”中列出了当前窗体及所包含的全体对象名。其中，无论窗体的名称改为什么，作为窗体的对象名总是“Form”。

“过程下拉列表框”中列出了所选对象的所有事件名。

“代码区”是程序代码编辑区，能够非常方便地进行代码的编辑和修改。另外，它还有自动列出成员特性，能够自动列举适当的属性值、方法或函数原型等性能如图 1-13b 所示。这一性能使代码编写更加方便。

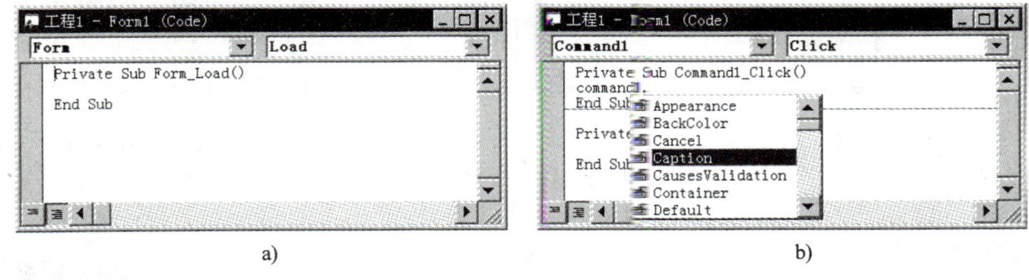

图 1-13　代码窗口

a) 代码区　b) 成员特性

1）自动列出成员特性：要输入控件的属性和方法时，在控件名后输入小数点，VB 就会自动显示一个下拉列表框，其中包含了该控件的所有成员（属性和方法），如图 1-13b 所示。依次输入属性名的前几个字母，系统会自动检索并显示出需要的属性。

从列表中选中该属性名，按〈Tab〉键完成这次输入。当不熟悉控件有哪些属性时，这项功能是非常有用的。

如果系统设置禁止“自动列出成员”特性，可使用快捷键〈Ctrl+J〉获得这种特性。

2）自动显示快速信息：该功能可显示语句和函数的语法格式。在输入合法的 VB 语句或函数名之后，代码窗口中在当前行的下面自动显示该语句或函数的语法，如图 1-14 所示。语法格式中，第一个参数为黑体字，输入第一个参数之后，第二个参数又出现，也是黑体字。

“自动快速显示信息”功能可以使用快捷键〈Ctrl+I〉获得。

3）自动语法检查：在 VB 中可自动检查语句的语法。当输入某行代码后按〈Enter〉键，如果系统出现语法错误，VB 会显示警告提示框，同时该语句变成红色，如图 1-15 所示。

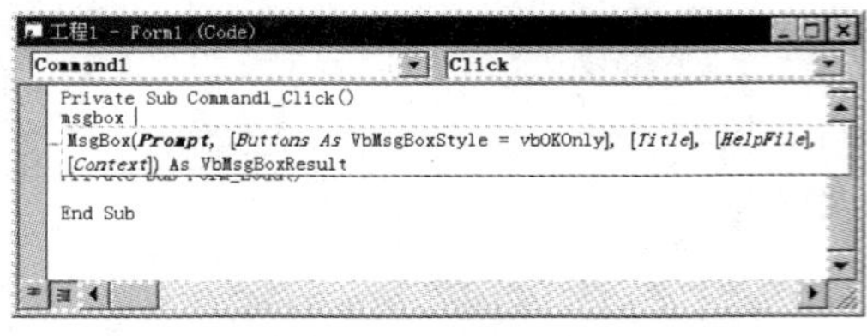

图 1-14　快速显示信息

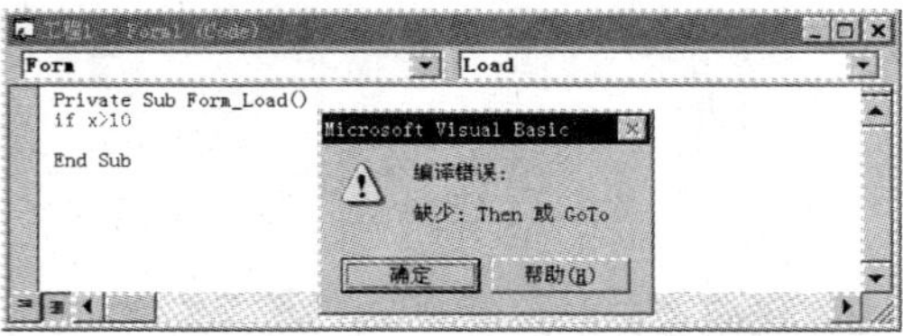

图 1-15　自动语法检查

在“代码窗口”的左下角有两个按钮：“过程查看”和“全模块查看”按钮。单击“过程查看”按钮，一次只查看一个过程；单击“全模块查看”按钮可查看程序中的所有过程。这两个按钮可切换“代码窗口”的两种查看视图。

7．立即窗口

使用立即窗口可以在中断状态下查询对象的值，也可以在设计时查询表达式的值或命令的结果，如图 1-16a 所示。图 1-16a 中前三行是输入的命令，第四行是输出的结果。

还可在程序中使用 Debug 对象，把运行结果输出到立即窗口，例如程序中有如下代码：

```
Debug.Print "现在是" & Format(Time, "tttttAM/PM")
```

代码的运行结果如图 1-16b 所示。

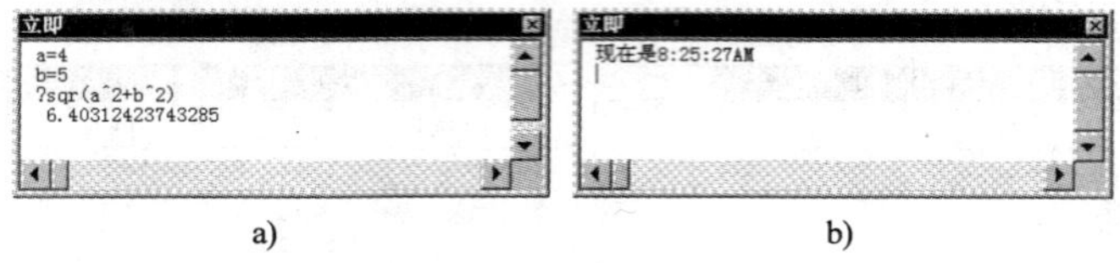

图 1-16　立即窗口

8．窗体布局窗口

如图 1-17 所示的窗口即是窗体布局窗口。窗体布局窗口中有一个表示屏幕的小图像，用来布置应用程序中各窗体的位置，使用鼠标拖动窗体布局窗口中的小窗体图标，可方便地调整程序运行时窗体显示的位置。

图 1-17　窗体布局窗口

1.3.4 Visual Basic 的窗体与控件

1．Visual Basic 的窗体

窗体（Form）也就是平时所说的窗口，它是 VB 编程中最常见的对象，也是程序设计的基础。各种控件对象必须建立在窗体上，一个窗体对应一个窗体模块。

（1）窗体的结构

同 Windows 环境下的应用程序窗口一样，VB 中的窗体也具有控制菜单、标题栏、最大化/复原按钮、最小化按钮、关闭按钮以及边框，如图 1-18 所示。用鼠标左键按住标题栏拖动可以移动窗体，鼠标对准窗体边框出现双向箭头时拖动鼠标可以改变窗体的大小。

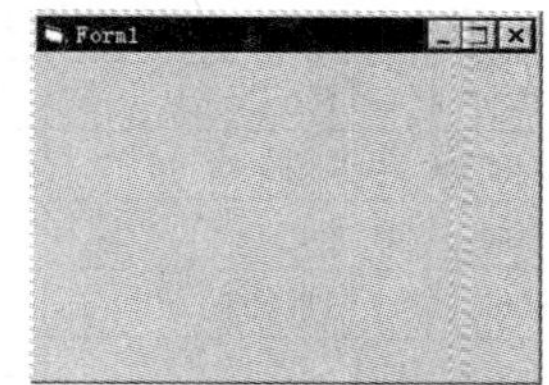

图 1-18　窗体的结构

窗体的控制菜单用来在程序运行时显示控制菜单，通过属性设置，可将程序运行时窗体上的标题栏隐藏起来。

（2）窗体的创建

虽然建立新工程时系统会自动创建一个窗体，但除了简单的练习外，真正的商业化的应用程序均需要使用多个窗体，创建新窗体是应用程序开发过程中必不可少的步骤之一。创建新窗体的操作步骤如下：

1）选择“工程”菜单中“添加窗体”命令。

2）默认情况下系统将显示如图 1-19a 所示的“添加窗体”对话框。

3）该对话框的“新建”选项卡用于创建一个新窗体，列表框中列出了各种新窗体的类型，其中选择“窗体”选项时，建立一个空白的新窗体，选择其他选项时则建立一个预定义了某些功能的窗体。

4）单击“打开”按钮，一个新的空白窗体被加入到当前工程中，同时会显示在屏幕上，如图 1-19b 所示。

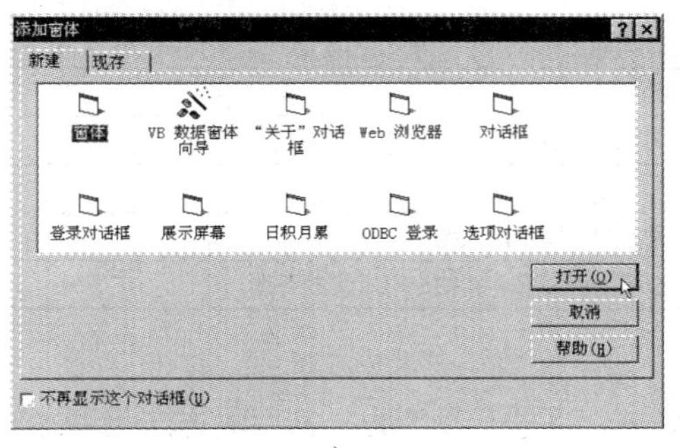

a)

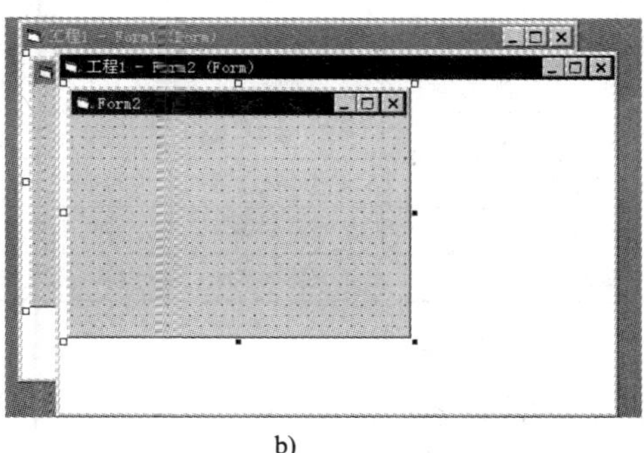

b)

图 1-19　创建新窗体

a)“添加窗体”对话框　b) 新建的空白窗体

建立新窗体后，它的大小、背景颜色、标题及窗体名称等特征可以根据应用程序的需要在属性设置窗口中设置完成。

（3）窗体的属性

通过修改窗体的属性可以改变窗体内在或外在的结构特征，控制窗体的外观。常用的窗体属性见表 1-3。

表 1-3 常用的窗体属性

属性名	用途	说明
Name（名称）	决定窗体的名称，用于在程序中标识窗体。程序运行时不能修改	
AutoRedraw（自动重画）	决定窗体被覆盖，再次显示时，是否自动刷新或重画窗体上的所有图形	
Caption（标题）	决定标题栏中显示的文本	
BackColor（背景色）	决定窗体的背景颜色	
BoderStyle（边框类型）	决定窗体的边框风格。设有 6 种预定的属性值供选择	
ControlBox（控制箱）	决定窗体是否具有控制菜单	窗体独有
MaxBotton（最大化按钮）	决定窗体的标题栏中是否具有最大化按钮	窗体独有
MinBotton（最小化按钮）	决定窗体的标题栏中是否具有最小化按钮	窗体独有
Movable（可移动）	决定该窗体是否可移动	
Enabled（可用性）	决定该窗体能否接受鼠标或键盘事件（或能否被激活）	
Visible（可视性）	决定窗体是否可见，用于隐藏或显示该窗体	
ForeColor（前景色）	决定窗体显示的文本（Print 方法输出）和图形（画图方法输出）的颜色	
Icon（图标）	决定窗体最小化（WindowState＝1）时的图标	窗体独有
Picture（图片）	决定窗体上显示的图像文件	
WindowState（窗口状态）	通过取值决定窗体是正常、最小化还是最大化状态	窗体独有

另外还有用来设置字形的属性，如 FontName、FontSize、FontItalic 等，设置位置与大小的属性，如 Top、Left、Height、Width，属于公共的属性，将在后面的章节介绍。

（4）窗体的事件

与窗体有关的事件较多，常用的窗体事件如表 1-4 所示。

表 1-4 常用的窗体事件

事件名	说明
Click（单击）	单击鼠标左键时发生的事件
DblClick（双击）	双击鼠标左键时发生的事件
Load（装载）	启动程序，将窗体装入内存时发生的事件
UnLoad（卸载）	退出程序，从内存中清除窗体（关闭窗体或执行 UnLoad 语句）时发生的事件
Activate（激活）	当窗体被激活时发生的事件
Deactivate（非活动）	其他窗体被激活时发生的事件，此时本窗体不是活动的
Paint（绘制）	当窗体被显示、被移动、被放大、被缩小或需要重新绘制时发生的事件

（5）窗体的方法

窗体的方法较多，充分利用这些方法，可以提高程序的开发能力。常用的方法见表 1-5。

表 1-5 常用的窗体方法

方法名	说明
Circle	在窗体或图片框中绘制圆、椭圆和弧
Line	在窗体或图片框中绘制直线或矩形
Point	获取对象上某点的颜色，其返回值为代表颜色的长整型
PSet	在窗体或图片框中画点
Refresh	全部重绘一个窗体
Move	移动窗体（或控件）
TextHeigh、TextWidth	根据窗体或图片框对象的当前字体设置，返回将被打印的文本字符串的高度和宽度

2. Visual Basic 的控件

控件是 VB 中预先定义好的、程序中能够直接使用的对象，每个控件都有大量的属性、事件和方法可在设计时或在代码中修改和使用。利用控件编程使程序员免除了大量重复性的工作，能够以最快的速度和效率开发具有良好用户界面的应用程序。

VB 中的控件通常分为三种类型：

标准控件：在默认状态下工具箱中显示的控件都是标准控件（或称内部控件），这些控件被“封装”在 VB 的 EXE 文件中，不可从工具箱中删除。如命令按钮、单选按钮、复选框等控件。

ActiveX 控件：这类控件单独保存在 ocx 类型的文件中，其中包括各种版本 VB 提供的控件，如数据绑定网格、数据绑定组合框等和仅在专业版和企业版中提供的控件，如标准公共对话框控件、动画控件和 MCI 控件等，另外也有许多软件厂商提供的 ActiveX 控件。

可插入的对象：用户可将 Excel 工作表或 PowerPoint 幻灯片等作为一个对象添加到工具箱中，编程时可根据需要随时创建。

（1）标准控件

工具箱中的每个控件都用一个图形按钮来表示，主要包括表 1-6 列出的 20 个标准控件。

表 1-6　VB 的标准控件

图标	名　称	说　明
	图片框（PictureBox）	显示图形文件或文本文件，也可以作为其他控件的容器
	标签（Label）	创建一个标签对象，用于保存不希望用户改动的文本，如复选框上面或图形下面的标题
	文本框（TextBox）	创建用于显示和输入数据的文本框对象，用户可以在其中输入或更改文本
	框架（Frame）	美化其他控件并提供分组功能
	命令按钮（CommandButton）	创建命令按钮对象，用于执行命令
	复选框（CheckBox）	创建复选框对象，允许用户选择开关状态，或显示多个选项，用户可从中选择多个选项
	单选按钮（OptionButton）	创建单选按钮组对象。用于显示多个选项，用户只能从中选择一个选项
	组合框（ComboBox）	创建组合框或下拉列表框对象。用户可以从列表项中选择一项或人工输入一个值
	列表框（ListBox）	创建列表框对象，用于显示供用户选择的列表项。当列表项很多，不能同时显示时，列表可以滚动
	水平滚动条（HScrollBar） 垂直滚动条（VScrollBar）	用于提供简便的定位。还可以模拟当前所在的位置
	计时器（Timer）	创建计时器对象，以设定的间隔捕捉计时器事件。此控件在运行时不可见
	驱动器列表框（DriveListBox）	显示当前可用的驱动器，供用户选择
	目录列表框（DirListBox）	显示目录列表，供用户选择
	文件列表框（FileListBox）	显示当前路径下的文件名列表，供用户选择
	形状（Shape）	创建形状对象，设计时用于画各种类型的形状。可以画矩形、圆角矩形、正方形、圆角正方形，椭圆或圆
	直线（Line）	创建线条对象，设计时用于在窗体上画各种类型的线条

（续）

图标	名　称	说　明
	图像（Image）	创建图像对象，在窗体上显示位图、图标、JPEG、GIF 等图形文件。单击时，其动作类似于命令按钮
	数据（Data）	用于连接数据库，并在窗体的其他控件中显示数据库信息
	OLE 容器（OLE Container）	创建 OLE 容器对象，用于把其他应用的数据嵌入到 VB 的应用程序中

（2）控件值

为了方便编程，VB 为每个控件规定了一个默认属性，在代码中使用这样的属性时，不必给出属性名，而直接给出控件名即可，通常把该属性称为控件值。例如，文本框 Text1 的控件值为 Text，下面的两个语句是等效的：

```
Text1.Text = "计算机等级考试"
Text1 = "计算机等级考试"
```

表 1-7 列出了部分控件的控件值。

表 1-7　部分控件的控件值

控件名称	控　件　值	控件名称	控　件　值
Label（标签）	Caption	Timer（计时器）	Enabled
TextBox（文本框）	Text	DriveListBox（驱动器列表框）	Drive
Frame（框架）	Caption	DirListBox（目录列表框）	Path
CommandButton（命令按钮）	Value	FileListBox（文件列表框）	FileName
CheckBox（复选框）	Value	Shape（形状）	Shape
OptionButton（单选按钮）	Value	Line（直线）	Visible
ComboBox（组合框）	Text	Image（图像）	Picture
ListBox（列表框）	Text	CommonDialog（通用对话框）	Action
HScrollBar（水平滚动条）	Value	VScrollBar（垂直滚动条）	Value

使用控件值可以节省代码，但会影响程序的可读性，因此，本书的示例中没有使用控件值。建议在不引起阅读困难时才考虑使用控件值。

3．窗体与控件的命名

名称是窗体和控件最重要的属性之一，用于在程序中标识窗体和控件。窗体或控件的名称就是其 Name 属性值，程序运行时不能修改。在默认的情况下，系统会自动为窗体或控件命名，如 Form1、Command1 等。当窗体中添置多个同类控件时，系统还会自动为之编号：Command1、Command2、Command3 等。

为了能见名知义、提高程序的可读性，给对象起一个容易记忆而又具代表性的名称是十分必要的。为此，Microsoft 建议对象的命名规则为：前缀+标识。其中“前缀”由对象类型简称的三个小写字母组成，“标识”是该对象的描述性名称。如关闭程序的命令按钮可以命名为：cmdClose。常用对象命名时所推荐使用的前缀见表 1-8。

表 1-8　对象的命名约定

对象名称	前　缀	默认值	举　例
CheckBox（复选框）	chk	Check*n*	chkReadOnly
ComboBox（组合框）	cbo	Combo*n*	cboEnglish
CommandButton（命令按钮）	cmd	Command*n*	cmdExit
CommonDialog（通用对话框）	dlg	CommonDialog*n*	dlgFileOpen
Data（数据）	dat	Data*n*	datBiblio
DirListBox（目录列表框）	dir	DirList*n*	dirSource
DriveListBox（驱动器列表框）	drv	DriveList*n*	drvTarget
FileListBox（文件列表框）	fil	FileList*n*	filSource
Form（窗体）	frm	Form*n*	frmStart
Frame（框架）	fra	Frame*n*	fraLanguage
HScrollBar（水平滚动条）	hsb	HScroll*n*	hsbVolume
Image（图像）	img	Image*n*	imgIcon
Label（标签）	lbl	Label*n*	lblOptions
Line（直线）	lin	Line*n*	linVertical
ListBox（列表框）	lst	List*n*	lstPolicyCodes
OLE Container（OLE 容器）	ole	OLE*n*	oleWorksheet
OptionButton（单选按钮）	opt	Option*n*	optGender
PictureBox（图片框）	pic	Picture*n*	picMove
Shape（形状）	shp	Shape*n*	shpCircle
TextBox（文本框）	txt	Text*n*	txtLastName
Timer（计时器）	tmr	Timer*n*	tmrAlarm
VScrollBar（垂直滚动条）	vsb	VScroll*n*	vsbRate

其中 $n=1，2，3\cdots$

说明：必须在设计时通过属性窗口为对象设置新的 Name（名称）属性值。

1.4　Visual Basic 编程初步

VB 可视化编程与传统的编程方法不同，不再需要编写大量的代码去描述界面元素的外观和位置，而是采用面向对象、事件驱动的方法。这种方法将代码和数据集成到一个独立的对象中去，当运用这个对象来完成某项任务时，并不需要知道这个对象是怎样工作的，只需要编写一段代码来简单地传递一些消息就可以了。

1.4.1　Visual Basic 可视化编程的步骤

VB 可视化编程的一般步骤如下：

1）设计界面。先建立窗体，再利用控件在窗体上创建各种对象。

2）设置属性。设置窗体或控件等对象的属性。

3）编写代码。

当然，有时也可以在创建对象的同时，一边设置对象的属性，一边编写事件过程代码。

下面通过编写如图 1-20a 所示的一个简单的 VB 应用程序来说明可视化编程的方法。

1. 新建一个工程

在 VB 环境中开发的每个应用程序都被称为工程，新建一个工程有如下两种方法：

- 启动 VB 后，系统显示“新建工程”对话框，在“新建工程”对话框的选项卡选择“标准 EXE”命令，然后单击“打开”按钮。
- 选择“文件”菜单中“新建工程”命令，然后在弹出的“新建工程”对话框中选择“标准 EXE”选项，单击“打开”按钮。

上述两种方法均可以进入 VB 的集成开发环境（如图 1-6 所示），开始设计工程，即应用程序。设计工程直接面对的是窗体，因此主要工作就是在“窗体设计器”中完成窗体的设计。系统默认的窗体只有一个 Form1，其窗体名称和标题属性均默认为 Form1。根据工程设计需要，还可以添加多个窗体，添加的窗体依次为 Form2、Form3…。

2. 界面设计

VB 应用程序设计的第一步是进行窗体的界面设计，通常是在窗体中添加各种控件。

如图 1-20b 所示，在窗体 Form1 上添加程序所需的控件，依次分别为标签控件 Label1 和命令按钮控件 Command1、Command2，同类型的控件序号依次自动增加。这时基本完成程序的界面设计，下面开始设计各对象的属性。

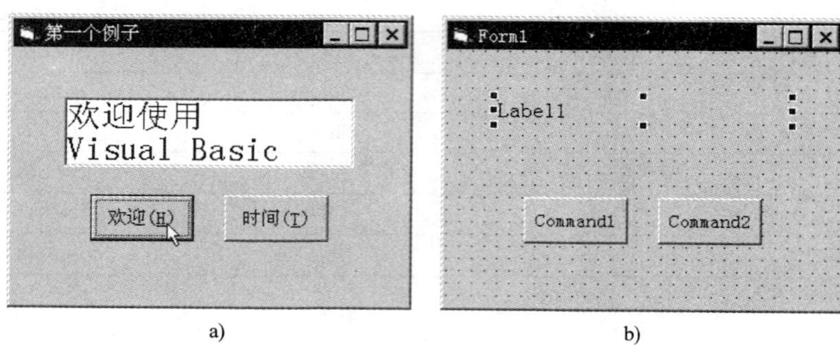

图 1-20　一个简单的例子

3. 设置属性

对象属性的设置是在属性窗口中进行的，其操作方法如下。

1）首先设置窗体 Form1 的属性。单击窗体的空白区域（不要单击任何控件），确认选中的是窗体，可从“对象”下拉列表框中查看。

在属性窗口中找到标题属性 Caption，将其值改为“第一个例子”，如图 1-21a 所示；设置窗体 Form1 的名称属性 Name 为 frmFirst，如图 1-21b 所示，此时工程窗口中的窗体名称也随之改变，如图 1-21c 所示。

窗体的其他属性也可根据程序的需要进行设置。如运行时窗体的背景颜色、边框风格、窗体的大小以及最大、最小化的状态等。

2）设置控件的属性。单击窗体上的控件，确认选中该控件，然后根据需要逐一设置控件的各属性。选中标签控件“Label1”，将其边框风格属性（BorderStyle）改为：1 – Fixed。然后单击背景颜色属性（BackColor）右边的箭头按钮，从弹出的调色板窗口中选择白色（如图 1-22a

所示），单击字体属性（Font）右边的“…”按钮，从弹出“字体”对话框中设置相应的字体类型、字体样式和字体大小（如图 1-22b 所示）。

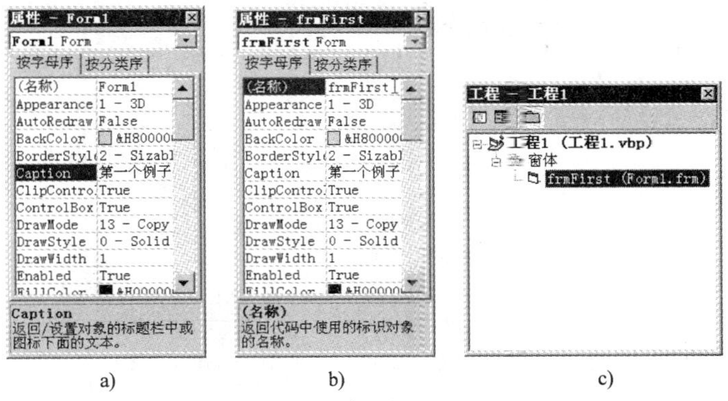

图 1-21　设置窗体属性

另外将两个命令按钮的标题分别设置为“欢迎（&H）”和“时间（&T）”，其中“&H”使得字母 H 下方显示下画线，并且成为一个热键：当从键盘按下〈Alt+H〉时，相当于单击该命令按钮。

所有对象的属性设置参见表 1-9。属性设置后的窗体如图 1-23 所示。

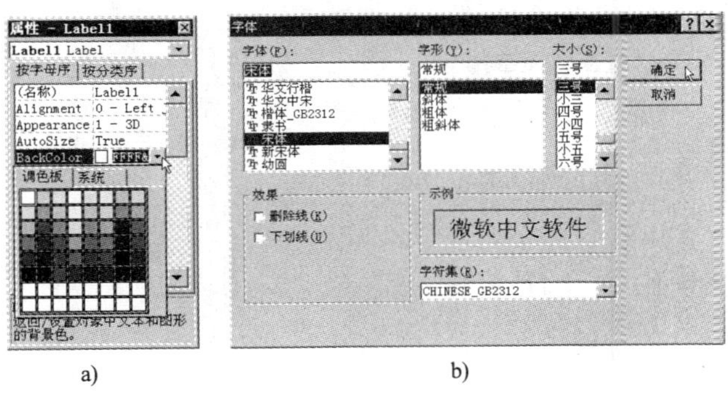

图 1-22　调色板与字体对话框

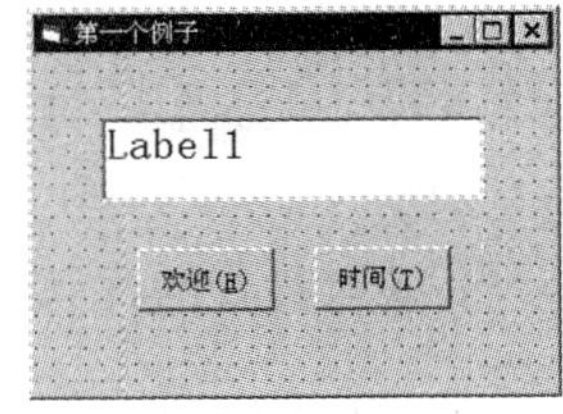

图 1-23　属性设置后的窗体

表 1-9　属性设置

对　象	属　性	属 性 值	说　明
Form	Caption	第一个例子	窗体的标题
Command1	Caption	欢迎(&H)	按钮的标题
Command2	Caption	时间(&T)	按钮的标题
Label1	BackColor	（白色）	背景色
	BorderStyle	1 - Fixed	边框风格
	FontSize	三号	字体大小

4．编写代码

打开“代码编辑器”，单击“对象”下拉列表框右边的箭头按钮，从中选择 Form 对象，如

图 1-24 所示。

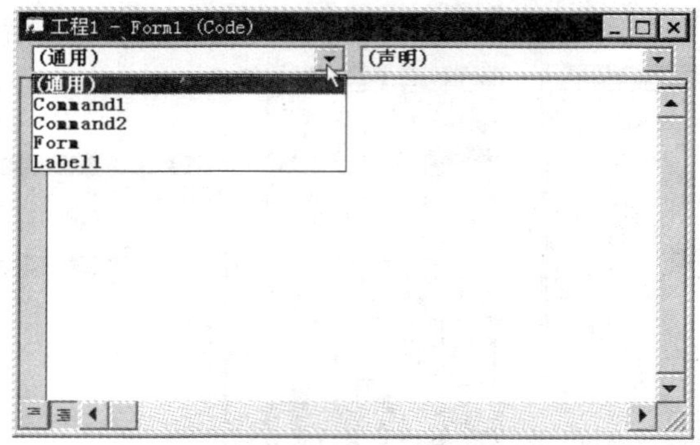

图 1-24　在“对象”下拉列表框中选择 Form 窗体

在“过程”事件下拉列表框中选择 Load 事件，在代码窗口中输入下列代码：

```
Private Sub Form_Load()
  Label1.Caption = "今天是：" & Chr(13) & Format(Date, "dddddd")
End Sub
```

用同样的方法，输入命令按钮 Command1 和 Command2 的单击（Click）事件过程代码：

```
Private Sub Command1_Click()
  Label1.Caption = "欢迎使用" & Chr(13) & "Visual Basic"
End Sub
Private Sub Command2_Click()
  Label1.Caption = "现在是北京时间：" & Format(Time, "ttttt")
End Sub
```

说明：事件过程的首尾两行（粗体）：

```
Private Sub Command1_Click()
End Sub
```

是系统自动给出的代码，程序员不必重复输入。

5. 运行工程

单击工具栏上的“启动”按钮或按〈F5〉键，即可运行工程，显示如图 1-25a 所示。单击“欢迎”按钮，显示如图 1-25b 所示，单击“时间”按钮，窗体显示如图 1-25c 所示。

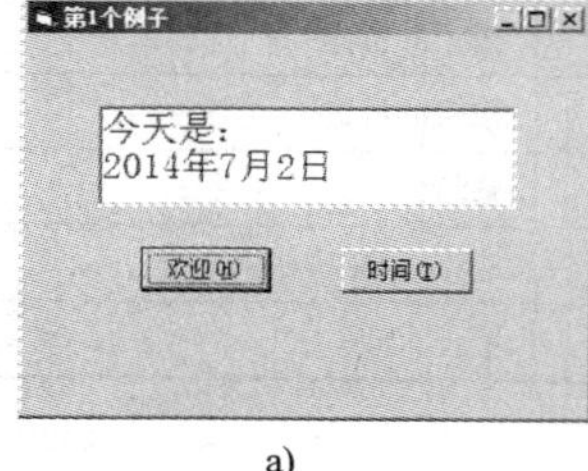

a)

b)

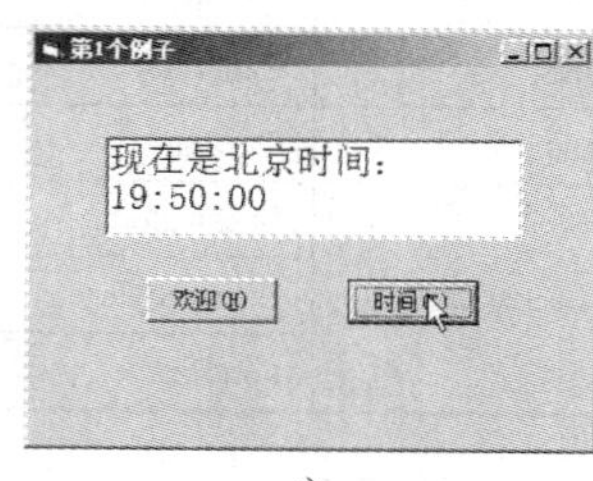

c)

图 1-25　运行工程

单击标题栏上的“关闭”按钮可关闭该窗口结束运行。单击工具栏上的“结束”按钮也可结束程序运行，返回“窗体设计器”窗口。

6. 修改工程

修改工程包括修改对象的属性和代码，也可以添加新的对象和代码，直到满足工程设计的需要为止。在本例的窗体中，给命令按钮增加图片，使之图文并茂，如图 1-26 所示。

图 1-26 图文并茂的按钮

修改方法为：选中“欢迎”按钮 Command1，修改其风格属性（Style）为 1 – Graphical。单击图片属性（Picture）右边的三点按钮，打开“加载图片”对话框。在 VB 的系统目录中找到图标文件 Handshak.ico，如图 1-27 所示。

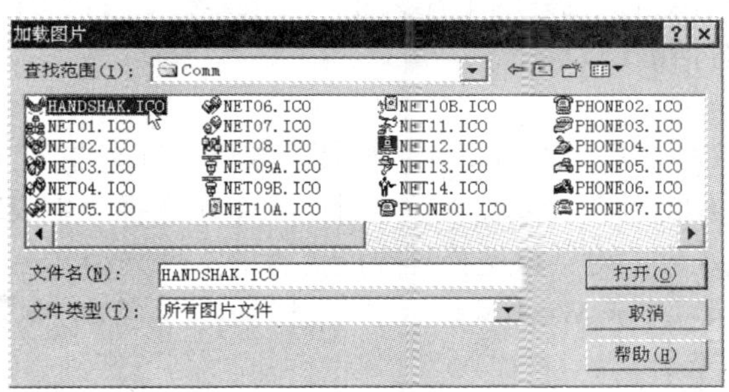

图 1-27 “加载图片”对话框

同样方法修改“时间”按钮 Command2，其中图标文件为

…\Microsoft Visual Studio\Common\Graphics\Icons\Misc\Clock06.ico

7. 保存工程

设计好的应用程序在调试正确以后需要保存工程，即以文件的方式保存到磁盘上。一般是先将程序写入磁盘，然后再调试程序；当然，也可先对程序进行调试和运行，再写入磁盘。保存工程可采用下列方法：

- 选择“文件”菜单中的“保存工程”或“工程另存为”命令，如图 1-28a 所示。
- 单击工具栏上的“保存工程”按钮。

如果是从未保存过的新建工程，系统则打开“文件另存为”对话框，如图 1-28b 所示。

一个工程可能含有多种文件，如工程文件和窗体文件，这些文件集合在一起才能构成应用程序。保存工程时，系统会提示保存不同类型文件的对话框，这样就有选择存放位置的问题。因此，建议程序员在保存工程时将同一工程所有类型的文件存放在同一文件夹中，以便修改和管理程序文件。

在“文件另存为”对话框中，注意保存类型，保存窗体文件（*.frm）到指定文件夹中。窗体文件存盘后系统会弹出“工程另存为”对话框，保存类型为“工程文件（*.vbp)”，默认工程文件名为“工程1.vbp”，保存工程文件到指定文件夹中。

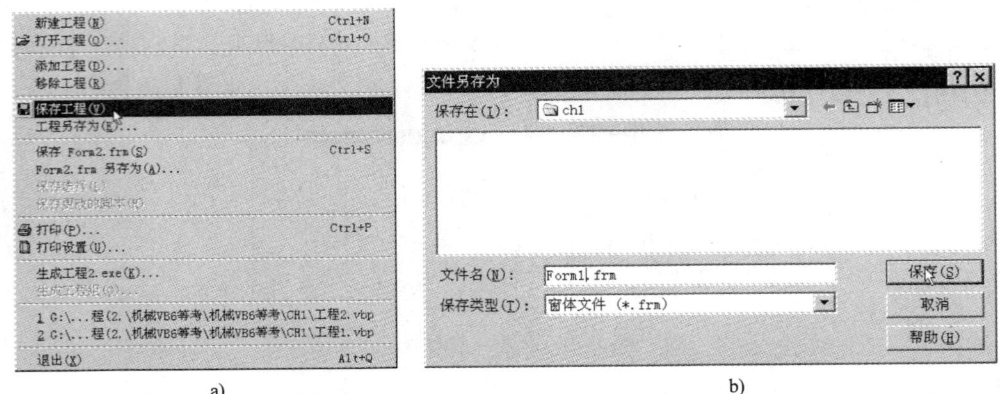

图1-28 “保存工程”菜单与“文件另存为”对话框

如果想保存修改以后磁盘上已有的工程文件，直接单击工具栏上的“保存”按钮，系统不会弹出“文件另存为”对话框。

8．工程的编译

当完成工程的全部文件之后，即可将此工程转换成可执行文件（*.exe）——编译工程。在VB中对程序（工程）的编译非常简单，在“文件”菜单中选择“生成工程1.exe”（如图1-29a所示）。在打开的“生成工程”对话框选择程序所保存的文件夹和文件名（如图1-29b所示），然后单击“确定”按钮即可生成Windows中的应用程序。

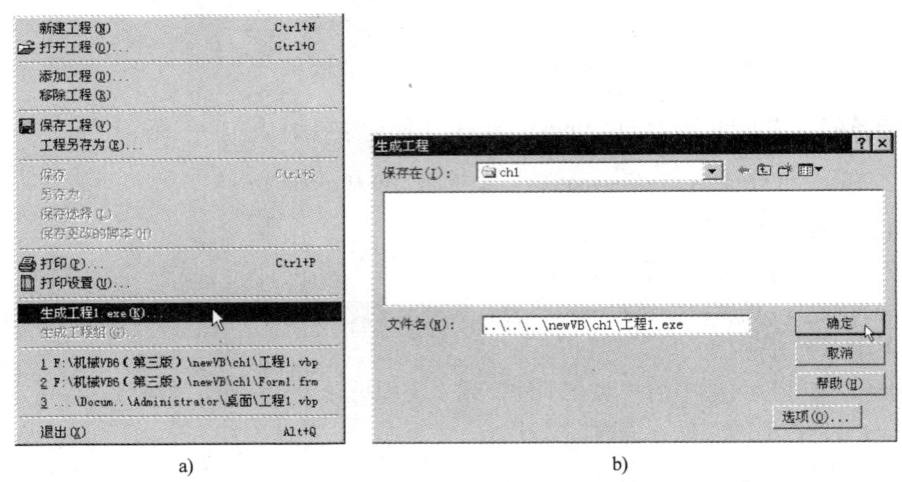

图1-29 编译工程

1.4.2 控件的画法

在窗体上添加程序设计所需要的各种控件，是VB可视化程序设计中界面设计的重要内容。将工具箱中的控件添加到窗体中的过程称为“画控件”，下面介绍控件的画法。

1．在窗体上画一个控件

在窗体上画一个控件有两种方法：

- 单击工具箱中的控件按钮，当鼠标指针变成一个十字指针时，再在窗体的工作区按住鼠标左键拖动鼠标，即可在窗体上画出对应控件。
- 双击工具箱中的控件按钮，即可在窗体的中央画出控件。

两种方法的区别是，第一种方法画出的控件大小和位置可随意确定，而第二种方法画出的控件的大小和位置是暂时固定的。当然，任何控件的大小和位置都可以根据需要修改。

2．控件的缩放和移动

在设计时，当在窗体上画出控件以后，控件的边框上有八个蓝色小方块，这表明该控件是“活动”的，通常称为“当前控件”，如图 1-30 所示。单击控件，可以使之成为当前控件。

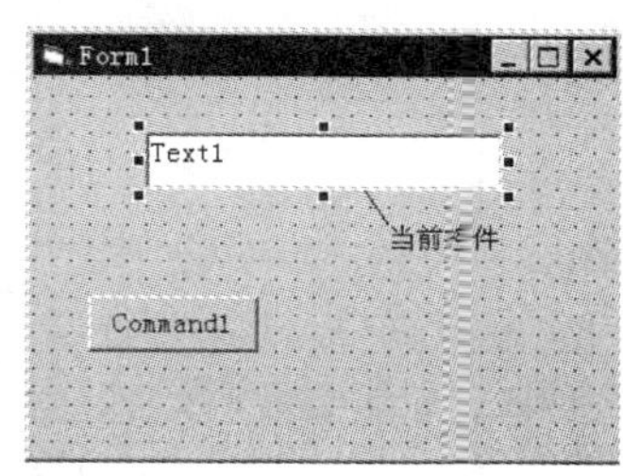

图 1-30　当前控件

对于选中的控件（即当前控件），可直接使用鼠标拖动控件到需要的地方来调整控件的位置，利用鼠标指针对准控件的选中标志（8 个小方块）出现双向箭头时，可以改变控件的大小（即高度和宽度）。当然，也可用〈Shift〉+“方向箭头”来改变控件的大小，用〈Ctrl〉+“方向箭头”来移动控件的位置。

除了上述方法外，还可以在属性窗口修改某些属性来改变控件的大小和位置。与窗体和控件大小及位置有关的控件属性有：Left、Top、Width 及 Height。其中（Left，Top）是窗体或控件左上角的坐标，Width 是其宽度，Height 是其高度。在属性窗口的“按分类序”中的“位置”栏上可以找到这些属性，然后修改其值。

3．控件的复制与删除

在窗体上，控件的复制和删除操作同 Windows 环境下文件的操作相同。首先选中控件，单击工具栏上的“复制”按钮或按〈Ctrl+C〉键可将控件复制到剪贴板中，然后单击“粘贴”按钮或按〈Ctrl+V〉键将控件粘贴到窗体的左上角。由于复制控件名称相同，系统会弹出“是否创建控件数组”对话框，如图 1-31 所示。

单击“是（Y）”按钮，将在窗体上创建一个控件数组。单击“否（N）”按钮即可在窗体上得到该控件的复制品。复制品的所有属性与原控件相同，只是名称属性（Name）的序号比原控件大。

要删除活动控件，只需选中控件后按〈Delete〉键或单击工具栏上的“删除”按钮。

另外，还可以利用右键快捷菜单上的命令对控件进行复制、删除等操作，如图 1-32 所示。

图 1-31　是否创建控件数组

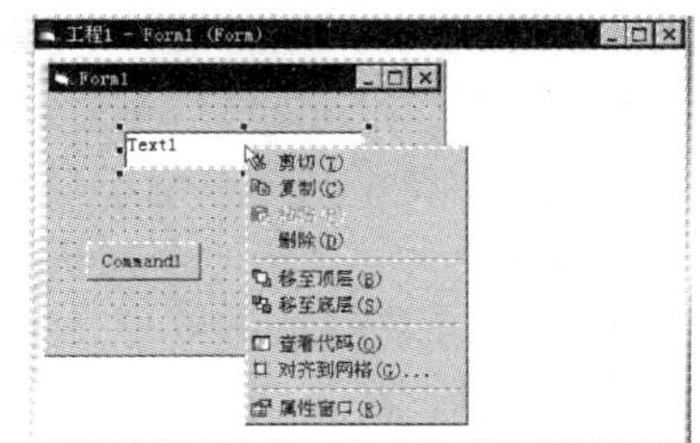

图 1-32　使用快捷菜单复制控件

4．控件的布局

当窗体上存在多个控件时，需要对窗体上的控件排列、对齐等格式进行操作。这些操作一般可以通过“格式”菜单完成，如图 1-33 所示。在“对齐”子菜单中，由于没有选定多个控件，所以很多功能处于无效状态。

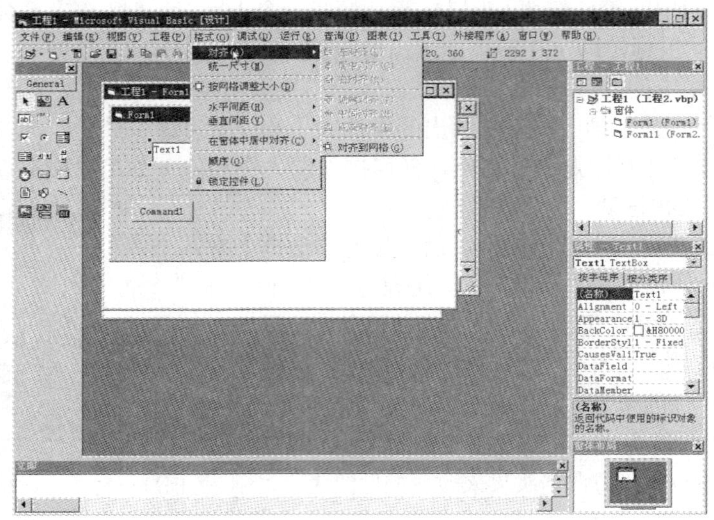

图 1-33　打开“格式”菜单

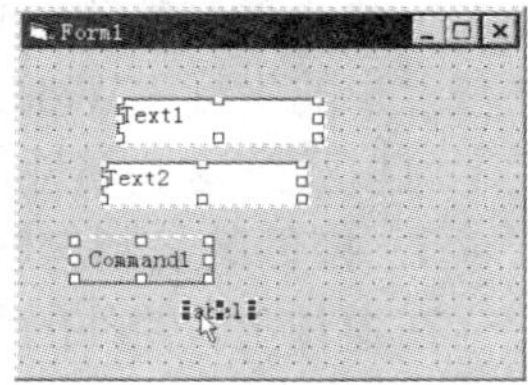

图 1-34　选定多个控件

要调整多个控件的位置，需要同时选定多个控件。其选定方法为：在窗体的空白区域利用鼠标左键拉出一个矩形框，将需要选中的控件圈上即可选定多个控件。或者先按下〈Shift〉键不放，再单击要选中的控件，如图 1-34 所示。

在选定多个控件之后，就可以利用“格式”菜单对窗体上多个控件的格式进行调整。

1.4.3　公共的属性与事件过程

在 Visual Basic 所使用的对象（窗体及控件）中，很多属性和事件是共有的，这些共有的属性和事件在不同对象中的功能和用法基本相同。

1．公共的属性

属于各对象共有的属性有很多，常用的有 Name、Caption、Left、Top、Width、Height、Font、ForeColor、BackColor、Enabled、Visible 等。

（1）名称属性（Name）

名称属性为字符型数据，用于确定对象的名字，即程序代码中使用的对象标识符。新建一个对象后，系统会为其规定一个默认的名字。用户可以更改也可保持默认名字不变。该属性只能在设计时更改，运行时只读。所有对象（窗体及控件）都有名称属性。

（2）标题属性（Caption）

标题属性为字符型数据，用于返回或设置对象（如窗体的标题栏、标签、命令按钮）所显示的文本信息。例如，下述语句将窗体的标题栏内容设置为“这是第一个应用程序”：

```
Forml.Caption = "这是第一个应用程序"
```

此属性在设计阶段通过属性窗口或在运行阶段用程序代码均可设置。

在为命令按钮、标签、单选按钮、复选框定义标题时，可为其定义一个键盘操作的热键，其定义方法是：在输入标题内容时，将需要定义成热键的字母前加入一个“&”符号。运行时该字母下面显示的下画线表明该字母为“热键”，用户只需按下〈Alt〉+“该字母键”，便可激活并执行该命令按钮。例如，将命令按钮的 Caption 属性设置为：“取消（&C）”，即为该按钮定义了一个热键“C”。

（3）位置与大小属性（Left、Top、Width、Height）

位置与大小属性为数值型数据，用于设置或返回对象在其容器中的显示位置和对象的大小。对于窗体来说，Left 和 Top 属性用于设置窗体左上角在屏幕中的坐标位置；Width 和 Height 属性用于设置窗体的宽度和高度。对于控件来说，其容器可以是窗体或图片框。

此属性在设计阶段通过属性窗口或在运行阶段用程序代码均可设置。

（4）与字体有关的属性

在属性窗口中选择字体属性（Font），此时在右边的设置框中将显示一个“…”的按钮，单击该按钮，将弹出“字体”对话框（如图 1-22b 所示），可以设置与字体相关的所有信息：字体类型、字体样式以及字体大小等。

若要在运行阶段利用代码设置字体，则必须借助与字体相关的几个属性来实现，这些属性分别是：FontName、FontSize、FontBold、FontItalic、FontStrikethru 和 FontUnderline，它们分别用于设置字体名、字体大小、粗体、斜体、删除线和下画线。其中，后四项属性为逻辑型数据：True，表示该项生效；False，表示该项不生效。例如：

```
Form1.FontName = "隶书"                ' 设置字体为隶书
Form1.FontSize = 24                    ' 字体大小为 24 点
Form1.FontBold = True                  ' 字体效果为粗体
Form1.FontStrikethru = True            ' 字体效果为删除线
Form1.FontItalic = True                ' 字体效果为倾斜
Form1.Print "Now is the time!"         ' 输出文本，可验证以上设置
```

（5）前景色属性（ForeColor）

前景色属性用于设置对象的前景色。对于文本框、标签、单选按钮、复选框，前景色即为显示文本的颜色。对于窗体，前景色则是由 Print 方法输出文本的颜色。例如，若要在窗体中输出红色的“Visual Basic”字符串，代码为：

```
Forml.ForeColor = RGB(255, 0, 0)
Forml.Print "Visual Basic"
```

其中 RGB 函数用来指定颜色。

此属性在设计阶段通过属性窗口或在运行阶段用程序代码均可设置。

（6）背景色属性（BackColor）

背景色属性用于设置对象的背景颜色。在属性窗口中选中该项属性，右边的设置框将显示一个下拉式按钮，单击该按钮，系统将弹出一个下拉式组合框，在组合框中，以调色板和系统两种方式显示了可选的颜色，从中选择所需的颜色即可。

此属性在设计阶段通过属性窗口或在运行阶段用程序代码均可设置。

（7）可用性属性（Enabled）

可用性属性返回或设置一个逻辑型的值，用于决定窗体或控件是否响应用户所产生的事件。该属性默认值为 True，若将该属性设置为 False，则窗体或控件将失效，即不能响应用户的任何事件或操作。Visual Basic 的绝大多数控件均有该属性。

可用性属性可通过属性窗口设置或用代码进行修改。在程序设计中，常利用该属性使某个控件暂时失效。

（8）可视性属性（Visible）

可视性属性为逻辑型数据，决定对象是否可见，默认值为 True。若将其设置为 False，则对象运行时不可见。

（9）提示文本属性（ToolTipText）

提示文本属性为字符型，用于设置当鼠标在控件上暂停时显示的提示性文本。在许多 Windows 应用程序中，当鼠标暂停于工具栏的某个按钮上时，系统会自动显示该按钮的功能说明，就是通过该属性来实现的。

2．公共的事件过程

Visual Basic 采用了事件驱动的编程机制，一个程序员，要能灵活自如地编写 Visual Basic 程序，充分利用好各控件的功能，就必须熟悉和掌握各控件所能响应的事件，以及各种事件所产生的背景和触发条件。

根据事件产生的来源，可分为鼠标事件、键盘事件和系统事件三类。鼠标事件是 Windows 应用程序中触发频率最高的事件，用户一般都习惯用鼠标来实现对应用程序的操作。有时也需要用键盘来进行一些辅助性的操作，所以除鼠标事件外，还有键盘事件。在 Visual Basic 中还有一类特殊的事件，该事件是由系统自动触发的，这类事件称为系统事件。比如，定时器控件，该控件可在一定的时间间隔内自动产生 Timer 事件，以实现一些周期性的操作。

键盘事件（KeyDown、KeyUp、KeyPress）与高级鼠标事件（MouseDown、MouseUp、MouseMove）将在第 11 章中介绍，下面对常用的公共事件作一简单介绍。

（1）单击事件（Click）

当用户将鼠标指针置于对象上，按下鼠标左按钮并立即释放（即单击操作）时，便会在该对象上触发 Click 事件。还可以在程序代码中触发 Click 事件：

1）将一个 CommandButton 控件的 Value 属性设置为 True。

2）将一个 OptionButton 控件的 Value 属性设置为 True。

3）改变一个 CheckBox 控件的 Value 属性的设置。

事件过程格式：

```
Private Sub 〈对象名〉_Click( [Index AS Integer] )
    （过程代码）
End sub
```

说明：只有当对象为控件数组时，参数 Index 才会出现。Index 参数值由 Visual Basic 自动传入，在事件过程中可以引用，其值代表用户单击了控件数组中的哪一个成员。Index 参数也常出现在其他事件过程中，其含义相同，以后就不再赘述。

事件过程中的第一行和最后一行被称为过程头和过程尾，当选定了一个对象和对应的事件后，Visual Basic 会自动把过程头及过程尾列在窗口内，用户只要在两者之间输入程序代码即可。

在下面的叙述中，仅列出过程头。

（2）双击事件（DblClick）

当用户在对象上双击时产生 DblClick（双击）事件。

```
Private Sub 〈对象名〉_DblClick( [Index As Integer] )
```

（3）改变事件（Change）

当用户改变控件的内容时，产生 Change（改变）事件，事件过程格式为

```
Private Sub 〈对象名〉_Change([index As Integer])
```

此事件如何和何时发生随对象（控件）的不同而不同。

- 文本框：改变文本框的内容。该事件当用户改变正文或通过代码改变 Text 属性的设置时发生。
- 组合框：改变组合框控件的文本框部分的正文。该事件仅在 Style 属性设置为 0（下拉组合框）或 1（简单组合框）和正文被改变或者通过代码改变了 Text 属性的设置时才会发生。
- 目录列表框：改变所选择的目录。该事件在双击一个新的目录或通过代码改变 Path 属性的设置时发生。
- 驱动器列表框：改变所选择的驱动器。该事件当选择一个新的驱动器或通过代码改变 Drive 属性的设置时发生。
- 水平和垂直滚动条：移动滚动条的滚动框部分。该事件在进行滚动或通过代码改变 Value 属性的设置时发生。
- 标签：该事件当通过代码改变 Caption 属性的设置时发生。
- 图片框：改变图片框的内容。该事件当通过代码改变 Picture 属性的设置时发生。

说明：Change 事件过程可协调在各控件间显示的数据或使它们同步。例如，可用一个滚动条的 Change 事件过程更新一个文本框控件中滚动条的 Value 属性的设置，或者可以利用 Change 事件过程在一个工作区里显示数据和公式，在另一个区域里显示结果。

1.5 习题

一、选择题

1．下面对软件特点描述不正确的是（　　）。

A．软件是一种逻辑实体，具有抽象性

B．软件开发、运行对计算机系统具有依赖性

C．软件开发涉及知识产权、法律即心里等社会因素

D．软件运行存在磨损和老化问题

2．在面向对象的程序设计中，对象可以执行的操作和可被对象识别的动作分别被称为（　　）。

A．事件和方法　　B．方法和事件　　C．过程和事件　　D．方法和过程

3．以下叙述错误的是（　　）。

A．事件过程是响应特定事件的一段程序

B．不同的对象可以具有相同名称的方法

C．对象方法是执行指定操作的过程

D．对象事件的名称可以由编程者指定

4．以下叙述错误的是（　　）。

A．在 VB 的窗体中，一个命令按钮是一个对象

B．事件是能够被对象识别的状态变化或动作

C．事件都是由用户的键盘操作或鼠标操作触发的

D．不同的对象可以具有相同的方法

5．以下关于窗体的叙述中，错误的是（　　）。

A．窗体的 Name 属性用于标识一个窗体

B．运行程序时，改变窗体大小，能够触发窗体的 Resize 事件

C．窗体的 Enabled 属性为 False 时，不能响应单击窗体的事件

D．程序运行期间，可以改变 Name 属性值

二、上机题

1．理解单击（Click）和双击（DblClick）事件。用鼠标单击或双击窗体改变标签的标题，如图 1-35 所示。

2．在 Form1 的窗体上画一个文本框，名称为 Text1。画一个命令按钮，名称为 C1，标题为“显示”，它的 TabIndex 属性设为 0。请为 C1 设置适当的属性，使得当焦点在 C1 上时，按〈Esc〉键就调用 C1 的 Click 事件，该事件过程的作用是在文本框中显示“等级考试”，程序运行结果如图 1-36 所示。

图 1-35　理解 Click 和 DblClick 事件

图 1-36　上机题 2

3．在窗体上画一个文本框 Text1 和两个命令按钮 C1、C2，并把两个命令按钮的标题分别设置为“隐藏文本框”和“显示文本框”。当单击 C1 时，文本框消失；而当单击 C2 时，文本框重新出现，并在文本框中显示“VB 程序设计”（字体大小为 16），结果如图 1-37 所示。

4．在名称为 Form1 的窗体上绘制一个名称为 Cmd1 的命令按钮，其标题为“移动”，位于窗体的左上部。编写适当的事件过程，使程序运行后，每单击一次窗体，都使得命令按钮同时向右、向下移动 100。程序的运行情况如图 1-38 所示。

图 1-37　上机题 3

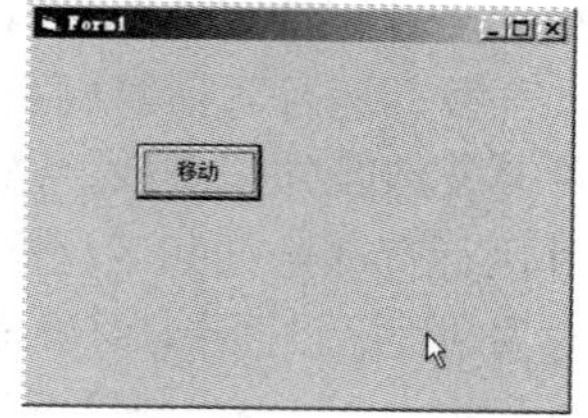

图 1-38　上机题 4

5．在窗体上画两个命令按钮，名称分别为 C1、C2，标题分别为“按钮 1”“按钮 2”，其中“按钮 2”的初始状态为不可用。请编写适当的事件过程，使得程序运行后单击“按钮 1”，使“按钮 2”变得有效，如图 1-39 所示。

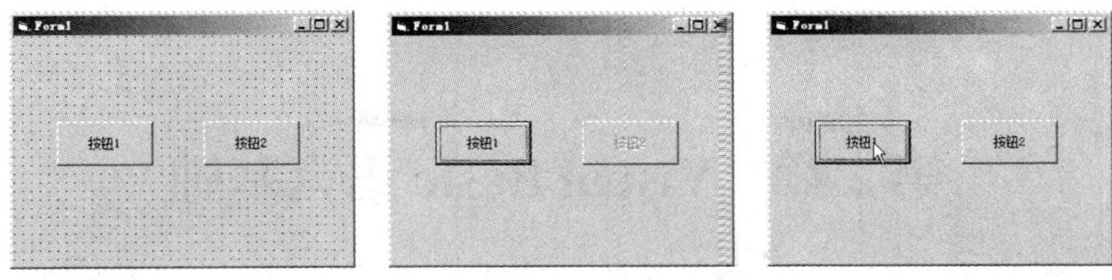

图 1-39　上机题 5

6．在名称为 Form1 的窗体上绘制两个文本框，名称分别为 T1、T2，初始情况下都没有内容。请编写适当的事件过程，使得程序运行时，在 T1 中输入的任何字符，立即显示在 T2 中，如图 1-40 所示（程序中不得使用任何变量）。

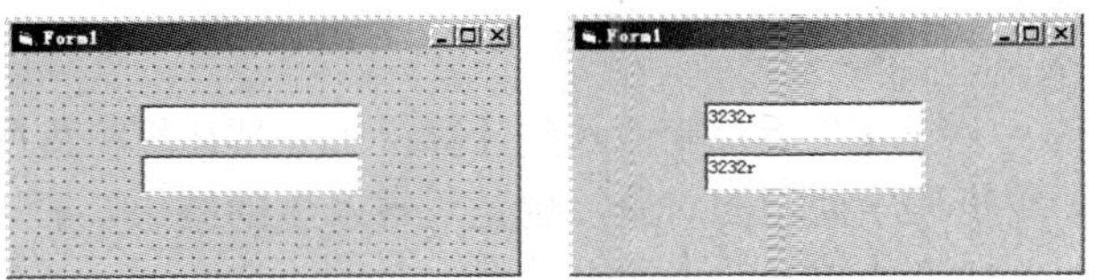

图 1-40　上机题 6

第 2 章　Visual Basic 语言基础

在利用窗体和控件为应用程序建立界面之后就需要编写代码，程序中大部分的实际工作是用程序代码来处理的，代码对用户和系统事件做出响应以执行任务。

VB 使用 BASIC 语言为语言基础，并得到了较大的扩展，既可以通过语言流程结构控制程序，也可以轻松地处理 VB 的对象和控件。

2.1　标准数据类型

描述客观事物的数、字符以及所有能输入到计算机中并被计算机程序加工处理的符号的集合称为数据。数据是计算机程序处理的对象，也是运算产生的结果，所以程序员应该掌握 VB 能处理哪些数据，掌握各种形式数据的表达方法。

为了更好地处理各种各样的数据，VB 定义了多种数据类型，表 2-1 列出了 VB 中定义的全部标准数据类型。

表 2-1　VB 的标准数据类型

类　型	名　称	存储空间/Byte	范　围
整型	Integer	2	–32 768～32 767，小数部分四舍五入
长整型	Long	4	–2 147 483 648～2 147 483 647，小数部分四舍五入
单精度浮点型	Single	4	负数：–3.402 823E38～–1.401 298E–45 正数：1.401 298E–45～3.402 823E38
双精度浮点型	Double	8	负数：–1.797 693 134 862 32D308～–4.940 656 458 412 47D–324 正数：4.940 656 458 412 47D–324～1.797 693 134 862 32D308
货币型	Currency	8	–922 337 203 685 477.5808 ～ 922 337 203 685 477.5807
字节型	Byte	1	0～255
变长字符串	String	字符串长度	0～大约 20 亿字节
定长字符串	String*size	size	1～65 535 字节（64KB）
布尔型	Boolean	2	True 或 False
日期型	Date	8	100.1.1～9999.12.31
对象型	Object	4	任何对象的引用
可变类型（数值）	Variant	16	任何数值，最大可达 Double 的范围
可变类型（字符）	Variant	字符串长度	与可变长度字符串有相同的范围

不同类型的数据，所占的存储空间不一样，选择使用合适的数据类型，可以优化代码的速度和大小。另外，数据类型不同，对其处理的方法也不同，这就需要进行数据类型的说明或定义。只有相同（相容）类型的数据之间才能进行操作，否则就会出现错误。

2.1.1 数值（Numeric）型数据

VB 有六种数值型的数据：整型、长整型、单精度浮点型、双精度浮点型、货币型和字节数据类型。

1．常规整型数（Integer）

常规整型数简称为整型数，表示不带小数点和指数符号的数，其内部存储空间和范围如表 2-1 所示。

整型数的运算速度较快，而且比其他数据类型占据的内存要少。在 For...Next 循环内作为计数器变量使用时，整型数尤为有用。

十进制整型数只能包含数字 0～9、正负号（正号可以省略）。其范围为–32 768～+32 767。例如：10，2566，–38，0。

十六进制整型数由数字 0～9、A～F 或 a～f 组成，并以&H 引导，后面的数据位数≤4 位，其范围为&H0～&HFFFF。

八进制数整型数由数字 0～7 组成，并以&O 或&引导，后面的数据位数≤6 位，其范围为&O0～&O177777。

2．长整型数（Long）

长整型数的数字组成与整数相同，正号可以省略，并且在数值中不能出现逗号（分节符）。长整型数内部存储空间和范围如表 2-1 所示。

十进制长整数的范围为–214 748 364 8～+214 748 364 7。如：327 68，–256 789 8，10。

十六进制长整数以&H 开头，以&结尾，其范围为&H0&～&HFFFFFFFF&。

八进制数长整数以&O 或&开头，以&结尾，其范围为&O0&～&O37777777777&。

3．单精度数（Single）

单精度数的内部存储空间和范围如表 2-1 所示。可表示最多 7 位有效数字的数，小数点可以位于这些数字的任何位置，正号可以省略。单精度数可以用定点形式和浮点形式来表示。

单精度数的定点形式是在该范围内含有小数的数。例如：

–3.4　　120.0　　+1.234　　.00069　　–31.246 83

单精度数的浮点形式是用科学计数法，即以 10 的整数次幂表示的数，以“E”来表示底数 10。例如-3.4×10^{5}，120.0×10^{-5}，$+1.234\times10^{12}$，0.00078×10^{-23}分别表示为

-3.4E5　　120.0E–5　　1.234E+12　　.00078E–23

4．双精度数（Double）

双精度数的内部存储空间和范围如表 2-1 所示。可表示最多 15 位有效数字的数，小数点可以位于这些数字的任何位置，正号可以省略。双精度数也有定点和浮点两种形式。

双精度数的定点形式是在该范围内含有小数的数。例如：

–31.123 456 789 012 3　　0.123 456 789 012 346　　1 234 567 890.123 46

双精度数的浮点形式是用科学计数法，以“D”来代表指数的底的数。例如：

–3.123 456 7D52　　120.123 456 8D–45　　0.234 567 89D+10

5．货币型（Currency）

货币型数的内部存储空间和范围如表 2-1 所示。Currency 数据类型支持小数点右面 4 位和小数点左面 15 位，它是一个精确的定点数据类型，适用于货币计算。浮点（Single 和 Double）数比 Currency 的有效范围大得多，但有可能产生小的进位误差。

6．字节型（Byte）

Byte 数表示无符号的整数，范围为 0～255。除一元减法外，所有可对整数进行操作的运算符均可操作 Byte 数据类型。因为 Byte 是从 0～255 的无符号类型，所以不能表示负数。因此，在进行一元减法运算时，VB 首先将 Byte 转换为符号整数。

说明：

1）如果数据包含小数，则应使用 Single、Double 或 Currency 型。

2）如果数据为二进制数，则应使用 Byte 数据类型。把二进制数存储为 Byte 型后，在读文件、写文件、调用 DLL、调用对象的方法和属性时，VB 都会自动在 ANSI 和 Unicode 之间进行转换。

3）在 VB 中，数值型数据都有一个有效的范围值，程序中的数如果超出规定的范围，就会出现“溢出”信息（Overflow）。如果小于范围的下限值，系统将按“0”处理；如果大于上限值，则系统只按上限值处理，并显示出错误信息。

4）一般情况下 VB 使用十进制数计数，但有时也使用十六进制数和八进制数表示，表示值时它们与十进制是等价的。

5）所有数值变量都可相互赋值，也可对 Variant 类型变量赋值。在将浮点数赋予整数之前，VB 要将浮点数的小数部分四舍五入，而不是将小数部分去掉。

2.1.2 字符（String）型数据

字符型数据是指一切可打印的字符和字符串，它是用双引号括起来的一串字符。一个西文字符占一个字节，一个汉字或全角字符占两个字节。字符串允许的最大长度如表 2-1 所示。在 VB 中有两种类型字符串：变长字符串和定长字符串。

1．变长字符串

可变长字符串是指字符串的长度是不固定的，随着对字符串变量赋予新的字符串，它的长度可增可减。按照默认规定，一个字符串如没有定义成固定长的，都属于可变长字符串。例如："Visual Basic"，"可视化编程"。

2．定长字符串

固定长字符串是指它在程序执行过程中，始终保持其长度不变的字符串。例如，下列语句声明一个长度为 20 个字符的字符串变量：

```
Dim EmpAddress As String * 20
EmpAddress = "Beijing,China"
```

如果赋予字符串的字符少于 20 个，则用空格将 EmpAddress 的不足部分填满。如果赋予字符串的长度超过 20 个，则截去超出部分的字符。

2.1.3 布尔（Boolean）型数据

布尔型数据只有两个值：真（True）和假（False），经常被用来表示逻辑判断的结果。任何只有两种状态的数据，如 True 或 False、Yes 或 No、On 或 Off 等，都可以表示为布尔型。

当把数值型数据转换为 Boolean 型时，0 会转换为 False，其他非 0 值转换为 True。当把 Boolean 值转换为数值型时，False 转换为 0，True 转换成–1。

2.1.4 日期（Date）型数据

Date 型数据用来表示日期和时间，可以表示多种格式的日期和时间。Date 型数据用两个“#”符号把表示日期和时间的值括起来，就像字符串数据用双引号括起来一样。例如：#11/18/1999#，#1999-11-18#，#11/18/1999 10:28:56 pm#。如果输入的日期或时间是非法的或不存在的，系统将提示出错。

2.1.5 对象（Object）型数据

Object 型数据可用来表示应用程序中或某些其他应用程序中的对象。可以用 Set 语句指定一个被声明为 Object 的变量去引用应用程序所识别的任何实际对象。例如：

```
Dim objDb As Object
Set objDb = OpenDatabase("c:\Vb6\Biblio.mdb")
```

在声明对象变量时，应使用特定的类，而不用一般的 Object（例如用 TextBox 而不用 Control，如上面的例子，用 Database 取代 Object）。运行应用程序之前，VB 可以决定引用特定类型对象的属性和方法。因此，应用程序在运行时速度会更快。

2.1.6 可变（Variant）类型数据

Variant 类型的数据能够表示所有系统定义类型的数据，当把它们赋予 Variant 型时，不必在这些数据的类型间进行转换，VB 会自动完成任何必要的转换。例如：

```
SomeValue = "18"                ' SomeValue 包含“18”（双字符的串），字符型
SomeValue = SomeValue – 15      ' 现在 SomeValue 包含数值 3，数值型
SomeValue = "U" & SomeValue     ' 现在 SomeValue 包含“U3”（双字符的串），字符型
```

要尽量少用 Variant 数据类型，以避免发生错误。如果对 Variant 变量进行数学运算，则 Variant 必包含某个数。如果连接两个字符串，则应该用“&”操作符，而不要用“+”操作符。

2.2 变量

在程序中处理数据时，对于输入的数据、参加运算的数据、运行结果等临时数据，通常将它暂时存储在计算机的内存中。变量就是命名的内存单元位置，一旦定义了某个变量，该变量表示的都将是同一个内存位置，程序员使用变量名，就可在程序的其他部分引用该内存位置，直到释放该变量。

一个变量在一个时刻只能存放一个值。如果某一个变量在程序运行中数据发生变化，则现行值将取代原来的数据。例如将整型数 6 放到变量 a 中，则原来的数被清除，现行值 6 就成为变量 a 的值。

变量有两个特性：名字和数据类型。变量的名字用于在程序中标识变量和使用变量的值，数据类型则确定变量中能保存哪种数据。

在 VB 中，变量有两种形式：属性变量和内存变量。在窗体中设计用户界面时，VB 会自动为产生的对象（包括窗体本身）创建一组变量，即属性变量，并为每个变量设置其默认值。这类变量可供程序员直接使用，如引用其值或赋予新值。

由于属性变量是 VB 系统自动创建的，所以无须程序员费心。内存变量则要靠程序员根据程序需要创建，下面主要介绍内存变量的建立方法。

2.2.1 变量的命名规则

变量代表在程序执行过程中其值可以改变的存储单元，这个存储单元的名字称为变量名。

变量名可以是任何有效的标示符，但不能是关键字（VB 的关键字是指 VB 中系统已经定义的词，如命令语句、内部函数、运算符名等），并且必须以字母开头，如：sum，a2，不能是 2a。变量名的最大长度是 255 个字符，只能含字母、数字和下画线。

取名最好使用有明确实际意义和容易记忆以及通用的变量名，即要见名知义。比如用 sum（或 s）代表求和，用 difference（或 d）代表求差等。

VB 是不区分大小写的，所以认为 a1 和 A1 是相同的。关键字也是不区分大小写的，VB 自动地设置关键字的第一个字母为大写，因此输入的 dim 将转变为 Dim。Microsoft 推荐的变量命名规则为：变量名以小写字母开头，第一个单词后面的每个单词都以大写字母开头，其他字母小写，以保证对变量名能够进行正确的断句。例如：userTable、name、dateHired 等。

在为变量命名时还应注意：

1）尽可能简单明了，尽量不要使变量名太长，因为太长了不便于阅读和书写。

2）变量名不能与过程名和符号常量名相同。

3）变量名在同一个范围内必须是唯一的。

2.2.2 变量的声明

与其他语言不同，VB 不要求程序员在使用变量前特别声明。如果没有声明变量，VB 使用称为“可变类型（Variant）”的默认数据类型。然而，使用可变类型存储通用信息有两个缺点：一是它会浪费内存空间，二是在与某些数据处理功能同时使用时可变类型可能无效。所以，在使用变量前最好先声明变量，把将要用到的数据类型告诉程序。

1. 声明变量

所谓声明变量，就是用一个语句来定义变量的类型，又称为显式声明。声明变量的语句并不把值分配给变量，而是告知变量将会包含的数据。声明语句的语法为

{Dim | Private | Static | Public} 〈变量名〉[As 〈类型〉][,〈变量名 2〉[As 〈类型 2〉]] …

说明：

1）Public 语句用来声明公有的模块级变量，Private 或 Dim 语句用来声明私有的模块级变量，Dim 或 Private 或 Static 语句来声明过程级局部变量（参见第 8 章）。

2）〈变量名〉遵循标准的变量命名约定。

3）〈类型〉用来定义被声明〈变量名〉的数据类型或对象类型。变量的数据类型可以是表 2-1 中的类型，也可以是用户自定义的类型。例如：

```
Dim count As Integer
Private sum As Single, name As String
Static average As Single
Public yn As Boolean
Private name1 As String*8
Dim aa                                  ' 若没有指定类型，变量是 Variant 类型
```

使用声明语句建立一个变量后，VB 自动将数值类型的变量赋初值 0，将字符或 Variant 类型的变量赋空串，将布尔型的变量赋 False。

使用变量时，VB 会自动转换变量值的类型，使变量的值与声明语句中的名字相匹配。例如，声明变量为

```
Dim count As Integer
```

当为该变量赋值时：

```
count = 1.5                                    ' 数 1.5 为单精度浮点型 Single
```

变量 count 会自动将 1.5 转换为整型数（Integer）2（四舍五入）。

2．强制显式声明变量语句 Option Explicit

声明变量可以有效地降低错误率。为了避免写错变量名引起的麻烦，可以规定在使用变量前，必须先用声明语句进行声明，否则 VB 将发出警告“Variable not defined”（变量未定义）。要强制显式声明变量，可以在类模块、窗体模块或标准模块的声明段中加入语句：

```
Option Explicit
```

或选择“工具”菜单中的“选项”命令，在打开的“选项”对话框中选择“编辑器”选项卡，再复选“要求变量声明”选项，如图 2-1 所示。

Option Explicit 语句的作用范围仅限于语句所在模块，所以，对每个需要强制显式变量声明的窗体模块、标准模块及类模块，必须将 Option Explicit 语句放在这些模块的声明段中。如果选择“要求变量声明”命令，VB 会在后续的窗体模块、标准模块及类模块中自动插入 Option Explicit，这一语句总是显示在代码编辑窗口的顶部，如图 2-2 所示。

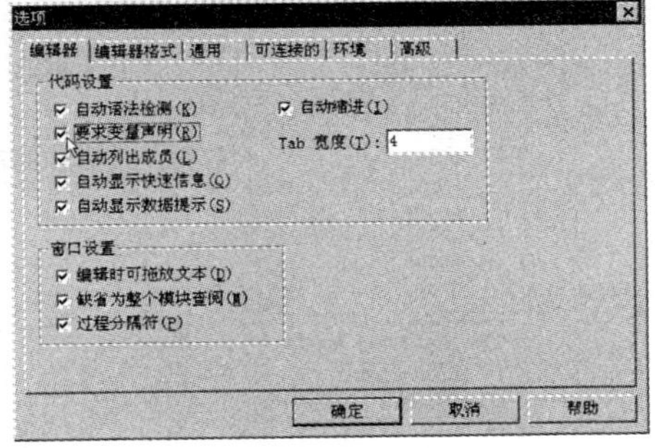

图 2-1 “选项”对话框

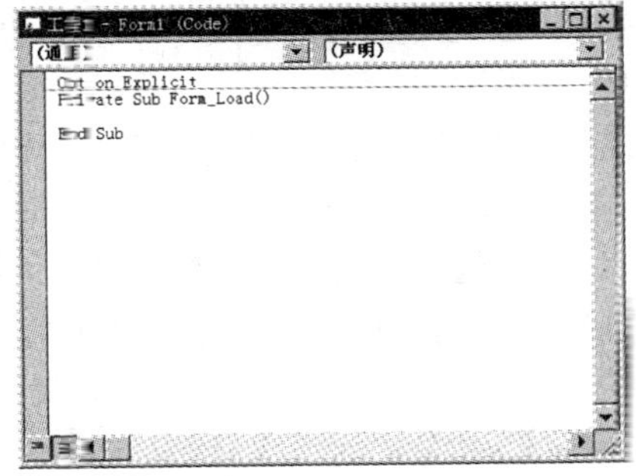

图 2-2 代码窗口

注意：VB 不会将 Option Explicit 加入到现有代码中，必须在工程中通过手工将 Option Explicit 语句加到任何现有模块中。方法是：激活代码编辑窗口，从对象下拉列表框中选择“(通用)”，从过程下拉列表框中选择“(声明)”，在图 2-2 所示的位置输入 Option Explicit。

2.3 常量

常量是指在程序运行过程中始终保持不变的常数、字符串等。在 VB 中，有两种形式的常量：直接常量和符号常量。

直接常量就是在程序代码中，以直接明显的形式给出的数据。如果在程序中多次出现一些很大的数字或很长的字符串，为了改进代码的可读性和可维护性，应该使用符号常量，即给某一特定的值赋予一个名字，以后用到这个值时就用名字代表，这样便于程序修改和阅读。符号常量有点像变量，但不能像对变量那样修改符号常量，也不能对符号常量赋以新值。

2.3.1 直接常量

根据使用的数据类型，常量分为：字符串常量、数值常量、布尔常量和日期常量。

1．字符串常量

字符串常量就是用双引号括起来的一串字符。这些字符可以是除双引号“"”和回车、换行符以外的所有字符，例如："A"，"123"。如果一个字符串仅有双引号（即双引号中无任何字符，也不含空格），则称该字符串为空串，即""。

2．数值常量

数值常量就是常数，共有五种数值类型：整数、长整数、定点数、浮点数和字节数。

3．布尔常量

布尔常量只有 True（真）和 False（假）两个值。

4．日期常量

用两个“#”符号把表示日期和时间的值括起来表示日期常量。例如：#06/20/2000#。

2.3.2 符号常量

符号常量又分为两种：内部（系统定义）常量和符号（用户定义）常量。

1．系统内部定义的常量

内部或系统定义的常量是 VB 和控件提供的。这些常量可与应用程序的对象、方法和属性一起使用，在代码中可以直接使用它们。可以在“对象浏览器”中的查看内部常量。选择“视图”菜单中的“对象浏览器”，则打开“对象浏览器”窗口，如图 2-3 所示。在下拉列表框中选择 VBA 对象库，然后在“类”列表框中选择“全局”，右侧的成员列表中可以显示预定义的常量，窗口底端的文本区域中将显示该常量的功能。

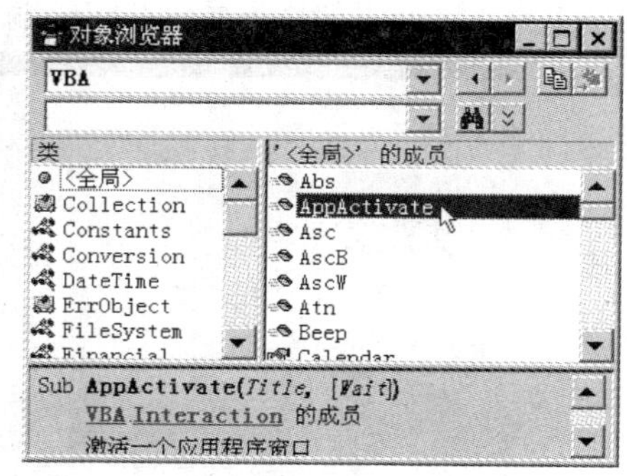

图 2-3 “对象浏览器”窗口

在为属性或变量输入数据时，应该检查一下是否有系统已经定义好的常量可供使用，使用系统常量可使代码具备自我解释功能，易于阅读和维护。

2．用户定义的符号常量

（1）符号常量的声明

尽管 VB 内部定义了大量的常量，但是有时程序员还是需要创建自己的符号常量。用户定义常量使用 Const 语句来给常量分配名字、值和类型。声明常量的语法为

[Public | Private] Const 〈常量名〉 [As 〈数据类型〉] = 〈表达式〉 …

说明：

1）〈常量名〉的命名规则与变量名一样。

2）〈表达式〉由数值常量、字符串等常量及运算符组成，可以包含前面定义过的常量，但不能使用函数调用。

Const 语句可以声明数值常量或日期常量：

```
Const pi = 3.14159265358979
Public Const maxPlanets As Integer = 9
Const releaseDate = #12/18/99#
```

也可用 Const 语句定义字符串常量：

```
Public Const version = "07.10.A"
Const codeName = "Enigma"
```

如果用逗号分隔，则在一行中可放置多个常量声明：

```
Public Const pi = 3.14, maxPlanets = 9, worldPop = 6E+09
```

等号“=”右边的表达式往往是数字或字符串，但也可以是其结果为数或字符串的表达式（尽管表达式不能包含函数调用）。甚至可用先前定义过的常量定义新常量。

```
Const pi2 = pi * 2
```

常量一经定义，就可将其放置在代码中，使代码更可读。例如：

```
Static solarSystem (1 To maxPlanets)
If people > worldPop Then Exit Sub
```

（2）符号常量的使用规则

与变量声明一样，Const 语句也有范围，也使用相同的规则：

1）为创建仅存在于过程中的常量，应在该过程内部声明常量。如 Const a=20。

2）为创建一个常量，使它对模块中所有过程都有效，但对模块之外任何代码都无效，应在模块的声明段中声明常量。如 Private Const a=20。

3）为创建在整个应用程序中有效的常量，应在标准模块声明段中进行声明，并在 Const 前放置 Public 关键字。如 Public Const a=20。在窗体模块或类模块中不能声明 Public 常量。

由于常量可以用其他常量定义，因此在两个以上常量之间不要出现循环或循环引用。当程序中有两个以上的公用常量，而且每个公用常量都用另一个去定义时就会出现循环。例如：

在 Module1 中：

```
Public Const a = b * 2                    ' 在整个应用程序中有效
```

在 Module2 中：

```
Public Const b = a / 2                    ' 在整个应用程序中有效
```

如果出现循环，在试图运行此应用程序时，VB 就会产生错误信息，不解决循环引用就不能运行程序。为避免出现循环，可将公共常量限制在单一模块内，或最多只存在于少数几个模块内。

2.4 表达式

运算是对数据进行加工的过程，描述各种不同运算的符号称为运算符，而参与运算的数据称为操作数。表达式用来表示某个求值规则，它由运算符和配对的圆括号将常量、变量、函数、对象等操作数以合理的形式组合而成。

表达式可用来执行运算、操作字符或测试数据，每个表达式都产生唯一的值。表达式的类型由运算符的类型决定。在 VB 中有五类运算符和表达式：算术运算符和算术表达式、字符串运算符和字符串表达式、日期运算符和日期表达式、关系运算符和关系表达式、布尔运算符和布尔表达式。本节先介绍前三类，关系运算符和关系表达式、布尔运算符和布尔表达式将在第 4 章中作详细介绍。

2.4.1 算术表达式

算术表达式也称数值型表达式，由算术运算符、数值型常量、变量、函数和圆括号组成，其运算结果为一数值。算术表达式的格式为

〈数值 1〉〈算术运算符 1〉〈数值 2〉[〈算术运算符 2〉〈数值 3〉]

1. 算术运算符

VB 有七个算术运算符，如表 2-2 所示。在这七个算术运算符中，只有取负“–”是单目运算符，其他均为双目运算符。加（+）、减（–）、乘（*）、浮点除法（/）、取负（–）、乘方（^）运算的含义与数学中基本相同。

表 2-2 算术运算符

运 算 符	名 称	表达式例子
^	乘方	a ^ b
*	乘法	a * b
/	浮点除法	a / b
\	整数除法	a \ b
Mod	求余的模运算	a Mod b
+	加法	a+b
–	减法	a-b，-c

1）/ 和 \ 的区别：1 / 2 = 0.5，1 \ 2 = 0。整除号 \ 用于整数除法，在进行整除时，如果参加运算的数据含有小数，首先将它们四舍五入，使其成为整型数或长整型数（必须保证它们为 –2 147 483 648.5～+2 147 483 647.5），然后再进行运算，其结果截尾成整型数。

2）模运算符 Mod 用来求整型除法的余数。其结果为第 1 个操作数整除第 2 个操作数所得的余数。例如：9 Mod 7 的值为 2，16 Mod 25 的值是 16。若表达式为：25.58 Mod 6.91，则首先把 25.58 和 6.91 分别取整为 26 和 7，运算结果为 5。

3）进行除法（包括整除）运算时除数为 0 或进行乘幂运算时指数为负数而底数为 0 时，都会产生算术溢出的错误信息。

2．表达式的书写规则

算术表达式与数学中的表达式写法有所区别，在书写表达式时应当特别注意：

1）每个符号占 1 格，所有符号都必须一个一个并排写在同一横线上，不能在右上角或右下角写方次或下标。例如：2^3 要写成 2^3，x_1+x_2 要写成 x1+x2。

2）原来在数学表达式中省略的内容必须重新写上。例如：2x 要写成 2 * x。

3）所有括号都用小括号（ ），括号必须配对。例如：3[x+2(y+z)]必须写成 3 *(x+2*(y+z))。

4）要把数学表达式中的有些符号，改成 VB 中可以表示的符号。例如：要把 2πr 改为 2*pi*r。

3．算术运算符的优先级

在算术表达式中包含各种算术运算符，必须规定各个运算的先后顺序，这就是算术运算符的优先级。表 2-3 由高到低列出了算术运算符的优先顺序。

表 2-3 运算符的优先顺序

优先顺序	运算符
1	^（指数运算）
2	–（负数）
3	*、/（乘法和除法）
4	\（整数除法）
5	Mod（求模运算）
6	+、–（加法和减法）

其中乘和浮点除是同级运算符，加和减是同级运算符。当一个表达式中含有多种算术运算符时，将按上述顺序求值。如果表达式中含有括号“（ ）”，则先计算括号内表达式的值；如果有多层括号，先计算最内层括号中的表达式。

2.4.2 字符串表达式

一个字符串表达式由字符串常量、字符串变量、字符串函数和字符串运算符组成。它可以是一个简单的字符串常量，也可以是若干个字符串常量或字符串变量的组合。VB 只有一种字符串运算符，即连接运算符“&”，该运算符用于连接两个或更多的字符串。字符串表达式的格式为

〈字符串 1〉 & 〈字符串 2〉 [& 〈字符串 3〉]

当两个字符串用连接运算符连接起来后，第二个字符串直接添加到第一个字符串的尾部，结果是一个更长的、包含两个源字符串的全部内容的字符串。如果要把多个字符串连接起来，每两个字符串之间都要用“&”号分隔。例如：

```
"ABC123" & "666xyz"                ' 连接后结果为："ABC123666xyz"
"计算机" & "世界"                   ' 连接后结果为："计算机世界"
"123   45" & "abcd   " & "   xyz   "   ' 连接后结果为："123   45abcd      xyz   "
```

除用“&”把两个表达式强制连接成一个字符串外，还可以用“+”把两个字符串连接成一个字符串。为了避免与算术加法运算符产生混淆，应该用“&”号。另外，“&”会自动将非字符串类型的数据转换成字符串后再进行连接，而“+”则不能自动转换。例如：

```
123 & 456 & "abc"                  ' 连接后结果为："123456abc"
```

2.4.3 日期表达式

日期型表达式由算术运算符"+、–"、算术表达式、日期型常量、日期型变量和函数组成。日期型数据是一种特殊的数值型数据，它们之间只能进行加"+"、减"–"运算。有下面三种情况：

1）两个日期型数据可以相减，结果是一个数值型数据（两个日期相差的天数）。例如：

```
#12/19/1999# – #11/16/1999#          ' 结果为数值型数据：33
```

2）一个表示天数的数值型数据可加到日期型数据中，其结果仍然是一个日期型数据（向后推算日期）。例如：

```
#11/16/1999# + 33                    ' 结果为日期型数据：#1999-12-19#
```

3）一个表示天数的数值型数据可从日期型数据中减掉它，其结果仍然是一个日期型数据（向前推算日期）。例如：

```
#12/19/1999# – 33                    ' 结果为日期型数据：#1999-11-16#
```

2.5 常用内部函数

函数的概念与一般数学中函数的概念没有什么根本区别。函数是一种特定的运算，在程序中要使用一个函数时，只要给出函数名并给出一个或多个参数，就能得到它的函数值。

在 VB 中，有两类函数：内部函数和用户定义函数。用户定义函数是由用户自己根据需要定义的函数。内部函数也称标准函数，VB 提供了大量的内部函数。在这些函数中，有些是通用的，有些则与某种操作有关。这些函数可分为：转换函数、数学函数、字符串函数、日期时间函数、随机函数。下面列出一些常用的内部函数，其具体用法和示例请读者查阅联机帮助 MSDN Library Visual Studio 6.0(CHS)。

2.5.1 数学运算函数

数学运算函数用于各种数学运算。常用数学运算函数如表 2-4 所示。

表 2-4 常用数学运算函数

函　数	功　能	例子与结果	
Sin(x)	x 弧度的正弦	Sin(90/180*3.14159)	.99999999999912
Cos(x)	x 弧度的余弦	Cos(90/180*3.14159)	1.32679489667753E-06
Atn(x)	x 弧度的反正切值	Atn(1)/3.14159*180	45.000038009906
Tan(x)	x 弧度的正切	Tan(45*3.14159/180)	.999998673205984
Abs(x)	数 x 的绝对值	Abs(3)，Abs(-7.8)	3　　7.8
Exp(x)	e 的 x 次幂	Exp(1), Exp(-2)	2.71828182845905　.135335283236613
Log(x)	数 x 的自然对数	Log(10), Log(2.7183)	2.30258509299405　1.00000668491399
Sgn(x)	数 x 的符号值	Sgn(-4), Sgn(33)	-1　　1

（续）

函　数	功　能	例子与结果	
Sqr(x)	数 x 的平方根	Sqr(2)	1.4142135623731
Int(x)	不大于给定数 x 的最大整数	Int(3.6), Int(-2.14)	3　　-3
Fix(x)	数 x 的整数部分	Fix(3.6), Fix(-2.14)	3　　-2

2.5.2 字符串函数

VB 提供了大量的字符串函数，具有强大的字符串处理能力，如表 2-5 所示。

表 2-5　常用字符串函数

函　数	功　能	例子与结果	
Ltrim(c)	删除 c 的左端空格	"ab" + LTrim("□□cd")	abcd
Rtrim(c)	删除 c 的右端空格	RTrim("ab□□") + "cd"	abcd
Trim(c)	删除 c 的左、右两端空格	"a" + Trim("□b□") + "c"	abc
Left(c, n)	返回从字符串左边开始的指定数目的字符	Left("ABC", 2)	AB
Right(c, n)	返回从字符串右端开始的指定数目的字符	Right("ABC", 2)	BC
Mid(c, n, m)	返回从字符串 c 位置 n 开始的 m 个字符	Mid("ABC", 2, 1)	B
Len(c)	返回字符串 c 的长度	Len("ABC"), Len("函数")	3　　2
Instr(c1,c2)	返回字符串 c2 在字符串 c1 中出现的开始位置	InStr("ABC", "B")	2
Space(n)	返回由指定数目空格字符组成的字符串	"a" + Space(2) + "b"	a　b
String(n, c)	返回包含一个字符重复指定次数的字符串	String(4, "c")	cccc
Lcase(c)	返回以小写字母组成的字符串	LCase("aBc")	abc
Ucase(c)	返回以大写字母组成的字符串	UCase("aBc")	ABC
Str	返回把数值型数据转换为字符型后的字符串	"π=" + Str(3.141593)	π= 3.141593
Val	把一个数字字符串转换为相应的数值	Val("23.7"), Val("2+3")	23.7　　2

说明：表中的“□”符号表示占位空格。

2.5.3 日期和时间函数

时间和日期函数使程序能向用户显示日期和时间，提供某个事件何时发生及持续时间长短的信息。时间和日期函数如表 2-6 所示。

表 2-6　常用日期和时间函数

函　数	功　能	例子与结果	
Now	返回系统日期和时间（yy-mm-dd hh:mm:ss）	Now	2014-3-8 10:28:12
Date	返回当前日期（yy-mm-dd）	Date	2014-3-8
Day(d)	返回月中第几天（1～31）	Day(#3/4/2014#)	4
WeekDay(d)	返回是星期几（1～7）	Weekday(#3/3/2014#)	6
Month(d)	返回一年中的某月（1～12）	Month(#5/3/2014#)	5
Year	返回年份（yyyy）	Year(#1/9/2014#)	2014

（续）

函 数	功 能	例子与结果	
Hour	返回小时（0～23）	Hour(#1/9/2014 3:25:37 PM#), Hour(Time)	15 21
Minute	返回分钟（0～59）	Minute(#2014-4-09 08:25:37 P#)	25
Second	返回秒（0～59）	Second(#2014-4-09 08:25:37 P#)	37
Timer	返回从午夜算起已过的秒数	Timer	75824.58
Time	返回当前时间（hh:mm:ss）	Time	21:06:15

2.5.4 格式输出函数

用格式输出函数 Format()可以使数值、日期或字符型数据按指定的格式输出。Format 函数的语法格式为

Format(〈表达式〉,〈格式字符串〉)

说明：

1）〈表达式〉可以是数值型、日期型或字符型的表达式。

2）〈格式字符串〉是一个字符串常量或变量，由专门的格式说明字符组成。这些说明字符决定了数据项〈表达式〉的显示格式和长度。

3）当〈格式字符串〉是字符串常量的时候，必须放在双引号中。

4）格式输出函数 Format()返回一个 Variant 类型的值。

格式说明字符按照类型可以分为数值型、日期型和字符型，如表 2-7～表 2-9 所示。

表 2-7 常用的数值型格式说明字符

字 符	说 明	例子与结果	
#	数字占位符。显示一位数字或什么都不显示。如果表达式在格式字符串中#的位置上有数字存在，那么就显示出来；否则，该位置就什么都不显示	Format(123.45, "####.###")	123.45
0	数字占位符。显示一位数字或是零。如果表达式在格式字符串中 0 的位置上有一位数字存在，那么就显示出来；否则，就以零显示	Format(123.45, "0000.000")	0123.450
.	小数点占位符		
,	千分位符号占位符	Format(1234.5, "#,###.##")	1,234.5
%	百分比符号占位符。表达式乘以 100。而百分比字符（%）会插入到格式字符串中出现的位置上	Format(0.12345, "0.00%")	12.35%

表 2-8 常用的时间日期型格式说明字符

字 符	说 明	例子与结果	
dddddd	以完整日期表示法显示日期系列数（包括年、月、日）	Format(Date, "dddddd")	2014 年 5 月 15 日
mmmm	以全称来表示月(January～December)	Format(Date, "mmmm")	May
yyyy	以四位数来表示年	Format(Date, "yyyy")	2014
Hh	以有前导零的数字来显示小时(00～23)		

（续）

字　符	说　　明	例子与结果	
Nn	以有前导零的数字来显示分(00～59)		
Ss	以有前导零的数字来显示秒(00～59)	Format(Time, "Hh:Nn:Ss")	20:56:01
ttttt	以完整时间表示法显示（包括时、分、秒），用系统识别的时间格式定义的时间分隔符进行格式化。默认的时间格式为h:mm:ss	Format(Time, "ttttt")	20:57:06
AM/PM	在中午前以 12 小时配合大写 AM 符号来使用；在中午和11:59P.M.间以 12 小时配合大写 PM 来使用	Format(Time, "tttttAM/PM")	20:57:46PM

表 2-9　常用的字符型格式说明字符

字　符	说　　明	例子与结果
@	字符占位符。显示字符或是空白。如果字符串在格式字符串中@的位置有字符存在，那么就显示出来；否则，就在那个位置上显示空白。除非有惊叹号字符（!）在格式字符串中，否则字符占位符将由右而左被填充	Format("ABab", "@@@@@") 返回："□ABab"
&	字符占位符。显示字符或什么都不显示。如果字符串在格式字符串中和号（&）的位置有字符存在，那么就显示出来；否则，就什么都不显示。除非有惊叹号字符（!）在格式字符串中，否则字符占位符将由右而左被填充	Format("ABab", "&&&&&") 返回："ABab"
<	强制小写。将所有字符以小写格式显示	Format("ABab", "<@@@@@") 返回："□abab"
>	强制大写。将所有字符以大写格式显示	Format("ABab", ">@@@@@") 返回："□ABAB"
!	强制由左而右填充字符占位符。默认值是由右而左填充字符占位符	Format("ABab", "!@@@@@") 返回："ABab□"

2.5.5　随机数语句和函数

在测试、模拟和游戏程序中，经常要使用随机数，随机数语句和函数如表 2-10 所示。

表 2-10　随机数函数和语句

函数和语句	说　　明
Randomize	产生随机数的种子
Rnd()	产生 0～1 的随机数

2.5.6　数据类型转换函数

在 VB 中，一些数据类型可以自动转换，例如数字字符串可以自动转换为数值型，但是，多数类型不能自动转换，这就需要用类型转换函数来显式地说明。转换函数如表 2-11 所示。

表 2-11　数据类型转换函数

函　数	返回类型	参数范围	例子与结果	
CBool	Boolean	任何有效的字符串或数值表达式	CBool(23)	True
CByte	Byte	0～255	CByte(23)	23
CCur	Currency	–922 337 203 685 477.5808～922 337 203 685 477.5807	CCur(233.33345)	233.3334

（续）

函　数	返回类型	参数范围	例子与结果	
CDate	Date	任何有效的日期表达式	CDate("2014-1-1")	2014-1-1
CDbl	Double	负数：–1.79769313486232E308～–4.94065645841247E–324； 正数：4.94065645841247E–324～1.79769313486232E308		
Cint	Integer	–32 768～32 767，小数部分四舍五入	CInt(20060.0011111)	20060
CLng	Long	–2 147 483 648～2 147 483 647，小数部分四舍五入	CLng(2006011100.1)	2006011100
CSng	Single	负数：–3.402823E38～–1.401298E-45； 正数：1.401298E–45～3.402823E38		
CStr	String	依据参数返回 CStr	CStr(2006011100.11)	2006011100.11
CVar	Variant	若为数值，则范围与 Double 相同； 若不为数值，则范围与 String 相同		
CVErr	Error	将实数转换成错误值	CVErr(100)	错误 100

每个类型转换函数都可以强制将一个表达式转换成某种特定数据类型。例如：

```
Area = CDbl(txtLength.Text * txtWidth.Text)
```

注意：如果传递给函数的参数超过转换目标数据类型的范围，将发生错误。例如，如果想把 Long 型数转换成 Integer 型数，那么，Long 型数必须在 Integer 数据类型的有效范围之内。一般不必了解 VB 为特殊变量使用哪一种变量类型，若想了解 VB 正在使用哪种变量类型，可使用 VarType 函数。

2.6 程序语句

VB 程序中的一行代码称为一条程序语句，简称为语句。

2.6.1 语句

语句是执行具体操作的指令，每个语句行以回车（〈Enter〉键）结束。一个语句行的长度最多不能超过 1023 个字符。程序语句是 VB 关键字、属性、函数、运算符以及能够生成 VB 编辑器可识别指令的符号的任意组合。一个完整的程序语句可以简单到只有一个关键字，例如：

```
Beep
```

语句也可以是各种元素的组合，如下面语句，把当前系统时间赋值给标签的 Caption 属性：

```
Label1.Caption = Time
```

对象名　属性名　赋值号　VB 函数

建立程序语句时必须遵从的构造规则称为语法。编写正确程序语句的前提，就是学习语言元素的语法，并在程序中使用这些元素正确地处理数据。

VB 中许多命令语句，早期 BASIC 版本中的某些语句（如 Print、Cls、Line）在 VB 中改为方法，而依附于对象，大部分语句（如流程控制、赋值、注释、结束等）仍保留为语句。

2.6.2 语句的书写规则

在编写程序代码时要遵循一定的规则，这样写出的程序既能被 VB 正确地识别，又能增加程序的可读性。默认情况下，在输入语句的过程中，VB 将自动对输入的内容进行语法检查，如果发现语法错误，将弹出一个信息框提示出错的原因。VB 还会按约定对语句进行简单的格式化处理，例如关键字、函数的第 1 个字母自动变为大写。

1．一行中的多条语句

一般情况下，输入程序时要求一行写一个语句。但是也可以使用复合语句行，即把几个语句放在一个语句行中，语句之间用冒号“:”隔开。例如：

```
Private Sub〈对象名〉_DblClick( [index As Integer] )
Text1.Text = "Hello" : red = 255 : Text1.BackColor = red
```

2．语句的续行

当一条语句很长时，在代码编辑窗口阅读程序时将不便查看，使用滚动条又比较麻烦。这时，就可以使用续行功能，用续行符“_”将一个较长的语句分为多个程序行。例如：

```
strMyStr="当前用户为：" &  _
                strUsername
```

在使用续行符时，在它前面至少要加一个空格，并且续行符只能出现在行尾。

2.6.3 命令格式中的符号约定

为了便于解释语句、方法和函数，本书语句、方法和函数格式中的符号采用统一约定。在各语句、方法、函数的语法格式和功能说明中，以尖括号〈 〉、方括号[ ]、花括号{ }、竖线|、逗号加省略号,...、省略号...作为专用符号，这些符号的含义如表 2-12 所示。

表 2-12 约定的符号

符 号	含 义
〈 〉	为必选参数表示符。尖括号中的中文提示说明，由使用者根据问题的需要提供具体参数。如果缺少必选参数，语句则发生语法错误
[ ]	为可选参数表示符。方括号中的内容选与不选由用户根据具体情况决定，且都不影响语句本身的功能。如省略，则为默认值
|	为多中取一表示符，含义为“或者选择”。竖线分隔多个选择项，必须选择其中之一
{ }	包含多中取一的各项
,...	表示同类项目的重复出现
...	表示省略了在当时叙述中不涉及的部分

注意：这些专用符号和其中的提示，不是语句行或函数的组成部分。在输入具体命令或函数时，上面的符号均不可作为语句中的成分输入计算机，它们只是语句、函数格式的书面表示。例如：

[〈对象表达式〉] Print [〈表达式表〉] { , | ; }

2.6.4 基本语句

1. 赋值语句 Let

在前面的例子中，已经在代码中使用了一个最基本的命令语句：赋值语句。赋值语句可以将指定的值赋给某个变量或对象的某个属性，例如代码：

```
Label1.Caption = "运行时改变标签的标题"
```

赋值语句的一般格式为

[Let] 〈名称〉=〈表达式〉

说明：

1）Let 是可选项，完成赋值功能只需“=”（赋值号）。

2）〈名称〉是变量或属性的名称。

3）〈表达式〉可以是算术表达式、字符串表达式、关系型表达式或逻辑表达式。计算所得的表达式值将赋给赋值号“=”左边的变量或对象的属性。但必须注意，赋值号两边的数据类型必须一致，否则会出现图 2-4 所示的“类型不匹配”错误。

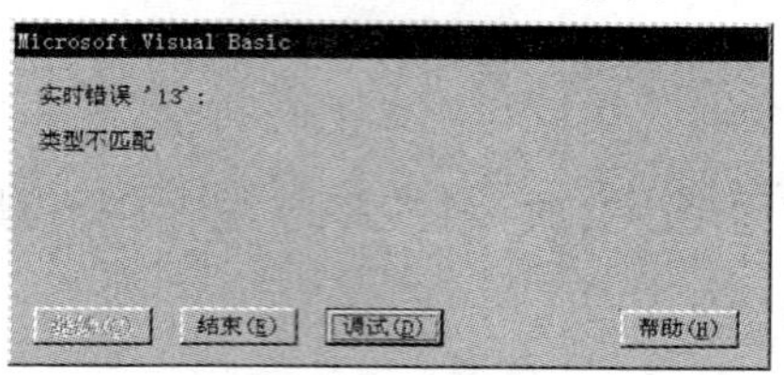

图 2-4 类型不匹配

4）赋值语句是先计算〈表达式〉，然后再赋值。

5）赋值号不是数学上的等号。a = 5 应读作“将数值 5 赋给变量 a”或是“使变量 a 的值等于 5”，可以理解为：a ⇐ 5。

【例 2-1】交换两个变量中的数据，如图 2-5 所示。

分析：将两个不同的变量设想为两个瓶子 A、B，其中分别装有不同颜色的液体，要交换瓶子中的液体。可这样来做：另取一个瓶子 C，先将瓶 A 中的液体倒入瓶 C 中，再将瓶 B 中的液体倒入 A 中，最后将瓶 C 中的液体倒入 B 中即可。

设计步骤如下：

1）建立应用程序用户界面。选择“新建”工程，进入窗体设计器，增加一个命令按钮 Command1、4 个标签 Label1～Label4，如图 2-6a 所示。

2）设置对象属性，如表 2-13 所示。属性设置结果如图 2-6b 所示。

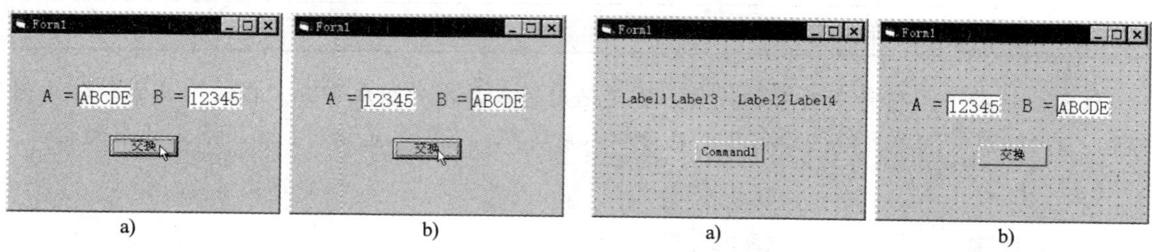

a) b)

图 2-5 交换两个变量中的数据

a) b)

图 2-6 建立界面与设置属性

表 2-13 属性设置

对象	属性	属性值	说明
Command1	Caption	交换	按钮的标题
Label1	Caption	A =	标签的内容
Label2	Caption	B =	标签的内容
Label3	Caption	12345	标签的内容
	BackColor	（白色）	标签的背景色
	BorderStyle	1 – Fixed Single	单线边框
Label4	Caption	ABCDE	标签的内容
	BackColor	（白色）	标签的背景色
	BorderStyle	1 – Fixed Single	单线边框

3）编写程序代码。

编写命令按钮 Command1 的 Click 事件代码：

```
Private Sub Command1_Click()
  t = Label3.Caption
  Label3.Caption = Label4.Caption
  Label4.Caption = t
End Sub
```

2. 卸载对象语句 Unload

当要结束应用程序而从内存中卸载窗体或要从内存中卸载某些控件时，可以使用 Unload 语句。Unload 语句的语法格式为

Unload 〈对象名〉

说明：

1）〈对象名〉是要卸载的窗体对象或控件的名称。

2）在卸载窗体前，会发生 QueryUnload 事件，然后是 Unload 事件。在其中任一事件过程代码中设置 Cancel 参数为 True 可防止窗体被卸载。

【例 2-2】在例 2-1 中使用命令关闭程序窗体，如图 2-7 所示。

设计步骤如下：

只需在上例中增加一个命令按钮 Command2（关闭），并且编写 Command2 的 Click 事件代码：

```
Private Sub Command2_Click()
  Unload Me
End Sub
```

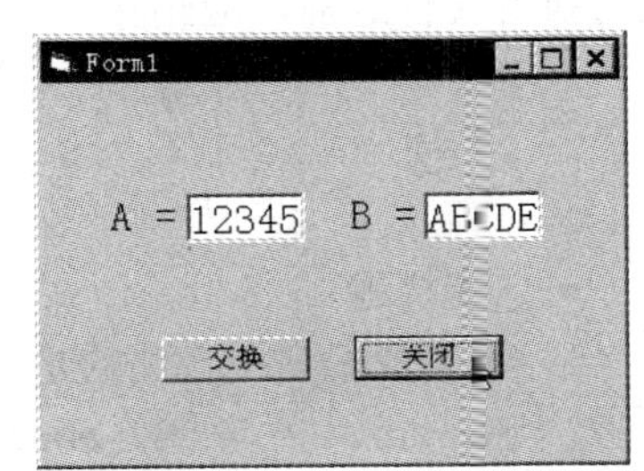

图 2-7 关闭程序窗体

说明：其中的 Me 表示按钮所在的窗体对象。

3. 结束程序语句 End

在早期的 Basic 语言中使用 End 语句来结束一个程序的执行。其语法格式为

End

说明：

1）End 语句不调用 Unload、QueryUnload 事件或任何其他 Visual Basic 代码，只是生硬地终止代码执行。窗体和类模块中的 Unload、QueryUnload 事件代码未被执行。

2）End 语句提供了一种强迫中止程序的方法。只要没有其他程序引用该程序公共类模块创建的对象并无代码执行，程序将立即关闭。

3）VB 程序正常结束应该卸载所有的窗体。

4．注释语句

为了提高程序的可读性，通常应在程序的适当位置加上一些注释。注释语句用来在程序中包含注释，语法格式为

Rem 〈注释内容〉

或

' 〈注释内容〉

说明：

1）〈注释内容〉指要包括的任何注释文本。在 Rem关键字与注释内容之间要加一个空格。可以用一个撇号（'）来代替 Rem 关键字。

2）如果在其他语句行后使用 Rem 关键字，必须用冒号（:）与语句隔开。若使用撇号，则在其他语句行后不必加冒号。例如：

```
s = pi * r ^ 2                    ' 计算圆的面积
v = 4 / 3 * pi * r ^ 3 : Rem      ' 计算球的体积
```

5．暂停语句

Stop 语句用来暂停程序的执行，使用 Stop 语句，就相当于在程序代码中设置断点。其语法格式为

Stop

说明：

1）Stop 语句的主要作用是把解释程序置为中断（Break）模式，以便对程序进行检查和调试。可以在程序中的任何地方放置 Stop 语句，当执行 Stop 语句时，系统将自动打开 DeBug 窗口。

2）与 End 语句不同，通常 Stop 不会关闭任何文件或清除变量。但是，如果在可执行文件（*.EXE）中含有 Stop 语句，则将关闭所有的文件而退出程序。因此，当程序调试结束后，生成可执行文件之前，应删除代码中的所有 Stop 语句。

2.7 习题

一、选择题

1．下列变量名中合法的是（　　）。

A．arr-a　　B．num#x　　C．print_s　　D．5prn

2．表达式 66\8 mod 5 & "avg"的值是（　　）。

A．出错　　B．22avg　　C．3.25avg　　D．3avg

3．以下合法的 VB 标识符是（　　）。

A．ForLoop　　B．Const　　C．9abc　　D．a#x

4．设 a = 5，b = 4，c = 3，d = 2，下列表达式的值是（　　）。

3 > 2 * b Or a = c And b<>c Or c > d

A．1　　B．True　　C．False　　D．2

5．设 x = 3.3，y = 4.5，表达式 x –Int(x) + Fix(y)的值是（　　）。

A．3.5　　B．4.8　　C．4.3　　D．4.7

6．设 a = 4, b = 3, c = 2, d = 1，下列表达式的值是（　　）。

a > b + 1 Or c < d And b Mod c

A．True　　B．1　　C．-1　　D．0

7．以下可以作为 VB 变量名的是（　　）。

A．A#A　　B．counstA　　C．3A　　D．A!A

8．以下合法的 VB 变量名是（　　）。

A．ease　　B．name10　　C．t-name　　D．x*y

9．设 x 是小于 10 的非负数。对此陈述，以下正确的 VB 表达式是（　　）。

A．0≤x < 10　　B．0<=x<10

C．x>=0 And x<10　　D．x>=0 Or x <= 10

二、简答题

1．VB 定义了哪几种数据类型？变量有哪几种数据类型？常量有哪几种数据类型？

2．如果希望使用变量 x 来存放数据 765432.123456，应该将变量 x 声明为何种类型？

3．VB 共有几种表达式？根据什么确定表达式的类型？

4．在 VB 中，对于没有赋值的变量，系统默认值是什么？

5．把下列数学表达式，改写为等价的 VB 算术表达式。

1）$\dfrac{1+\dfrac{y}{x}}{1-\dfrac{y}{x}}$　　2）$x^2-\dfrac{3xy}{2-y}$

3）$\sqrt{|ab-c^3|}$　　4）$\sqrt{s(s-a)(s-b)(s-c)}$

6．把 VB 算术表达式 a / (b + c / (d + e / Sqr(f)))写成数学表达式。

三、上机题

1．理解大小写转换函数：在文本框中输入英文字母，如图 2-8a 所示，单击“转大写”按钮，文本变为大写，如图 2-8b 所示，单击“转小写”按钮，文本变为小写，如图 2-8c 所示。

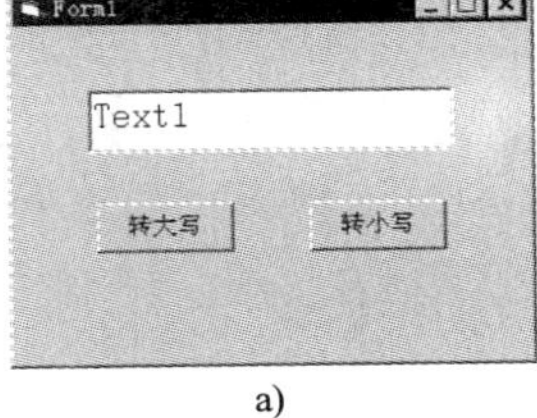

a)

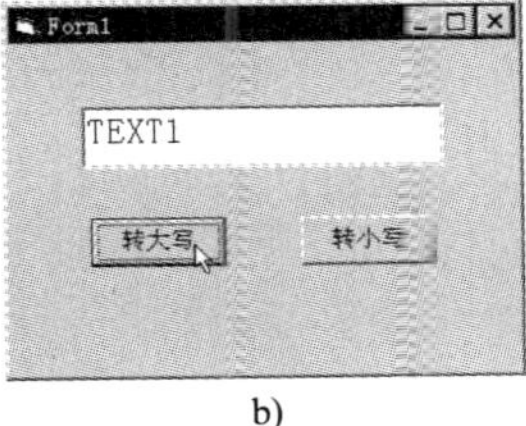

b)

c)

图 2-8　上机题 1

2．利用 Rnd 函数产生随机整数、长整型数、单精度数和双精度数，并用 VarType 函数检验之，如图 2-9 所示。

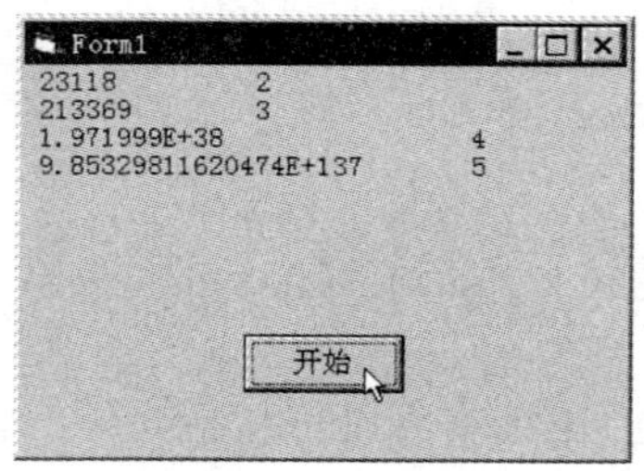

图 2-9　上机题 2

3．在名称为 Form1 的窗体上绘制两个命令按钮，如图 2-10a 所示，其名称分别为 Cmd1 和 Cmd2。编写适当的事件过程，使得程序运行后，如果单击 Cmd1，则可以使得该按钮移动到窗体的左上角（只允许通过修改属性的方法实现），如图 2-10b 所示；如果单击 Cmd2，则可以使得该按钮在长度和宽度上各扩大到原来的 2 倍，如图 2-10c 所示。要求：不得使用任何变量。

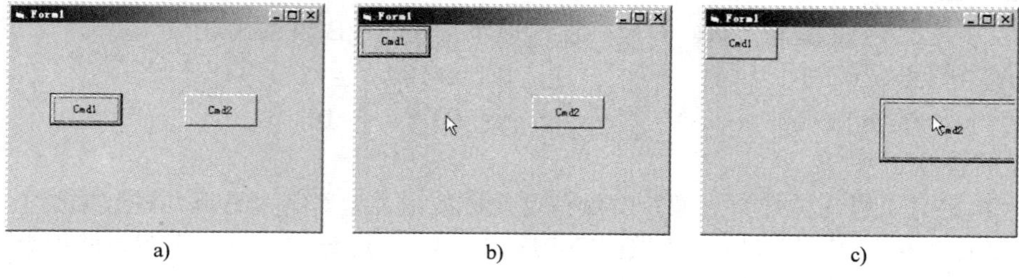

图 2-10　上机题 3

4．在窗体上设置三个文本框，名称为 Text1、Text2、Text3，再添加两个命令按钮 Cmd1 和 Cmd2，按钮的标题分别是“交换”和“连接”，如图 2-11a 所示。编写适当的事件过程，使得程序运行后，如果单击 Cmd1，则可以使得 Text1 中的文本与 Text2 中的文本交换，如图 2-11b 所示。如果单击 Cmd2，则可以使得 Text3 中显示 Text1 中的文本与 Text2 中文本相连接后的字符串，如图 2-11c 所示。

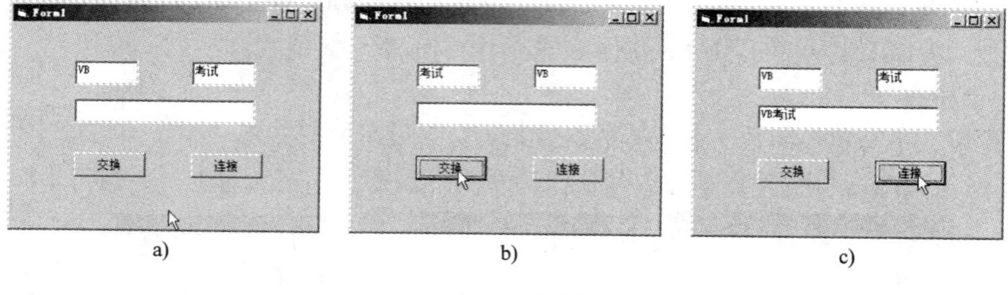

图 2-11　上机题 4

第3章　数据的输入与输出

输入与输出是程序设计中的重要环节。没有输出操作的程序不会有什么实用价值，而没有输入的程序则缺乏灵活性。VB 提供了多种手段使输入输出操作灵活、多样、方便和直观。

本章介绍 VB 的输入、输出操作以及与之有关的控件。

3.1　数据输出

VB 的输出操作包括文本信息的输出和图形图像的输出，本节主要介绍文本信息的输出。

3.1.1　Print 方法

在早期版本的 BASIC 语言中，数据的输出主要通过 Print 语句来实现。在 VB 中 Print 是作为对象的方法来使用的。

1．使用 Print 方法

使用 Print 方法可以在窗体上输出文本字符串或表达式的值，其语法格式为

[〈对象名称〉.] Print [〈表达式列表〉] [{,|;}]

说明：

1）〈对象名称〉可以是窗体（Form）、图片框（PictureBox）或打印机（Printer）。如果省略“对象名称”，则在窗体上直接输出。

2）〈表达式列表〉是一个或多个表达式，可以是数值表达式或字符串。对于数值表达式，将输出表达式的值；对于字符串，则照原样输出。如果省略“表达式列表”，则输出一个空行。输出数据时，数值数据的前面有一个符号位，后面有一个空格，而字符串前后都没有空格。

3）当输出多个表达式时，各表达式之间用分隔符：逗号（,）或分号（;）隔开。如果使用逗号分隔符，则各输出项按标准输出（分区输出）格式显示，此时，以 14 个字符宽度为单位将输出行分为若干区段，逗号后面的表达式在下一个区段输出。如果使用分号分隔符，则按紧凑格式输出，即各输出项之间无间隔地连续输出。

4）如果在语句行的末尾使用分号分隔符，则下一个 Print 输出的内容将紧跟在当前 Print 所输出的信息后面；如果在语句行的末尾使用逗号分隔符，则下一个 Print 输出的内容将在当前 Print 所输出信息的下一个分区显示；如果省略语句行末尾的分隔符，则 Print 方法将自动换行。

5）Print 方法具有计算和输出的双重功能，对于表达式，总是先计算后输出。

【例 3-1】使用 Print 方法在窗体中直接输出字符串或数值表达式的值，如图 3-1a 所示。

设计步骤如下：

1）建立用户界面与设置对象属性。选择“新建”工程，进入窗体设计器，在窗体中增加一个命令按钮 Command1（如图 3-1b 所示）。设置对象属性如表 3-1 所示，结果如图 3-1c 所示。

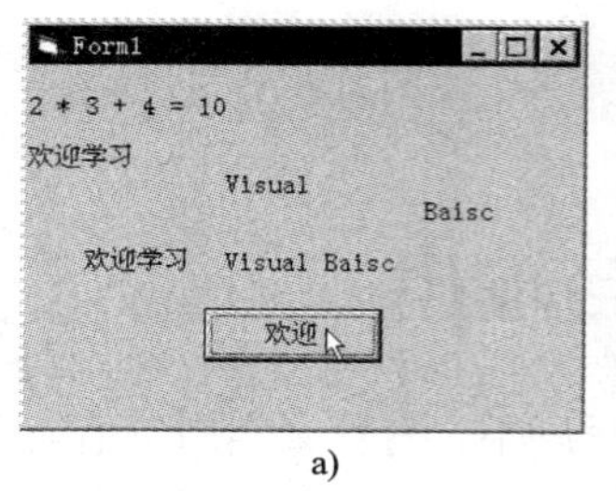

a)

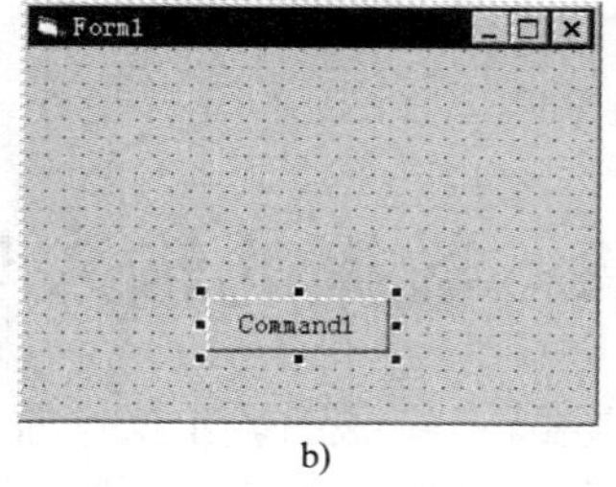

b)

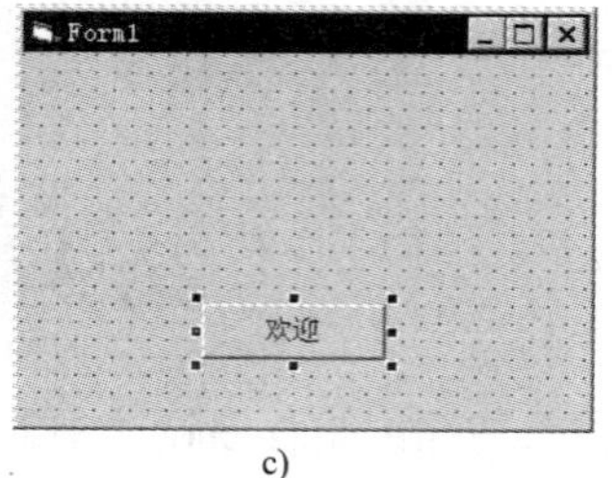

c)

图 3-1 使用 Print 方法

表 3-1 属性设置

对 象	属 性	属 性 值	说 明
Command1	Caption	欢迎	按钮的标题

2）设计代码。编写命令按钮 Command1 的 Click 事件代码：

```
Private Sub Command1_Click()
   Print
   Print "2 * 3 + 4 ="; 2 * 3 + 4            ' 使用“;”分割符
   Print                                      ' 输出一个空行
   Print "欢迎学习"
   Print , "Visual"                           ' 使用“,”分割符
   Print , , "Baisc"                          ' 使用两个“,”分割符
   Print
   Print "      欢迎学习",                     ' 在行末使用“,”分割符
   Print "Visual"; " Baisc"
End Sub
```

2. 与 Print 方法有关的函数

为了使数据按指定的位置输出，VB 提供了几个与 Print 相配合的函数。

（1）Tab 函数

在 Print 方法中，可以使用 Tab 函数来对输出进行定位。其格式为

Tab(〈n〉)

其中 n 为数值表达式，其值为一整数。Tab 函数把显示或打印位置移到由参数 n 指定的列数，从此列开始输出数据。要输出的内容放在 Tab 函数后面，并用分号隔开。例如：

```
Print Tab(10);"姓名";Tab(30);"年龄"
```

通常最左边的列号为 1。如果当前的显示位置已经超过 n，则自动下移一行。当 n 大于行的宽度时，显示位置为 n Mod 行宽。当在一个 Print 方法中有多个 Tab 函数时，每个 Tab 函数对应一个输出项，各输入项之间用分号隔开。

（2）Spc 函数

在 Print 方法中，还可以使用 Spc 函数来对输出进行定位。与 Tab 函数不同，Spc 函数提供若干空格。其格式为

Spc(〈n〉)

其中 n 为数值表达式，其值为一整数，表示在显示或打印时下一个表达式之前插入的空格数。Spc 函数与输出项之间用分号隔开。例如：

```
Print "ABC";Spc(5);"DEF"                    ' 输出：ABC      DFE
```

当 Print 方法与不同大小的字体一起使用时，使用 Spc 函数打印的空格字符的宽度总是等于选用字体内以磅数为单位的所有字符的平均宽度。

Spc 函数与 Tab 函数的作用类似，可以互相代替。但应注意，Tab 函数从对象的左端开始计数，而 Spc 函数只表示两个输出项之间的间隔。

除 Spc 函数外，还可以用 Space 函数，该函数与 Spc 函数的功能类似。

【例 3-2】在上例中使用 Tab 函数与 Spc 函数，如图 3-2 所示。只需改写命令按钮的 Click 事件代码：

```
Private Sub Command1_Click()
   Print
   Print Tab(5); "2 * 3 + 4 ="; 2 * 3 + 4
   Print
   Print Tab(6); "欢迎学习"; Tab(17); "Visual Baisc"
   Print
   Print Tab(7); "欢迎学习"; Spc(3); "Visual"; Spc(2); "Baisc"
End Sub
```

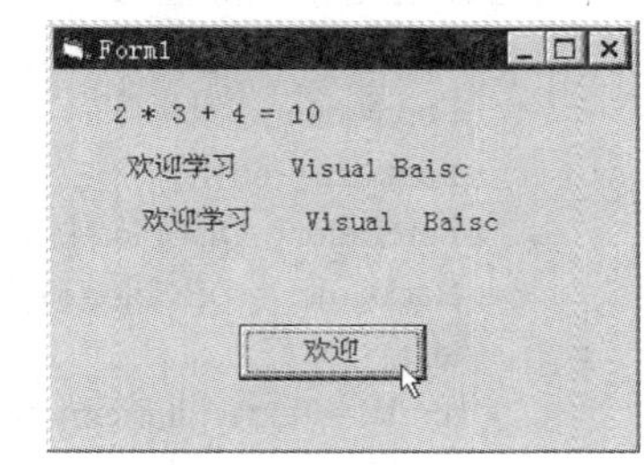

图 3-2　Tab 函数与 Spc 函数

3. Print 方法的精确定位

要精确地把文本输出到窗体、图片框或打印页上，可以使用位置属性（CurrentX 和 CurrentY）与文本的高度宽度方法（TextHeight 和 TextWidth）。

CurrentX 和 CurrentY 属性分别用来返回或设置当前输出位置的横坐标与纵坐标，TextHeight 和 TextWidth 方法则分别可以返回一个字符串文本的高度值和宽度值。其单位均为 Twip。

TextHeight 和 TextWidth 方法的格式为

[〈对象名称〉.] TextHeight(字符串)
[〈对象名称〉.]TextWidth(字符串)

其中，〈对象名称〉可以是窗体、图片框或打印机对象。

【例 3-3】编写程序把字符串文本“计算机等级考试”输出到窗体的中间，如图 3-3 所示。

只需编写窗体的 Click 事件代码：

```
Private Sub Form_Click ()
   Dim textW As Integer, textH As Integer
   Print
   Text$ = "计算机等级考试"
   textW = TextWidth(Text) / 2              ' 文本的宽度 TextWidth(Text)
   textH = TextHeight(Text) / 2
   CurrentX = ScaleWidth / 2 - textW        ' 窗体的宽度属性 ScaleWidth
   CurrentY = ScaleHeight / 2 - textH       ' 设置垂直位置
   Print Text
End Sub
```

图 3-3　使用 CurrentX 和 CurrentY

4．字形与字体

如果要控制所显示或打印文本的大小和外观，可以用 FontName、FontSize、FontItalic、FontBold、FontStrikeThru、FontTransparent 和 FontUnderline 属性。这些属性既可以在属性窗口设置（设置窗体的 Font 属性），也可以在代码中通过“赋值”语句进行设置。

【例 3-4】编写程序按指定尺寸、颜色和外观，把文本输出到窗体的中间（如图 3-4 所示）。

1）建立程序界面与对象属性的设置参见【例 3-1】。

2）编写命令按钮的 Click 事件代码：

图 3-4　使用字体属性

```
Private Sub Command1_Click()
    Dim a As String, textW As Integer, textH As Integer
    FontName = "隶书"                              ' 输出文本的字体
    FontSize = 60                                  ' 输出字体的大小
    ForeColor = QBColor(15)                        ' 输出文本的前景色，即字体的颜色
    BackColor = QBColor(8)                         ' 输出文本的背景色，即窗体的颜色
    text = "你好"                                  ' 输出文本的内容
    textW = TextWidth(text) / 2                    ' 文本的宽度 TextWidth(text)
    textH = TextHeight(text) - Command1.Height / 2
    CurrentX = ScaleWidth / 2 - textW              ' 设置输出的水平位置
    CurrentY = ScaleHeight / 2 - textH             ' 设置输出的垂直位置
    Print text                                     ' 输出文本
End Sub
```

说明：属性 ScaleWidth 与 ScaleHeight 分别表示窗体内的宽度与高度。

5．清除方法 Cls

Cls 方法可以清除 Form 或 PictureBox 中由 Print 方法和图形方法在运行时所生成的文本或图形，清除后的区域以背景色填充。设计时使用 Picture 属性设置的背景位图和放置的控件不受 Cls 影响。Cls 方法的语法为

[〈对象名称〉.] Cls

其中，“对象名称”可以是窗体（Form）或图片框（PictureBox），如果省略“对象名称”，则清除窗体上由 Print 方法和图形方法在运行时所生成的文本或图形。

【例 3-5】使用 Cls 方法清除【例 3-4】窗体中由 Print 方法所生成的文本，如图 3-5 所示。

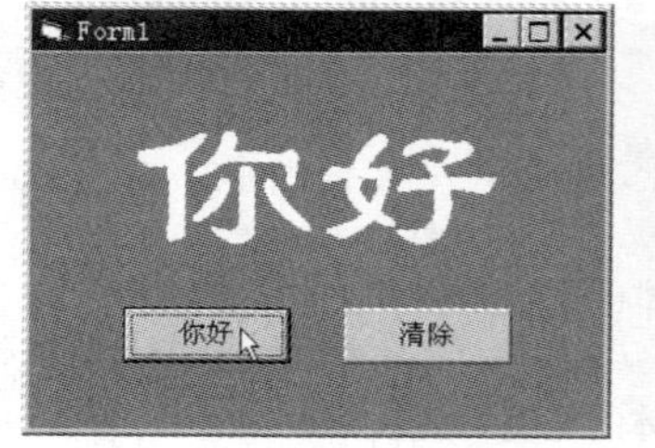

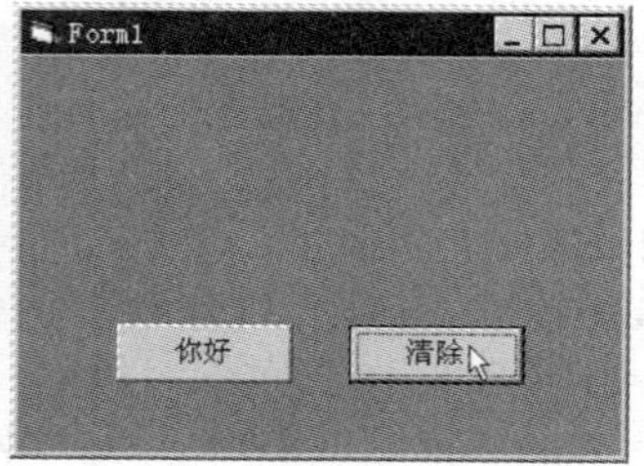

图 3-5　使用 Cls 方法

只需在上例中增加命令按钮 Command2（清除），并且编写其 Click 事件代码：

```
Private Sub Command2_Click()
  Cls
End Sub
```

6. 输出文本到图片框

图片框（PictureBox）控件可以输出图形、图像和文本，还可以像窗体一样作容器包含其他的控件。不仅如此，图片框控件具有窗体的上述属性和方法，因此前面的例子完全适用于图片框。

【例 3-6】使用 Print 方法在图片框中输出字符串或数值表达式的值，如图 3-6 所示。

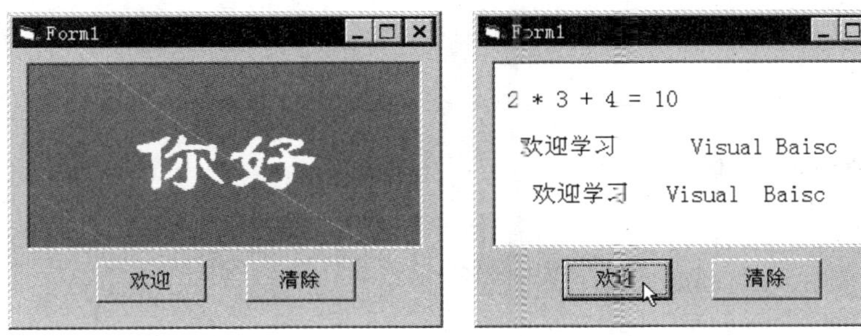

图 3-6　在图片框中输出字符串或数值表达式的值

1）建立应用程序用户界面与设置对象属性。选择“新建”工程，进入窗体设计器，在窗体中增加一个图片框 Picture1 和两个命令按钮 Command1、Command2（如图 3-7 所示）。设置对象属性如表 3-2 所示。

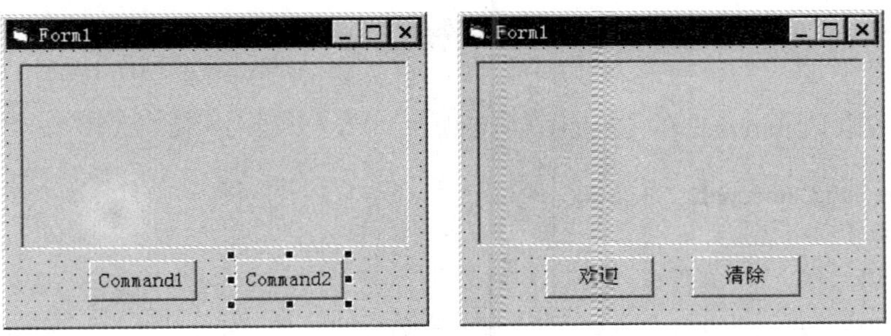

图 3-7　建立应用程序用户界面与设置对象属性

表 3-2　属性设置

对　　象	属　　性	属　性　值	说　　明
Picture1	BackColor	（白色）	图片框的背景色
Command1	Caption	欢迎	按钮的标题
Command2	Caption	清除	按钮的标题

2）设计代码。

编写窗体的 Activate 事件代码：

```
Private Sub Form_Activate()
  Dim a As String, textW As Integer, textH As Integer
  Picture1.FontName = "隶书"
  Picture1.FontSize = 40
  Picture1.ForeColor = QBColor(15)
  Picture1.BackColor = QBColor(8)
  a = "你好"
  textW = Picture1.TextWidth(a) / 2
  textH = Picture1.TextHeight(a) / 2
  Picture1.CurrentX = Picture1.Width / 2 - textW
  Picture1.CurrentY = Picture1.Height / 2 - textH
  Picture1.Print a
End Sub
```

编写命令按钮 Command1 的 Click 事件代码：

```
Private Sub Command1_Click()
  Picture1.FontName = "宋体"
  Picture1.FontSize = 11
  Picture1.ForeColor = QBColor(0)
  Picture1.BackColor = QBColor(15)
  Picture1.Cls
  Picture1.Print
  Picture1.Print Tab(2); "2 * 3 + 4 ="; 2 * 3 + 4
  Picture1.Print
  Picture1.Print Tab(3); "欢迎学习"; Tab(17); "Visual Baisc"
  Picture1.Print
  Picture1.Print Tab(4); "欢迎学习"; Spc(3); "Visual"; Spc(2); "Baisc"
End Sub
```

编写命令按钮 Command2 的 Click 事件代码：

```
Private Sub Command2_Click()
  Picture1.Cls
End Sub
```

程序运行结果如图 3-6 所示。

3.1.2 信息框函数 MsgBox

MsgBox 函数在对话框中显示信息，等待用户单击按钮，并返回一个整数以标明用户单击了哪个按钮。其语法格式为

变量 = MsgBox(〈信息内容〉[,〈对话框类型〉[,〈对话框标题〉]])

说明：

1）〈信息内容〉指定在对话框中出现的文本，在信息内容中使用硬回车符（CHR(13)）可以使文本换行。对话框的高度和宽度随着信息内容的增加而增加，最多可有 1024 个字符。

2）〈对话框类型〉指定对话框中出现的按钮和图标，一般有三个参数。其取值和含义

如表 3-3～表 3-5 所示。

表 3-3　参数 1——出现按钮

值	常　　量	说　　明
0	vbOKOnly	确定按钮
1	vbOKCancel	确定和取消按钮
2	vbAbortRetryIgnore	终止、重试和忽略按钮
3	vbYesNoCancel	是、否和取消按钮
4	vbYesNo	是和否按钮
5	vbRetryCancel	重试和取消按钮

表 3-4　参数 2——图标类型

值	常　　量	说　　明
16	vbCritical	停止图标
32	vbQuestion	问号（？）图标
48	vbExclamation	感叹号（！）图标
64	vbInformation	信息图标

表 3-5　参数 3——默认按钮

值	常　　量	说　　明
0	vbDefaultButton1	指定默认按钮为第一按钮
256	vbDefaultButton2	指定默认按钮为第二按钮
512	vbDefaultButton3	指定默认按钮为第三按钮

上述三种参数值可以相加以达到所需要的样式。

3）〈对话框标题〉指定对话框的标题。下述代码将显示如图 3-8 所示的对话框：

```
msg = MsgBox("请确认输入的数据是否正确！", 3 + 48 + 0 "数据检查")
```

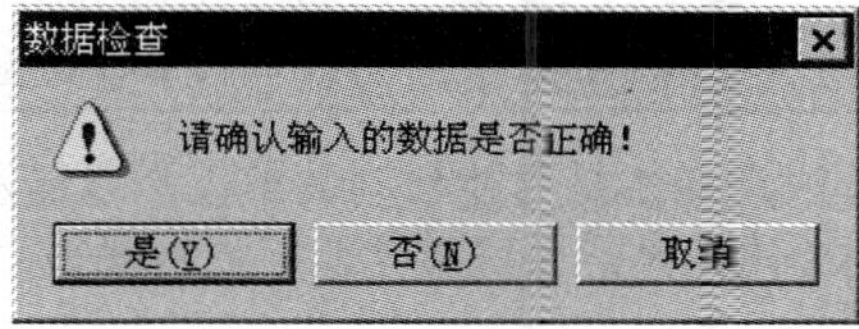

图 3-8　信息对话框

4）Msgbox( )返回的值指明了在对话框中选择哪一个按钮，如表 3-6 所示。

表 3-6　函数的返回值

返回值	常　　量	按　　钮
1	vbOK	确定按钮
2	vbCancel	取消按钮

（续）

返回值	常　量	按　钮
3	vbAbort	终止按钮
4	vbRetry	重试按钮
5	vbIgnore	忽略按钮
6	vbYes	是
7	vbNo	否

5）代码中的值可以是数值，也可以是数值常量。

6）如果省略了某些可选项，必须加入相应的逗号分隔符。

7）若不需要返回值，则可以使用 MsgBox 的命令形式：

MsgBox 〈信息内容〉[,〈对话框类型〉[,〈对话框标题〉]]

在程序运行的过程中，有时需要显示一些简单的信息如警告或错误等，此时可以利用“信息对话框”来显示这些内容。当用户接收到信息后，可以单击按钮来关闭对话框，并返回单击的按钮值。

3.1.3 使用标签控件

标签（Label）是 VB 中最常用的输出文本信息的工具，目前已经几乎取代了 Print 方法。

Label 控件显示的文本用户不能直接修改。有些没有自己的标题（Caption）属性的控件（如 TextBox）可以用 Label 标识。

1．标签的属性

在标签中显示的文本是由 Caption 属性控制的，该属性可以在设计时通过“属性”窗口设置或在运行时用代码赋值。标签具备控件的一些共有属性，如 Name、Height、Width、Top、Left、Enabled、Visible、Font 等，同时也具有一些自身的特殊属性，具体如下。

1）Alignment 属性：该属性用于设置标签文本的对齐方式，其取值与对应功能如表 3-7 所示。

表 3-7　Alignment 属性

值	常　数	描　述
0	VbLeftJustify	文本在标签内左对齐显示（默认值）
1	VbRightJustify	文本在标签内右对齐显示
2	VbCenter	文本在标签内居中显示

2）Autosize 属性：该属性决定控件是否能自动调整大小以显示所有的文本内容。若属性设置为 True，则自动调整标签的大小，以适应标签文本；若设置为 False，则标签保持设计时所绘制的大小，不会自动调整大小。

3）Backstyle 属性：该属性用于设置标签的背景是透明还是不透明，其取值与对应功能如表 3-8 所示。

表 3-8　Backstyle 属性

值	常　数	描　述
0	Transparent	背景透明——在控件后的背景色和任何图片都是可见的。此时标签的 Backcolor 属性无效
1	Opaque	标签背景不透明——此时标签的 Backcolor 属性生效（默认值）

4）Borderstyle 属性：该属性用于设置标签的边框风格。其取值有 0 和 1 两种，分别是：

0 - None（标签无边框）　　　　　　1 - Fixed Single（标签有单线边框）

5）WordWrap 属性：自动换行。为使标签控件能够自动调整以适应内容多少，必须将 AutoSize 属性设置为 True——可水平扩充以适应 Caption 属性内容。为使 Caption 属性的内容自动换行并垂直扩充，则要将 WordWrap 属性设置为 True。

2．标签的事件与方法

虽然标签能响应绝大多数的事件，但在实际编程中不常使用。标签常用的方法是 Move 方法，以便用代码实现标签的移动和缩放。其语法格式为

[〈对象名〉.] Move left[, top[, width[, height]]]

其中，〈对象名〉可以是窗体或其他大多数的控件，如果省略〈对象名〉，则表示带有焦点的窗体。

3．标签的使用

标签可用于显示静态的、不允许用户修改的文本信息。由于标签可以很方便地进行输出定位，设置文本字体及颜色等，故比 Print 方法要灵活方便得多，是 Visual Basic 中显示文本信息的主要控件。利用标签透明的特点，还可用来设计动态文字。

【例 3-7】有框和无框的标签，可在运行时改变标签的尺寸和内容，如图 3-9 所示。

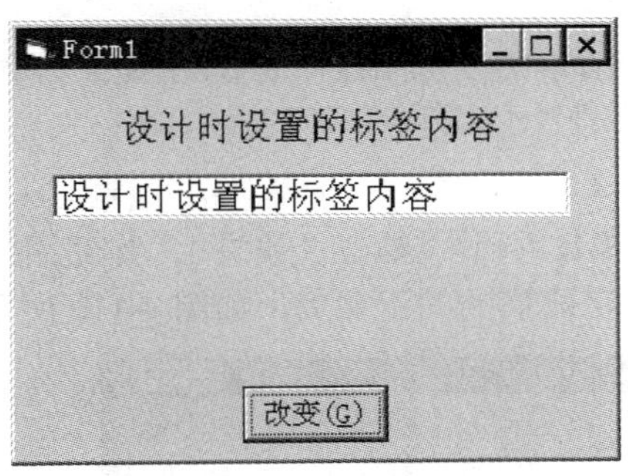

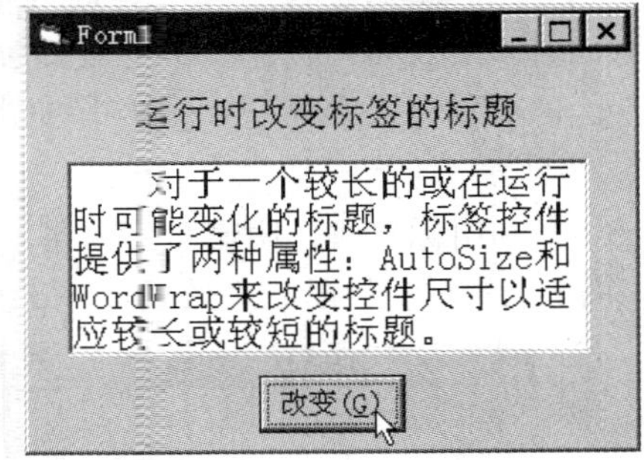

图 3-9　有框和无框的标签

1）建立应用程序用户界面与设置对象属性。

选择“新建”工程，进入窗体设计器，增加一个命令按钮 Command1、两个标签 Label1 和 Label2，如图 3-10a 所示，设置属性如表 3-9 所示，设置结果如图 3-10b 所示。

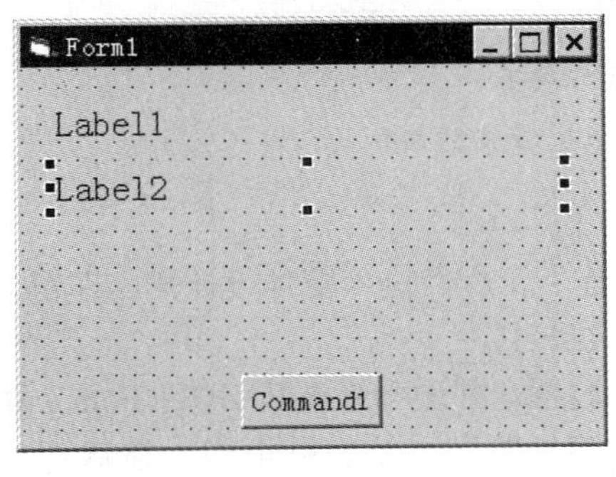

a)

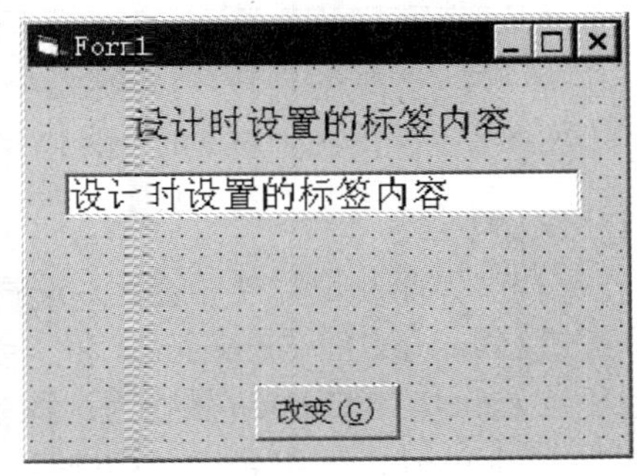

b)

图 3-10　建立界面与设置属性

表 3-9　属性设置

对　象	属　性	属 性 值	说　明
Command1	Caption	改变（&G）	按钮的标题
Label1	Caption	设计时设置的标签内容	标签的内容
	Alignment	2 – Center	标签的内容居中显示
Label2	Caption	设计时设置的标签内容	标签的内容
	BorderStyle	1– Fixed Single	有边框的标签
	BackColor	&H800000	标签的背景改为白色
Label2	AutoSize	True	自动适应大小
	WordWrap	True	文本打折

注意：在设置标签的属性时，应先将 WordWrap 属性设为：True，然后再将 AutoSize 属性设为：True。

2）编写程序代码。

编写命令按钮 Command1 的单击（Click）事件代码：

```
Private Sub Command1_Click()
  Label1.Caption = "运行时改变标签的标题"
  Label2.Caption = "      对于一个较长的或在运行时可能变化的标题，标签控件提供了两" & _
      "种属性：AutoSize 和 WordWrap 来改变控件尺寸以适应较长或较短的标题。"
End Sub
```

【例 3-8】利用标签制作阴影文字效果，如图 3-11 所示。单击“效果 1”按钮后文字的阴影效果如图 3-11a 所示。单击“效果 2”按钮后文字阴影的间距加大，如图 3-11b 所示。

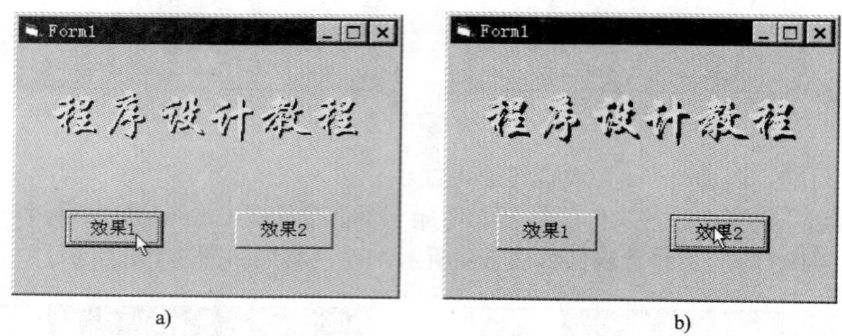

a)　　b)

图 3-11　阴影文字效果

a) 单击“效果 1”按钮　b) 单击“效果 2”按钮

设计步骤如下：

1）设计程序界面及设置控件属性。选择“新建”工程，进入窗体设计器，在窗体中增加两个命令按钮 Command1、Command2 和一个标签 Label1。

修改标签 Label1 的 Caption 属性为：程序设计教程，并适当修改其字体（Font）属性。

选定标签 Label1，按组合键〈Ctrl+C〉将标签复制到系统剪贴板中，然后再按组合键〈Ctrl+V〉，在弹出的对话框中选择“否”，在窗体上增加了一个标签 Label2 如图 3-12a 所示。修改标签 Label2 的 BackStyle 属性为：0（透明），ForeColor 属性改为黄色（如图 3-12b 所示）。

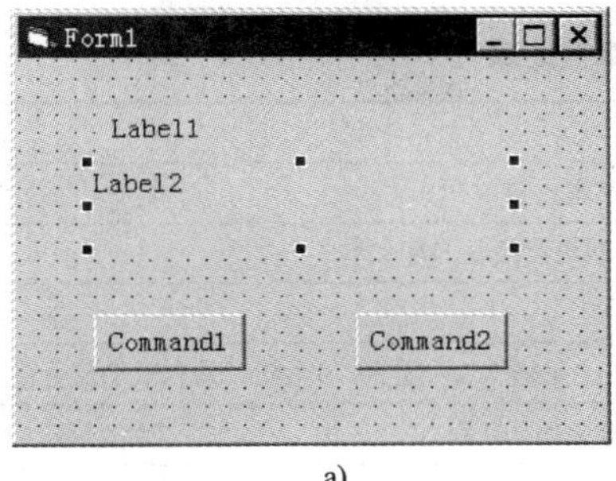

a)

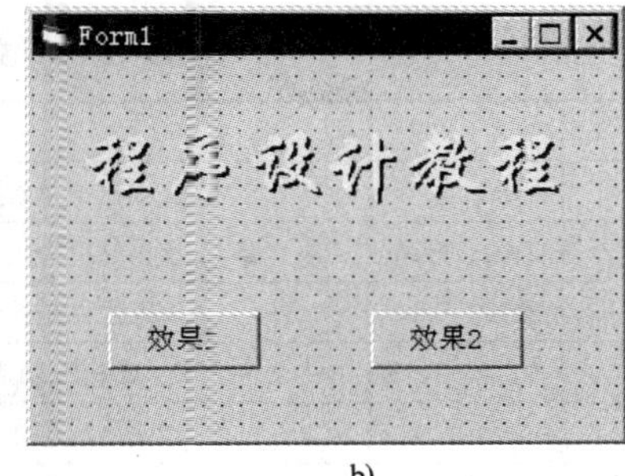

b)

图 3-12　建立用户界面

2）编写程序代码。

编写 Command1 的 Click 事件代码：

```
Private Sub Command1_Click()
  Label1.Top = Label2.Top + 20              ' 设置阴影较文字向下偏移 20
  Label1.Left = Label2.Left + 20            ' 设置阴影较文字向右偏移 20
End Sub
```

编写 Command2 的 Click 事件代码：

```
Private Sub Command2_Click()
  Label1.Top = Label2.Top + 40              ' 设置阴影较文字向下偏移 40
  Label1.Left = Label2.Left + 40            ' 设置阴影较文字向右偏移 40
End Sub
```

说明：代码中的

```
Label1.Top = Label2.Top + 40
Label1.Left = Label2.Left + 40
```

可以用 Move 方法来实现：

```
Label1.Move Label2.Left + 40, Label2.Top + 40
```

3.2　数据输入

在 VB 中，允许用户输入文本信息的最直接的方法是使用文本框。另外，还可以通过输入框，来实现信息的交流。

3.2.1　使用“文本框”控件

文本框（TextBox）是一种通用控件，可以由用户输入或显示文本。默认时，文本框只能输入单行文本，并且输入的字符最多为 2048 个。若将控件的 MultiLine 属性设置为 True，则可以输入多行文本，并且文本的内容可多达 32KB。

1．文本框的属性

文本框的主要属性如表 3-10 所示。

表 3-10　文本框的属性

名　称	取　值	说　明
Text		文本框中包含的文本内容
MultiLine	True、False	该属性值为 True 时可以接收多行文本
Enabled	True、False	决定控件是否可用
ScrollBars	0、1、2、3	0 - 没有滚动条，1 - 水平，2 - 垂直，3 - 同时具有水平及垂直
PassWordChar		指定显示在文本框中的替代符，如一串“*”号等。主要用于口令的输入
MaxLength		指定显示在文本框中的字符数，超出部分不接收，并同时发出嘟嘟声
Visible	True、False	决定控件是否可见
Locked	True、False	决定控件是否可编辑

说明：

1）如果 MultiLine 属性被设为 True，那么 PasswordChar 属性将不起作用。

2）文本框中显示的文本是受 Text 属性控制的。

Text 属性可以用三种方式设置：设计时在“属性”窗口进行、运行时通过代码设置或在运行时由用户输入。通过读 Text 属性能在运行时检索文本框的当前内容。

3）把 MultiLine 属性设为 True，可以使文本框在运行时接受或显示多行文本。如果没有水平方向的滚动条（ScrollBars），文本框中的文本会自动按字换行，如图 3-13 所示。ScrollBars 属性的默认值被设置为 0（None）。

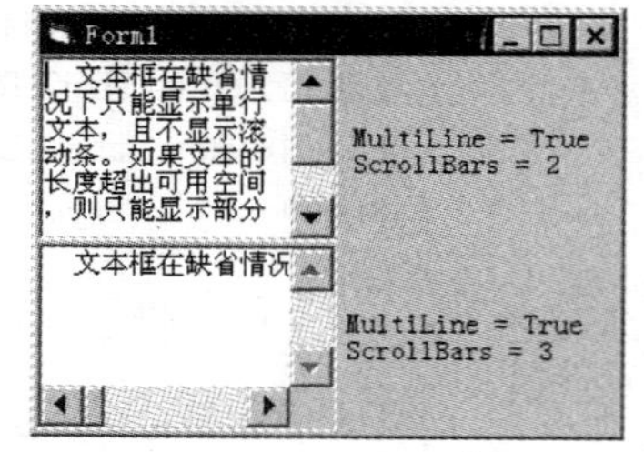

图 3-13　多行文本框

自动按字换行省去用户在行尾插入换行符的麻烦。当一行文本已超过所能显示的长度时，文本框自动将文本折回到下一行显示。

4）若要用文本框显示不希望用户更改的文本，可以把文本框的 Locked 属性设为 True，或将文本框的 Enabled 属性设为 False。

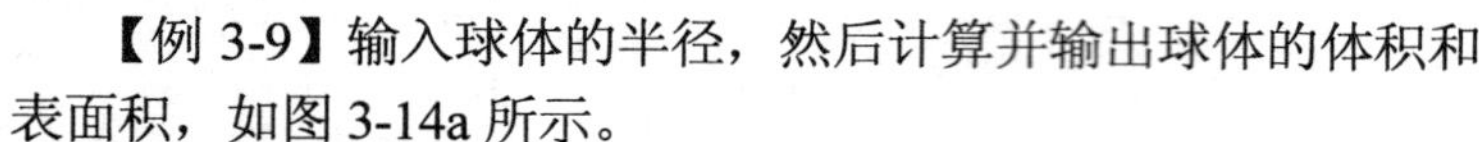

【例 3-9】输入球体的半径，然后计算并输出球体的体积和表面积，如图 3-14a 所示。

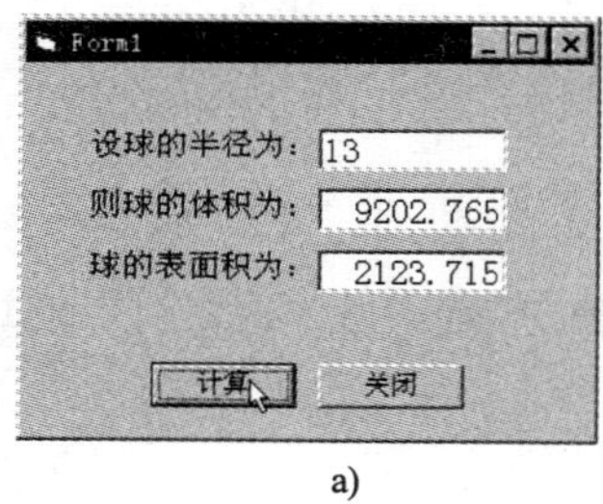

a)

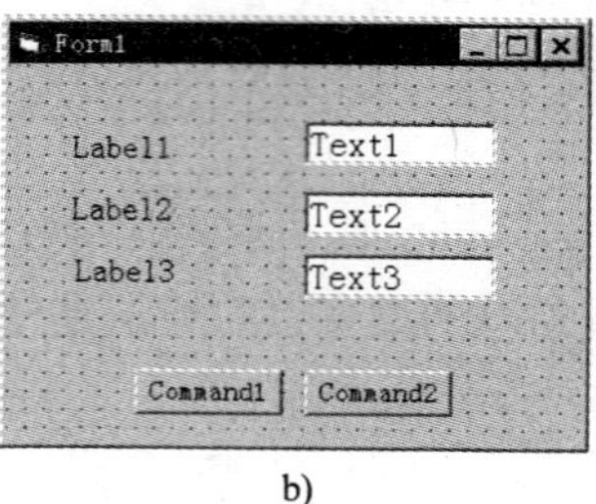

b)

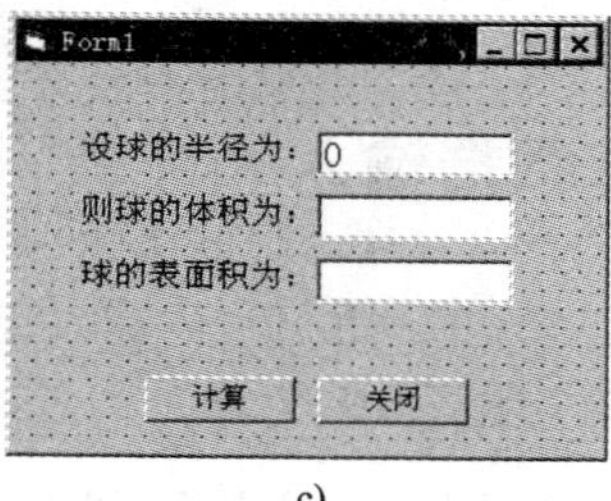

c)

图 3-14　计算球的体积和表面积

分析：设球的半径为 r，球体积和球表面积分别为：v 和 f，依题义可得计算公式：

$$v=\frac{4}{3}\pi r^3 \quad f=4\pi r^2$$

1）建立应用程序用户界面。选择“新建”工程，进入窗体设计器，增加两个命令按钮 Command1～Command2、三个标签 Label1～Label3 和三个文本框 Text1～Text3，如图 3-14b 所示。

2）设置对象属性，如表3-11所示，结果如图3-14c所示。

表3-11　属性设置

对　象	属　性	属 性 值	说　明
Label1	Caption	设球的半径为：	标签的内容
Label2	Caption	则球的体积为：	标签的内容
Label3	Caption	球的表面积为：	标签的内容
Text1	Text	0	文本框的内容
Text2	Text		文本框的内容
	Alignment	1 – Right Justify	文本内容右对齐
	Locked	True	文本内容只读
Text3	Text		文本框的内容
	Alignment	1 – Right Justify	文本内容右对齐
	Locked	True	文本内容只读
Command1	Caption	计算	按钮的标题
Command2	Caption	关闭	按钮的标题

3）编写程序代码。

编写命令按钮Command1的Click事件代码：

```
Private Sub Command1_Click()
  Dim r As Single, v As Single, f As Single
  Const pi = 3.14159
  r = Val(Text1.Text)
  v = 4 / 3 * pi * r ^ 3 : f = 4 * pi * r ^ 2
  Text2.Text = v : Text3.Text = f
End Sub
```

编写命令按钮Command2的Click事件代码：

```
Private Sub Command2_Click()
  Unload Me
End Sub
```

说明：代码r = Val(Text1.Text)中使用了转换函数Val()将文本框中的内容转换为数值型数据，以便处理。如果不转换，可能出现数据类型不匹配的情况。

2．文本框的事件

文本框可以接受许多事件，其中最常用的是Change（改变）事件和GotFocus（得到焦点）事件。Change事件当用户改变正文或通过代码改变Text属性的设置时发生；而当控件接收焦点时，会引发GotFocus事件，当控件失去焦点时，会引发LostFocus（失去焦点）事件。

例如，在窗体上画一个文本框Text1，其Text属性为空白；再画一个命令按钮Command1，其Visible属性为False（不可见）。下面文本框的Change事件代码使得在文本框中输入任何字符时，命令按钮出现：

```
Private Sub Text1_Change()
```

```
    Command1.Visible = True
End Sub
```

【例 3-10】单位发工资，设某职工应发工资 *x* 元，试求各种票额钞票总张数最少的付款方案，如图 3-15a 所示。

分析：可以从最大的票额（100 元）开始，算出所需的张数，然后在剩下的部分算出较小票额的张数，直到最小票额（1 元）。

1）建立应用程序用户界面。

选择“新建”工程，进入窗体设计器，增加一个命令按钮 Command1、14 个标签 Label1～Label14、7 个文本框 Text1～Text7，如图 3-15b 所示。

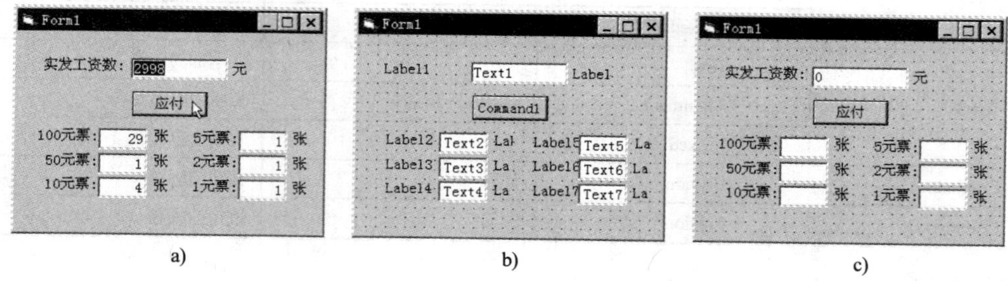

图 3-15　求各种票额的付款方案

2）设置对象属性，如表 3-12 所示。其中标签的标题属性如图 3-15c 所示。

表 3-12　属性设置

对　　象	属　　性	属 性 值	说　　明
Text1	Text	0	文本框的内容
Text2 ～ Text7	Text		文本框的内容
	Alignment	1 – Right Justify	文本内容右对齐
	Locked	True	文本内容只读
Command1	Caption	应付	按钮标题
	Default	True	窗体的默认按钮

3）编写程序代码。

编写命令按钮 Command1 的 Click 事件代码：

```
Private Sub Command1_Click()
    x = Val(Text1.Text)                    'x 为实发工资数
    y = x \ 100 : Text2.Text = y           ' 求 100 元票张数并显示
    x = x - 100 * y                        ' 求剩余款项
    y = x \ 50 : Text3.Text = y            ' 求 50 元票张数并显示
    x = x - 50 * y                         ' 求剩余款项
    y = x \ 10 : Text4.Text = y            ' 求 10 元票张数并显示
    x = x - 10 * y                         ' 求剩余款项
    y = x \ 5   : Text5.Text = y           ' 求 5 元票张数并显示
    x = x - 5 * y                          ' 求剩余款项
    y = x \ 2 : Text6.Text = y             ' 求 2 元票张数并显示
```

```
    x = x - 2 * y : Text7.Text = x              ' 求 1 元票张数并显示
End Sub
```

编写文本框 Text1 的 Change 事件代码：

```
Private Sub Text1_Change()
    Text2.Text = ""
    Text3.Text = ""
    Text4.Text = ""
    Text5.Text = ""
    Text6.Text = ""
    Text7.Text = ""
End Sub
```

说明：当在输入框中输入工资数的时候，Change 事件发生，此时将清除其他各文本框中的内容。

3．焦点

焦点（Focus）就是光标，当对象具有“焦点”时才能响应用户的输入，因此也是对象接收用户鼠标单击或键盘输入的能力。在 Windows 环境中，在同一时间只有一个窗口、窗体或控件具有这种能力。具有焦点的对象通常会以突出显示标题或标题栏来表示。

当文本框具有焦点时，用户输入的数据才会出现在文本框中。

仅当控件的 Visible 和 Enabled 属性被设置为真（True）时，控件才能接收焦点。某些控件不具有焦点，如标签、框架、计时器等。

当控件接收焦点时，会引发 GotFocus 事件，当控件失去焦点时，会引发 LostFocus 事件。

可以用 SetFocus 方法在代码中设置焦点。如在【例 3-10】中，编写窗体的 Activate 事件代码，其中调用 SetFocus 方法，使得程序开始时光标（焦点）位于输入框 Text1 中：

```
Private Sub Form_Activate()
    Text1.SetFocus
End Sub
```

另外，在“计算”按钮的 Click 事件代码中调用 SetFocus 方法，可以使光标重新回到输入框 Text1。例如，修改【例 3-10】中 Command1 的 Click 事件代码：

```
Private Sub Command1_Click()
    x = Val(Text1.Text)                         'x 为实发工资数
    y = x \ 100 : Text2.Text = y                ' 求 100 元票张数并显示
    x = x - 100 * y                             ' 求剩余款项
    y = x \ 50 : Text3.Text = y                 ' 求 50 元票张数并显示
    x = x - 50 * y                              ' 求剩余款项
    y = x \ 10 : Text4.Text = y                 ' 求 10 元票张数并显示
    x = x - 10 * y                              ' 求剩余款项
    y = x \ 5   : Text5.Text = y                ' 求 5 元票张数并显示
    x = x - 5 * y                               ' 求剩余款项
    y = x \ 2 : Text6.Text = y                  ' 求 2 元票张数并显示
    x = x - 2 * y : Text7.Text = x              ' 求 1 元票张数并显示
```

```
    Text1.SelStart = 0
    Text1.SelLength = Len(Text1.Text)
    Text1.SetFocus
End Sub
```

其中，文本框的 SelStart 属性设置（或返回）所选择的文本的起始点，如果没有文本被选中，则指出插入点的位置。SelLength 属性设置（或返回）所选择的字符数。函数 Len()返回字符串数据的长度。

运行程序，单击命令按钮可以使光标重新回到输入框 Text1（如图 3-15a 所示）。

在程序运行的时候，用户可以按下列方法之一改变焦点：

- 单击对象。
- 按〈Tab〉或〈Shift+Tab〉键在当前窗体的各对象之间巡回移动焦点。
- 按热键选择对象。

TabIndex 属性决定控件接收焦点的顺序，TabStop 属性决定焦点是否能够停在该控件上。

当在窗体上画出第一个控件时，VB 分配给控件的 TabIndex 属性默认值为 0，第二个控件的 TabIndex 属性默认值为 1，第三个控件的 TabIndex 属性默认值为 2，…依此类推。当用户在程序运行中按〈Tab〉键时，焦点将根据 TabIndex 属性值所指定的焦点移动顺序移动到下一个控件。通过改变控件的 TabIndex 属性值，可以改变默认的焦点移动顺序。

如果控件的 TabStop 属性设置为假（False），则在运行中按〈Tab〉键选择控件时，将跳过该控件，并按焦点移动顺序把焦点移到下一个控件上。

3.2.2 输入框函数 InputBox

InputBox 函数显示一个能接受用户输入的对话框，并返回用户在对话框中输入的信息。其语法格式为

变量 = InputBox(〈信息内容〉[,〈对话框标题〉][,〈默认内容〉])

说明：

1）〈信息内容〉指定在对话框中出现的文本。在〈信息内容〉中使用硬回车符（CHR(13)）可以使文本换行。对话框的高度和宽度随着〈信息内容〉而增加，最多可有 1024 个字符。

2）〈对话框标题〉指定对话框的标题。

3）〈默认内容〉可以指定输入框的文本框中显示的默认文本。如果用户单击“确定”按钮，文本框中的文本（字符串）将返回到变量中，若用户单击“取消”按钮，返回的将是一个零长度的字符串。

注意：如果省略了某些可选项，必须加入相应的逗号分隔符。

4）InputBox 函数返回包含文本框内容的字符串（String 类型）。

【例 3-11】华氏温度和摄氏温度相互转换的程序。输入一个华氏温度可以得到相应的摄氏温度，而输入一个摄氏温度也可以得到相应的华氏温度，如图 3-16 所示。利用输入框输入温度（如图 3-17 所示）。

分析：设 C 为摄氏温度，F 为华氏温度，则有：$F=\frac{9}{5}\times C+32$

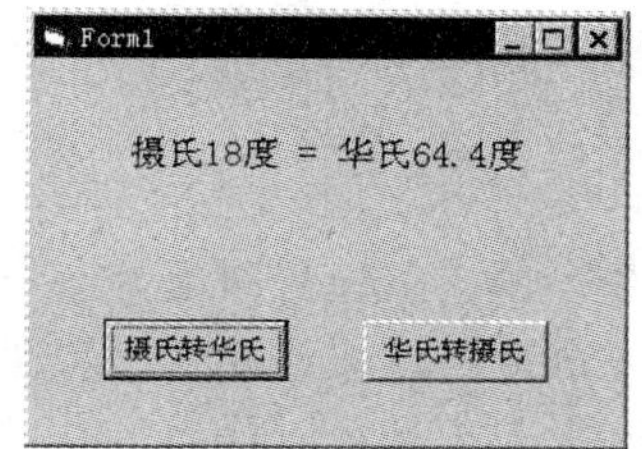

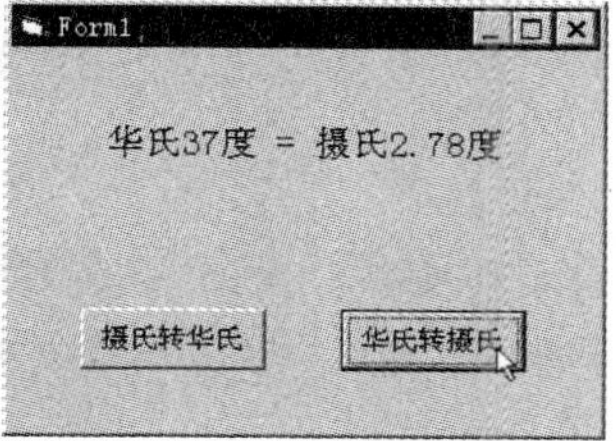

图 3-16　温度的转换

图 3-17　输入温度值

因此可以得到：$C=\dfrac{5}{9}(F-32)$

设计步骤如下：

1）建立应用程序用户界面与设置对象属性。选择“新建”工程，进入窗体设计器，增加两个命令按钮 Command1～Command2 和一个标签 Label1，如图 3-18a 所示。其属性的设置如图 3-18b 所示。

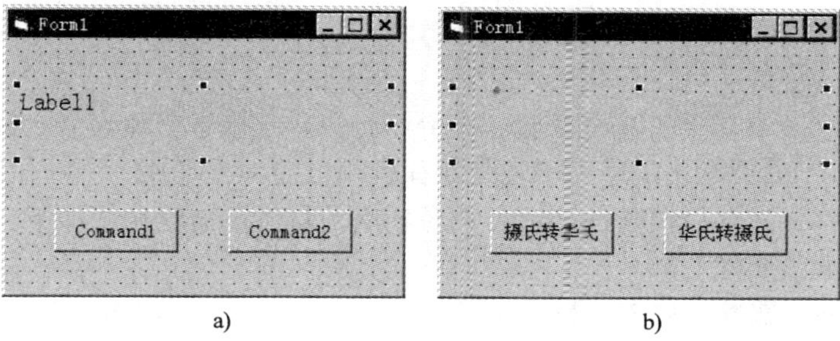

图 3-18　建立用户界面

2）编写事件代码。

编写“摄氏转华氏”命令按钮 Command1 的 Click 事件代码：

```
Private Sub Command1_Click()
  c = Val(InputBox("请输入摄氏温度值：", "摄氏转华氏", 0))
  f = 32 + 9 * c / 5
  Label1.Caption = "摄氏" & c & "度  =  华氏" & Format(f, "####.##") & "度"
End Sub
```

编写“华氏转摄氏”命令按钮 Command2 的 Click 事件代码：

```
Private Sub Command2_Click()
  f = Val(InputBox("请输入华氏温度值：", "华氏转摄氏", 0))
  c = 5 * (f - 32) / 9
  Label1.Caption = "华氏" & f & "度  =  摄氏" & Format(c, "####.##") & "度"
End Sub
```

3.3　打印机输出

在基于 Windows 的应用程序操作中，打印是最复杂的任务之一。VB 应用程序的打印输出有两种方式：直接输出与窗体输出。所谓直接输出，就是将输出内容直接送往打印机。而窗体输出则是先将内容输出在窗体中，然后将窗体上所显示的内容通过打印机输出。

3.3.1 直接输出

使用 Printer 对象的 Print 方法，可以直接输出。与窗体或图片框一样，Printer 对象是一个与设备无关的图片空间，支持用 Print、PSet、Line、PaintPicture 和 Circle 方法来创建文本和图形。窗体或图片框中几乎所有与文本和图形有关的属性、方法，Printer 对象都可以使用。

【例 3-12】下述代码将在打印机中直接打印出信息：

```
Private Sub Form_Click()
    Printer.FontName = "system"
    Printer.FontSize = 24
    Printer.FontItalic = True
    Printer.FontUnderline = True
    Printer.Print "计算机等级考试"
    Printer.Print "Visual Basic 语言"
    Printer.EndDoc
End Sub
```

上述过程中的属性、方法在前面大都已作介绍，只是加上了对象名 Printer。因此属性的设置针对打印机，而 Print 方法中的字符串也是送往打印机的。

代码中的 EndDoc 方法以及其他 Printer 对象特有的属性和方法介绍如下。

1．Printer 对象的属性

1）刻度（Scale）属性，如表 3-13 所示。

表 3-13 刻度属性

名　称	说　明
ScaleMode	表示对象坐标的度量单位
ScaleLeft 和 ScaleTop	分别定义打印页左上角的 x 坐标和 y 坐标。通过改变 ScaleLeft 和 ScaleTop 的值，可改变打印页的左边距和上边距
ScaleWidth 和 ScaleHeight	分别定义打印页的宽度和高度

2）定位属性：就像为窗体和图形框设置属性一样，可为 Printer 对象设置 CurrentX 和 CurrentY 属性。这两个属性决定 Printer 对象当前页中的输出位置。

3）Copies 属性：返回或设置需要打印的份数。在设计时不可用。

4）Duplex 属性：返回或设置一个值，以决定是否要双面打印（若打印机支持该功能）。在设计时不可用。

5）Page 属性：返回当前页号。VB 保持一个已打印页数的计数器，它从应用程序开始或从在 Printer 对象上上次使用 EndDoc 语句起计数。在下述情况下该计数器从一开始并每次加一：使用 NewPage 方法或使用 Print 方法并且要打印的文本与当前页容纳不下。

6）PaperSize 属性：返回或设置一个值，该值指出当前打印机的纸张大小。在设计时不可用。

7）PrintQuality 属性：返回或设置一个值，该值指示打印机的分辨率。设计时不可用。

8）Zoom 属性：该属性定义按原来的百分之多少输出。默认值为 100，指定输出将按实际尺寸的 100%来打印。可利用 Zoom 属性使打印页比实际纸页大一些或小一些。例如，将 Zoom 属性设置为 50，可使打印页看起来只是实际打印纸页长和宽的 50%。

也可用 TextHeight 和 TextWidt 方法在 Printer 对象中定位文本。

2．Printer 对象的方法

1）EndDoc 方法：用于终止发送给 Printer 对象的打印操作，将文档释放到打印设备或后台打印程序。

说明：如果在运行 NewPage 方法后立即调用 EndDoc，不会打印额外的空白页。

2）KillDoc 方法：用于立即终止当前打印作业。如果操作系统的打印管理器正在处理该打印作业（打印管理器正在运行并且允许后台打印），那么 KillDoc 将删除当前打印作业并且使打印机不接收任何信息。如果打印管理器不是正在在处理该打印作业（没有选用后台打印），部分或全部数据可能在 KillDoc 生效前已发送到打印机。此时，打印机驱动程序将尽可能使打印机复位并终止该打印作业。

3）NewPage 方法：用以结束 Printer 对象中的当前页并前进到下一页。NewPage 前进到下一个打印机页，并将打印位置重置到新页的左上角。

说明：调用 NewPage 时，它将 Printer 对象的 Page 属性加 1。

3.3.2 窗体输出

使用窗体的 PrintForm 方法可以将窗体中的所有信息传送到打印机。

要用 PrintForm 方法打印应用程序中的信息，需先将该信息显示在窗体中，然后再用 PrintForm 打印窗体。语法格式为

[〈窗体名〉.]PrintForm

若省略窗体名称，则 Visual Basic 打印当前窗体。PrintForm 打印窗体的全部内容，即使窗体的某部分在屏幕上见不到。打印结束后，PrintForm 调用 EndDoc 方法清空打印机。

【例 3-13】修改上例，先将信息显示在窗体，然后在打印机中打印出信息：

```
Private Sub Form_Click()
  FontName = "system"
  FontSize = 24
  FontItalic = True
  FontUnderline = True
  Print "计算机等级考试"
  Print "Visual Basic 语言"
  PrintForm
End Sub
```

说明：

1）需要将 AutoRedraw 属性设置为 True，才能将文本与图形打印出来。

2）PrintForm 方法是应用程序打印的最简便的方法。但是打印效果可能不如直接打印。因为前者按用户屏幕的分辨率传送信息到打印机（每英寸打印 96 点），即使打印机有更高的分辨率（对于激光打印机，每英寸打印 300 点），结果也不会更好。

3.4 使用框架控件

如同图片框一样，框架（Frame）控件是一种容器控件，在框架控件内部的控件可以随控

件一起移动，并且受到框架控件某些属性（Visible、Enabled）的控制。

在多数情况下只需使用框架控件将其他控件分成可标识的控件组，而不必响应框架控件的事件。需要修改的可能是框架控件的Name、Caption或Font属性。

使用Frame控件将其他控件分组时，应该首先绘制Frame控件，然后激活Frame控件，再绘制其他的控件，这样才能使框架及其上的控件一起移动。

如果要用框架将现有的控件分组，则可先选定所有控件，将它们剪切到剪贴板，然后选定Frame控件并将剪贴板上的控件粘贴到Frame控件上。

【例3-14】利用“框架”修饰【例3-10】中的窗体，如图3-19所示。

下面在例3-10的基础上修改原窗体，首先将欲放入框架中的控件多重选定（如图3-20a所示），按〈Ctrl+X〉组合键或常用工具栏中的“剪切”按钮，将其剪切到剪贴板中如图3-20b所示。然后在窗体中画出框架控件，选中后（如图3-20c所示），按〈Ctrl+V〉组合键或常用工具栏中的“粘贴”按钮，将原有控件移回“框架”中，调整其位置（如图3-20d所示），并将“框架”的Caption属性设为空。

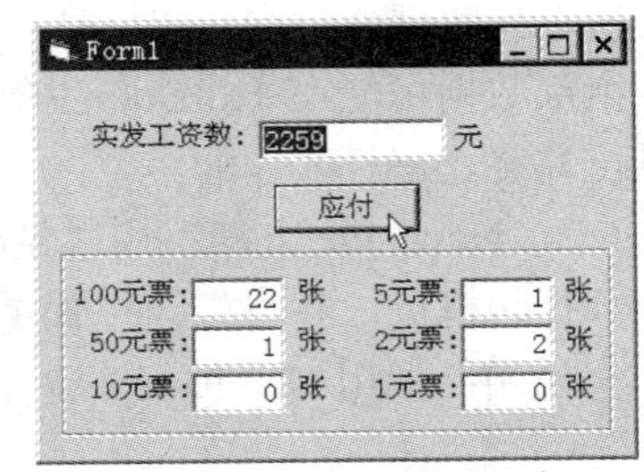

图3-19　利用“框架”修饰窗体

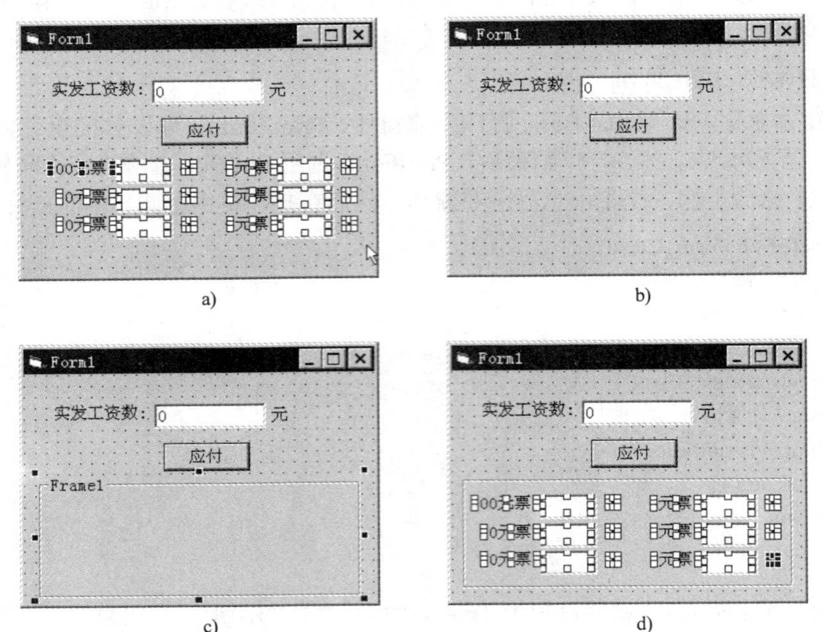

图3-20　在【例3-10】的基础上修改原窗体

也可以先在空白窗体中画出框架控件后，逐一添加其他控件，但要注意，每次添加都要首先选中框架。

说明：框架控件除了能够修饰窗体外，还有一个重要的功能，就是用来对选项按钮进行分组，参见4.6。

3.5 习题

一、选择题

1．设有如下程序：

```
Private Sub Form_Click()
  a = 10: b = 20
  x = a = b
  Print x
End Sub
```

程序运行后，单击窗体，输出结果为（　　）。

A．10　　B．20　　C．False　　D．0

2．下列说法中，错误的是（　　）。

A．将焦点移至命令按钮上，按〈Enter〉键，则触发命令按钮的 Click 事件

B．标签可以响应 Click 事件

C．命令按钮不响应 Click 事件

D．在程序运行期间，可以修改命令按钮的 Style 属性

3．窗体上有一个文本框，用于接收正整数。为保证输入数据是合法的（即正整数），可以在该数据输入结束后准备继续其他操作时进行数据的合法性检查。为实现上述目的，应选用的事件是（　　）。

A．Change　　B．LostFocus　　C．Click　　D．KeyPress

4．在窗体（名称为 Form1）上画一个名称为 Text1 的文本框和一个名称为 Command1 的命令按钮，然后编写一个事件过程。程序运行后，如果在文本框中输入一个字符，则把命令按钮的标题设置为“计算机等级考试”。以下能实现上述操作的事件过程是（　　）。

A．

```
Private Sub Text1_Change()
  Command1.Caption = "计算机等级考试"
End Sub
```

B．

```
Private Sub Command1_Click()
  Caption ="计算机等级考试"
End Sub
```

C．

```
Private Sub Form_Load()
  Text1.Caption = "计算机等级考试"
End Sub
```

D．

```
Private SubCommand1_Click()
  Text1.Text = "计算机等级考试"
End Sub
```

5．窗体上有一个名称为 Label1 的标签和一个名称为 Command1 的命令按钮，命令按钮的单击事件过程如下:

```
Private Sub Command1_Click()
  x = InputBox("输入 x:", , 0)
  y = InputBox("输入 y:", , 0)
  Label1.Caption = x + y
End Sub
```

运行程序，单击命令按钮，在输入对话框中分别输入 2、3，运行的结果是（ ）。

A．程序运行有错误，数据类型不匹配

B．程序运行有错误，InputBox 函数的格式不对

C．在 Label1 中显示 5

D．在 Label1 中显示 23

6．设 x = 4，y = 6，则以下不能在窗体上显示出“A = 10”的语句是（ ）。

A．Print A = x+y

B．Print "A = "; x+y

C．Print "A = " + Str(x+y)

D．Print "A = " &x+y

7．若设置了文本框的属性 PasswordChar = "$"，则运行程序时向文本框中输入 8 个任意字符后，文本框中显示的是（ ）。

A．8 个"$"　　B．1 个"$"　　C．8 个"*"　　D．无任何内容

8．设 x = 5，执行语句 Print x = x + 10，窗体上显示的是

A．15　　B．5　　C．True　　D．False

9．设程序中有如下语句

```
x = InputBox("输入", "数据", 100)
Print x
```

运行程序，执行上述语句，输入 5 并单击输入对话框上的“取消”按钮，则窗体上输出（ ）。

A．0　　B．5　　C．100　　D．空白

10．在窗体上画两个名称分别为 Text1、Text2 的文本框，Text1 的 Text 属性为“DataBase”，现有如下事件过程:

```
Private Sub Text1 Change()
  Text2.Text = Mid(Text1,1,5)
End Sub
```

运行程序，在文本框 Text1 中原有字符之前输入 a，Text2 中显示的是（ ）。

A．DataA　　B．DataB　　C．aData　　D．aBase

二、上机题

1．向一个 RC 串联电路充电，电容上的电压为：$U = U_0 \cdot (1 - e^{-\frac{t}{RC}})$，其中 U_0 为直流电源的电压。求在 t = 1s 时（R=500Ω，C=10μF），U / U_0 的值。

2．在文本框中输入三种商品的单价、购买数量，计算并输出所用的总金额，如图 3-21 所示。

3．在文本框中输入小时、分、秒，化成有多少秒，然后输出，如图 3-22 所示。

4．在文本框中输入长、宽、高，求长方体的表面积，并输出，如图 3-23 所示。

5．从键盘上输入四个数，编写程序，计算并输出这四个数的和及平均值。通过 InputBox 函数输入数据，在窗体上显示四个数的和与平均值。

6．编写程序，要求用户输入下列信息：姓名、年龄、通信地址、邮政编码、电话，然后将输入的数据用适当的格式在窗体上显示出来。

图 3-21　计算商品总金额

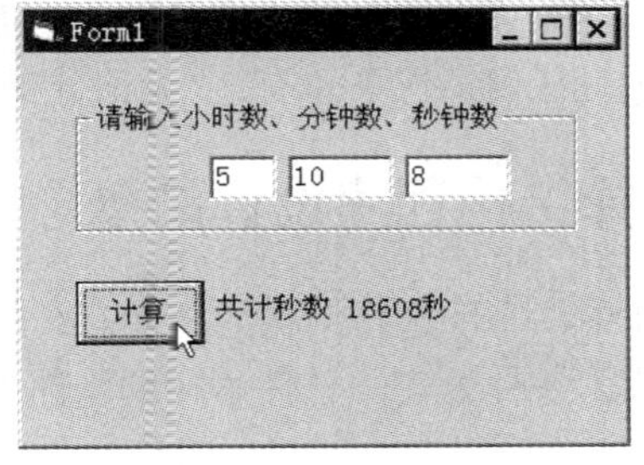

图 3-22　计算秒数

7．假设：$a=5$，$b=2.5$，$c=7.8$，编写程序计算：

$$y=\frac{\pi ab}{a+b\times c}$$

8．输入以秒为单位表示的时间，编写程序，将其换算成几日几时几分几秒，如图 3-24 所示。

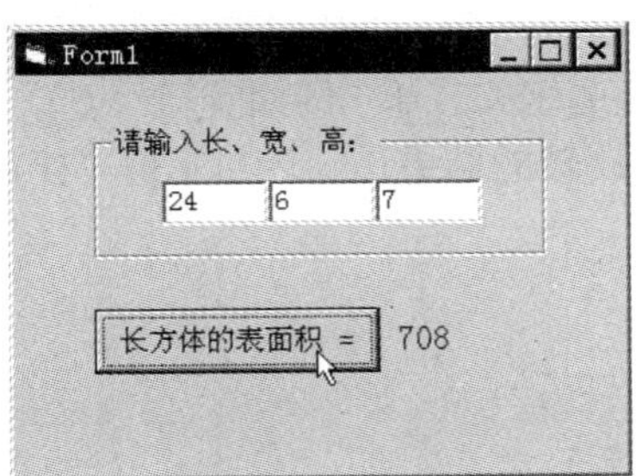

图 3-23　求长方体表面积

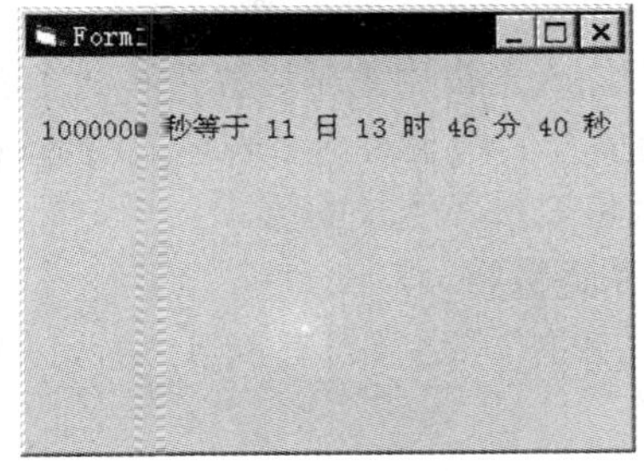

图 3-24　时间换算

9．在窗体上画一个名称为 Text1 的文本框和两个命令按钮，其名称分别为 Cmd1 和 Cmd2，标题分别为“显示 A”和“显示 B”。适当编写事件代码，使得程序运行后，如果单击“显示 A”按钮，则弹出对话框，输入要显示的个数，根据输入的数值在文本框中显示相应数量的 A（如图 3-25a 所示），如果单击“显示 B”按钮，则弹出对话框，输入要显示的个数如图 3-25b 所示，根据输入的数值在文本框中显示相应数量的 B。

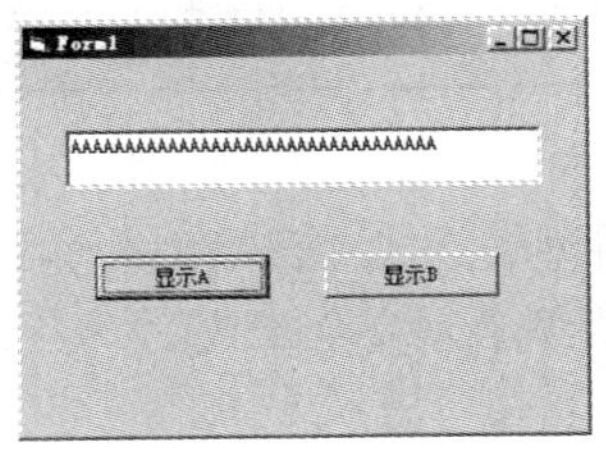

a)

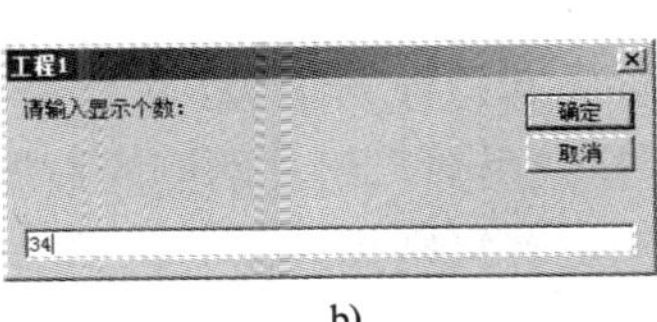

b)

图 3-25　上机题 9

第 4 章　选择结构程序设计

选择结构是计算机科学用来描述自然界和社会生活中分支现象的重要手段。其特点是根据所给定的条件为真（即条件成立）与否，而决定从各实际可能的不同分支中执行某一分支的相应操作，并且任何情况下总有：“无论分支多寡，必择其一；纵然分支众多，仅选其一”。

4.1　选择结构程序设计的概念

在 VB 中，实现选择结构的语句有：If...Then...Else、If...Then...ElseIf、Select Case 语句。这些语句又称为条件语句，条件语句的功能都是根据表达式的值有选择地执行一组语句。

4.2　条件表达式

在条件语句中作为判断依据的表达式称为“条件表达式”，条件表达式的取值为布尔值：真（True）或假（False）。在 VB 中，True 的值等于–1，False 的值等于 0。根据“条件”的简单或者复杂程度，条件表达式可以分为两类：关系表达式和布尔表达式。

4.2.1　关系运算符与关系表达式

关系表达式是指用关系运算符将两个表达式连接起来的式子（例如 a + b > 0），关系运算符又称比较运算符，用来对两个表达式的值进行比较，比较的结果是一个布尔值（True 或 False），这个结果就是关系表达式的值。

1．关系运算符

VB 提供的关系运算符有以下六种，如表 4-1 所示。

表 4-1　关系运算符

运 算 符	名　称	例　子	说　明
<	小于	"3" < "4"	值为：True，强制转换为数值型
<=	小于或等于	3 <= 4	值为：True
>	大于	0 > (1 > 0)	值为：True，强制转换为数值型
>=	大于或等于	"aa" >= "ab"	值为：False
=	等于	1 = True	值为：False，强制转换为数值型
<>	不等于	4 <> 5	值为：True

说明：

1）关系运算符两侧可以是数值表达式、字符型表达式或日期型表达式，也可以是作为表达式特例的常量、变量或函数，但其两侧的数据类型必须完全一致。

2）关系运算符的运算级别相同。

2．关系表达式

关系表达式的格式为

〈表达式 1〉〈关系运算符〉〈表达式 2〉[〈关系运算符〉〈表达式 3〉…]

说明：

1）关系表达式的运算次序为：先分别求出关系运算符两侧表达式的值，然后再把二者进行比较，二者的关系若与关系运算符指示的一样，则关系运算的结果为真 True，否则为假 False。

2）数值型数据按其数值大小进行比较。

3）日期型数据将日期看成“yyyymmdd”的 8 位整数，按数值大小比较。

4）字符型数据按其 ASCII 码值进行比较。在比较两个字符串时，首先比较两个字符串的第一个字符，其中 ASCII 码值较大的字符所在的字符串大。如果第一个字符相同，则比较第二个，…，依此类推。常见字符值的大小如下：

"空格" < "0" < … < "9" < "A" < … < "Z" < "a" < … < "z" < "任何汉字"

5）不要对单精度数或双精度数进行等于“=”比较，例如：1.0/3.0*3.0 = 1.0。

在数学上该表达式为恒等式。但在计算机上运算时，由于浮点数的误差，将造成不相等。可以把上式改为只要它们小于一个很小的数时（这里是 10^{-5}），就认为它们相等：

```
Abs(1.0 / 3.0 * 3.0 – 1.0) < 1E–5                    ' Abs( )为求绝对值函数
```

6）数学不等式：a≤x≤b，在 VB 中不能写成 a<=x<=b。因为，令 x = 5，不满足 2≤x≤3，但在 VB 中 2<=x<=3 却是真（True）的。这是由于在 VB 中，2<=x<=3 相当于(2 <= x)<=3。

4.2.2 布尔运算符与布尔表达式

对于较为复杂的条件，必须使用布尔表达式。布尔表达式是指用布尔运算符连接若干关系表达式或布尔值而成的式子。如不等式：a ≤ x ≤ b 可以表示为：a <= x And x <= b。布尔表达式的值也是一个布尔值。VB 提供的布尔运算符有：And、Or、Not、Xor、Eqv、Imp 六种，其中常用的为前三种，如表 4-2 所示。

表 4-2 布尔运算符

运　算　符	名　　称	例　　子	说　　明
And	与	(4 > 5) And (3 < 4)	值为：False，两个表达式的值均为真，结果才为真，否则为假
Or	或	(4 > 5) Or (3 < 4)	值为：True，两个表达式中只要有一个值为真，结果就为真，只有两个表达式的值均为假，结果才为假
Not	非	Not (1 > 0)	值为：False，由真变假或由假变真，进行取“反”操作

说明：

1）布尔运算符两侧若有数值数据出现，则将数值数据转换为二进制数（补码形式）进行按位运算。此时，1 为真，0 为假。

2）布尔运算真值表如表 4-3 所示。

表 4-3 布尔运算真值表

a	b	a And b	a Or b	Not a
True	True	True	True	False
True	False	False	True	False
False	True	False	True	True
False	False	False	False	True

Not 由真变假，由假变真。And 对两个布尔值进行比较，如果两个值均为真，则结果为真，否则为假。Or 对两个布尔值进行比较，如果其中一个值为真，则结果为真，只有两个值都为假时，结果才为假。运算布尔表达式时，先运算关系表达式，再运算布尔表达式。例如：

```
2 +3 > 5 And 5 < 3                    '结果为：False
Not 5 < 3 And 6 * 2 = 10 + 2          '结果为：True
5 >= 5 Or 4 * 7 <> 7                  '结果为：True
```

4.2.3 运算符的优先顺序

在一个表达式中进行多种操作时，VB 会按一定的顺序进行求值，称这个顺序为运算符的优先顺序。运算符的优先顺序如表 4-4 所示。

表 4-4 运算符的优先顺序

优先顺序	运算符类型	运算符
1	算术运算符	^（指数运算）
2		–（负数）
3		*、/（乘法和除法）
4		\（整数除法）
5		Mod（求模运算）
6		+、–（加法和减法）
7	字符串运算符	&（字符串连接）
8	关系运算符	=、<>、<、>、<=、>=
9	布尔运算符	Not
10		And
11		Or

说明：

1）同级运算按照它们从左到右出现的顺序进行计算。

2）可以用括号改变优先顺序，强令表达式的某些部分优先运行。

3）括号内的运算总是优先于括号外的运算，在括号之内，运算符的优先顺序不变。

【例 4-1】设变量 $x = 4$，$y = -1$，$a = 7.5$，$b = -6.2$，求表达式 x + y > a + b And Not y < b 的值。

分析：将按下面步骤计算：

1）先进行算术运算：　　3 > –1.3 And Not y < b

2）再进行关系运算：　　True　And Not False

3）进行非运算：　　True　And　True

4）最后得：　　True

【例 4-2】判断某个年份是闰年的根据是年份数满足下述条件之一。

条件 1：能被 4 整除，但不能被 100 整除的年份都是闰年。

条件 2：能被 100 整除，又能被 400 整除的年份都是闰年。

设变量 y 表示年份，写出判断 y 是否闰年的布尔表达式。

解：判断 y 是否满足条件 1 的布尔表达式是：y Mod 4 = 0 And y Mod 100 <> 0
判断 y 是否满足条件 2 的布尔表达式是：y Mod 100 = 0 And y Mod 400 = 0
两者取“或”，即得判断闰年的布尔表达式：

y Mod 4 = 0 And y Mod 100 <> 0 Or y Mod 100 = 0 And y Mod 400 = 0

4.3 单条件选择语句 If

单条件选择结构是最常用的双分支选择结构，其特点是：所给定条件（条件表达式）的值如果为真，则执行 a_1 块；如果为假则执行 a_2 块。其一般形式如图 4-1 所示。

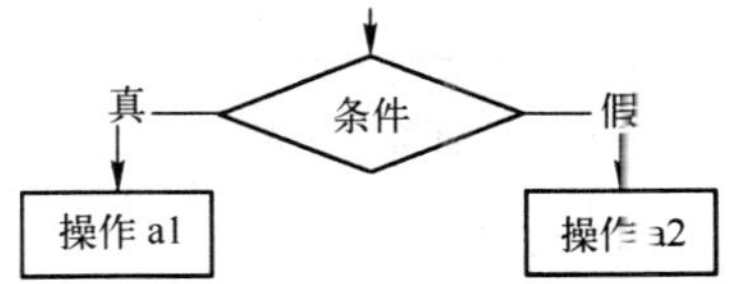

图 4-1 单条件选择结构的流程图

说明：

1）这里的 a_1 块或 a_2 块可以是空操作块（简称空块，也就是不作任何处理的操作块）。当然，如果 a_1、a_2 操作块同时为空块的话，就失去了选择的意义。

2）为了养成良好的程序设计风格和习惯，如果必须设立空分支时，应该把它设在选择条件为假的相应分支（即 a_2 块）中。

3）实现单条件选择结构的语句是 If 语句，在 VB 中有行 If 语句和块 If 语句两种。

4.3.1 单行结构条件语句 If…Then…Else

单行 If 语句的语法格式为

If 〈条件〉 Then [〈语句序列 1〉] [Else 〈语句序列 2〉]

说明：

1）〈条件〉可以是关系表达式、布尔表达式或数值表达式。如果以数值表达式作条件，则非 0 值为真，0 为假。

2）如果没有 Else 子句，〈语句序列 1〉为必要参数，在〈条件〉为 True 时执行。

【例 4-3】输入 x，计算 y 的值。其中：

$$y=\begin{cases}1+x & (x\geqslant 0)\\ 1-2x & (x<0)\end{cases}$$

分析：该题是数学中的一个分段函数，它表示当 $x\geqslant 0$ 时，用公式 $y=1+x$ 来计算 y 的值，当 $x<0$ 时，用公式 $y=1-2x$ 来计算 y 的值。在选择条件时，即可以选择 $x\geqslant 0$ 作为条件，也可以选择 $x<0$ 作为条件。在这里，选 $x\geqslant 0$ 作为选择条件。这时，当 $x\geqslant 0$ 为真时，执行 $y=1-x$；为假时，执行 $y=1-2x$。

根据以上分析，画出流程图，如图 4-2 所示。

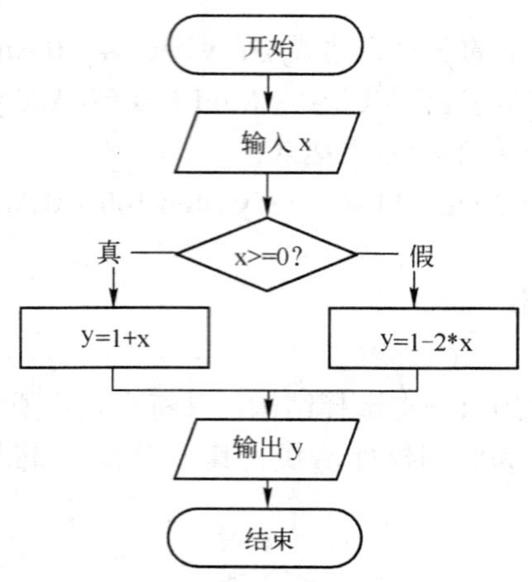

图 4-2　计算 y 值的流程图

设计步骤如下：

1）建立应用程序用户界面与设置对象属性。参照第 3 章的方法建立用户界面与设置对象属性，如图 4-3 所示。

2）编写程序代码。根据流程图，写出命令按钮 Command1 的单击（Click）事件代码为：

```
Private Sub Command1_Click()
    Dim x As Single, y As Single
    x = Val(Text1.Text)
    If x >= 0 Then y = 1 + x Else y = 1 - 2 * x
    Text2.Text = y
End Sub
```

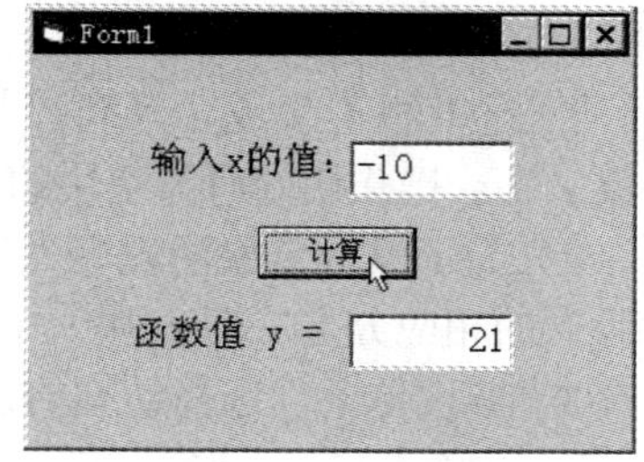

图 4-3　计算函数的值

【例 4-4】学校对学习成绩优良的学生进行奖励，获奖的条件如下：

1）所考五门课的总分超过 450 分。

2）每门课的成绩都在 88 分以上。

3）前三门（主课）的成绩都在 95 分以上，其他两门（非主课）的成绩都在 80 分以上。

输入某学生五门课的成绩 $s1$、$s2$、$s3$、$s4$、$s5$，判断他是否能够获奖。

分析：依题意列出三个条件表达式：

1）s1 + s2 + s3 + s4 + s5 >= 450

2）s1 >= 88 AND s2 >= 88 AND s3 >= 88 AND s4 >= 88 AND s5 >= 88

3）s1 >= 95 AND s2 >= 95 AND s3 >= 95 AND s4 >= 80 AND s5 >= 80

设计步骤如下：

1）建立应用程序用户界面与设置对象属性。参照第 3 章的方法建立用户界面与设置对象属性，如图 4-4 所示。

2）编写程序代码。根据流程图，写出命令按钮 Command1 的单击（Click）事件代码为：

```
Private Sub Command1_Click()
  Dim s1 As Single, s2 As Single, s3 As Single, s4 As Single, s5 As Single
```

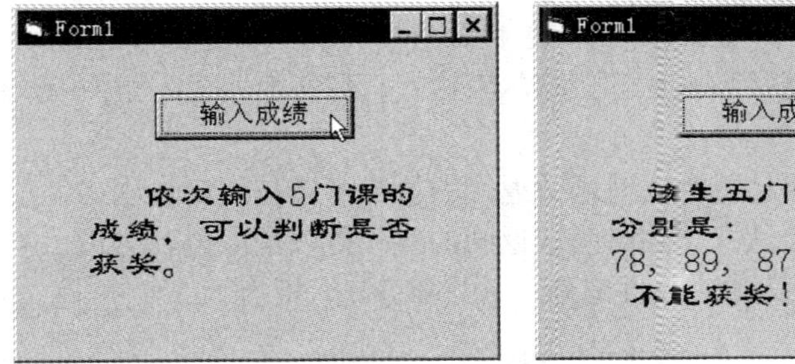

图 4-4　判断能否获奖

```
  Dim p As String
  s1 = Val(InputBox("请输入第 1 门课的成绩：", "输入框", 0))
  s2 = Val(InputBox("请输入第 2 门课的成绩：", "输入框", 0))
  s3 = Val(InputBox("请输入第 3 门课的成绩：", "输入框", 0))
  s4 = Val(InputBox("请输入第 4 门课的成绩：", "输入框", 0))
  s5 = Val(InputBox("请输入第 5 门课的成绩：", "输入框", 0))
  t1 = (s1 + s2 + s3 + s4 + s5 >= 450)
  t2 = (s1 >= 88 And s2 >= 88 And s3 >= 88 And s4 >= 88 And s5 >= 88)
  t3 = (s1 >= 95 And s2 >= 95 And s3 >= 95 And s4 >= 80 And s5 >= 80)
  If t1 Or t2 Or t3 Then p = "   可以获奖!" Else p = "   不能获奖!"
  p = Str(s1) & "," & Str(s2) & "," & Str(s3) & "," & Str(s4) & "," & Str(s5) & Chr(13) & p
  Label1.Caption = "   该生五门课的成绩分别是：" & Chr(13) & p
End Sub
```

【例 4-5】利用输入框函数输入三个不同的数，选出其中最大的数。

1）建立应用程序用户界面与设置对象属性。参照第 3 章的方法建立用户界面与设置对象属性，如图 4-5 所示。

2）编写程序代码。根据流程图，写出命令按钮 Command1 的单击（Click）事件代码如下：

```
Private Sub Command1_Click()
  Dim a As Single, b As Single, c As Single
  a = Val(InputBox("请输入第 1 个数：", "输入框", 0))
  b = Val(InputBox("请输入第 2 个数：", "输入框", 0))
  c = Val(InputBox("请输入第 3 个数：", "输入框", 0))
  p = " " & a & "，" & b & "，" & c
  p = p & "三个数中最大的数是："
  If a > b And a > c Then p = p & a
  If b > a And b > c Then p = p & b
  If c > a And c > b Then p = p & c
  Label1.Caption = p
End Sub
```

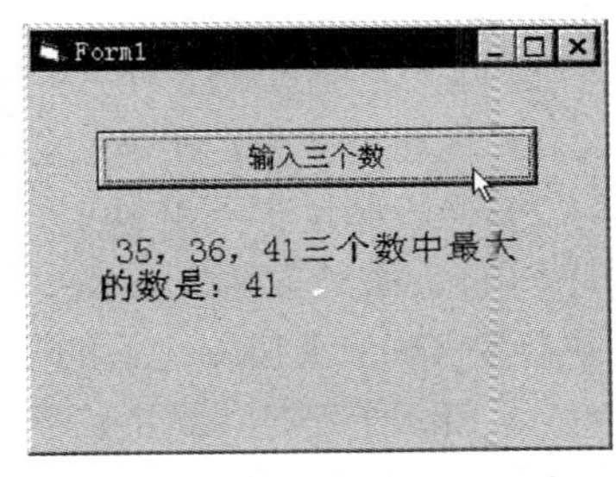

图 4-5　求三个数中最大数

4.3.2　使用 IIf 函数

还可以使用 IIf 函数来实现一些比较简单的选择结构。IIf 函数的语法结构为

IIf(〈条件表达式〉,〈真部分〉,〈假部分〉)

说明：

1）〈条件表达式〉可以是关系表达式、布尔表达式、数值表达式。如果用数值表达式作条件，则非 0 为真，0 为假。

2）〈真部分〉是当条件表达式为真时函数返回的值，可以是任何表达式。

3）〈假部分〉是当条件表达式为假时函数返回的值，可以是任何表达式。

4）语句 y = IIf(〈条件表达式〉,〈真部分〉,〈假部分〉) 相当于：

```
If 〈条件表达式〉 then y =〈真部分〉 Else y =〈假部分〉
```

【例 4-6】【例 4-3】中命令按钮 Command1 的单击（Click）事件代码可以改为

```
Private Sub Command1_Click()
    Dim x As Single, y As Single
    x = Val(Text1.Text)
    y = IIf(x >= 0, 1 + x, 1 - 2 * x)
    Text2.Text = y
End Sub
```

4.3.3 块结构条件语句 If…Then…Else…End If

虽然单行 If 语句使用方便，可以满足许多选择结构程序设计的需要，但是当 Then 部分和 Else 部分包含较多内容时，在一行中就难以容纳所有命令。为此，VB 提供了块 If 语句，将一个选择结构用多个语句行来实现。块 If 语句又称为多行 If 语句，其语法结构为

```
If 〈条件 1〉 Then
  [〈语句序列 1〉]
[Else
  [〈语句序列 2〉]]
End If
```

说明：

1）在块形式中，If 语句必须是第 1 行语句。If 块必须以一个 End If 语句结束。

2）当程序运行到 If 块时，首先测试〈条件〉。如果条件为 True，则执行 Then 之后的〈语句序列 1〉。如果条件为 False，并且有 Else 子句，则程序会执行 Else 部分的〈语句序列 2〉。而在执行完 Then 或 Else 之后的语句序列后，会从 End If 之后的语句继续执行。

3）Else 子句是可选的。

【例 4-7】将【例 4-3】中命令按钮 Command1 的单击（Click）事件代码改为多行 If 语句：

```
Private Sub Command1_Click()
    Dim x As Single, y As Single
    x = Val(Text1.Text)
    If x >= 0 Then
      y = 1 + x
    Else
      y = 1 - 2 * x
    End If
```

```
        Text2.Text = y
    End Sub
```

4.3.4 If 语句的嵌套

1. If 语句的嵌套

如果在 If 语句中操作块 a_1 块（语句序列 1）或 a_2 块（语句序列 2）本身又是一个 If 语句，则称为 If 语句的嵌套。

【例 4-8】铁路托运行李，从甲地到乙地，规定每张客票托运费计算方法是行李重量不超过 50kg 时，0.25 元/kg，超过 50kg 而不超过 100kg 时，其超过部分按 0.35 元/kg 收费，超过 100kg 时，其超过部分按 0.45 元/kg 收费。编写程序，输入行李重量，计算并输出托运的费用。

分析：设行李重量为 $w$kg，应付运费为 x 元，则运费公式为

$$x=\begin{cases}0.25\times w & (w\leqslant 50)\\ 0.25\times 50+0.35\times(w-50) & (50<w\leqslant 100)\\ 0.25\times 50+0.35\times 50+0.45\times(w-100) & (w>100)\end{cases}$$

根据以上分析，画出流程图如图 4-6 所示。

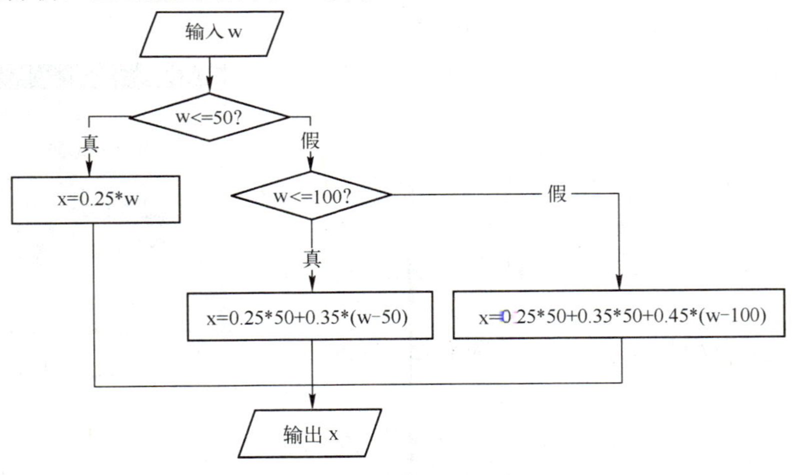

图 4-6　计算托运费的流程图

设计步骤如下：

1）建立应用程序用户界面与设置对象属性。参照第 3 章的方法建立用户界面与设置对象属性，如图 4-7 所示。

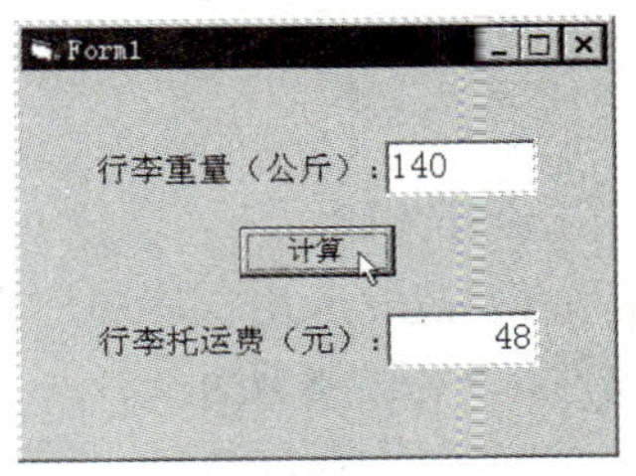

图 4-7　计算托运费

2）编写程序代码。根据流程图，写出命令按钮 Command1 的单击（Click）事件代码：

```
Private Sub Command1_Click()
    Dim w As Single, x As Single
    w = Val(Text1.Text)
    If w <= 50 Then
        x = 0.25 * w
```

```
    Else
      If w <= 100 Then
        x = 0.25 * 50 + 0.35 * (w - 50)
      Else
        x = 0.25 * 50 + 0.35 * 50 + 0.45 * (w - 100)
      End If
    End If
    Text2.Text = x
End Sub
```

说明：IIf 函数也可以嵌套使用。可以将上例中命令按钮 Command1 的单击（Click）事件代码改为

```
Private Sub Command1_Click()
    Dim w As Single, x As Single
    w = Val(Text1.Text)
    x = IIf(w <= 50, 0.25 * w, 0.25 * 50 + IIf(w <= 100, 0.35 * (w - 50), 0.35 * 50 + 0.45 * (w - 100)))
    Text2.Text = x
End Sub
```

【例 4-9】某百货公司为了促销，采用购物打折扣的优惠办法：每位顾客一次购物：

1）1000 元以上者，按九五折优惠。

2）2000 元以上者，按九折优惠。

3）3000 元以上者，按八五折优惠。

4）5000 元以上者，按八折优惠。

编写程序，输入购物款数，计算并输出优惠价，如图 4-8 所示。

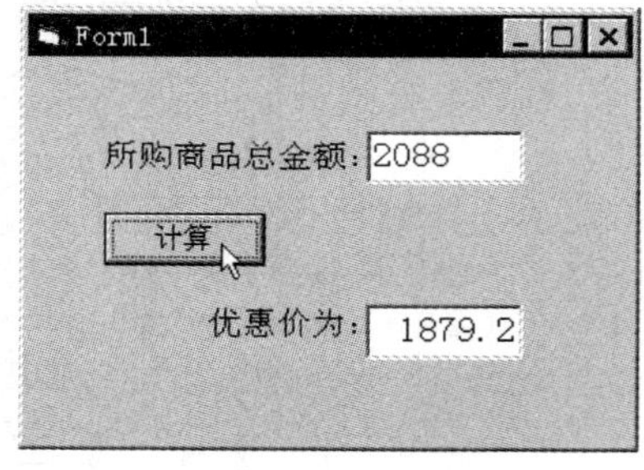

图 4-8　计算优惠价

分析：设购物款数为 x 元，优惠价为 y 元，优惠付款公式为

$$y=\begin{cases}x & (x<1000)\\0.95x & (1000\leqslant x<2000)\\0.9x & (2000\leqslant x<3000)\\0.85x & (3000\leqslant x<5000)\\0.8x & (x\geqslant 5000)\end{cases}$$

设计步骤如下：

1）建立应用程序用户界面与设置对象属性。参照第 3 章的方法建立用户界面与设置对象属性，如图 4-8 所示。

2）编写程序代码。根据流程图，写出命令按钮 Command1 的单击（Click）事件代码为：

```
Private Sub Command1_Click()
    Dim x As Single, y As Single
    x = Val(Text1.Text)
```

```
    If x < 1000 Then
        y = x
    Else
        If x < 2000 Then
            y = 0.95 * x
        Else
            If x < 3000 Then
                y = 0.9 * x
            Else
                If x < 5000 Then
                    y = 0.85 * x
                Else
                    y = 0.8 * x
                End If
            End If
        End If
    End If
    Text2.Text = y
End Sub
```

2．If 语句的嵌套格式 ElseIf

例 4-8 中出现的多层 If 语句嵌套，使程序冗长，不便阅读。为此 VB 提供了带 ElseIf 的块 If 语句来处理当条件为假时又内嵌块 If 语句的情形，以使程序简化易写。其语法结构为

```
If 〈条件 1〉 Then
  [〈语句序列 1〉]
ElseIf 〈条件 2〉 Then
  [〈语句序列 2〉]
 ...
[Else
  [〈其他语句序列〉]]
End If
```

说明：

1）在 If 块中，Else 和 ElseIf 子句都是可选的。可以放置任意多个 ElseIf 子句，但是都必须在 Else 子句之前。

2）当程序运行到 If 块时，将测试〈条件 1〉。如果条件为 True，则执行 Then 之后的语句。如果条件为 False，则每个 ElseIf 部分的条件式（如果有的话）会依次计算并加以测试。如果找到某个为 True 的条件时，则其紧接在相关的 Then 之后的语句序列会被执行。如果没有一个 ElseIf 条件为 True（或是根本就没有 ElseIf 子句），则程序会执行 Else 部分的其他语句序列。而在执行完 Then 或 Else 之后的语句序列后，会从 End If 之后的语句继续执行。

【例 4-10】在【例 4-9】中使用带 ElseIf 的块 If 语句来计算出优惠价，只需将其中命令按钮 Command1 的单击（Click）事件代码改为

```
Private Sub Command1_Click()
    Dim x As Single, y As Single
```

```
    x = Val(Text1.Text)
    If x < 1000 Then
      y = x
    ElseIf x < 2000 Then
      y = 0.95 * x
    ElseIf x < 3000 Then
      y = 0.9 * x
    ElseIf x < 5000 Then
      y = 0.85 * x
    Else
      y = 0.8 * x
    End If
    Text2.Text = y
End Sub
```

4.4 多分支条件选择语句 Select Case

多分支选择结构的特点是：从多个选择结构中，选择第一个条件为真的路线作为执行的路线。即所给定的选择条件 1 为真时，执行 a_1 块；如果为假则继续检查下一个条件。如果条件都不为真，就执行其他操作块，如果没有其他操作块，则不进行任何操作就结束选择，如图 4-9 所示。

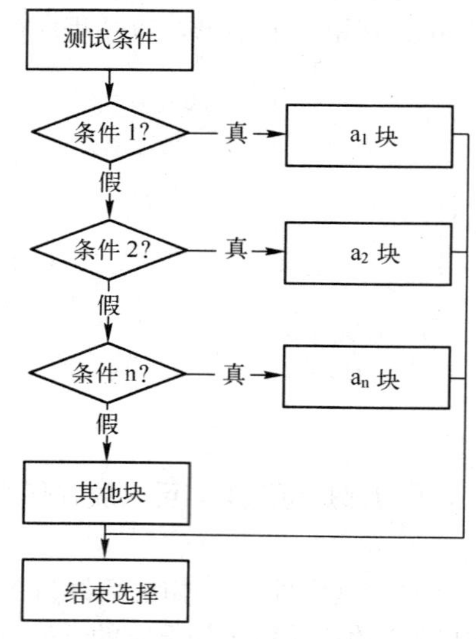

图 4-9　多条件多分支选择结构的流程图

4.4.1 Select Case 结构与语法

虽然使用嵌套的办法可以利用 If 语句实现多分支选择，但是最好还是使用 VB 提供的多分支选择结构（Select Case 语句）来实现多分支选择。根据单一表达式来执行多种可能的动作时，Select Case 更为简捷，它根据表达式的值，来决定执行几组语句中的一组。Select Case 语句的语法格式为

```
Select Case 〈测试条件〉
  [Case 〈表达式表 1〉
    [〈语句序列 1〉]]
  [Case 〈表达式表 2〉
    [〈语句序列 2〉]]
  ...
  [Case Else
    [〈其他语句序列〉]]
End Select
```

说明：

1）〈测试条件〉为必要参数，是任何数值表达式或字符串表达式。

2）在 Case 子句中，〈表达式表〉为必要参数，用来测试其中是否有值与〈测试条件〉相匹配。Case 子句中的〈表达式表〉是一个或多个如表 4-5 所示形式表达式的列表。

表 4-5　表达式的形式

形　式	示　例	说　明
表达式	Case 100 * a	数值或字符串表达式
表达式 To 表达式	Case 1000 To 2000 Case "a" To "n"	用来指定一个值范围，较小的值要出现在 To 之前
Is 关系运算表达式	Caes Is < 3000	可配合比较运算符来指定一个数值范围。如果没有提供，则 Is 关键字会被自动插入

当使用多个表达式的列表时，表达式与表达式之间要用逗号“,”隔开。

3）〈语句列〉为可选参数，是一条或多条语句，当〈表达式表〉中有值与〈测试条件〉相匹配时执行。

4）Case Else 子句用于指明其他语句列，当测试条件和所有的 Case 子句〈表达式表〉中的值都不匹配时，则会执行这些语句。虽然不是必要的，但是在 Select Case 区块中，最好还是加上 Case Else 语句来处理不可预见的测试条件值。如果没有 Case 值匹配测试条件，而且也没有 Case Else 语句，则程序会从 End Select 之后的语句继续执行。

4.4.2 Select Case 结构的应用

【例 4-11】在【例 4-9】中使用 Select Case 语句来计算优惠价，只需将其中命令按钮 Command1 的单击（Click）事件代码改为

```
Private Sub Command1_Click()
  Dim x As Single, y As Single
  x = Val(Text1.Text)
  Select Case x
    Case Is < 1000
      y = x
    Case Is < 2000
      y = 0.95 * x
    Case Is < 3000
      y = 0.9 * x
    Case Is < 5000
```

```
      y = 0.85 * x
    Case Else
      y = 0.8 * x
  End Select
  Text2.Text = y
End Sub
```

在 Case 子句中使用多个表达式时，所列表达式的形式可以不相同，既可以使用值，又可以使用条件或范围，还可以混合使用。

【例 4-12】某航空公司规定在旅游的旺季 7～9 月份，如果订票数超过 20 张，票价优惠 15%，20 张以下，优惠 5%；在旅游的淡季 1～5 月份、10 月份、11 月份，如果订票数超过 20 张，票价优惠 30%，20 张以下，优惠 20%；其他情况一律优惠 10%。

设计程序，根据月份和订票张数决定票价的优惠率。

分析：根据题意，画出流程图如图 4-10 所示。

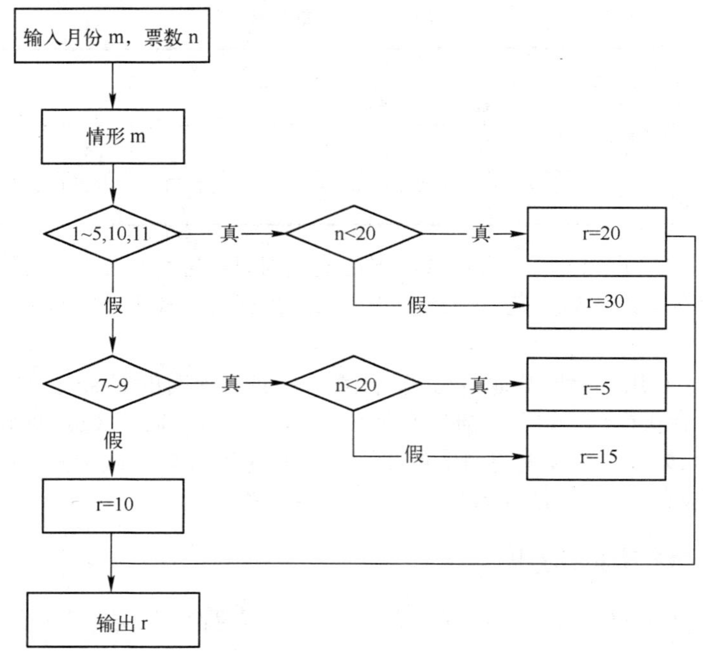

图 4-10　计算优惠价的流程图

设计步骤如下：

1）建立应用程序用户界面与设置对象属性。参照第 3 章的方法建立用户界面与设置对象属性，如图 4-11 所示。

2）编写程序代码。根据流程图，写出命令按钮 Command1 的单击（Click）事件代码：

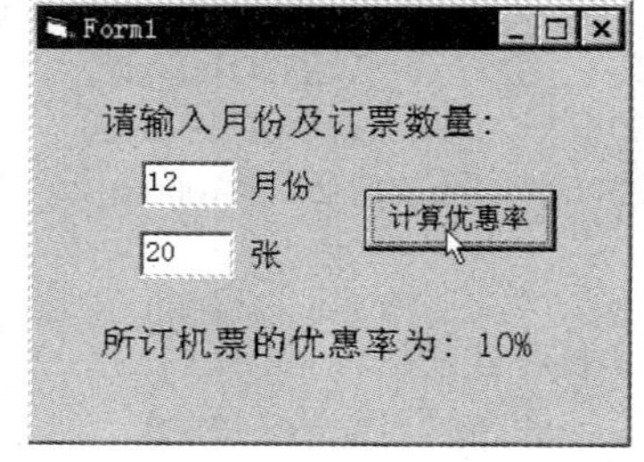

图 4-11　计算优惠价

```
Private Sub Command1_Click()
  Dim m As Integer, n As Integer, r As Integer
  m = Val(Text1.Text)
```

```
    n = Val(Text2.Text)
    Select Case m
      Case Is <= 5, 10, 11
        If n < 20 Then r = 20 Else r = 30
      Case 7 To 9
        If n < 20 Then r = 5 Else r = 15
      Case Else
        r = 10
    End Select
    Label4.Caption = "所订机票的优惠率为:" & Str(r) & "%"
End Sub
```

为了使用更加方便，再增加如下代码。

窗体的 Load 事件代码：

```
Private Sub Form_Load()
    Text1.Text = Month(Date)                    ' Text1 中的默认值为当前月份
End Sub
```

文本框 Text1 的 GotFocus 事件代码：

```
Private Sub Text1_GotFocus()
    Text1.SelStart = 0
    Text1.SelLength = Len(Text1.Text)
End Sub
```

文本框 Text1 的按键（KeyPress）事件代码：

```
Private Sub Text1_KeyPress(KeyAscii As Integer)
    If KeyAscii = 13 Then                   ' 在 Text1 按〈Enter〉键，光标跳到 Text2
      If Text1.Text > 0 And Text1.Text < 13 Then
        Text2.SetFocus
      End If
    End If
End Sub
```

文本框 Text2 的 GotFocus 事件代码：

```
Private Sub Text2_GotFocus()
    Text2.SelStart = 0
    Text2.SelLength = Len(Text2.Text)
End Sub
```

文本框 Text2 的按键（KeyPress）事件代码：

```
Private Sub Text2_KeyPress(KeyAscii As Integer)
    If KeyAscii = 13 Then                   ' 在 Text2 按〈Enter〉键，光标跳到 Command1
      If Text2.Text > 0 Then Command1.SetFocus
    End If
End Sub
```

4.5 使用计时器控件

计时器（Timer）是 Visual Basic 提供的一个用于定时的特殊控件，当到达预定时间时，系统会自动触发其 Timer 事件，以便完成指定的操作。计时器会自动开始新一轮计时，因此，利用计时器可完成一些周期性的工作，如定时检测系统或控件的状态，控制控件的移动，设计时钟、倒计数器、秒表等。计时器控件可以在应用中以重复的时间间隔产生一个事件，这对不需要与用户交互的代码的执行非常有用。

计时器控件在设计时显示为一个小时钟图标，而在运行时则不可见，常用来做一些后台处理。计时器的属性和事件都相当少，能响应的事件只有自身特有的一个 Timer 事件，其主要属性如表 4-6 所示。

表 4-6　Timer 控件的属性

属　　性	说　　明
Enabled	该属性为 True 时，定时器开始工作，为 False 时暂停
Interval	该属性用来设置定时器触发的周期（以毫秒计）取值范围为 0～64767

【例 4-13】为一个应用系统设计流动字幕板，如图 4-12 所示，标题“欲穷千里目，更上一层楼”在窗体中自右至左地反复移动。

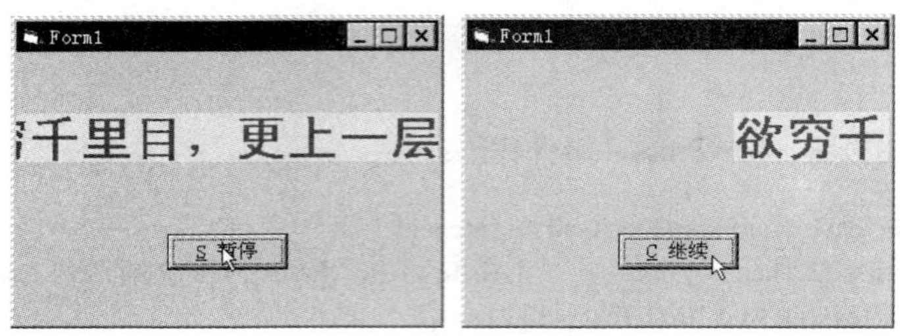

图 4-12　电子标题板

1）建立应用程序用户界面与设置对象属性。选择“新建”工程，进入窗体设计器，增加一个计时器控件 Timer1、一个标签控件 Label1 和一个命令按钮 Command1，其中，计时器控件 Timer1 可以放在窗体的任何位置，如图 4-13a 所示。

修改 Timer1 的属性：Interval 改为 100，Enabled 改为 False。其他对象的属性修改如图 4-13b 所示。

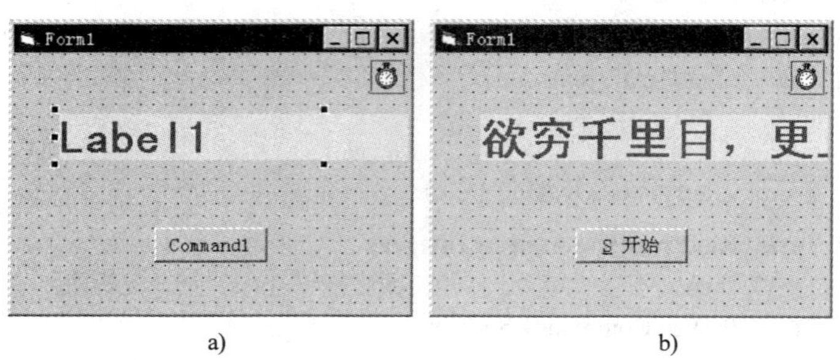

a)　　b)

图 4-13　用户界面的设计

2）编写程序代码。

编写命令按钮 Command1 的 Click 事件代码：

```
Private Sub Command1_Click()
  If Command1.Caption = "&S  暂停" Then
    Command1.Caption = "&C  继续"
    Timer1.Enabled = False
  Else
    Command1.Caption = "&S  暂停"
    Timer1.Enabled = True
  End If
End Sub
```

编写 Timer1 的 Timer 事件代码：

```
Private Sub Timer1_Timer()
  If Label1.Left + Label1.Width > 0 Then
    Label1.Move Label1.Left - 20
  Else
    Label1.Left = Form1.ScaleWidth
  End If
End Sub
```

说明：

1）当标签的右边位置>0 时，标签向左移动，否则标签从头开始。

2）通过在不断激发的 Timer 事件中改变标签的 Left 属性，而改变标签的位置。

3）计时器的 Interval 属性指定了两个 Timer 事件之间的毫秒数。这里设定为 100（为 0.1s），计时器将每 0.1s（近似等间隔）激发一次 Timer 事件。

4.6 提供简单选择的控件

成组使用的选项按钮以及复选框可以为用户提供简单的、事先准备的选项。

4.6.1 选项按钮

选项按钮（OptionButton）又称单选按钮。一般来说，选项按钮总是作为一个组（选项按钮组）的组成部分工作的。

选项按钮组是一组相互排斥的选项按钮，选择一个选项按钮就会立即清除该组中的其他按钮。在选项按钮组中只能单击一个选项，即选项按钮组只允许用户从选择菜单中选择一个选项。

1．使用选项按钮组

在窗体中定义的若干选项按钮可以组成一个选项组，一般常用框架（Frame）控件来组织一个选项组。

【例 4-14】设银行定期存款年利率为：1 年期 3.00%，2 年期 3.75%，3 年期 4.25%，5 年期 4.75%（不计复利）。今有本金 *a* 元，5 年以后使用，共有以下 6 种存法：

存 1 次 5 年期；

存 1 次 3 年期，1 次 2 年期；

存 1 次 3 年期，2 次 1 年期；

存 2 次 2 年期，1 次 1 年期；

存 1 次 2 年期，3 次 1 年期；

存 5 次 1 年期。

分别计算各种存法 5 年后到期时的本息合计，如图 4-14 所示。

分析：设 x_1、x_2、x_3、x_5 分别表示 1 年、2 年、3 年、5 年定期储蓄的利息，a 表示本金，则定期的本息计算公式分别为：$(1+x_1)a$、$(1+2x_2)a$、$(1+3x_3)a$、$(1+5x_5)a$。

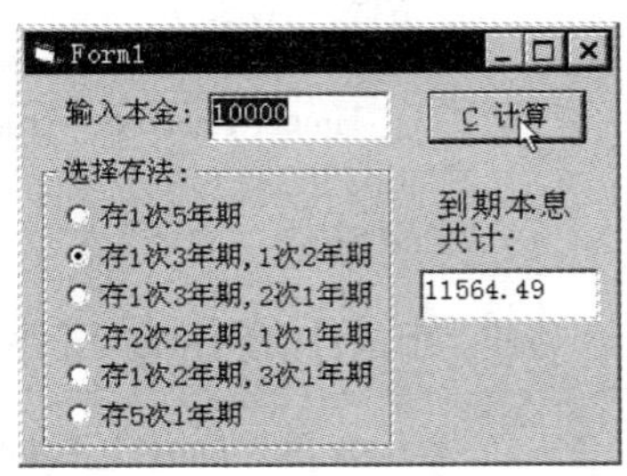

图 4-14　计算利息

1）建立应用程序用户界面。选择“新建”工程，进入窗体设计器，在窗体中增加两个标签 Label1～Label2、两个文本框 Text1～Text2、一个命令按钮 Command1 和一个框架 Frame1。选中 Frame1，在其中增加 6 个选项按钮 Option1～Option6，如图 4-14 所示。

2）设置对象属性，如表 4-7 所示。其他控件的属性设置参见第 3 章及图 4-14。

表 4-7　属性设置

对　　象	属　　性	属 性 值
Frame1	Caption	选择存法
Option1	Caption	存 1 次 5 年期
	Value	True
Option2	Caption	存 1 次 3 年期，1 次 2 年期
Option3	Caption	存 1 次 3 年期，2 次 1 年期
Option4	Caption	存 2 次 2 年期，1 次 1 年期
Option5	Caption	存 1 次 2 年期，3 次 1 年期
Option6	Caption	存 5 次 1 年期

3）编写程序代码。

编写命令按钮 Command1 的单击（Click）事件代码：

```
Private Sub Command1_Click()
  Dim a As Single, y As Single
  Dim x1 As Single, x2 As Single
  Dim x3 As Single, x5 As Single
  a = Val(Text1.Text)
  x1 = 0.03: x2 = 0.0375
  x3 = 0.0425: x5 = 0.0475
  Select Case True
    Case Option1.Value
      y = (1 + 5 * x5) * a
    Case Option2.Value
      y = (1 + 3 * x3) * (1 + 2 * x2) * a
```

```
        Case Option3.Value
            y = (1 + 3 * x3) * (1 + x1) ^ 2 * a
        Case Option4.Value
            y = (1 + 2 * x2) ^ 2 * (1 + x1) * a
        Case Option5.Value
            y = (1 + 2 * x2) * (1 + x1) ^ 3 * a
        Case Option6.Value
            y = (1 + x1) ^ 5 * a
    End Select
    Text2.Text = y
    Text1.SetFocus
End Sub
```

编写文本框 Text1 的 GotFocus 事件代码：

```
Private Sub Text1_GotFocus()
    Text1.SelStart = 0
    Text1.SelLength = Len(Text1.Text)
End Sub
```

说明：

1）要使某个按钮成为选项按钮组中的默认按钮，只要在设计时将其 Value 属性设置成 True。它保持被选中状态，直到用户选择另一个不同的选项按钮或用代码改变它。

2）一个选项按钮可以用以下方法之一选择：

- 在运行期间单击选项按钮。
- 用〈Tab〉键定位到选项按钮组，然后在组内使用方向键（箭头键）定位选项按钮。
- 用代码将它的 Value 属性设置为真：Option1.Value = True。
- 使用在 Label 的标题中指定的快捷键。

3）要禁用选项按钮，将其 Enabled 属性设置为 False。程序运行时，若此选项按钮显示模糊，表示无法选取此选项按钮。

2. 使用图形选项按钮

可以将选项按钮设计成图形按钮的形式。

【例 4-15】用图形选项按钮组控制流动字幕中的字体，如图 4-15 所示。

1）建立应用程序用户界面与设置对象属性。在例 4-13 中增加四个选项按钮 Option1～Option4，并修改 Option1～Option4 的 Style 属性为：1–Graphical（图形方式），再依次修改其 Caption 属性，如图 4-15 所示。

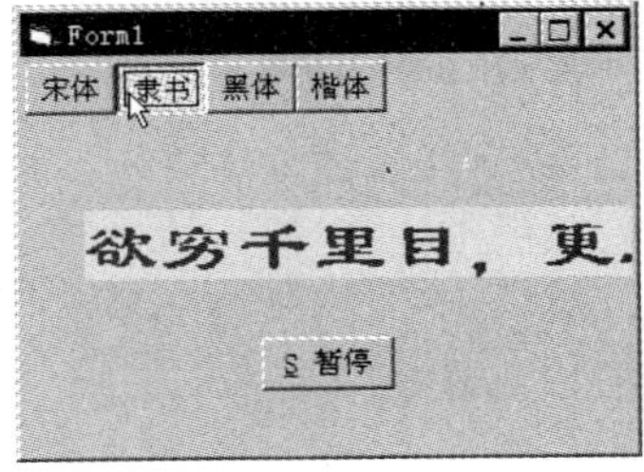

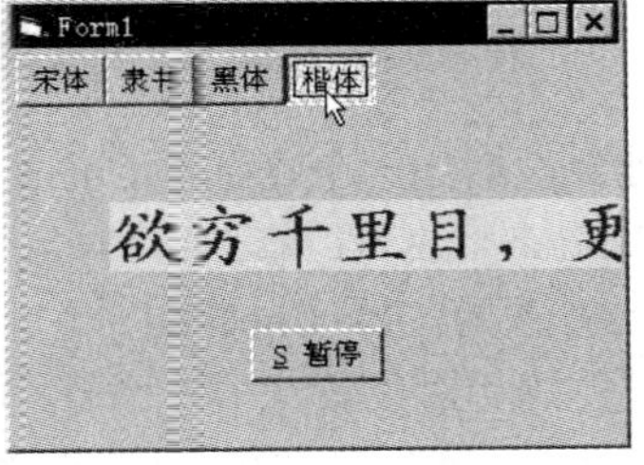

图 4-15　图形选项按钮组

2）编写程序代码。依次编写选项按钮 Option1～Option4 的 Click 事件代码：

```
Private Sub Option1_Click()
    Text1.FontName = "宋体"
End Sub
Private Sub Option2_Click()
    Text1.FontName = "隶书"
End Sub
Private Sub Option3_Click()
    Text1.FontName = "黑体"
End Sub
Private Sub Option4_Click()
    Text1.FontName = "楷体_GB2312"
End Sub
```

说明：可以为图形按钮添加图形文件，以创建真正的“图形按钮”。

4.6.2 复选框

选项按钮组属于多项中选择一项的选择，若需要选择多项的情况，可以采用多个复选框（CheckBox）控件。

当复选框被选定时，复选框中出现一个“√”。复选框的 Caption 属性可以指定出现在复选框旁边的文本，而 Picture 属性用来指定当复选框被设计成图形按钮时的图像。

复选框的状态由其 Value 属性决定：0–假，1–真，2–暗。

1．使用单个复选框

单个的复选框是让用户在两个选项之间进行选择，如是或否，真或假。这有点儿像两个按钮的选项组，只是形式上要简单一些，操作更方便一些。

【例 4-16】在【例 4-15】中，增加复选框，控制选项按钮组的显示，如图 4-16 所示。

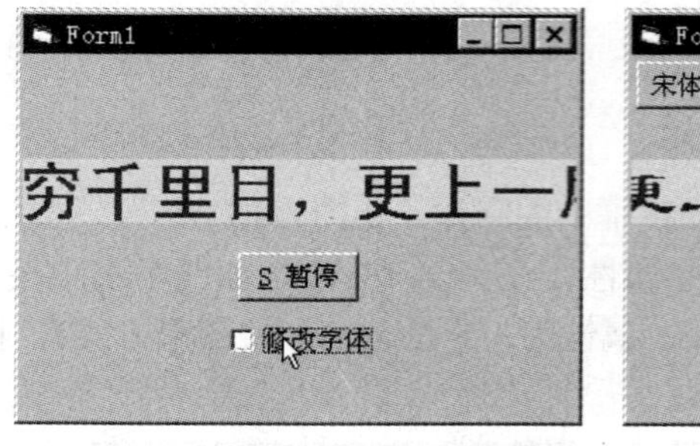

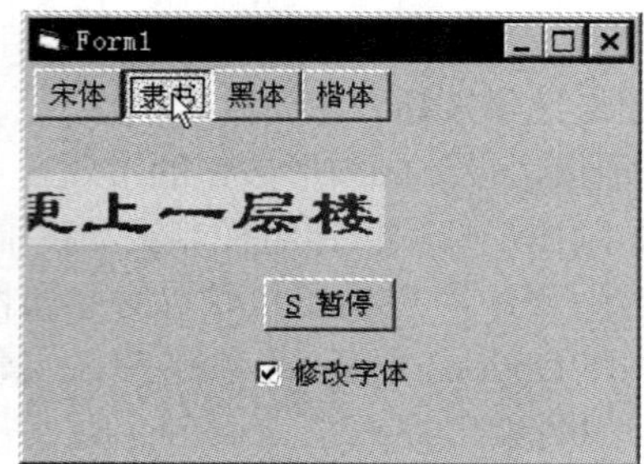

图 4-16　利用复选框控制选项按钮组的显示

在上例的基础上，增加一个复选框 Check1，并修改其属性。

标题（Caption）改为：修改字体

值（Value）改为：1 – Checked

适当调整各控件的相对位置。

增加复选框控件 Check1 的 Click 事件代码：

```
Private Sub Check1_Click()
  Option1.Visible = Check1.Value
  Option2.Visible = Check1.Value
  Option3.Visible = Check1.Value
  Option4.Visible = Check1.Value
End Sub
```

说明：

1）复选框 CheckBox 的取值有：0 – Unchecked、1 – Checked 和 2 – Grayed。

2）CheckBox 的 Value 属性值的默认设置为 0，除非改变 Value 属性值，否则第 1 次显示时不会选定 CheckBox。可以用常量 vbChecked 和 vbUnchecked 表示数值 1 和 0。

2. 使用多个复选框

一般情况下，复选框总是成组出现，用户可以从中选择一个或多个选项。

【例 4-17】设计一个个人资料输入窗口，使用选项按钮组输入性别与民族，使用复选框输入个人爱好，如图 4-17 所示。

1）建立应用程序界面。选择“新建”工程，进入窗体设计器，首先增加三个标签 Label1～label3、一个文本框 Text1、两个选项按钮 Option1～Option2、一个命令按钮 Command1 以及 5 个框架控件 Frame1～Frame5。依次激活框架控件 Frame1～Frame5 后，在其中分别增加：

Frame1 中：标签 Label1、文本框 Text1。

Frame2 中：标签 Label2、选项按钮 Option1～Option2。

Frame3 中：标签 Label3、选项按钮 Option3～Option4。

Frame4 中：复选框按钮 Check1～Check4。

Frame5 中：标签 Label4。

如图 4-18a 所示。

2）设置对象属性。选项按钮与复选框的属性如表 4-8 所示，其他属性设置如图 4-18b 所示。

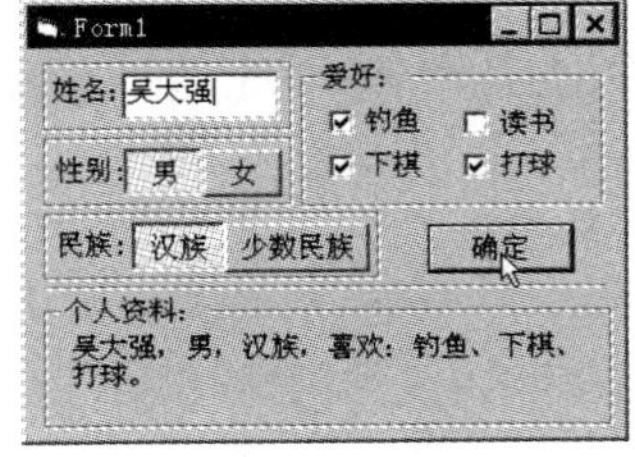

图 4-17　使用多个复选框

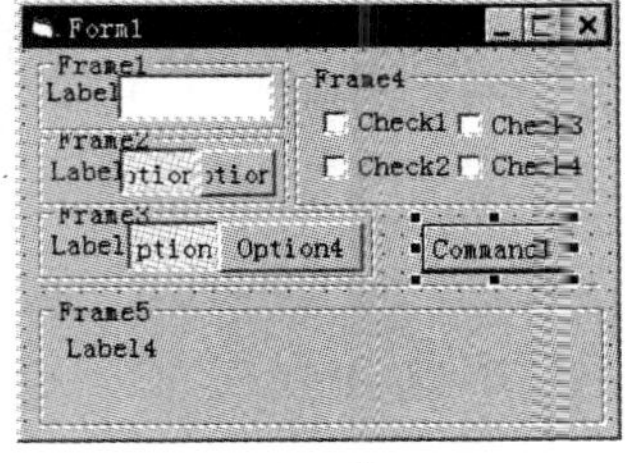

a)

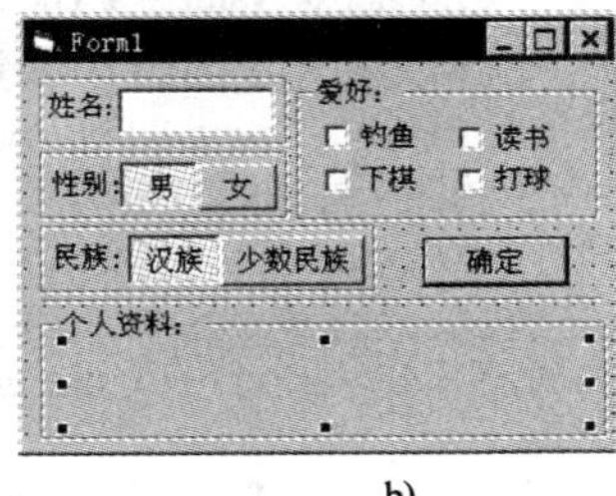

b)

图 4-18　建立用户界面

表 4-8　属性设置

对　象	属　性	属 性 值
Option1	Caption	男
	Value	True
	Style	1 – Graphical
Option2	Caption	女
	Style	1 – Graphical
Option3	Caption	汉族
	Value	True

（续）

对　象	属　性	属 性 值
Option3	Style	1 – Graphical
Option4	Caption	少数民族
	Style	1 – Graphical
Check1	Caption	钓鱼
Check2	Caption	下棋
Check3	Caption	读书
Check4	Caption	打球

3）编写程序代码。

编写命令按钮 Command1 的 Click 事件代码：

```
Private Sub Command1_Click()
  If Text1.Text = "" Then
    a = InputBox("您忘了输入姓名！", "注意", "请在此输入姓名")
    If a = "" Or a = "请在此输入姓名" Then Exit Sub
    Text1.Text = a
  End If
  p1 = Text1.Text + "，"
  p2 = IIf(Option1, "男", "女") + "，"
  p3 = IIf(Option3, "汉族", "少数民族")
  p4 = "，喜欢："
  If Check1.Value = 1 Then p4 = p4 + Check1.Caption + "、"
  If Check2.Value = 1 Then p4 = p4 + Check2.Caption + "、"
  If Check3.Value = 1 Then p4 = p4 + Check3.Caption + "、"
  If Check4.Value = 1 Then p4 = p4 + Check4.Caption + "、"
  aa = p1 + p2 + p3 + IIf(p4 = "，喜欢：", "，无爱好。", p4)
  Label4.Caption = Left(aa, Len(aa) - 1) + "。"
  Text1.SetFocus
End Sub
```

编写文本框 Text1 的 Change 事件代码：

```
Private Sub Text1_Change()
  Label4.Caption = ""
End Sub
```

说明：框架 Frame1 不能少，否则四个选项按钮成为一组。

3．复选框的图形方式

也可以将复选框做成图形（即按钮）方式，这只要改变 Style 属性的设置，然后使用 Picture、DownPicture 和 DisabledPicture 属性。DownPicture 属性指的是按钮处于被按下状态时显示的一个图片对象。除非控件的 Style 属性设置为 1（图形的），否则 DownPicture 属性将被忽略。

图片在控件上位于水平和垂直位置的中央。如果与图片一起使用标题，那么图片将位于标题上面的中央处。如果在按钮被按下时没有图片赋值给 DownPicture 属性，那么将显示当前被赋值给 Picture 属性的图片。如果既没有图片赋值给 Picture 属性也没有图片赋值给 DownPicture 属性，则只显示标题。如果图片对象太大而超出按钮边框，则它将被裁剪一部分。

【例 4-18】利用图形复选框来控制文本的字体风格，如图 4-19 所示。

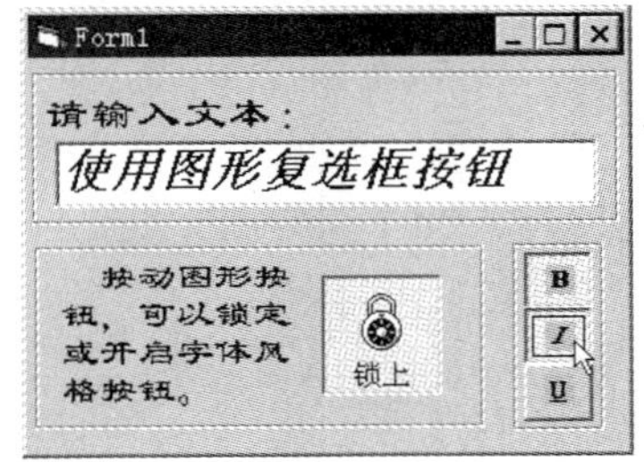

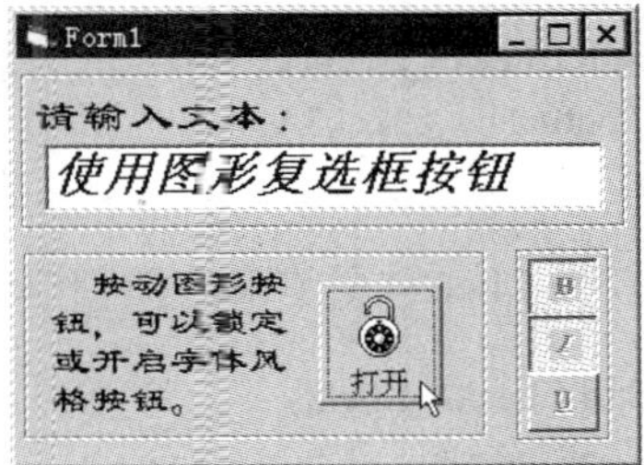

图 4-19　使用图形复选框

1）建立应用程序用户界面。选择“新建”工程，进入窗体设计器，首先在窗体上增加 3 个框架 Frame1～Frame3。依次激活框架 Frame1～Frame3 后，在其中分别增加：

Frame1 中：标签 Label1、文本框 Text1。

Frame2 中：标签 Label2、复选框 Check1。

Frame3 中：复选框按钮 Check2～Check4。

2）设置对象属性。只介绍 4 个复选框 Check1～Check4 的属性设置，其余如图 4-19 所示。依次选中 4 个复选框 Check1～Check4，将其 Style 属性改为：1 – Graphical （图形方式）。将图片（Picture）属性通过浏览按钮“…”进行查找，并分别改为

\program files\microsoft visual studio\common\graphics\icons\misc\secur01a.ico

\program files\microsoft visual studio\common\graphics\bitmaps\tlbr_w95\bld.bmp

\program files\microsoft visual studio\common\graphics\bitmaps\tlbr_w95\itl.bmp

\program files\microsoft visual studio\common\graphics\bitmaps\tlbr_w95\undrln.bmp

Check1 的 DownPicture 属性改为：

\program files\microsoft visual studio\common\graphics\icons\misc\secur01b.ico

Check1 的 Caption 属性改为：锁上。

Check1 的 Value 属性改为：1– Checked。

其他 Check2～Check4 的 Caption 属性改为：（无）。

3）编写代码。

编写复选框控件 Check1 的 Click 事件代码：

```
Private Sub Check1_Click()
   Check2.Enabled = Check1.Value
   Check3.Enabled = Check1.Value
   Check4.Enabled = Check1.Value
   Check1.Caption = IIf(Check4.Caption = "锁上", "打开", "锁上")
End Sub
```

编写复选框控件 Check2 的 Click 事件代码：

```
Private Sub Check2_Click()
```

```
    Text1.FontBold = Check2.Value
End Sub
```

编写复选框控件 Check3 的 Click 事件代码：

```
Private Sub Check3_Click()
    Text1.FontItalic = Check3.Value
End Sub
```

编写复选框控件 Check4 的 Click 事件代码：

```
Private Sub Check4_Click()
    Text1.FontUnderline = Check4.Value
End Sub
```

说明：DownPicture 属性表示复选框被按下时的图形。

4.7 习题

一、选择题

1．命令按钮 Command1 的单击事件过程如下：

```
Private Sub Command1_Click()
    Dim x As String
    Dim y As String
    x = InputBox("输入字母", "输入")
    y = IIF(UCase(x)<>"A", "表达式 1", "表达式 2")
    Print y
End Sub
```

运行程序，单击命令按钮，在弹出的输入对话框中输入“a”，则以下描述正确的是（　　）。

A．运行出错，输入内容与 x 的数据类型不匹配

B．运行出错，y 的数据类型与 IIF 函数的运算结果不匹配

C．在窗体上显示“表达式 1”

D．在窗体上显示“表达式 2”

2．窗体上有一个名称为 Picture1 的图片框控件，一个名称为 Timer1 的计时器控件，其 Interval 属性值为 1000。要求每隔 5s 图片框右移 100。

现编写程序如下：

```
Private Sub Timer1_Timer()
    Static n As Integer
    If (n/5) = Int(n/5) And Picture1.Left < Form1.Width Then
        Picture1.Left = Picture1.Left+100
    End If
End Sub
```

分析以上程序，以下叙述中正确的是（　　）。

A．程序中没有设置 5s 的时间，所以不能 5s 移动图片框一次

B．此程序运行时图片框位置保持不动

C．此程序运行时图片框移动方向与题目要求相反

D．If 语句条件中的"Picture1.Left <Forml.Width"用于限制图片框移动的范围

3．设有分段函数:

$$y=\begin{cases}5 & x<0\\ 2x & 0\leqslant x\leqslant 5\\ x^2+1 & 0>5\end{cases}$$

以下表示上述分段函数的语句序列中错误的是（　　）。

A.

```
Select Case x
Case Is<0
y = 5
Case Is<= 5,Is > 0
y = 2 * x
Case Else
y = x*x+ 1
End Select
```

B.

```
If x<0 Then
y=5;
ElseIf x<= 5 Then
y=2*x
Else
y=x*x+1
End If
```

C.

```
y = IIf(x<0, 5,IIf(x<=5, 2*x, x*x+1))
```

D.

```
If x<0 Then y = 5
If x<= 5 And x>= 0 Then y = 2 * x
If x>5 Then y=x * x + 1
```

二、简答题

1．根据所给条件，列出布尔表达式。

1）闰年的条件是：年号（year）能被 4 整除，但不能被 100 整除；或者能被 400 整除。

2）一元二次方程 $ax^2+bx+c=0$ 有实根的条件为：$a\neq 0$，并且 $b^2-4ac\geqslant 0$。

3）征兵的条件是：男性（sex）年龄（age）在 18～20 岁之间，身高（size）在 1.65m 以上；或者女性（sex）年龄（age）在 16～18 岁之间，身高（size）在 1.60m 以上。

4）分房的条件为：已婚（marrigerat），年龄（age）在 26 岁以上，工作年限（workingage）在五年以上。

2．选择结构的特点是什么？用流程图描述看交通灯通过十字路口的过程。

三、上机题

1．假定有以下每周工作安排：星期一、三：讲计算机课；星期二、四：讲程序设计课；星期五：进修英语；星期六：政治学习；星期日：休息。

试编写一天的工作安排。在输入时用 0～6 分别代表星期日到星期六，如果输入 0～6 之外的数，则程序结束运行。

2．在窗体上画一个文本框，名称为 Text1；画一个命令按钮，名称为 C1，标题为“确定”；再画三个单选按钮，名称分别为 Op1、Op2、Op3，标题分别为“飞机”“火车”“汽车”（如图 4-20 所示）。编写适当的事件过程，使得在运行时，选中一个单选按钮并单击“确定”按钮后，按照表 4-9 在文

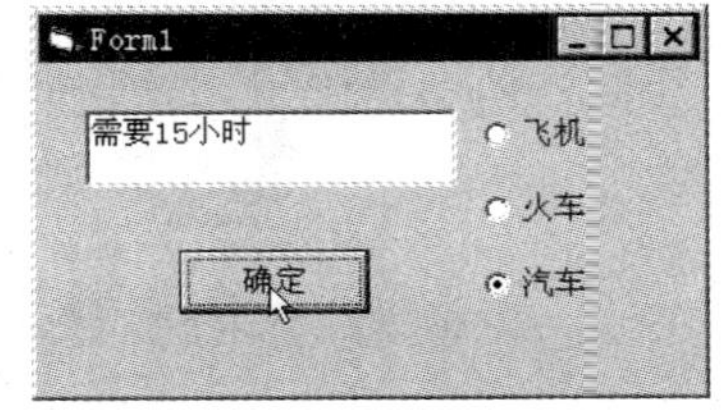

图 4-20　上机题 2

本框中显示相应内容。

表 4-9　选项表

飞机	火车	汽车	在文本框中显示的内容
选中			需要 1 小时
	选中		需要 10 小时
		选中	需要 15 小时

3．在窗体上画一个文本框，名称为 Text1；画一个命令按钮，名称为 C1，标题为“确定”；再画二个复选框，名称分别为 Ch1、Ch2，标题分别为“程序设计”、“数据库原理”（如图 4-21 所示）。编写适当的事件过程，使得在运行时，选中复选框并单击“确定”按钮，就可以按照表 4-10 的要求把结果显示在文本框中。

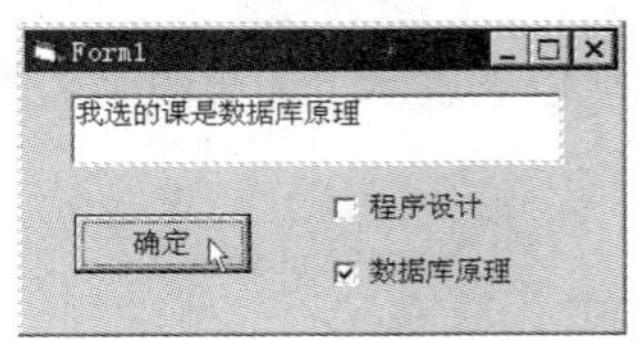

图 4-21　上机题 3

表 4-10　选项表

程序设计课程	数据库原理课程	在文本框中显示的内容
不选	不选	我选的课是
选中	不选	我选的课是程序设计
不选	选中	我选的课是数据库原理
选中	选中	我选的课是程序设计数据库原理

4．输入三个不同的数，将它们从大到小排序，如图 4-22 所示。

5．任给三个实数，求其中间数（即其值大小居中者）。

6．编写程序，任意输入一个整数，判定该整数的奇偶性，如图 4-23 所示。

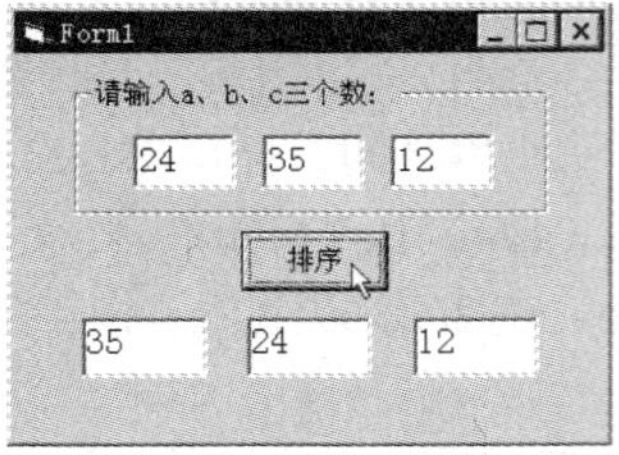

图 4-22　上机题 4

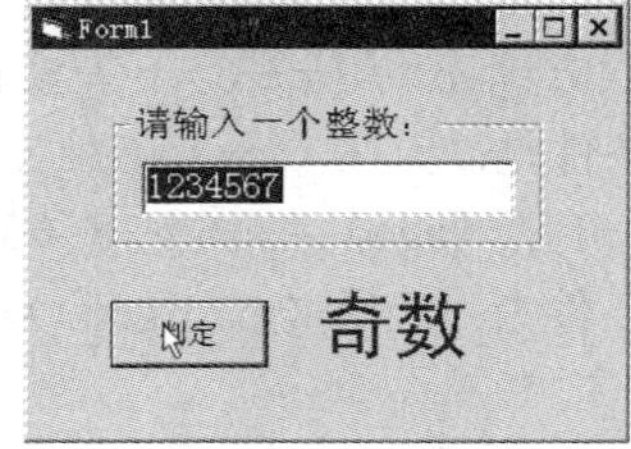

图 4-23　上机题 6

7．文本框的 PasswordChar 属性可以隐蔽用户通过键盘输入的字符。编写程序，利用文本框检查用户口令，如图 4-24 所示。

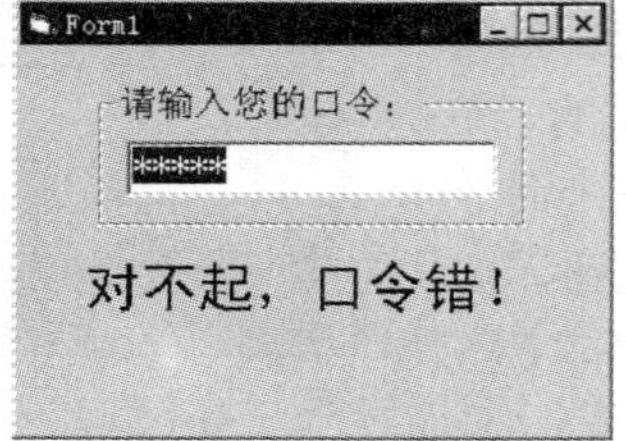

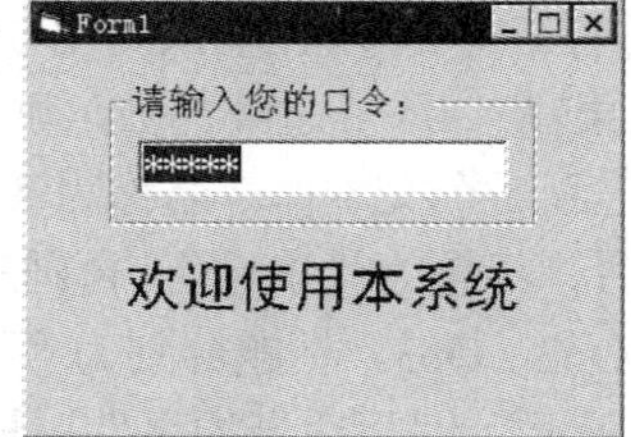

图 4-24　上机题 7

8．求一元二次方程 $ax^2+bx+c=0$ 的根，如图 4-25 所示。

9．输入一个数字（0～6），用中英文显示星期几，如图 4-26 所示。

10．给定年号与月份，判断该年是否闰年，并根据给出的月份来判断是什么季节和该月有多少天（如图 4-27 所示）。闰年的条件是：年号能被 4 整除但不能被 100 整除，或者能被 400 整除。

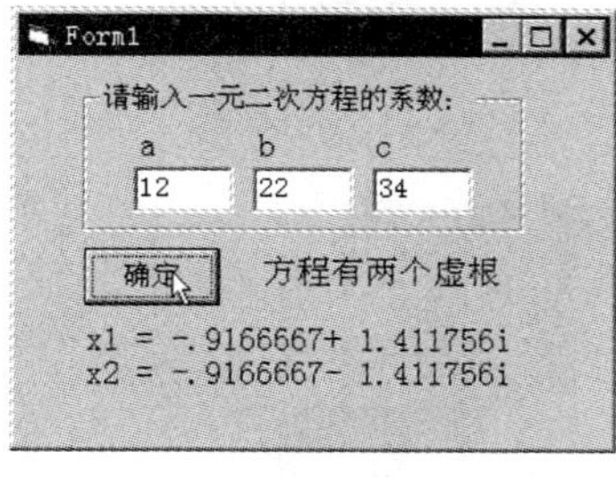

图 4-25　上机题 8

图 4-26　上机题 9

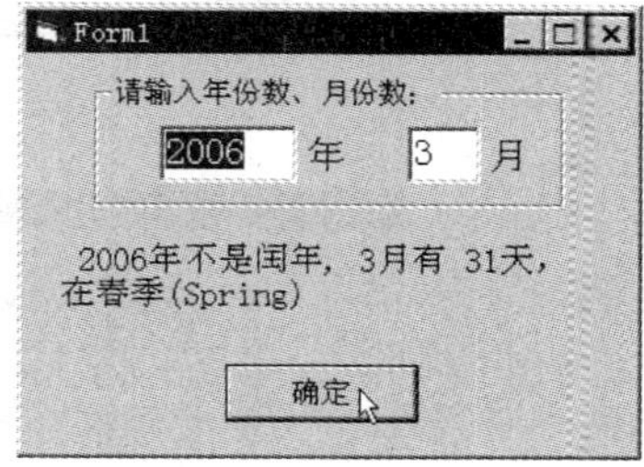

图 4-27　上机题 10

11．编制程序，根据用户输入的考试成绩（百分制，若有小数则四舍五入），按表 4-11 的划分标准，输出相应的等级，如图 4-28 所示。

表 4-11　分数与等级对照表

分　数	90～100	80～89	70～79	60～69	<60
等　级	优秀	良好	中等	及格	不及格

12．输入圆的半径 r，利用选项按钮，选择运算：计算面积、计算周长等（如图 4-29 所示）。

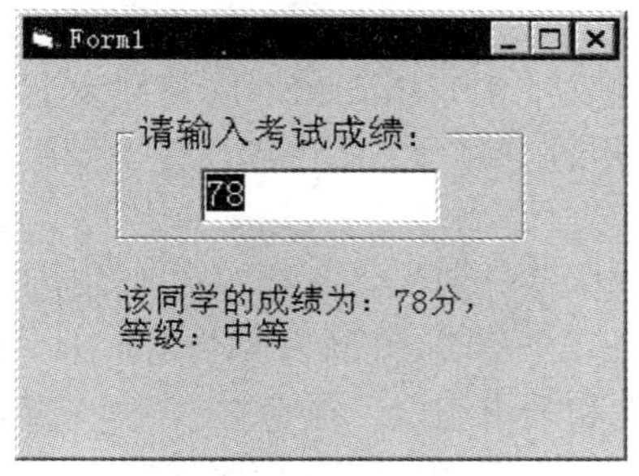

图 4-28　上机题 11

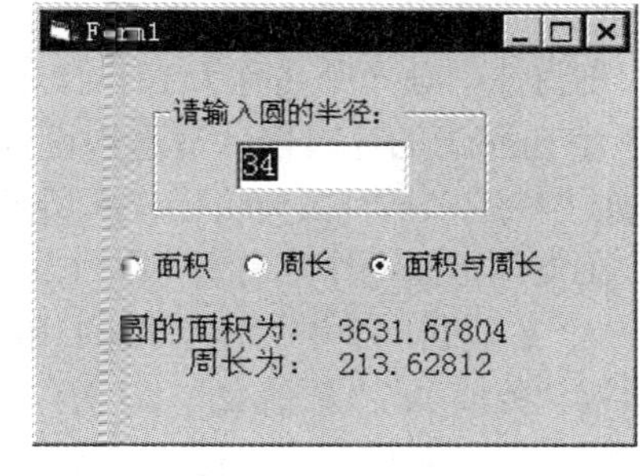

图 4-29　上机题 12

13．一个简单计时器，如图 4-30 所示。利用计时器可以在运动场上测试短跑项目的成绩，可以记录考试所用的时间等。设计一个简单的计时器，单击“开始”按钮，开始计时，按钮变为“暂停”。单击“暂停”按钮，停止计时，显示记录的时间数，按钮变为“继续”。任何时候单击“重置”按钮，时间读数都将重置为 0。

14．设计一个倒计时器，能够设置倒计时的时间，并进行倒计时，如图 4-31 所示。

15．从键盘上输入一个学生的学号和考试成绩，然后输出该学生的学号、成绩，并根据成绩按下面的规定输出对该学生的评语（如图 4-32 所示）。

成绩	80～100	60～79	50～59	40～49	0～39
评语	Very good	Good	Fair	Poor	Fail

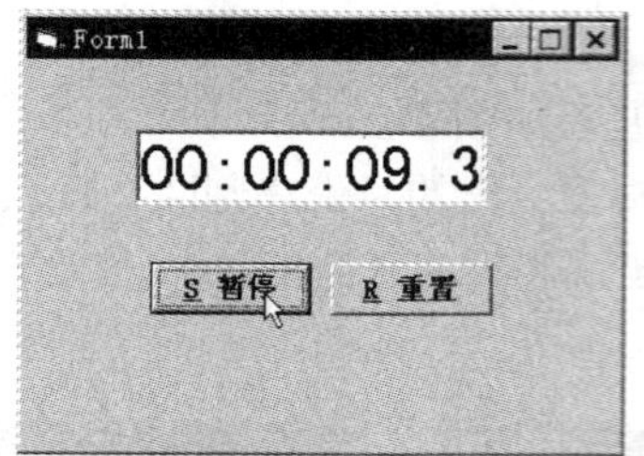

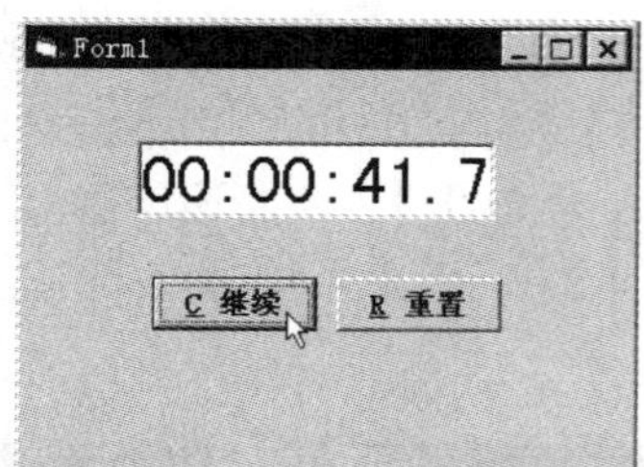

图 4-30　简单计时器

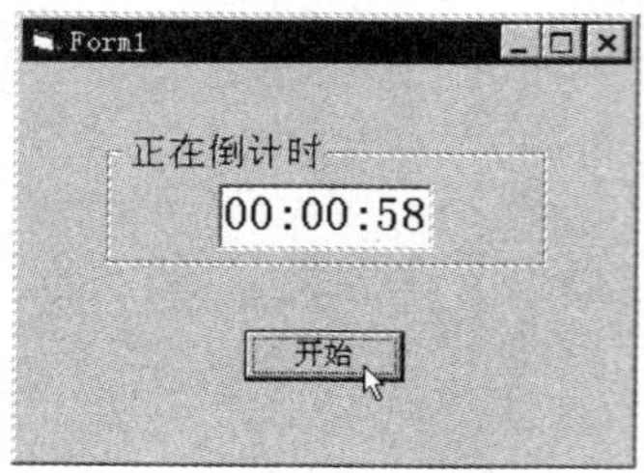

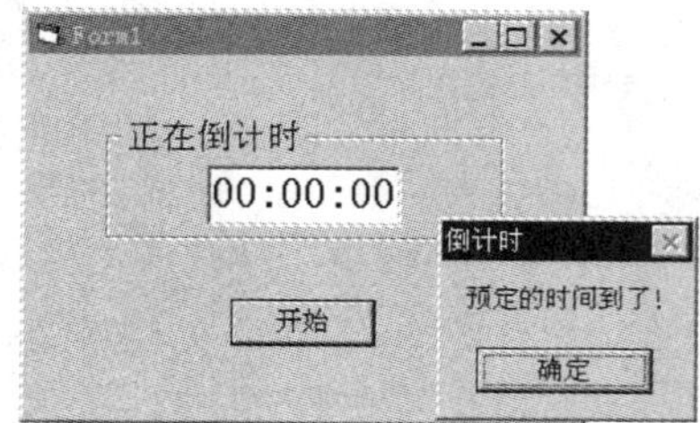

图 4-31　倒计时器

图 4-32　上机题 15

16．键盘输入 a、b、c 的值，判断它们能否构成三角形的三个边。如果能构成一个三角形，则计算三角形的面积。

17．在窗体中画一个名称为 Label1 的标签，其标题为“0”，BorderStyle 属性为 1。在添加一个名称为 Timer1 的计时器。请适当设置控件属性，并适当编写事件过程，使得程序运行时，标签中的数字每隔 1s 加 2，如图 4-33 所示。

18．在窗体上画两个名称分别为 Cmd1 和 Cmd2，标题分别为“计算”和“清空”的命令按钮；画两个文本框，名称分别为 Text1 和 Text2，然后画六个标签，名称分别为 Label1～Label6，标题分别为“数值 1”“数值 2”“计算结果”“+”“=”和一个空白，在建立一个含有四个选项按钮的控件数组，名称为 Option1，标题分别为“+”“-”“*”和“/”。程序运行后，在 Text1 和 Text2 中输入两个数值，选中一个单选按钮，Label4 上显示相应的运算符，单击“计算”按钮后，Label6 显示相应的计算结果，如图 4-34 所示。

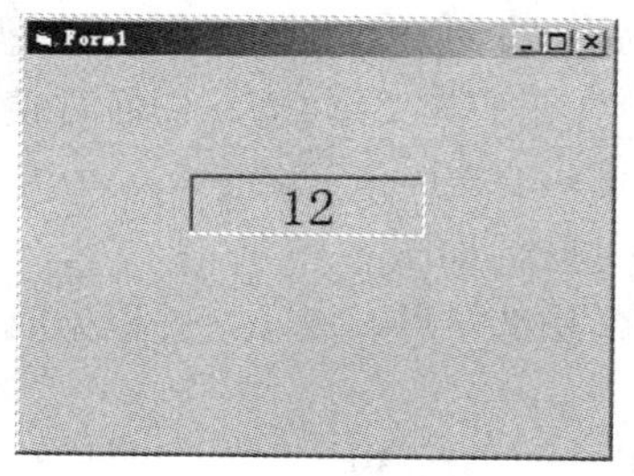

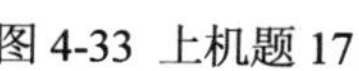
图 4-33 上机题 17

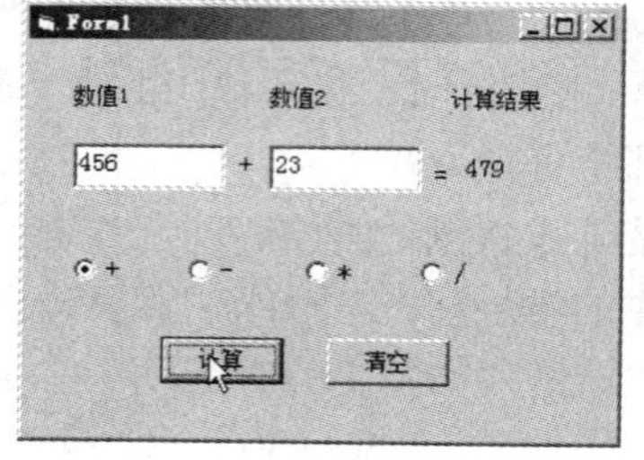

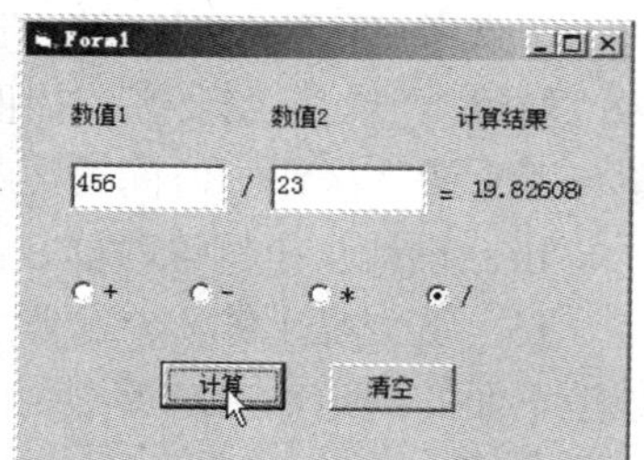

图 4-34　上机题 18

第 5 章　循环结构程序设计

循环是指在程序设计中，从某处开始有规律地反复执行某一程序块的现象，重复执行的程序块称为“循环体”。使用循环可以避免重复不必要的操作，简化程序，节约内存，从而提高效率。

5.1　循环结构程序设计的概念

VB 提供的设计循环结构的语句有：Do...Loop、While...Wend、For...Next、For Each...Next 等，其中最常用的是 Do...Loop 和 For...Next。

无论何种类型的循环结构，其特点都是循环体执行与否及其执行次数多少都必须视其循环类型与条件而定，且必须确保循环体的重复执行能在适当的时候得以终止（即非死循环）。

5.2　Do…Loop 语句

Do…Loop 语句有两种语法形式，分别是前测型循环结构与后测型循环结构。

5.2.1　前测型 Do…Loop 循环

前测型 Do…Loop 循环结构，首先判断条件，根据条件决定是否执行循环，执行循环的最少次数为 0。其流程图如图 5-1 所示。

其语法为

```
Do [{ While | Until } 〈条件〉]
    [〈语句序列 1〉]
    [Exit Do]
    [〈语句序列 2〉]
Loop
```

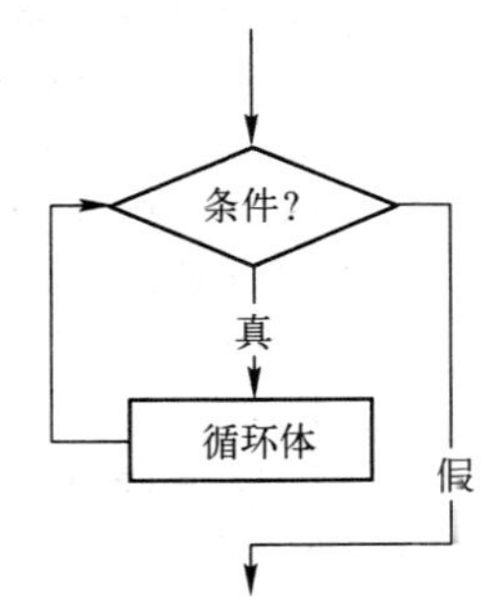

图 5-1　前测型循环结构流程图

说明：

1）Do While…Loop 是（前测型）当型循环语句，当条件为真（True）时执行循环体，条件为假（False）时，终止循环。

Do Until…Loop 是（前测型）直到型循环语句，条件为假时执行循环体，直到条件为真时，终止循环。

2）〈条件〉是条件表达式，为循环的条件。其值为 True 或 False。如果省略条件（Null），则条件会被当作 False。

3）〈语句序列〉是一条或多条命令（循环体），它们将被重复当或直到条件为 True。

4）在 Do…Loop 中可以在任何位置放置任意个数的 Exit Do 语句，随时跳出 Do…Loop 循环。Exit Do 通常用于条件判断之后，例如 If…Then，在这种情况下，Exit Do 语句将控制权转移到紧接在 Loop 命令之后的语句。如果 Exit Do 使用在嵌套的 Do…Loop 语句中，则 Exit Do

会将控制权转移到 Exit Do 所在位置的外层循环。

【例 5-1】求累加和 1 + 2 + 3 +…+ 100。

分析：采用累加的方法，用变量 intSum 来存放累加的和（开始为 0），用变量 n 来存放“加数”（加到 intSum 中的数）。这里 n 又称为计数器，从 1 开始到 100 为止。

根据以上分析画出流程图如图 5-2 所示。

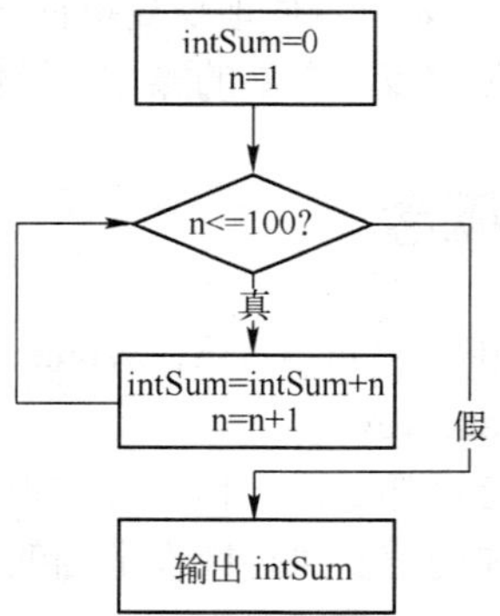

图 5-2 累加流程图

窗体界面的设计参见图 5-3，这里仅给出命令按钮的 Click 事件代码：

```
Private Sub Command1_Click()
  Dim intSum As Integer, n As Integer
  intSum = 0: n = 1
  Do While n <= 100
    intSum = intSum + n
    n = n + 1
  Loop
  Label2.Caption = "1+2+3+…+100 = " & intSum
End Sub
```

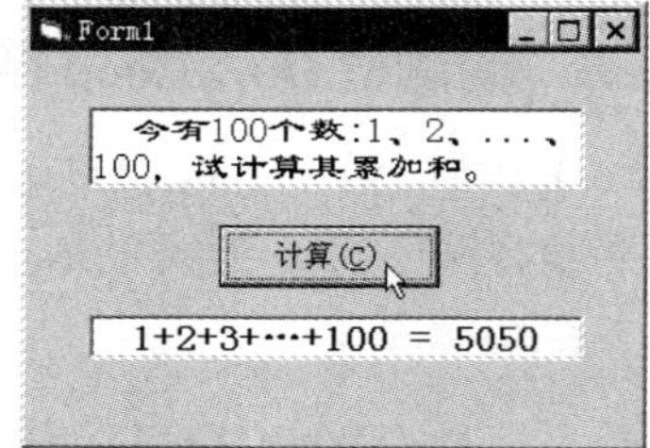

图 5-3 求累加和

还可以改为直到型：

```
Private Sub Command1_Click()
  Dim intSum As Integer, n As Integer
  intSum = 0: n = 1
  Do Until n > 100
    intSum = intSum + n
    n = n + 1
  Loop
  Label2.Caption = "1+2+3+…+100 = " & intSum
End Sub
```

【例 5-2】输入一个正整数，利用“当型”循环判断其是否为素数。

分析：所谓“素数”是指除了 1 和该数本身，不能被任何整数整除的数。判断一个自然数 n（$n \geqslant 3$）是否素数，只要依次用 2～$\sqrt{n}$ 作除数去除 n，若 n 不能被其中任何一个数整除，则 n 即为素数。根据分析，画出流程图如图 5-4 所示。

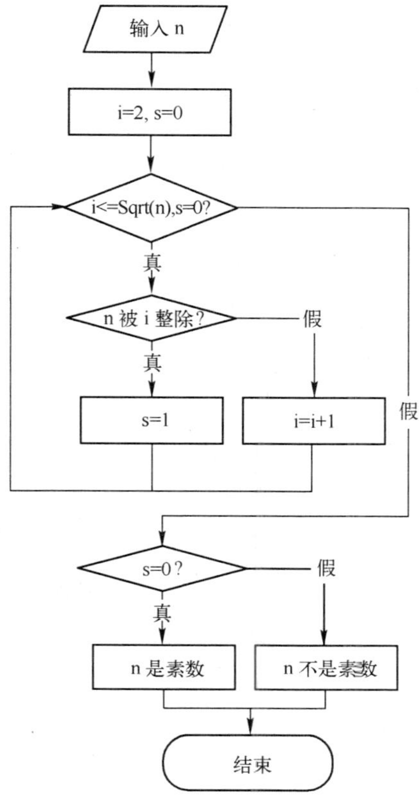

图 5-4　判断素数的流程图

设计步骤如下：

窗体界面的设计参见图 5-5。这里给出命令按钮 Command1 的 Click 事件代码：

```
Private Sub Command1_Click()
  Dim n As Long
  Select Case Val(Text1.Text)
    Case Is < 3
      MsgBox "请输入一个大于 2 的整数!", vbInformation + vbOKOnly, "注意"
    Case Is > 2147483647
      MsgBox "此数太大!", vbInformation + vbOKOnly, "注意"
    Case Else
      n = Val(Text1.Text)
      s = 0: i = 2
      Do While i <= Sqr(n) And s = 0
        If n Mod i = 0 Then
          s = 1
        Else
          i = i + 1
        End If
      Loop
      If s = 0 Then
```

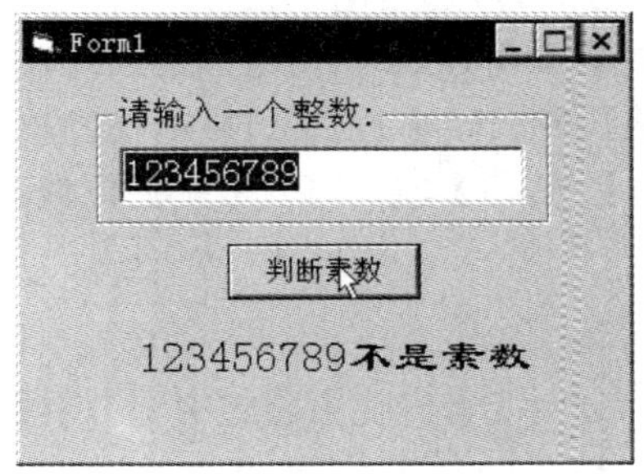

图 5-5　判断素数

```
            a = "是一个素数"
        Else
            a = "不是素数"
        End If
        Label1.Caption = Str(n) & a
    End Select
    Text1.SetFocus
End Sub
```

另外，为了使文本框得到焦点后，文本立即被选中，编写 Text1 的 GotFocus 事件代码如下：

```
Private Sub Text1_GotFocus()
    Text1.SelStart = 0
    Text1.SelLength = Len(Text1.Text)
End Sub
```

5.2.2 后测型 Do…Loop 循环

后测型 Do…Loop 循环结构，首先执行循环体，然后判断条件，根据条件决定是否继续执行循环，因此执行循环的最少次数为 1。其流程图如图 5-6 所示。

其语法为

```
Do
    [〈语句序列 1〉]
    [Exit Do]
    [〈语句序列 2〉]
Loop [{While | Until} 〈条件〉]
```

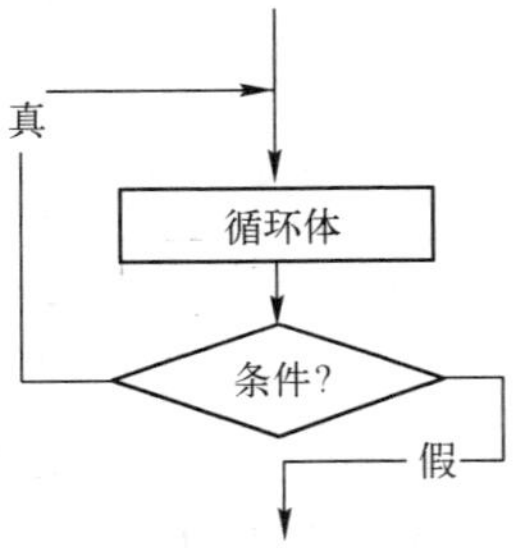

真

循环体

条件?

假

图 5-6 后测型循环结构流程图

说明：

1）Do…While Loop 是（后测型）当型循环语句，当条件为真（True）时继续执行循环体，条件为假（False）时，终止循环。Do…Until Loop 是（后测型）直到型循环语句，条件为假时继续执行循环体，直到条件为真时，终止循环。

2）〈条件〉是条件表达式，为循环的条件。其值为 True 或 False。如果省略条件（Null），则条件会被当作 False。

3）〈语句序列〉是一条或多条命令（循环体），它们将被重复当或直到条件为 True。

4）在 Do…Loop 中可以在任何位置放置任意个数的 Exit Do 语句，随时跳出 Do…Loop 循环。Exit Do 通常用于条件判断之后，例如 If…Then，在这种情况下，Exit Do 语句将控制权转移到紧接在 Loop 命令之后的语句。如果 Exit Do 使用在嵌套的 Do…Loop 语句中，则 Exit Do 会将控制权转移到 Exit Do 所在位置的外层循环。

【例 5-3】输入有效数字的位数，利用下述公式计算圆周率 π 的近似值：

$$\pi = 2 \cdot \frac{2}{\sqrt{2}} \cdot \frac{2}{\sqrt{2+\sqrt{2}}} \cdot \frac{2}{\sqrt{2+\sqrt{2+\sqrt{2}}}} \cdot \cdots$$

分析：首先找出公式中无穷乘积各项的规律：设第 n 项的分母为 p_n，则第 $n+1$ 项的分母为 $p_{n+1} = \sqrt{2+p_n}$。若设前 n 项乘积为 S_n，则前 n+1 项乘积为 $S_{n+1} = 2S_n / p_{n+1}$。据此，画出流程图，如图 5-7 所示。

1）建立应用程序用户界面与设置对象属性，如图 5-8 所示。

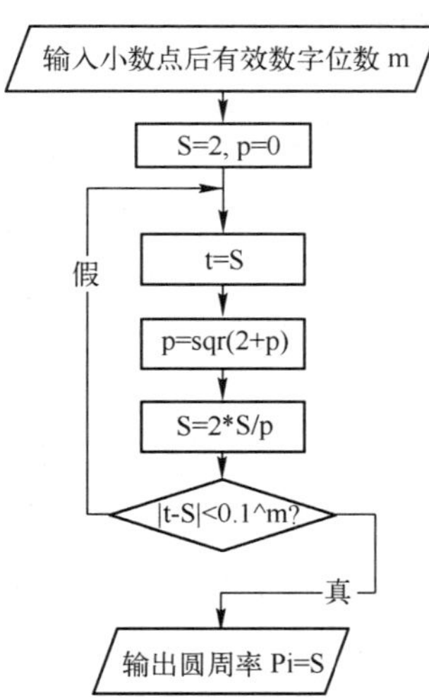

图 5-7 计算圆周率的流程图

图 5-8 计算圆周率 π

2）编写程序代码。根据流程图，可以写出命令按钮 Command1 的 Click 事件代码为：

```
Private Sub Command1_Click()
  Dim m As Integer
  m = Val(Text1.Text)
  p = 0#: s = 2#: e = 0.1 ^ m
  Do
    t = s : p = Sqr(2 + p) : s = s * 2 / p
  Loop Until Abs(t – s) < 0.1 ^ m
  f = String(m – 1, "#")
  Text2.Text = Format(s, "0." & f)
  Text1.SetFocus
End Sub
```

编写文本框 Text1 的 GotFocus 事件代码：

```
Private Sub Text1_GotFocus()
  Text1.SelStart = 0
  Text1.SelLength = Len(Text1.Text)
End Sub
```

【例 5-4】输入两个正整数，求它们的最大公约数。

分析：求最大公约数可以用“辗转相除法”，方法如下：

1）以大数 m 作被除数，小数 n 做除数，相除后余数为 r。

2）若 $r \neq 0$，则 $m \leftarrow n$，$n \leftarrow r$，继续相除得到新的 r。若仍有 $r \neq 0$，则重复此过程，直到 $r=0$ 为止。

3）最后的 n 就是最大公约数。根据此分析画出流程图如图 5-9 所示。

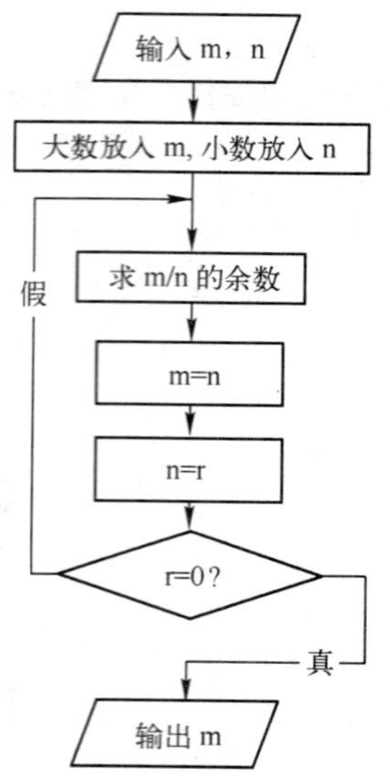

图 5-9 辗转相除法

窗体界面的设计如图 5-10 所示，这里给出命令按钮的 Click 事件代码：

```
Private Sub Command1_Click()
  m = Val(Text1.Text)
  n = Val(Text2.Text)
  If n * m = 0 Then
    MsgBox "两数都不能为 0!"
    Exit Sub
  End If
  If m < n Then
    t = m: m = n: n = t
  End If
  Do
    r = m Mod n
    m = n
    n = r
  Loop While r <> 0
  Text3.Text = m
End Sub
```

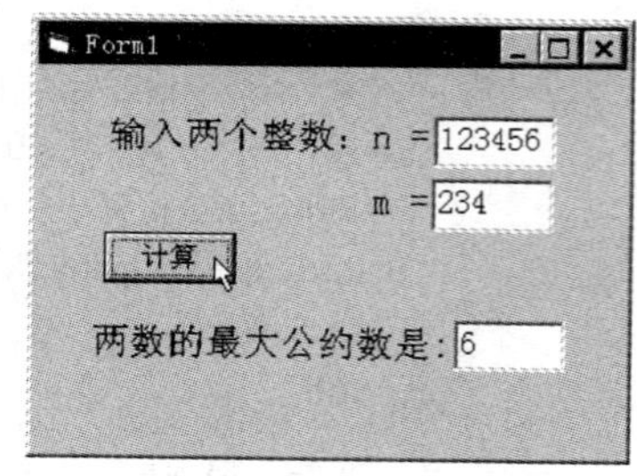

图 5-10 求最大公约数

5.3 For...Next 语句

在不知道循环内执行多少次语句时，宜用 Do…Loop 循环。若知道要执行的循环次数时，则最好使用 For...Next 循环。与 Do…Loop 循环不同，For 循环使用一个循环变量，每重复一次循环之后，循环变量的值就会自动增加或者减少。For 循环的流程图如图 5-11 所示。

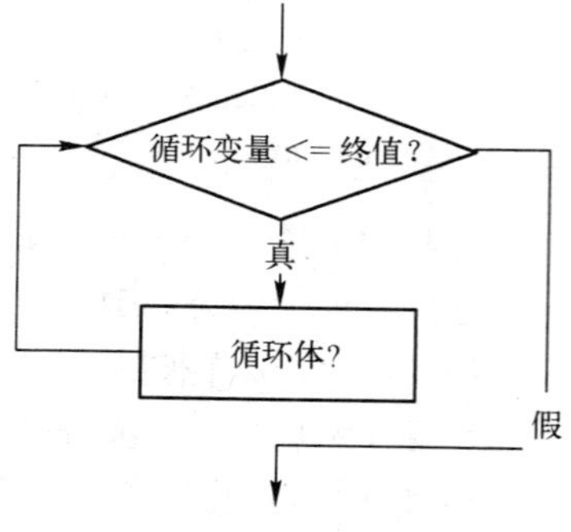

图 5-11 步长型循环结构流程图

其语法为

```
For〈循环变量〉=〈初值〉 To 〈终值〉 [Step 〈步长〉]
    [〈语句序列 1〉]
    [Exit For]
    [〈语句序列 2〉]
Next [〈循环变量〉]
```

说明：

1）〈循环变量〉为必要参数，被用作循环计数器的数值变量，这个变量不能是数组元素。

2）〈初值〉和〈终值〉都是必要参数，如果没有指定〈步长〉，则默认值为 1。

3）〈步长〉可以是正数或负数。步长参数值决定循环的执行情况：如果步长的值为正数，则必须初值 <= 终值；否则必须初值 >= 终值。

当所有循环中的语句都执行后，步长的值会加到循环变量中。此时，循环中的语句可能会再次执行（基于循环开始执行时同样的测试），也可能是退出循环并从 Next 语句之后的语句继续执行。可以在循环中的任何位置放置任意个 Exit For 语句，随时退出循环。

4）如果省略 Next 语句中的〈循环变量〉，将不影响循环的执行。但如果 Next 语句在它相对应的 For 语句之前出现，则会产生错误。

5）在循环中改变循环变量的值，将会使程序代码的阅读和调试变得困难。

6）还有一种形式上与 For...Next 循环类似的循环结构：For Each...Next 循环。但它是对数组或对象集合中的每一个元素重复循环体，而不是重复循环体一定的次数。如果不知道一个集合有多少元素，For Each...Next 循环非常有用（参见第 6 章）。

【例 5-5】用 For 循环结构显示 1000 以内的所有能被 37 整除的自然数（如图 5-12 所示）。

1）窗体界面的设计与属性设置。在新建的窗体中增加一个文本框 Text1、一个命令按钮 Command1 和一个框架 Fram1。选中 Frame1，在其中增加一个标签 Label1，用来显示程序的说明。其中各对象的属性设置如图 5-12 所示。

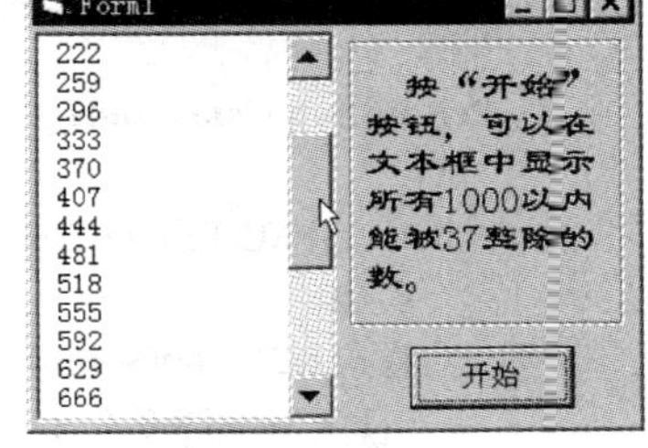

图 5-12　能被 37 整除的自然数

2）编写代码。编写命令按钮 Command1 的 Click 事件代码：

```
Private Sub Command1_Click()
  a = ""
  For n = 1 To 1000
    If n Mod 37 = 0 Then
      a = a & Str(n) & vbCrLf
    End If
  Next
  Text1.Text = a
End Sub
```

说明：常量 vbCrLf 表示插入一个回车与换行符组合，也可以直接用一个回车符加上换行符（Chr(13) & Chr(10)）来产生一个行断点。

【例 5-6】求 1000～1100 的所有素数。

分析：【例 5-2】介绍了利用 Do…Loop 循环判断素数的方法，现在只需对 1000～1100 的各整数依次测试。在如图 5-13 所示的流程图中，使用了双重 For 循环。

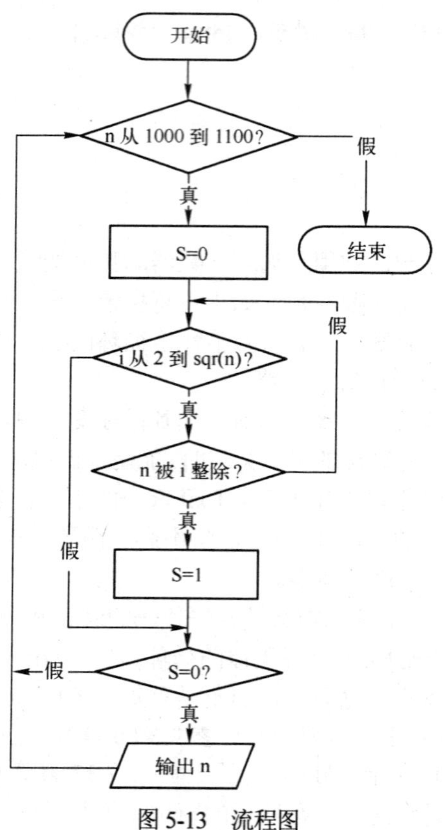

图 5-13　流程图

窗体界面的设计如图 5-14 所示，这里给出命令按钮 Command1 的 Click 事件代码：

```
Private Sub Command1_Click()
  a = ""
  For n = 1001 To 1100 Step 2
    s = 0
    For i = 2 To Int(Sqr(n))
      If n Mod i = 0 Then
        s = 1
        Exit For
      End If
    Next
    If s = 0 Then a = a & Str(n) & vbCrLf
  Next
  Text1.Text = a
End Sub
```

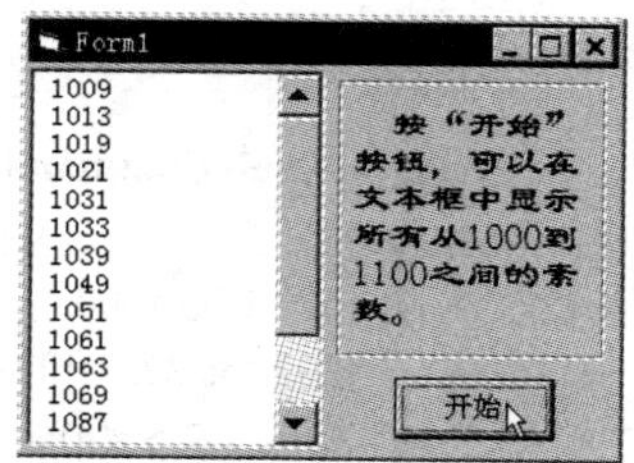

图 5-14　求素数

5.4　列表框与组合框

列表框和组合框为用户提供了包含一些选项和信息的可滚动列表。在列表框中，任何时候都能看到多个项，而在组合框中，平时只能看到一个项，单击向下按钮可以看到多项的列表。

5.4.1 列表框

当列表框不能同时显示所有选择项时，VB 将自动给列表框加上一个垂直的滚动条，使用户可以上下滚动列表框，以查阅所有的选项。

1. 列表框的属性与方法

表 5-1 列出了常用的列表框属性。

表 5-1 常用列表框属性

属　性	说　明
List	设置或返回列表中的选项，使用 List 属性可得到列表中的选项。例如 List1.List(2)表示列表框 List1 中第 3 项的值
ListCount	返回列表框中的选项个数
ListIndex	返回当前选项的索引号，如果没有选项被选中，该属性为 –1
Selected	在程序运行使用代码来选定列表中的选项，例如 List1.Selected(2) = True 使得列表框 List1 中的第 3 条选项被选中
Text	设置或返回列表中当前选项的值

表 5-2 列出了常用的列表框方法。

表 5-2 常用列表框方法

方　法	说　明
AddItem	用来向列表框中添加数据
Clear	清除列表中的各项
RemoveItem	用来从列表框中删除数据

2. 使用列表框显示数据

【例 5-7】将【例 5-5】中的文本框改为列表框，如图 5-15 所示。

将窗体中的文本框换为列表框，无需修改属性，只需修改命令按钮的 Click 事件代码：

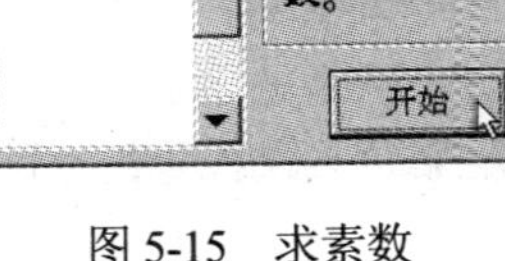

图 5-15 求素数

```
Private Sub Command1_Click()
  List1.Clear
  For n = 1001 To 1100 Step 2
    s = 0
    For i = 2 To Int(Sqr(n))
      If n Mod i = 0 Then
        s = 1 : Exit For
      End If
    Next
    If s = 0 Then List1.AddItem n          ' 使用列表框的 Add 方法增加列表项
  Next
End Sub
```

【例 5-8】“同构数”是指这样的整数：它恰好出现在其平方数的右端，例如 1 和 5 就是这

样的数。试找出 1～9999 的全部“同构数”（如图 5-16 所示）。

分析：1 位同构数 n 应满足条件：n＝n^2 Mod 10，

2 位同构数 n 应满足条件：n＝n^2 Mod 100，

3 位同构数 n 应满足条件：n＝n^2 Mod 1000，

4 位同构数 n 应满足条件：n＝n^2 Mod 10000。

窗体界面的设计如图 5-16 所示，这里给出命令按钮的 Click 事件代码：

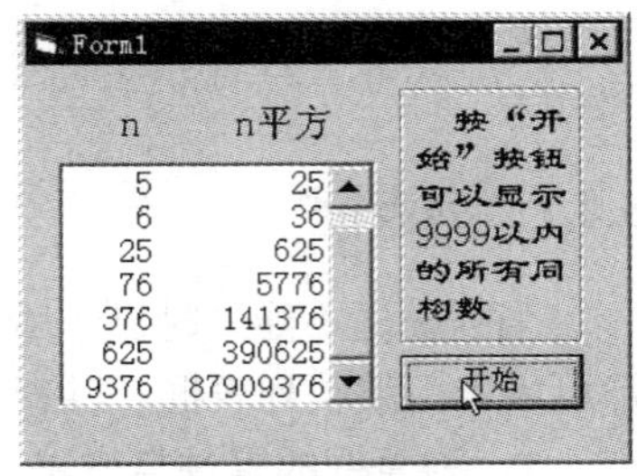

图 5-16　同构数

```
Private Sub Command1_Click()
  List1.Clear
  For n = 1 To 9999
    Select Case n
      Case n ^ 2 Mod 10
        List1.AddItem Format(n, "@@@@@") & Format(n ^ 2, "@@@@@@@@@@")
      Case n ^ 2 Mod 100
        List1.AddItem Format(n, "@@@@@") & Format(n ^ 2, "@@@@@@@@@@")
      Case n ^ 2 Mod 1000
        List1.AddItem Format(n, "@@@@@") & Format(n ^ 2, "@@@@@@@@@@")
      Case n ^ 2 Mod 10000
        List1.AddItem Format(n, "@@@@@") & Format(n ^ 2, "@@@@@@@@@@")
    End Select
  Next
End Sub
```

【例 5-9】小学生做加减法的算术练习程序。计算机连续地随机给出两位数的加减法算术题，要求学生回答，答对的打“√”，答错的打“×”。将做过的题目存放在列表框中备查，并随时给出答题的正确率（如图 5-17 所示）。

分析：随机函数 Rnd 返回一个（0，1）之间的随机小数，为了生成某个范围内的随机整数，可以使用公式：Int((最大值 － 最小值 ＋1) * Rnd＋ 最小值)。

其中，最大值和最小值为指定范围中的最大、最小数。

设计步骤如下：

1）建立应用程序用户界面。选择“新建”工程，进入窗体设计器，首先增加一个标签 Label1（显示题目）、一个文本框 Text1（输入答案）、一个列表框 List1（保存做过的题目）、一个命令按钮 Command1、一个图像 Image1 以及一个框架 Frame1。激活 Frame1 后，在其中增加两个标签，如图 5-18 所示。

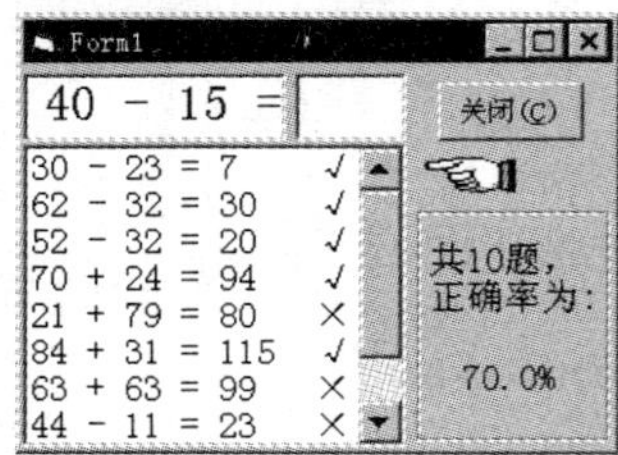

图 5-17　算术练习

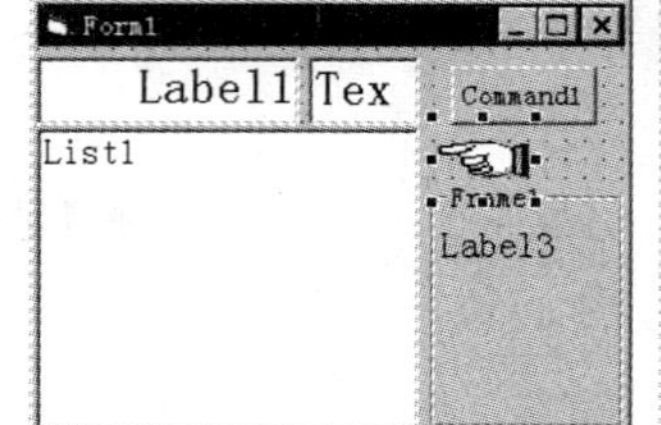

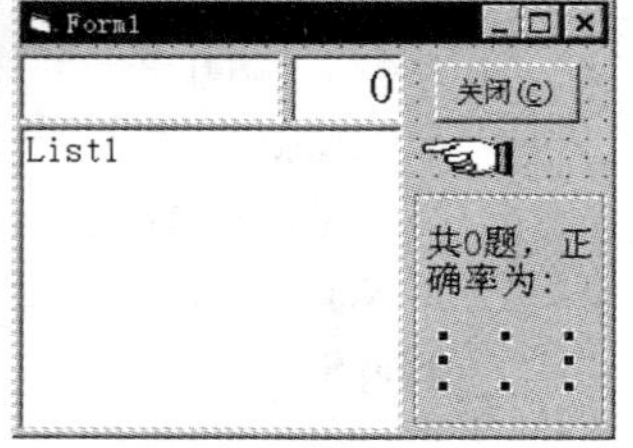

图 5-18　用户界面的设计

2）设置对象属性，如表 5-3 所示。其他属性的设置如图 5-18 所示。

表 5-3 属性设置

对 象	属 性	属 性 值	说 明
Form1	Tag	0	存放题目总数
List1	Tag	0	存放答对的题数

3）编写代码。

出题部分由窗体的激活（Activate）事件代码完成：

```
Private Sub Form_Activate()
  Randomize (Time)
  a = Int(10 + 90 * Rnd)
  b = Int(10 + 90 * Rnd)
  p = Int(2 * Rnd)
  Select Case p
    Case 0
      Label1.Caption = a & " + " & b & " = "
      Text1.Tag = a + b                    ' 将本题答案放入 Text1.Tag 中
    Case 1
      If a < b Then t = a: a = b: b = t
      Label1.Caption = a & " – " & b & " = "
      Text1.Tag = a – b                    ' 将本题答案放入 Text1.Tag 中
  End Select
  Form1.Tag = Form1.Tag + 1
  Text1.SelStart = 0
  Text1.Text = ""
End Sub
```

答题部分由文本框的按键（KeyPress）事件代码完成：

```
Private Sub Text1_KeyPress(KeyAscii As Integer)
  If KeyAscii = 13 Then
    fm = "!@@@@@@@@@@@@@@"
    If Val(Text1.Text) = Text1.Tag Then
      Item = Format(Label1.Caption & Text1.Text, fm) & "  √"
      List1.Tag = List1.Tag + 1
    Else
      Item = Format(Label1.Caption & Text1.Text, fm) & "  ×"
    End If
    List1.AddItem Item, 0                  ' 将题目和回答插入到列表框中的第 1 项
    Label2.Caption = "共" & Form1.Tag & "题，" & Chr(13) & "正确率为:"
    Label3.Caption = Format(List1.Tag / Form1.Tag, "#0.0#%")
    Form_Activate                          ' 调用出题代码
```

```
    End If
End Sub
```

编写“关闭”按钮的 Click 事件代码：

```
Private Sub Command1_Click()
    Unload Me
End Sub
```

3. 选择和移动数据

【例 5-10】利用循环结构和列表框控件，设计“选项移动”窗体。

所谓“选项移动”窗体是指由两个列表框和四个命令按钮所构成的界面，在 Windows 程序中常见到此类窗口（如图 5-19 所示）。

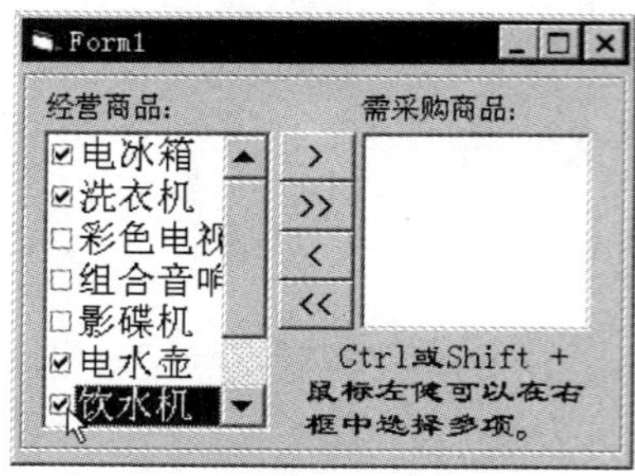

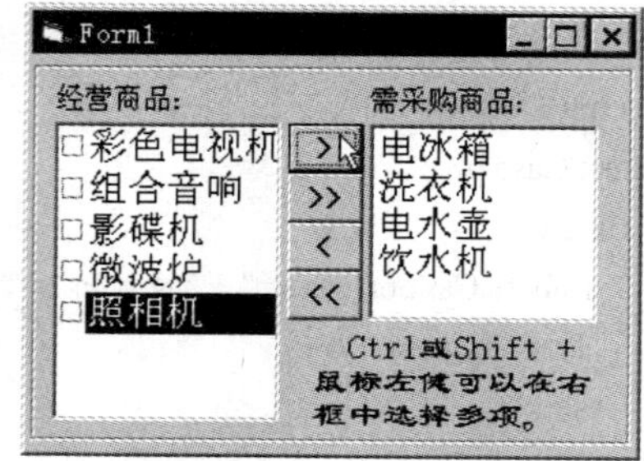

图 5-19 “选项移动”窗体

1）建立应用程序用户界面与设置对象属性。界面的设计与属性的设置如图 5-19 所示。其中列表框的属性设置如表 5-4 所示。

表 5-4 属性设置

对　象	属　性	属 性 值	说　明
List1	Multiselect	1 – Extended	多项选择
	Style	1 – Checkbox	风格
List2	Multiselect	1 – Extended	多项选择

2）编写事件代码。

编写窗体的读入（Load）事件代码：

```
Private Sub Form_Load()
    List1.AddItem "电冰箱"
    List1.AddItem "洗衣机"
    List1.AddItem "彩色电视机"
    List1.AddItem "组合音响"
    List1.AddItem "影碟机"
    List1.AddItem "电水壶"
    List1.AddItem "饮水机"
    List1.AddItem "微波炉"
    List1.AddItem "照相机"
End Sub
```

编写命令按钮的 Click 事件代码：

```
Private Sub Command1_Click()
  i = 0
  Do While i < List1.ListCount
    If List1.Selected(i) = True Then
      List2.AddItem List1.List(i)
      List1.RemoveItem i
    Else
      i = i + 1
    End If
  Loop
End Sub
Private Sub Command2_Click()
  For i = 0 To List1.ListCount - 1
    List2.AddItem List1.List(i)
  Next
  List1.Clear
End Sub
Private Sub Command3_Click()
  i = 0
  Do While i < List2.ListCount
    If List2.Selected(i) = True Then
      List1.AddItem List2.List(i)
      List2.RemoveItem i
    Else
      i = i + 1
    End If
  Loop
End Sub
Private Sub Command4_Click()
  For i = 0 To List2.ListCount - 1
    List1.AddItem List2.List(i)
  Next
  List2.Clear
End Sub
```

说明：

1）列表框支持简单或扩展的多重选择。简单的多重选择可以逐条选择多项选项（〈Shift〉或〈Ctrl〉+单击），扩展的多重选择允许用户一次可以选择相邻的多项选项（〈Shift〉+单击）或逐条选择不相邻的多项选项（〈Ctrl〉+单击）。

2）列表框的 Multiselect 属性决定了用户是否能够选择多项数据：0 – 不能，1 – 简单多重，2 – 扩展多重。

3）List1.Selected(i) = True 表示列表框 List1 中的第 i+1 项选项被选中。

4）List1.List(i)表示列表框 List1 中第 i+1 项的值。

5.4.2 组合框

组合框 ComboBox 兼有 TextBox 和 ListBox 两者的功能，用户可以通过键入文本或选择列表中的项目来进行选择。有 3 种形式的组合框：下拉组合框（默认）、简单组合框和下拉列表框，通过更改 ComboBox 控件的 Style 属性可选择所需要的形式。

Style 属性为 2 – Dropdown List（下拉列表框）：和列表框一样，为用户提供了一些选项和信息的列表。在列表框中，任何时候都能看到多个选项，而在下拉列表框中，一般只能看到一个选项，用户可以通过单击向下按钮来显示可滚动的下拉列表框。

Style 属性为 1 – Simple Combo（简单组合框）：将文本框和列表框简单地组合在一起，上面为一个可供输入的文本框，下面为一个普通的列表框。

Style 属性为 0 – Dropdown Combo（下拉组合框）：将文本框和下拉列表框组合在一起，用户可以通过单击向下按钮来显示可滚动的选项列表，还可以输入列表中所没有的新选项。

1．下拉列表框

下拉列表框与其说是组合框，还不如说是一种列表框。它的好处是比通常的列表框节省空间。

【例 5-11】将【例 5-9】算术练习中的列表框改为组合框（下拉列表框），如图 5-20 所示。

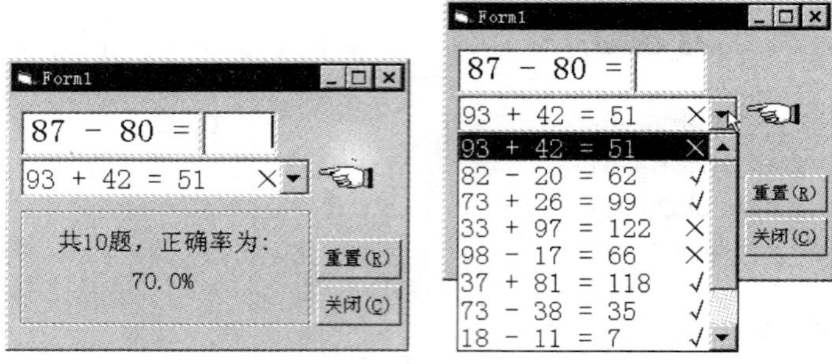

图 5-20　使用下拉列表框

1）建立应用程序用户界面与设置对象属性。在【例 5-9】中将列表框改为组合框，并修改其属性，如表 5-5 所示。

表 5-5　属性设置

对　象	属　性	属 性 值	说　明
Combo1	Style	2 – Dropdown List	下拉列表框
	Tag	0.0	存放答对的题数

另外，增加一个命令按钮（重置）Command2，其他界面的修改与属性的设置如图 5-20 所示。

2）编写程序代码。

修改文本框 Text1 的按键（KeyPress）事件代码：

```
Private Sub Text1_KeyPress(KeyAscii As Integer)
  If KeyAscii = 13 Then
    Fm = "!@@@@@@@@@@@@@@"
    If Text1.Text = Text1.Tag Then
      Item = Format(Label1.Caption & Text1.Text, Fm) & "  √"
```

```
      Combo1.Tag = Combo1.Tag + 1
    Else
      Item = Format(Label1.Caption & Text1.Text, Fm) & "×"
    End If
    Combo1.AddItem Item, 0
    Combo1.ListIndex = 0
    Label3.Caption = "共" & Form1.Tag & "题，正确率为:"
    Label2.Caption = Format(Combo1.Tag / Form1.Tag, "#0.0#%")
    Form_Activate
  End If
End Sub
```

编写命令按钮 Command2 的 Click 事件代码：

```
Private Sub Command2_Click()
  Form1.Tag = 0#
  Combo1.Tag = 0#
  Combo1.Clear
  Label3.Caption = "欢迎重新开始!"
  Label2.Caption = ""
  Form_Activate
  Text1.SetFocus
End Sub
```

其他代码同【例 5-8】。

2. 简单组合框

简单组合框中的列表框总是被显示出来，这与列表框相差不多，只是多了一个文本框可供输入。

【例 5-12】“简易抽奖机”。在组合框中输入号码，单击“开始”按钮可以得到中奖的号码（如图 5-21 所示）。

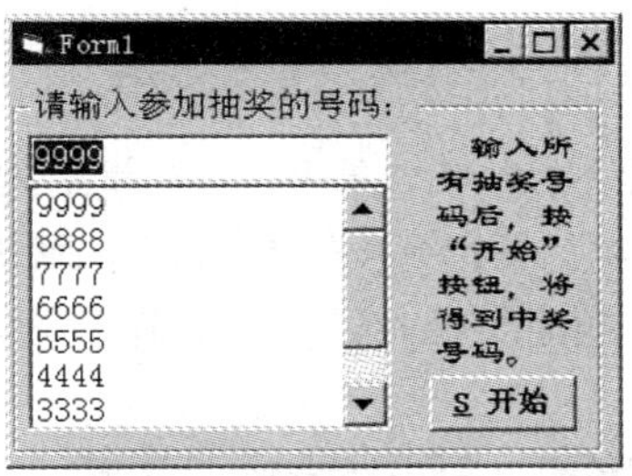

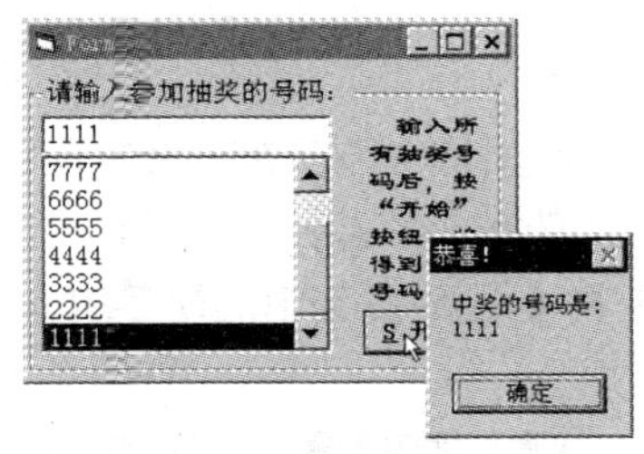

图 5-21　简易抽奖机

1）建立应用程序用户界面与设置对象属性。选择“新建”工程，进入窗体设计器，首先增加一个用作容器的框架 Frame1，选中 Frame1，在其中增加一个组合框 Combo1、一个标签 Label1 和一个命令按钮 Command1。将 Combo1 的 Style 属性改为：1 – Simple Combo，其他属性的设置如图 5-22 所示。

2）编写事件代码。

编写组合框 Combo1 的按键（KeyPress）事件代码：

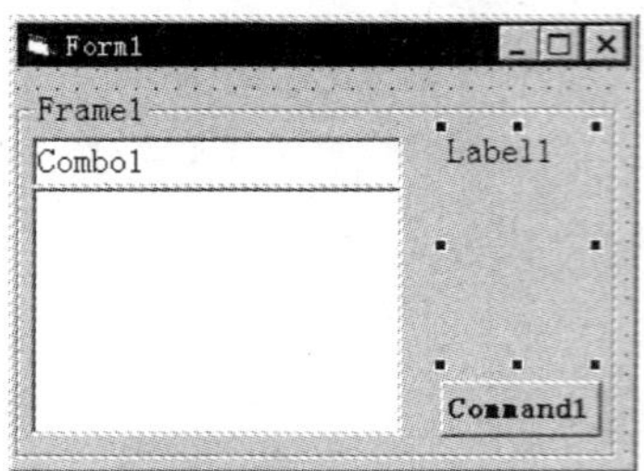

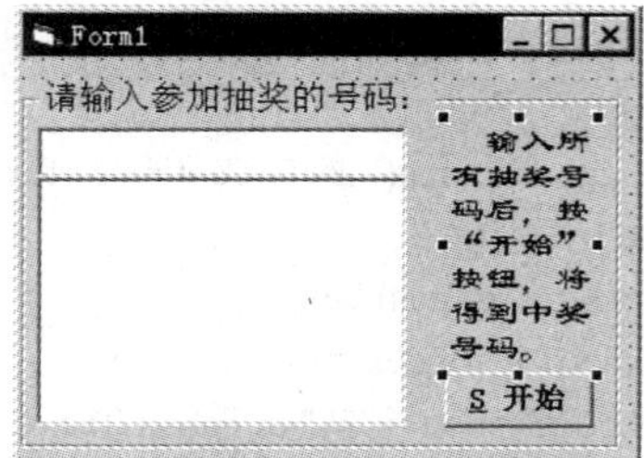

图 5-22　建立程序界面

```
Private Sub Combo1_KeyPress(KeyAscii As Integer)
  If KeyAscii = 13 Then                          ' 按〈Enter〉键后，接收输入的选项
    Combo1.AddItem Combo1.Text, 0
    Combo1.SelStart = 0
    Combo1.SelLength = Len(Combo1.Text)
  End If
  If KeyAscii = 27 Then                          ' 按〈Esc〉键后，移去选项
    If Combo1.ListIndex <> -1 Then
      Combo1.RemoveItem Combo1.ListIndex
    End If
  End If
End Sub
```

编写命令按钮 Command1 的 Click 事件代码，使之可以随机地抽取奖号：

```
Private Sub Command1_Click()
  Randomize
  n = Combo1.ListCount
  a = Int(Rnd * n)
  Combo1.ListIndex = a
  MsgBox "中奖的号码是:" & Chr(13) & Combo1.Text, 0, "恭喜！"
End Sub
```

3．下拉组合框

下拉组合框看起来像是在标准的文本框右边加了个下拉箭头，单击该箭头就在文本框下打开一个列表。用户从中选择一个选项，该选项就会进入文本框。下拉组合框是组合框的默认形式。

【例 5-13】将【例 5-12】中的简单组合框改为下拉组合框，可以更加节省空间（如图 5-23 所示）。

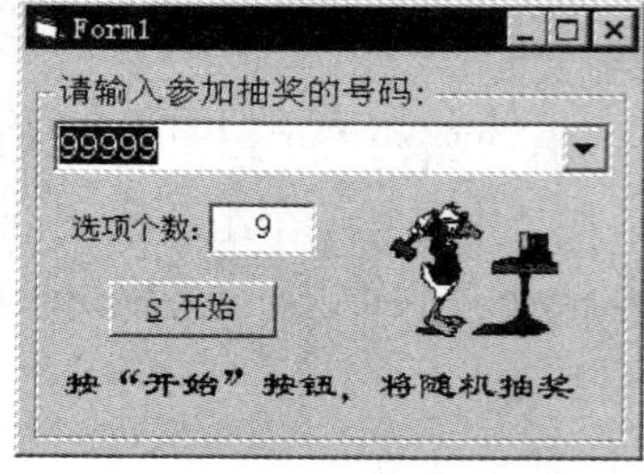

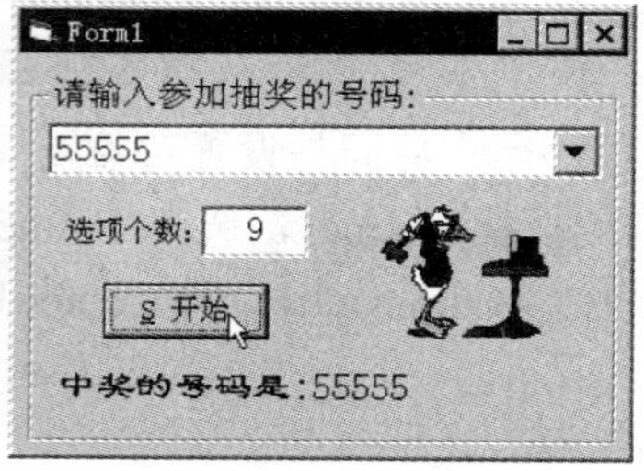

图 5-23　使用下拉组合框

1）建立应用程序用户界面并设置对象属性。选择“新建”工程，进入窗体设计器，首先增加一个用作容器的框架 Frame1，选中 Frame1，在其中增加一个组合框 Combo1，一个文本框 Text1，两个标签 Label1、Label2，一个命令按钮 Command1 和一个图像控件 Image1。组合框的属性取默认值，其他属性的设置，如图 5-23 所示。

2）编写事件代码。

编写组合框 Combo1 的按键（KeyPress）事件代码：

```
Private Sub Combo1_KeyPress(KeyAscii As Integer)
  If KeyAscii = 13 Then                          ' 按〈Enter〉键后，接收输入的选项
    Combo1.AddItem Combo1.Text, 0
    Combo1.SelStart = 0
    Combo1.SelLength = Len(Combo1.Text)
    Text1.Text = Combo1.ListCount
  End If
  If KeyAscii = 27 Then                          ' 按〈Esc〉键后，移去选项
    If Combo1.ListIndex <> -1 Then
      Combo1.RemoveItem Combo1.ListIndex
      Text1.Text = Combo1.ListCount
    End If
  End If
End Sub
```

编写命令按钮 Command1 的 Click 事件代码，使之可以随机地抽取奖号：

```
Private Sub Command1_Click()
  Randomize
  n = Combo1.ListCount
  a = Int(Rnd * n)
  Combo1.ListIndex = a
  Label1.Caption = "中奖的号码是:" & Combo1.Text
End Sub
```

5.5 算法举例

【例 5-14】“水仙花数”是指一个 3 位数，其各位数的立方和等于该数，如：

$$153 = 1^3 + 5^3 + 3^3$$

编写程序，输出所有的“水仙花数”，如图 5-24 所示。

分析：此题的关键是把任意 3 位数的每一位数分离出来。设 *a*，*b*，*c* 分别是 3 位整数 *n* 的百位数、十位数、个位数，则：

a = Int(n / 100)

b = Int((n – a * 100) / 10)

c = n – a * 100 – b * 10

窗体界面的设计参见前面例子，这里给出命令按钮的 Click 事件代码：

```
Private Sub Command1_Click()
  Dim p As Integer
  List1.Clear
  For n = 100 To 999
    a = Int(n / 100)
    b = Int((n – a * 100) / 10)
    c = n - (a * 100 + b * 10)
    p = a ^ 3 + b ^ 3 + c ^ 3
    If p = n Then List1.AddItem p
  Next
End Sub
```

【例 5-15】马克思曾经做过这样一道趣味数学题：有 30 个人在一家小饭馆里用餐，其中有男人、女人和小孩。每个男人花了 3 先令，每个女人花了 2 先令，每个小孩花了 1 先令，一共花去 50 先令。问男人、女人以及小孩各有几人？如图 5-25 所示。

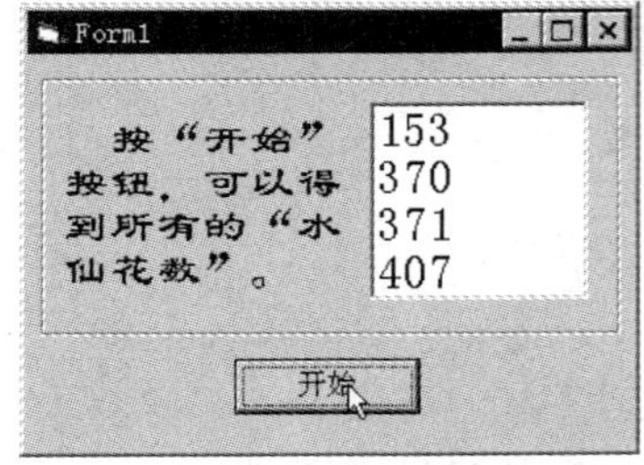

图 5-24　水仙花数

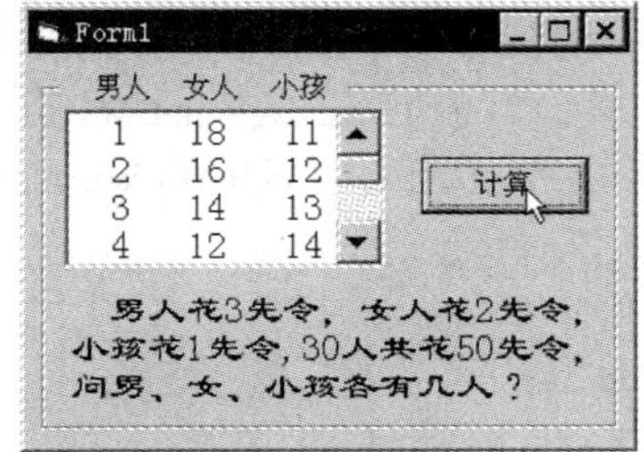

图 5-25　趣味数学题

分析：设有 x 个男人，y 个女人，z 个小孩。依题意，列出以下方程组：

$$\begin{cases} x + y + z = 30 \\ 3x + 2y + z = 50 \end{cases}$$

由于两个方程式中有三个未知数，属于不定方程，无法直接求解。可以用“穷举法”来进行“试根”，即将各种可能的 x、y、z 组合一一进行测试，将符合条件者输出即可。

考虑到最多只能有 16 个男人，最多只能有 24 个女人。

窗体界面的设计参见前面例子，这里给出命令按钮的 Click 事件代码：

```
Private Sub Command1_Click()
  List1.Clear
  For x = 1 To 16
    For y = 1 To 24
      z = 30 – x – y
      If 3 * x + 2 * y + z = 50 Then
        p = Format(x, "@@@") & Format(y, "@@@@@") & Format(z, "@@@@@")
        List1.AddItem p
      End If
    Next
  Next
End Sub
```

5.6 习题

一、选择题

1．下列能正确计算 $s=1+2+\cdots+100$ 的程序段是（　　）。

A.
```
I = 1: s = 0
Do
I = I + 1
   s = s + 1
Loop Until I = 100
Print s
```
B.
```
I = 1: s = 0
Do
   s = s + I
I = I + 1
   Loop Until I = 100
   Print s
```
C.
```
I = 0: s = 0
Do
I = I + 1
   s = s + I
Loop Until I = 100
Print s
```
D.
```
I = 0: s = 0
Do
   s = s + I
I = I − 1
   Loop Until I = 100
   Print s
```

2．设有如下程序

```
Private Sub Command1_Click()
   Dim iAs Integer, j As Integer
   For i = 1 To 10
i = i + j
     j = j + 1
   Next i
End Sub
```

程序运行后，单击命令按钮 Command1，循环执行的次数为（　　）。

A．3　　B．4　　C．5　　D．6

3．列表框 List1 中没有数据项，现编制如下程序：

```
Private Sub Command1_Click()
   For i = 1 To 6
     List1.AddItem i
   Next i
   For i = 5 To 3 Step -1
     List1.RemoveItemi
   Next i
End Sub
```

程序运行后，单击命令按钮 Command1，则列表框 List1 中的数据项为（　　）。

A．1 2 3　　B．4 5 6　　C．1 3 5　　D．1 2 6

4．设有如下程序：

```
Private Sub Command1_Click()
```

```
    Dim iAs Integer
    str1 = InputBox("输入一个字符串")
    str2 = ""
    i = 0
    Do While i<Len(str1)/2
      str2 = str2+Mid(str1, i+1, 1)
      str2 = str2+Mid(str1, Len(str1)-i, 1)
      i = i+1
    Loop
    Print str2
  End Sub
```

程序运行后，单击命令按钮 Command1，在弹出的输入对话框中输入“abcdef”，则输出结果为（　　）。

A．fedcba　　B．cdbeaf　　C．afbecd　　D．afbfcf

5．若要获得组合框中输入的数据，可使用的属性是（　　）。

A．ListIndex　　B．Caption　　C．Text　　D．List

6．以下程序将随机产生 *n* 个两位整数，并使用冒泡法将它们按递增顺序排序后输出。

```
Option Base 1
Private Sub Command1_Click()
  Dim a() As Integer
  Dim iAs Integer, j As Integer
  Randomize
    n = InputBox("输入数据个数:")
  ReDima(n)
  For i=1 To n
  a(i) = Int(Rnd * 90) + 10
  Next i
  For i = 1 To n- 1
  For j = 1 To n- i
        If a(j)<a(j-1) Then
  temp = a(j): a(j) = a(j -1): a(j- 1)= temp
  End If
  Next j
  Next i
  For i= 1 To n
  Print a(i);
  Next i
End Sub
```

运行以上程序，发现有错误，需要对 j 循环的开始语句进行修改，以下正确的修改是（　　）。

A．For j = i + 1 To n　　B．For j = 1 To n

C．For j = i + 1 To -1　　D．For j = n Toi + 1 Step -1

7．如果一个正整数从高位到低位上的数字依次递减，则称其为降序数（如 9632 是降序数，而 8516 则不是降序数），现编写如下程序，判断输入的正整数是否为降序数。

```
Private Sub Command1_Click()
  Dim n As Long
  Dim flag As Boolean
  n = InputBox("输入一个正整数")
  s = Trim(Str(n))
  For i = 2 To Len(s)
  If Mid(s, i-1,1) < Mid(s,i,1)Then Exit For
  Next
  If i = Len(s) Then flag = True Elseflag = False
  If flag Then
  Print n; "是降序数"
  Else
  Print n; "不是降序数"
  End If
End Sub
```

运行以上程序，发现有错误，需要对给 flag 变量赋值的 If 语句进行修改，以下正确的修改是（　　）。

A. If i = Len(s) + 1 Then flag = False Else flag = True

B. If i = Len(s) + 1 Then flag = True Else flag = False

C. If i = Len(s) - 1 Then flag = False Else flag = True

D. If i = Len(s) - 1 Then flag = True Else flag = False

8. 现有以下程序

```
Private Sub Command1_Click()
  c1 = 0
  c2 = 0
  For i =1 To 100
  If i Mod 3 = 0 Then
  c1 = c1 + 1
  ElseIf i Mod 7 = 0 Then
      c2 = c2 + 1
   End If
  Next
  Print c1 + c2
End Sub
```

此程序运行后输出的是 1～100 范围内（　　）。

A. 同时能被 3 和 7 整除的整数个数

B. 能被 3 或 7 整除的整数个数（同时被 3 和 7 整除的数只记一次）

C. 能被 3 整除，而不能被 7 整除的整数个数

D. 能被 7 整除，而不能被 3 整除的整数个数

9. 窗体上有一个名称为 Command1 的命令按钮，并有如下程序

```
Private Sub Command1_Click()
  x = 15
```

```
    Do While x>0
    x= x - 3
    x= IIf(Int(x/5)= x/5, x+2, x)
    Loop
    Print x
End Sub
```

程序运行后，单击命令按钮 Command1，输出结果是（　　）。

A．0　　B．－1　　C．－2　　D．－3

10．窗体上有一个名称为 Command1 的命令按钮，其事件过程如下:

```
Private Sub Command1_Click()
    Dim iAs Integer,j As Integer, k As Integer
    Dim s As Double
    s = 0: i = 1: j = 0: k = -1
    Do While i<6
      s = s + k*(j/i)
i = i+1
      j = j+1
      k = -k
    Loop
    Print s
End Sub
```

以上程序所计算的表达式是（　　）。

A．1/2 - 2/3 + 3/4 - 4/5　　B．-1/2 + 2/3 - 3/4 + 4/5

C．1 - 1/2 + 2/3 - 3/4 + 4/5　　D．-1 + 1/2 - 2/3 + 3/4 - 4/5

11．窗体上有一个名称为 Command1 的命令按钮，其单击事件过程如下：

```
Private Sub Command1_Click()
    Dim a, b(2, 3) As Integer
    a= Array(3, 7, 5, 11,31,43,17,62,9,23, 37, 41)
    i = 0
    Do While i<= Ubound(a)
      For j = 0 To 2
        For k = 0 To 3
    b(j,k) = a(i)
    i = i + 1
        Next
      Next
    Loop
    Print b(2,2)
End Sub
```

运行程序，窗体上显示的是（　　）。

A．43　　B．17　　C．37　　D．23

12．设在窗体上有一个名称为 Combo1 的组合框，含有五个项目，要删除最后一项，正确的语句是（　　）。

A．Combo1.Removeltem Combo1.Text

B．Combo1.Removeltem 4

C．Combo1.Removeltem Combo1.ListCount

D．Combo1.Removeltem 5

二、上机题

1．编写程序，计算 2 + 4 + 6 + … + 100 之和。

2．我国现在有人口为 13 亿，设年增长率为 1%，编写程序，计算多少年后增加到 20 亿。

3．编写程序，打印如图 5-26 所示的“数字金字塔”。

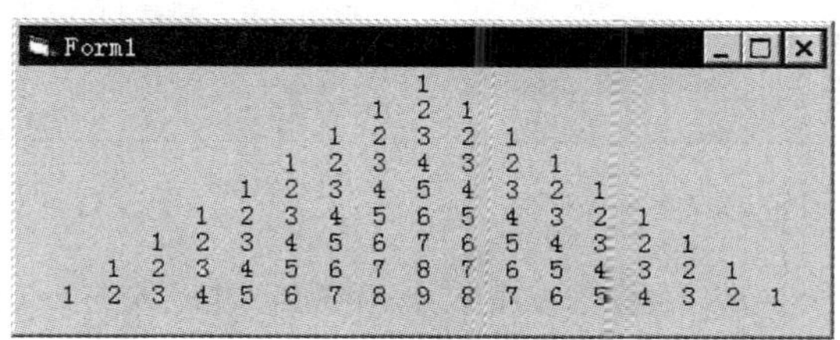

图 5-26　上机题 3

4．勾股定理中三个数的关系是：$a^2 + b^2 = c^2$。编写程序，输出 20 以内满足此关系的整数组合（如图 5-27 所示），例如 3、4、5 就是一个整数组合。

Form1

a	b	c	a * a	b * b	c * c
3	4	5	9	16	25
4	3	5	16	9	25
5	12	13	25	144	169
6	8	10	36	64	100
8	6	10	64	36	100
8	15	17	64	225	289
9	12	15	81	144	225
12	5	13	144	25	169
12	9	15	144	81	225
12	16	20	144	256	400
15	8	17	225	64	289
16	12	20	256	144	400

图 5-27　上机题 4

5．如果一个数的因子之和等于这个数本身，则称这样的数为完全数。例如，整数 28 的因子为 1、2、4、7、14，其和 1 + 2 + 4 + 7 +14 = 28，因此 28 是一个完全数。编写程序，从键盘上输入正整数 *n* 和 *m*，求出 *m* 和 *n* 之间的所有完全数。当输入的 *n* 和 *m* 为 2 和 1000 时，运行界面如图 5-28 所示。

6．编写程序，打印如图 5-29 所示的乘积表。

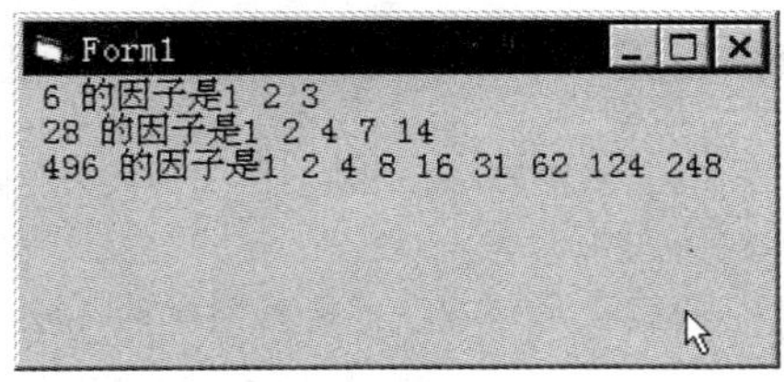

图 5-28　上机题 5

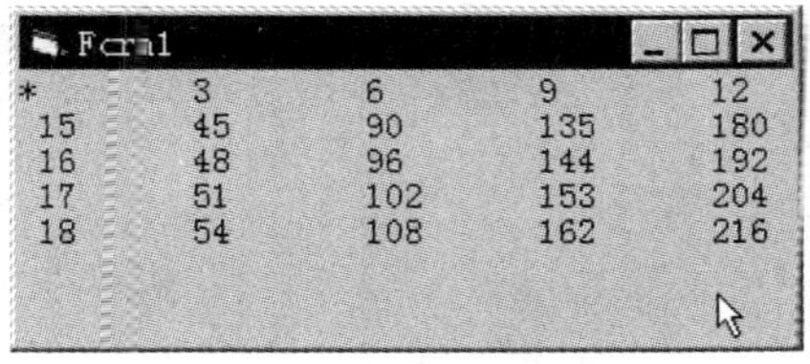

图 5-29　上机题 6

7．一个两位的正整数，如果将它的个位数字与十位数字对调，则产生另一个正整数，后者为前者的对调数。编写程序，输入一个两位的正整数，找出所有这样的两位正整数：使输入的数与找出的之和等于它们各自的对调数之和。例如，12 + 32 = 23 + 21（如图 5-30 所示）。

8．设计程序，求 $s = 1 + (1 + 2) + (1 + 2 + 3) + \cdots + (1 + 2 + 3 + \cdots + n)$的值（如图 5-31 所示）。

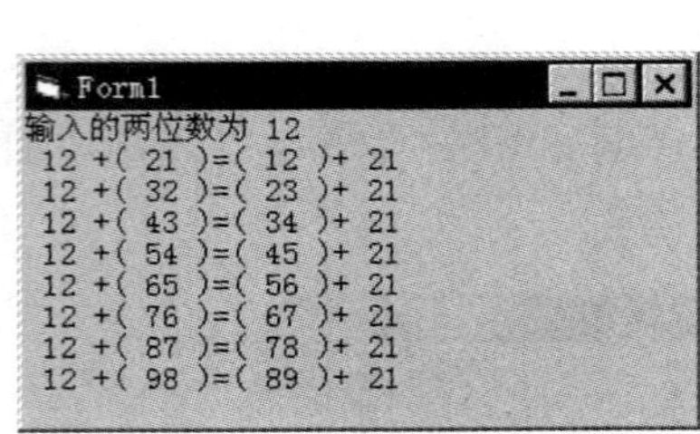
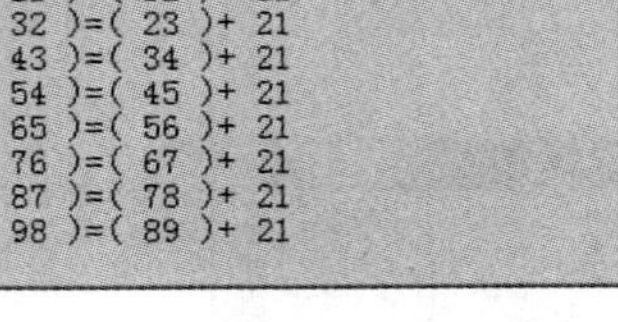

图 5-30　上机题 7

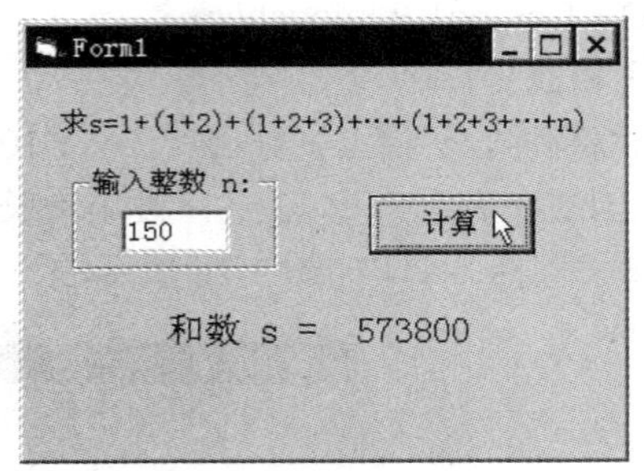

图 5-31　上机题 8

9．设 $s = 1\times2\times3\times\cdots\times n$，编程求 s 不大于 400000 时最大的 n（如图 5-32 所示）。

10．设 $s = 1^1\times2^2\times3^3\times\cdots\times n^n$，编程求 s 不大于 400000 时最大的 n（如图 5-33 所示）。

11．编程找出 1～1000 的全部“同构数”（如图 5-34 所示）。

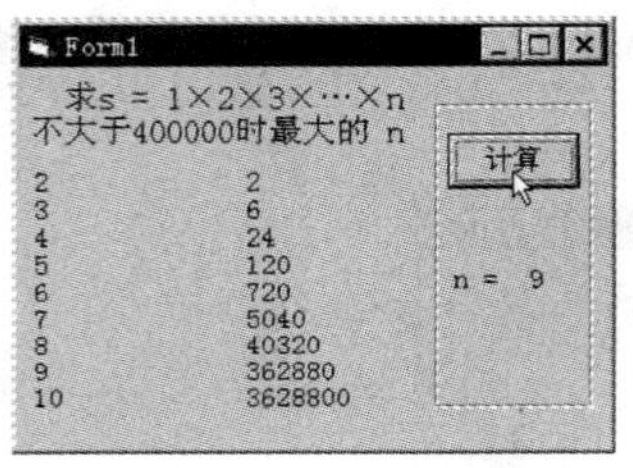

图 5-32　上机题 9

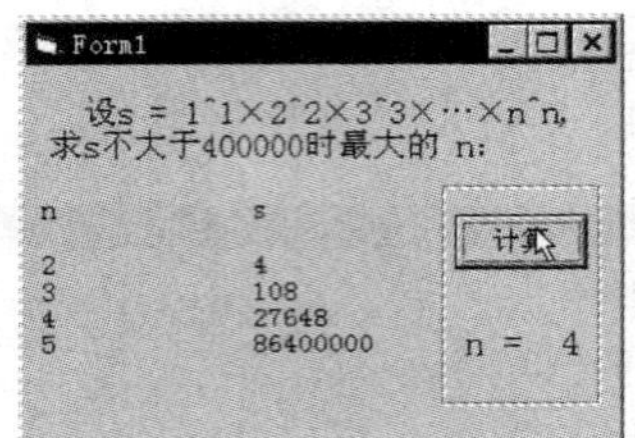

图 5-33　上机题 10

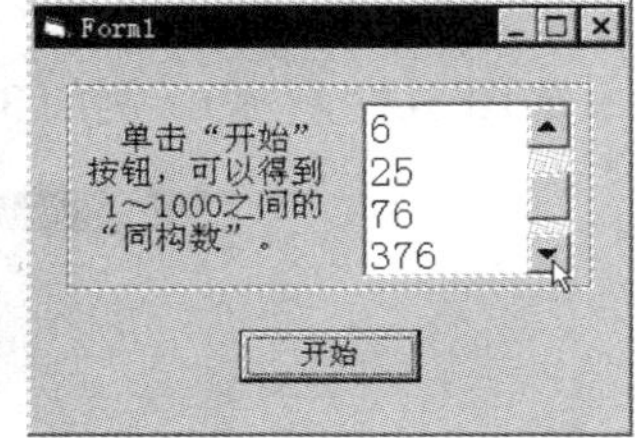

图 5-34　上机题 11

12．“完备数”是指一个数恰好等于它的因子之和，如 6 的因子为 1、2、3，而 6 =1+2+3，因而 6 就是完数。编制程序，找出 1～1000 之间的全部“完备数”，如图 5-35 所示。

13．编制程序，求出所有小于或等于 100 的自然数对。自然数对是指两个自然数的和与差都是平方数，如 8 与 17 的和 8 + 17 = 25 与其差 17 – 8 = 9 都是平方数，则 8 和 17 称自然数对，如图 5-36 所示。

14．我国古代数学家张丘建在“算经”里提出一个世界数学史上有名的百鸡问题：“鸡翁一，值钱五，鸡母一，值钱三，鸡雏三，值钱一，百钱买百鸡，问鸡翁、母、雏各几何？”编程解决这个问题，如图 5-37 所示。

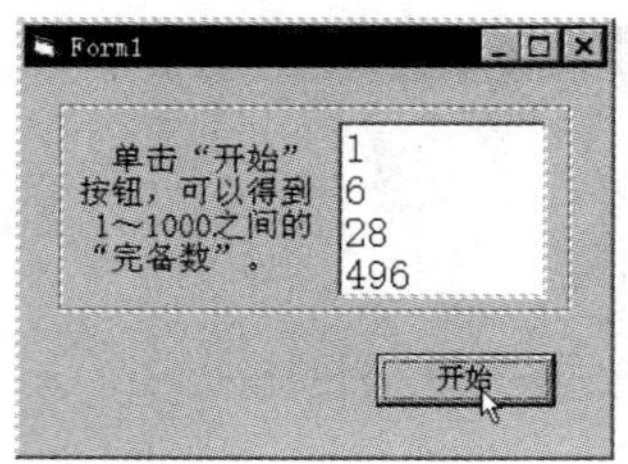

图 5-35　上机题 12

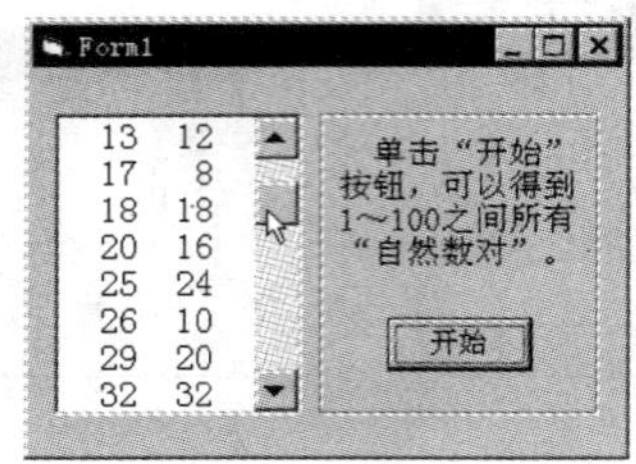

图 5-36　上机题 13

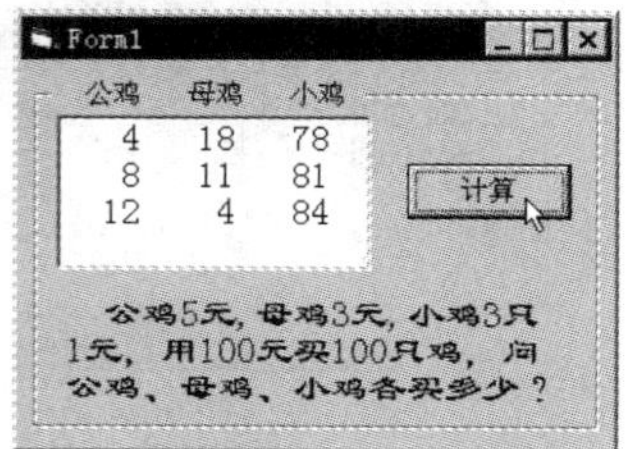

图 5-37　百钱买百鸡

15．利用 e^x 的下述近似公式计算 e（直到最后一项小于 10^{-6} 为止）。

$$e^x \approx 1+\frac{x}{1!}+\frac{x^2}{2!}+\frac{x^3}{3!}+\cdots+\frac{x^n}{n!}$$

16．编程序在窗体上输出图形，如图 5-38 所示。

17．编程序在窗体上输出图形，如图 5-39 所示。

18．验证“哥德巴赫猜想”。1742 年 6 月，德国数学家哥德巴赫在给大数学家欧拉的信中提出一个问题：任何大于 6 的偶数均可以表示为两个素数之和吗？欧拉复信道：“任何大于 6 的偶数均可以表示为两个素数之和，这一猜想我还不能证明，但我确信无疑地认为这是完全正确的定理。”这就是至今尚未被证明的哥德巴赫猜想，如图 5-40 所示。

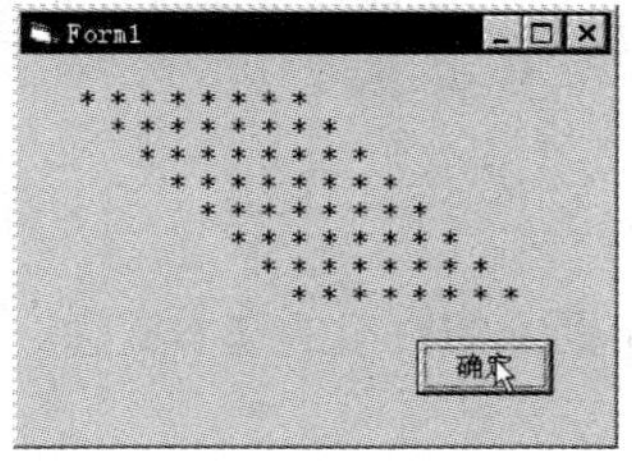

图 5-38　上机题 16

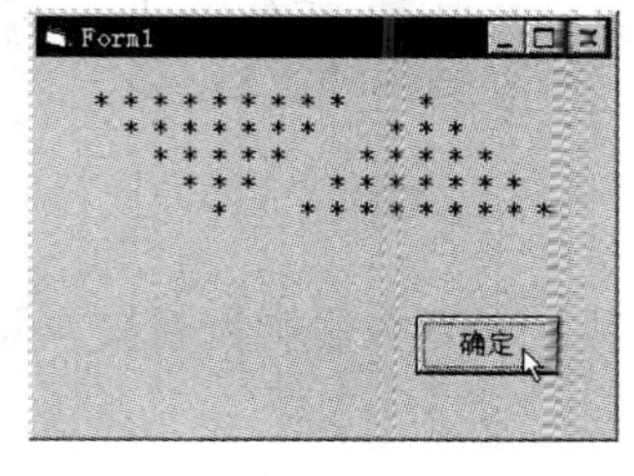

图 5-39　上机题 17

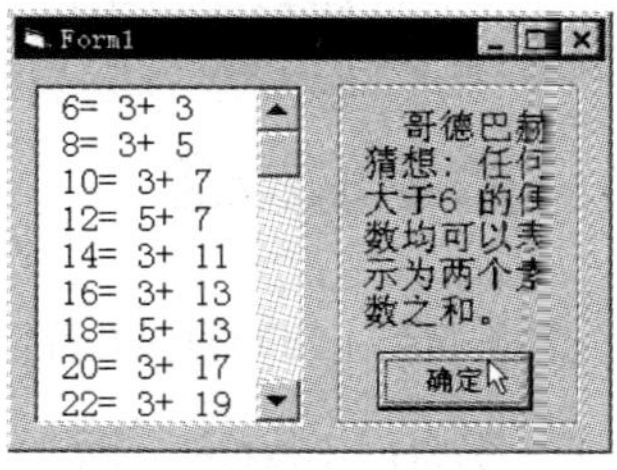

图 5-40　验证哥德巴赫猜想

19．在窗体上画一个组合框，名称为 cb1，并输入三个列表项：“3”“7”“11”（列表项的顺序不限，但必须是这三个数）；画一个名称为 Text1 的文本框，再画一个标题为“计算”，名称为 C1 的命令按钮，如图 5-41 所示。请编写适当的事件过程，使得在程序运行时，在组合框中选定一个数字后，单击“计算”按钮，则计算 5000 以内能够被该数整除的所有数之和，并放入 Text1 中。

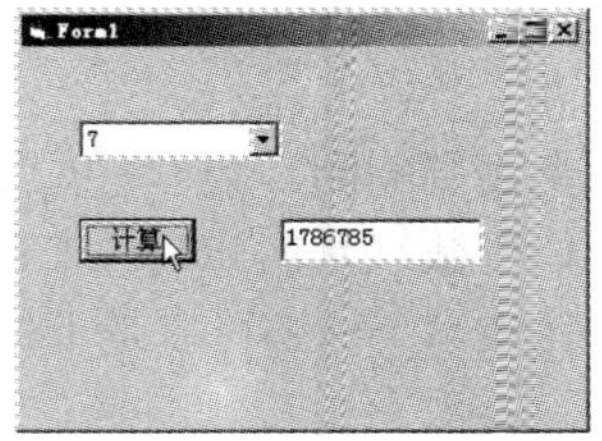

图 5-41　上机题 19

第6章　数　　组

前面章节中介绍的变量都属于简单数据变量，即单一的数据变量。如果所处理的数据量不大，而且数据之间没有内在的联系，这种简单数据变量可以满足对数据的处理。但是现实世界中更多的是数据之间常常存在一定的联系，对于这些数据也可以用简单变量来处理，但这样会增加编程的工作量，降低编程效率。因此，除简单变量外，VB 还提供了数组变量，利用数组可以缩短和简化程序，因为可以利用下标值设计一个循环，高效地处理多种情况。

6.1　数组的概念

数组是数据的有序集合，它为用户处理大量数据带来方便。下面介绍数组的基本概念。

6.1.1　数组与数组元素

数组是一些具有相同类型的数据按一定顺序组成的序列，数组中的每一个数据都可以通过数组名及唯一一个索引号（下标）来存取。所以，数组用于存储和表示既与取值有关，又与位置（顺序）有关的数据。

数组是用一个统一的名称表示的、顺序排列的一组变量。数组中的变量称为数组元素，用下标（数字）来标识它们，因此数组元素又称为下标变量。

可以用数组名及下标唯一地识别一个数组的元素，比如 *a*(5)表示名称为 *a* 的数组中顺序号（下标）为 5 的那个数组元素（变量）。

说明：

1）数组的命名与简单变量的命名规则相同。

2）下标必须用括号括起来，不能把数组元素 *a*(5)写成 *a*5，后者是简单变量。

3）下标可以是常数、变量或表达式。下标还可以是下标变量（数组元素），如 *b*(*a*(4))，若 *a*(4) = 6，则 *b*(*a*(4)) 就是 *b*(6)。

4）下标必须是整数，否则将被自动取整（舍去小数部分）。如 *n*(2.6)将被视为 *n*(2)。

5）下标的最大和最小值分别称为数组的上界和下界。数组的元素在上、下界内是连续的。由于对每一个下标值都分配空间，所以声明数组的大小要适当。

6.1.2　数组的类型

VB 中的数据有多种类型，相应的数组也有多种类型。可以声明任何基本数据类型的数组，包括用户自定义类型和对象变量，但是一个数组中的所有元素应该具有相同的数据类型。当然，数据类型为 Variant 时，各个元素能够包含不同类型的数据（对象、字符串、数值等）。

6.1.3　数组的维数

如果一个数组的元素只有一个下标，则称这个数组为一维数组。例如，数组 *s* 有 30 个元素：*s*(1)、*s*(2)、*s*(3)、…、*s*(30)，依次保存 30 个学生的一门功课的成绩，则 *s* 为一维数组。一维数组中的各个元素又称为单下标变量。一维数组中的下标又称为索引（Index）。

如果有 30 个学生，每个学生有 5 门功课的成绩，如表 6-1 所示。

表 6-1 学生成绩表

姓　名	语　文	数　学	外　语	物　理	化　学
学生 1	85	60	55	78	88
学生 2	69	74	80	76	79
学生 3	77	86	72	80	95
⋮	⋮	⋮	⋮	⋮	⋮
学生 30	88	90	75	88	82

这些成绩可以用有两个下标的数组来表示，如第 i 个学生第 j 门课的成绩可以用 $s(i,j)$表示。其中 i 表示学生号，称为行下标（$i=1,2,\cdots,30$）；j 表示课程号，称为列下标（$j=1,2,3,4,5$）。有两个下标的数组称为二维数组，其中的数组元素称为双下标变量。

数组元素中下标的个数称为数组的维数。虽然在 VB 中最多可以使用 16 维的数组，但是由于维数的增加，使数组元素的个数成几何级数增长，这将受到内存容量的限制。

6.1.4 数组的形式

在 VB 中有两种形式的数组：固定大小的数组和动态数组。固定大小的数组是指数组元素的个数固定不变，而动态数组的大小（其元素的个数）在运行时可以改变。

6.1.5 数组的声明

有三种方法声明固定大小的数组，用哪一种方法取决于数组应用的有效范围。

1）建立公用数组，在模块的通用段用 Public 语句声明数组。格式为

Public 数组名(〈维数定义〉) [As 〈类型〉]

2）建立模块级数组，在模块的通用段用 Private 或 Dim 语句声明数组。格式为

Private | Dim 数组名(〈维数定义〉) [As 〈类型〉]

3）建立局部数组，在过程中用 Dim 或 Static 语句声明数组。格式为

Dim | Static 数组名(〈维数定义〉) [As 〈类型〉]

说明：

1）数组名遵循标准的变量命名约定。

2）〈维数定义〉指定数组的维数以及各维的范围：

[〈下标下界 1〉 To]〈下标上界 1〉[, [〈下标下界 2〉 To]〈下标上界 2〉] ...

如果不指定〈下标下界〉，则数组的下界由 Option Base 语句控制：如果使用 Option Base 语句：Option Base 1，则默认的下界为 1；如果没有使用 Option Base 语句，则默认的下界为 0。例如：

```
Dim c(14) As Integer              '15 个元素，索引值从 0 到 14
Dim s(20) As Double               '21 个元素，索引值从 0 到 20
```

可以用关键字 To 显式提供下标的下界（为 Long 数据类型）：

```
Dim c( 1 To 15 ) As Integer              ' 15 个元素，索引值从 1～15
Dim s( 100 To 120 ) As String            ' 21 个元素，索引值从 100～120
```

3）下标的上、下界不得超过 Long 数据类型的范围（–2,147,483,648～2,147,483,647）。

4）二维数组的声明：

```
Static m( 9 , 9 ) As Double
```

声明了一个过程内的 10×10 的二维数组 *m*，或用显式下界来声明两个维数或两个维数中的任何一个：

```
Static m( 1 To 10 , 1 To 10 ) As Double
```

5）可以将所有这些推广到二维以上的数组。例如：

```
Dim d( 3 , 1 To 10 , 1 To 15 )
```

这个声明建立了三维数组 *d*，大小为 4×10×15。元素总数为 3 个维数的乘积，即 600。

注意：在增加数组的维数时，数组所占的存储空间会大幅度增加，所以要慎用多维数组。使用 Variant 数组时更要格外小心，因为它们需要更大的存储空间。

6.2 数组的基本操作

在建立（声明）一个数组之后，就可以使用数组。使用数组就是对数组元素进行各种操作，例如：赋值、表达式运算、输入或输出等。

对数组元素的操作如同对简单变量的操作，但在引用数组元素的时候要注意以下几点：

1）数组声明语句不仅定义数组、为数组分配存储空间，而且还能对数组进行初始化，使得数值型数组的元素值初始化为 0，字符型数组的元素值初始化为空等。

2）引用数组元素的方法是在数组名后的括号中指定下标，例如：

```
t = a(5) : s = b(3,4)
```

其中 *a*(5)表示数组 *a* 中索引值为 5 的元素，*b*(3,4)表示二维数组 *b* 中行下标为 3，列下标为 4 的元素。注意与数组声明语句中下标的上界相区别。

3）引用数组元素时，数组名、数组类型和维数必须与数组声明时一致。

4）引用数组元素时，下标值应在数组声明时所指定的范围之内。

5）在同一过程中，数组与简单变量不能同名。

6.2.1 数组元素的输入、输出和复制

1．数组元素的输入

数组元素可以在设计时通过赋值语句输入，或是在运行时通过 InputBox 函数输入。在元素较多的情况一般需要使用 For 循环语句。

【例 6-1】利用数组 name()存放姓名。考虑到要在不同的过程中使用数组，所以首先在模块

的通用段声明数组：

```
Dim name(1 To 10) As String
```

数组的赋值由窗体的 Load 事件代码完成：

```
Private Sub Form_Load()
    a(1) = "陈高阳": a(2) = "赵世杰": a(3) = "李民维": a(4) = "马英丽": a(5) = "杨广民"
    a(6) = "李灵君": a(7) = "陈吉至": a(8) = "王东明": a(9) = "姜大伟": a(10) = "吴晓林"
End Sub
```

【例 6-2】随机产生 10 个两位整数，放入数组。考虑到要在不同的过程中使用数组，所以首先在模块的通用段声明数组：

```
Dim a(1 To 10) As Integer
```

随机整数的生成由窗体的 Load 事件代码完成：

```
Private Sub Form_Load()
    Randomize
    For i = 1 To 10
        a(i) = Int(Rnd * 90) + 10
    Next
End Sub
```

多维数组元素的输入通过多重循环来实现。由于 VB 中的数组是按行存储的，因此一般把控制数组第 1 维的循环变量放在最外层循环中。

【例 6-3】设有一个 5×5 的方阵，其中元素是由计算机随机生成的小于 100 的整数。考虑到要在不同的过程中使用数组，所以首先在模块的通用段声明数组：

```
Dim a(5, 5) As Integer
```

方阵的生成由窗体的 Load 事件代码完成：

```
Private Sub Form_Load()
    Randomize
    For i = 1 To 5
        For j = 1 To 5
            a(i, j) = Int(Rnd * 99) + 1
        Next
    Next
End Sub
```

2. 数组元素的输出

数组元素可以在窗体或图片框中使用 Print 方法输出，也可以在多行文本框、列表框或组合框中输出。

【例 6-4】将【例 6-2】中的数组在窗体中按 2 行 5 列输出。

```
Private Sub Form_Activate()
    Cls
```

```
    Print
    For i = 1 To 10
      If i Mod 5 = 0 Then
        Print a(i)
      Else
        Print a(i); "    ";
      End If
    Next
End Sub
```

【例 6-5】将【例 6-3】中的数组在列表框中按 5 行 5 列输出。

```
Private Sub Command1_Click()
    List1.Clear
    Dim p As String
    For i = 1 To 5
      p = ""
      For j = 1 To 5
        p = p & Format(a(i, j), "!@@@")
      Next
      List1.AddItem p, i - 1
    Next
End Sub
```

3．数组元素的复制

单个的数组元素可以像简单变量那样从一个数组复制到另一个数组，而要复制整个数组则仍要使用 For 循环语句。

6.2.2 For Each…Next 语句

与 For...Next 语句类似，两者都用来执行指定重复次数的一组语句。但 For Each...Next 语句专门用于数组或对象集合（本书不涉及集合）中的每个元素。语法为

```
For Each 〈成员〉 In 〈数组〉
    [〈语句序列〉]
    [Exit For]
Next [〈成员〉]
```

说明：

1）〈成员〉是一个 Variant 变量，它为循环提供，并在 For Each...Next 语句中重复使用，它实际上代表的是数组中的每个元素。

2）〈数组〉是一个数组名，没有括号和上、下界。

用 For Each...Next 语句可以对数组元素进行处理，包括查询、显示或读取。它所重复执行的次数由数组中元素的个数确定，也就是说，数组中有多少个元素，就自动重复执行多少次。例如：

```
Dim aa(1 To 6)
```

```
For Each x In aa
  Print x;
Next x
```

上面程序中的 Print 语句重复 6 次（因为数组 *aa* 有 6 个元素），每次输出数组的一个元素的值。这里的 *x* 类似于 For...Next 循环中的循环控制变量，但不需要为其提供初值和终值，而是根据数组元素的个数确定执行循环体的次数。此外，*x* 的值处于不断的变化之中，开始执行时，*x* 是数组第一个元素的值，执行完一次循环体后，*x* 变为数组第二个元素的值…，当 *x* 为最后一个元素的值时，执行最后一次循环。

在数组操作中，For Each...Next 语句比 For...Next 语句更方便，因为它不需要指明循环的条件。

【例 6-6】求【例 6-2】和【例 6-4】随机整数中的最大值、最小值和平均值。

编写命令按钮 Command1 的 Click 事件代码：

```
Private Sub Command1_Click()
  Dim n As Integer, m As Integer, s As Single
  m = 100: n = 0: s = 0
  For Each x In a
    If x > n Then n = x
    If x < m Then m = x
    s = s + x
  Next
  MsgBox "最大值为" & n & Chr(13) & "最小值为" & m & Chr(13) & "平均值为" & s / 10
End Sub
```

说明：不能使用 For Each...Next 语句对普通的数组元素作“赋值”操作，因为语句中的〈成员〉表示数组元素的值，而不表示数组元素本身，但是可以对控件数组中每个控件的属性作赋值操作。

6.2.3 数组的初始化

给数组中的各个元素赋初值，称为数组的初始化。除了前面介绍的数组元素的输入方法之外，VB 还提供了 Array 函数，用于在程序中利用代码对数组进行初始化。Array 函数的语法格式为

〈数组变量名〉= Array(〈数组元素值〉)

说明：

1）〈数组变量名〉是已经声明的变量名称——用作数组使用。该变量必须是 Variant 类型。

2）〈数组元素值〉是准备赋给数组各元素的值列表，各值之间用逗号分开。如果不提供参数，则创建一个长度为 0 的数组。

例如在下面的代码中，第一条语句创建一个 Variant 的变量 *a*。第二条语句将一个数组赋给变量 *a*。最后一条语句将该数组的第二个元素的值赋给另一个变量 *b*：

```
Dim a As Variant
a = Array(10,20,30)
b = a(2)
```

3）使用 Array 函数创建的数组的下界一般受 Option Base 语句指定的下界决定。

4）没有作为数组声明的 Variant 变量也可以表示数组。除了长度固定的字符串以及用户定义类型之外，Variant 变量可以表示任何类型的数组。例如下面的语句创建了一个包含字符串的数组：

```
Dim students As Variant
students = Array("王大名", "王平", "李小双", "李丽", "张大强", "武刚")
```

注意：实际上，Array 函数返回一个包含数组的 Variant 变量。尽管一个包含数组的 Variant 变量和一个元素为 Variant 类型的数组在概念上有所不同，但对数组元素的访问方式是相同的。

6.2.4 数组的使用

【例 6-7】斐波那契（Fibonacci）数列问题。

Fibonacci 数列问题起源于一个古老的有关兔子繁殖的问题：假设在第一个月时有一对小兔子，第二个月时成为大兔子，第三个月时成为老兔子，并生出一对小兔子（一对老，一对小）。

第四个月时老兔子又生出一对小兔子，上个月的小兔子变成大兔子（一对老，一对大，一对小）。第五个月时上个月的大兔子成为老兔子，上个月的小兔子变成大兔子，两对老兔子生出两对小兔子（两对老，一对中，两对小）…

这样，各月的兔子对数为 1，1，2，3，5，8，…

这就是 Fibonacci 数列（如图 6-1 所示）。其中第 n 项的计算公式为

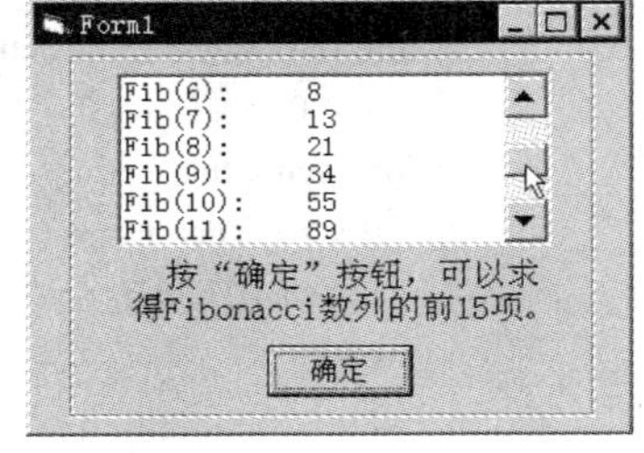

图 6-1　求 Fibonacci 数列

$$\text{Fib}(n) = \text{Fib}(n\text{-}1) + \text{Fib}(n\text{-}2)$$

分析：使用数组使得问题的解决非常简单，根据计算公式，很容易画出流程图，如图 6-2 所示。

设计步骤如下：

1）建立程序界面与设置对象属性。程序界面与各控件属性的设置如图 6-1 所示。

2）编写代码。只需编写命令按钮 Command1 的 Click 事件代码：

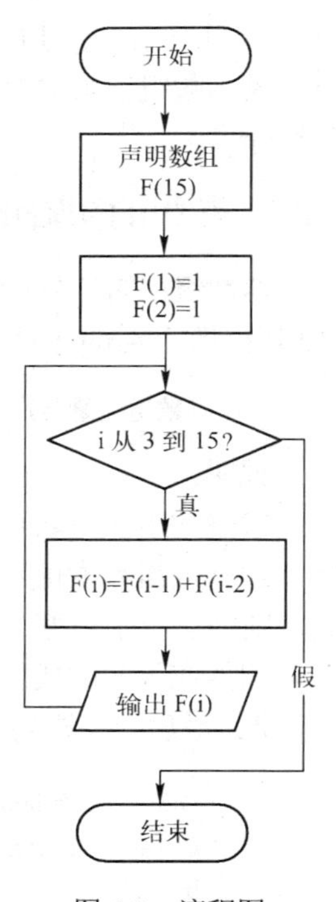

图 6-2　流程图

```
Private Sub Command1_Click()
  Dim f(15) As Integer
  List1.Clear
  f(1) = 1: f(2) = 1
  p = Format("Fib(" & 1 & "):", "!@@@@@@@@@@@@") & Format(f(1), "########")
  List1.AddItem p, 0
  For i = 3 To 15
    f(i) = f(i - 1) + f(i - 2)
    p = Format("Fib(" & i & "):", "!@@@@@@@@@@@@") & Format(f(i), "########")
    List1.AddItem p, i - 1
  Next
```

```
End Sub
```

【例 6-8】随机生成 10 个互不相同的数，然后将这些数按由小到大的顺序显示出来，如图 6-3 所示。

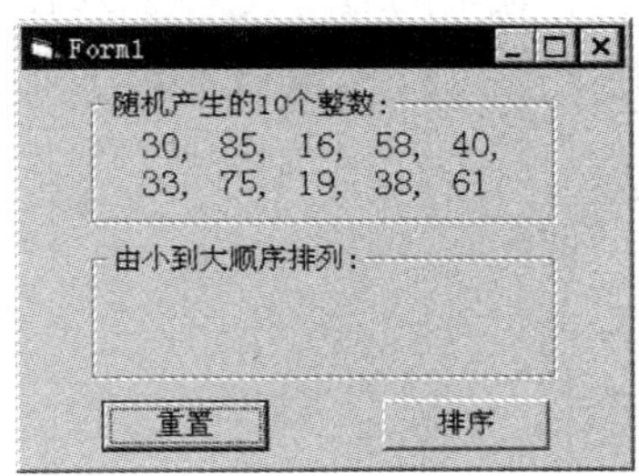

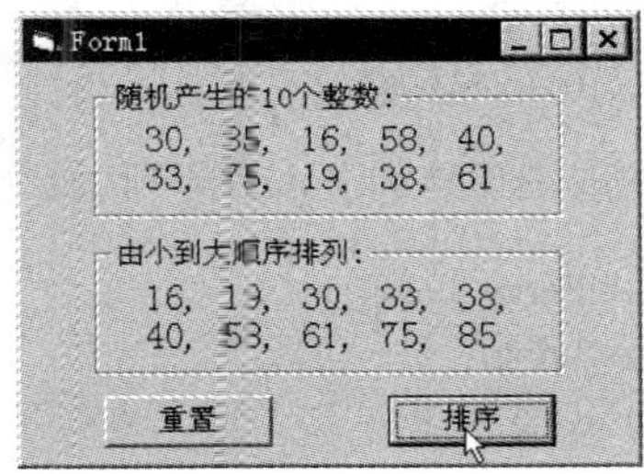

图 6-3　排序

分析：这是一个“排序”问题，排序的方法很多，下面介绍的是“比较排序法”。

设有 10 个数存放在数组 *a* 中，分别表示为

a(1)、*a*(2)、*a*(3)、*a*(4)、*a*(5)、*a*(6)、*a*(7)、*a*(8)、*a*(9)、*a*(10)

先将 *a*(1)与 *a*(2)比较，若 *a*(2) < *a*(1)，则将 *a*(1)、*a*(2)中的值互换——*a*(1)存放较小者。再将 *a*(1)与 *a*(3)、…、*a*(10)比较，并依次作出同样的处理——10 个数中的最小者放入 *a*(1)中。

第 2 轮：将*a*(2)与*a*(3)、…、*a*(10)比较，并依次作出同样的处理——第 1 轮余下的 9 个数中的最小者放入*a*(2)中。

继续第 3 轮、第 4 轮、…，直到第 9 轮后，余下的 *a*(10)自然就是 10 个数中的最大者。

至此，10 个数已从小到大顺序存放在 *a*(1)～*a*(10)中。算法的流程图如图 6-4 所示。

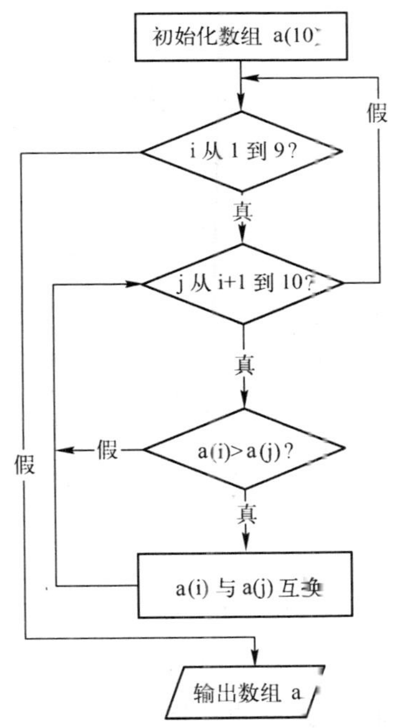

图 6-4　比较排序法流程图

设计步骤如下：

1）建立应用程序用户界面与设置对象属性。程序界面与各控件属性的设置参见图 6-3。

2）编写代码。

考虑到要在不同的过程中使用数组，所以首先在模块的通用段声明数组：

```
Dim a(1 To 10) As Integer
```

随机整数的生成由窗体的 Load 事件代码完成：

```
Private Sub Form_Load()
  Dim p As String
  Randomize
  p = ""
  For i = 1 To 10
    Do
      x = Int(Rnd * 90) + 10
      yes = 0
      For j = 1 To i - 1
        If x = a(j) Then yes = 1: Exit For
      Next
    Loop While yes = 1
    a(i) = x
    p = p & Str(a(i)) & ","
  Next
  Label1.Caption = LTrim(Left(p, Len(p) - 1))
  Label2.Caption = ""
End Sub
```

编写“排序”按钮 Command2 的 Click 事件代码：

```
Private Sub Command2_Click()
  For i = 1 To 9
    For j = i + 1 To 10
      If a(i) > a(j) Then
        t = a(i): a(i) = a(j): a(j) = t
      End If
    Next
  Next
  p = Str(a(1))
  For i = 2 To 10
    p = p & "," & Str(a(i))
  Next
  Label2.Caption = LTrim(p)
End Sub
```

编写“重置”按钮 Command1 的 Click 事件代码：

```
Private Sub Command1_Click()
```

```
    Form_Load
End Sub
```

【例 6-9】设有 10 位同学的数学、语文、外语三门成绩，如表 6-2 所示。

表 6-2 学生成绩表

姓　名	数　学	语　文	外　语
陈高阳	89	85	91
赵世杰	75	78	84
李民维	64	[illegible]	72
马英丽	88	68	64
杨广民	79	79	87
李灵君	91	88	87
陈吉至	68	73	64
王东明	58	58	65
姜大伟	76	81	88
吴晓林	78	89	82

试编写程序（如图 6-5 所示），实现：

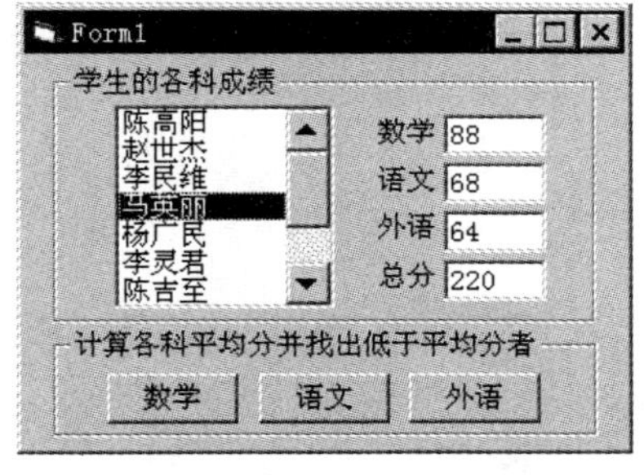

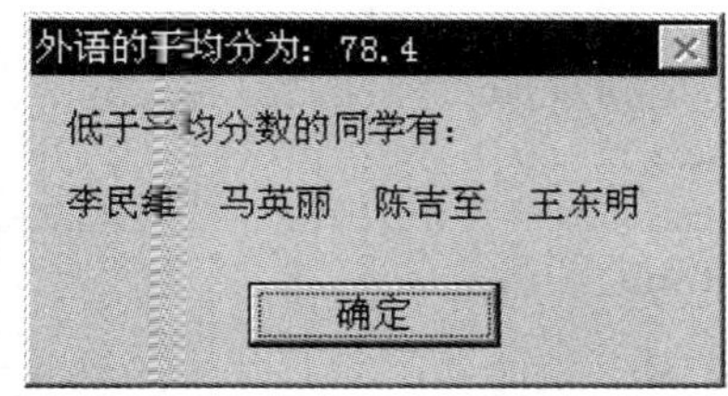

图 6-5 成绩管理

1）成绩的查询。

2）各科平均分数的计算。

3）显示各科平均分以下的同学姓名。

分析：问题所涉及的原始数据既有字符型又有数值型。因为在 VB 中，数组元素的类型应当一致（除非声明为 Variant 类型），所以考虑用两个数组来存放原始数据：一个为字符型用于保存姓名，一个为数值型用于保存各科成绩。必须注意两个数组的关系，即同一下标对应同一个人。

设计步骤如下：

1）建立应用程序用户界面与设置对象属性。选择‘新建”工程，进入窗体设计器，首先增加两个框架 Frame1 和 Frame2。激活 Frame1 后，在其中增加一个列表框 List1、四个标签 Label1～Label4、四个文本框 Text1～Text4。激活 Frame2 后，在其中增加三个命令按钮 Command1～Command3。并修改各个控件的属性，如图 6-5 所示。

2）编写代码。

考虑到要在不同的过程中使用数组，所以首先在模块的通用段声明数组：

```
Dim a(1 To 10) As String, b(1 To 10, 1 To 4) As Integer
```

数组的赋值由窗体的 Load 事件代码完成：

```
Private Sub Form_Load()
  a(1) = "陈高阳": b(1, 1) = 89: b(1, 2) = 85: b(1, 3) = 91
  a(2) = "赵世杰": b(2, 1) = 75: b(2, 2) = 78: b(2, 3) = 84
  a(3) = "李民维": b(3, 1) = 64: b(3, 2) = 82: b(3, 3) = 72
  a(4) = "马英丽": b(4, 1) = 88: b(4, 2) = 68: b(4, 3) = 64
  a(5) = "杨广民": b(5, 1) = 79: b(5, 2) = 79: b(5, 3) = 87
  a(6) = "李灵君": b(6, 1) = 91: b(6, 2) = 88: b(6, 3) = 87
  a(7) = "陈吉至": b(7, 1) = 68: b(7, 2) = 73: b(7, 3) = 64
  a(8) = "王东明": b(8, 1) = 58: b(8, 2) = 68: b(8, 3) = 65
  a(9) = "姜大伟": b(9, 1) = 76: b(9, 2) = 81: b(9, 3) = 88
  a(10) = "吴晓林": b(10, 1) = 78: b(10, 2) = 89: b(10, 3) = 82
End Sub
```

在列表框中显示姓名由窗体的 Activate 事件代码完成：

```
Private Sub Form_Activate()
  For n = 1 To 10
    List1.AddItem a(n), n - 1
    b(n, 4) = b(n, 1) + b(n, 2) + b(n, 3)
  Next
  Text1.Text = "": Text2.Text = "": Text3.Text = "": Text4.Text = ""
End Sub
```

查阅学生的各科成绩由列表框的 Click 事件代码完成：

```
Private Sub List1_Click()
  n = List1.ListIndex + 1
  Text1.Text = b(n, 1)
  Text2.Text = b(n, 2)
  Text3.Text = b(n, 3)
  Text4.Text = b(n, 4)
End Sub
```

各科平均分数的计算以及显示各科平均分以下的同学姓名则由三个命令按钮的 Click 事件代码分别完成：

```
Private Sub Command1_Click()
  s = 0
  For n = 1 To 10
    s = s + b(n, 1)
  Next
  s = s / 10
```

```
  p = ""
  For n = 1 To 10
    If b(n, 1) < s Then p = p & a(n) & "   "
  Next
  MsgBox "低于平均分数的同学有：" & Chr(13) & Chr(13) & p, 0, "数学的平均分为：" & s
End Sub
Private Sub Command2_Click()
  s = 0
  For n = 1 To 10
    s = s + b(n, 2)
  Next
  s = s / 10
  p = ""
  For n = 1 To 10
    If b(n, 2) < s Then p = p & a(n) & "   "
  Next
  MsgBox "低于平均分数的同学有：" & Chr(13) & Chr(13) & p, 0, "语文的平均分为：" & s
End Sub
Private Sub Command3_Click()
  s = 0
  For n = 1 To 10
    s = s + b(n, 3)
  Next
  s = s / 10
  p = ""
  For n = 1 To 10
    If b(n, 3) < s Then p = p & a(n) & "   "
  Next
  MsgBox "低于平均分数的同学有：" & Chr(13) & Chr(13) & p, 0, "外语的平均分为：" & s
End Sub
```

6.3 动态数组

在定义数组时，一般已经指定了上、下界，这样数组大小就确定了。但是有时可能事先无法确认到底需要多大的数组，所以希望能够在运行时改变数组的大小，这就要用到动态数组。动态数组可以在任何时候改变大小。

在 VB 中，动态数组灵活、方便，有助于有效利用内存。例如，可短时间使用一个大数组，然后，在不使用这个数组时，将内存空间释放给系统。

6.3.1 创建动态数组

要创建动态数组，可按照以下步骤：

1）用 Public 语句（公用数组）、Dim 语句（模块级数组）、Static 或 Dim 语句（局部数组）在过程中声明数组。给数组附以一个空维数表，这样就将数组声明为动态数组。

2）用 ReDim 语句分配实际的元素个数。格式为

```
ReDim [ Preserve ] 数组名(〈维数定义〉) [ As 〈类型〉]
```

例如，第一次声明在模块级所建立的动态数组 m：

```
Dim m() As Integer
```

然后，在过程中给数组分配空间：

```
Private Sub Form_Activate()
  ...
  ReDim m(19, 29)
End Sub
```

这里的 ReDim 语句给 m 分配一个 20×30 的整数矩阵（元素总大小为 600）。

说明：

1）ReDim 语句只能出现在过程中。与 Dim 语句、Static 语句不同，ReDim 语句是一个可执行语句，由于这一语句，应用程序在运行时执行一个操作。

2）对于任一维数，ReDim 语句都能改变元素数目以及上、下界。但是，数组的维数不能改变。

3）可以用变量设置动态数组的边界：

```
ReDim m( x , y )
```

4）声明动态数组的时候并不指定数组的维数，数组的维数由第一次出现的 ReDim 语句指定。

【例 6-10】编写程序，输出杨辉三角形（国外称 Pascal 三角形），如图 6-6 所示。

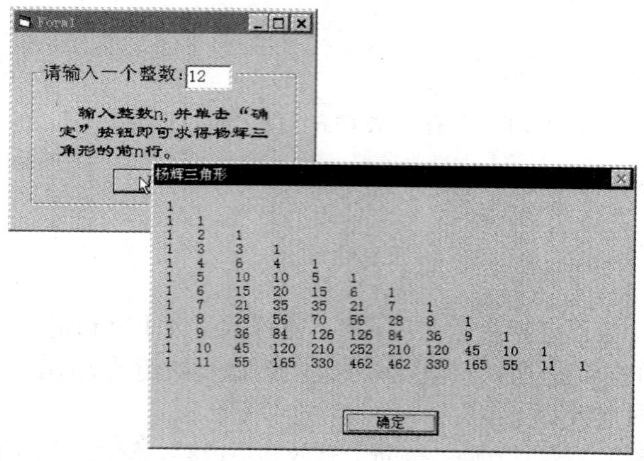

图 6-6 杨辉三角形

分析：杨辉三角形中的各行是二项式$(a+b)^n$展开式中各项的系数。由排列格式可以看出，杨辉三角形每行的第一列和斜边线上的元素值均为 1，其余各项的值都是其上一行中前一列元素与上一行同一列元素之和。上一行同一列没有元素时则认为是 0。由此可得算法如下：

$$a(i,j)=a(i-1,j-1)+a(i-1,j).$$

设计步骤如下：

1）建立应用程序用户界面与设置对象属性。程序界面的建立与各控件属性的设置参见

图 6-6 及前面章节。

2）编写代码。

在模块的通用段声明一个动态数组：

```
Dim a()
```

编写命令按钮 Command1 的单击（Click）事件代码：

```
Private Sub Command1_Click()
  Dim n As Integer
    n = Val(Text1.Text)
    If n > 16 Then
      MsgBox "请不要超过 16"
      Exit Sub
    End If
    ReDim a(n, n)
    For i = 1 To n
      a(i, 1) = 1: a(i, i) = 1
    Next
    p = Format(1, "!@@@@") & Chr(13)
    p = p & Format(1, "!@@@@") & Format(1, "!@@@@@") & Chr(13)
    For i = 3 To n
      p = p & Format(a(i, 1), "!@@@@")
      For j = 2 To i - 1
        a(i, j) = a(i - 1, j - 1) + a(i - 1, j)
        p = p & Format(a(i, j), "!@@@@@")
      Next
      p = p & Format(a(i, i), "!@@@@@") & Chr(13)
    Next
    MsgBox p, 0, "杨辉三角形"
End Sub
```

6.3.2 保留动态数组的内容

每次执行 ReDim 语句时，当前存储在数组中的值将全部丢失。VB 重新将数组元素的值置为 0（对 Numeric 数组）、置为零长度字符串（对 String 数组）、Empty（对 Variant 数组）或者置为 Nothing（对于对象的数组）。

有时希望改变数组大小而又不丢失数组中的数据，使用具有 Preserve 关键字的 ReDim 语句可以做到这点。下面的代码介绍了如何在为已有的动态数组增加其最末维大小的同时而不清除其中所含的任何数据。

```
ReDim x( 10, 10, 10 )
  . . .
ReDim Preserve x( 10, 10, 15 )
```

使用 Preserve 关键字，只能改变多维数组中最后一维的上界，而不能改变维数的数目。例如，如果数组就是一维的，则可以重定义该维的大小，因为它是最末维，也是仅有的一维。不过，如果数组是二维或更多维时，则只有改变其最末维才能同时仍保留数组中的内容。如果改变了其他维或最后一维的下界，那么运行时就会出错。

例如，使用 UBound 函数引用上界，使数组扩大、增加一个元素，而现有元素的值并未丢失，可这样编程：

```
ReDim Preserve m( 10, UBound( Matrix, 2 ) + 1 )
```

而不能这样编程：

```
ReDim Preserve m( UBound( Matrix, 1 ) + 1, 10 )
```

6.4 控件数组

6.4.1 控件数组的概念

如果在应用程序中用到一些类型相同且功能类似的控件，则可将这些相同的控件视为一个数组——“控件数组”。控件数组的使用类似数组变量的使用，同样具有如下的特点：

1）相同的名称（Name）。

2）以下标的索引值（Index）来识别各个控件。

控件数组是很有用的，使用控件数组添加控件所消耗的资源比直接向窗体添加多个相同类型的控件消耗的资源要少。当有若干个控件执行大致相同的操作时，控件数组共享同样的事件过程，在程序运行中，可以利用返回的索引值来识别事件是由哪个控件所引发的。

另外，若要在运行时创建新控件，则新控件必须是控件数组的成员。使用控件数组时，每个新成员继承数组的公共事件过程。没有控件数组机制是不可能在运行时创建新控件的，因为全新控件不具有任何事件过程。控件数组解决了这个问题，每个新控件都继承为数组编写好的事件过程。

一个控件数组至少应有一个元素，元素数目可在系统资源和内存允许的范围内增加；数组的大小也取决于每个控件所需的内存和 Windows 资源。在控件数组中可用到的最大索引值为32767。同一控件数组中的元素有自己的属性设置值。常见的控件数组的用处包括实现菜单控件和选项按钮分组。

6.4.2 控件数组的建立

设计时可用下列三种方法之一创建控件数组：

- 将相同名字赋予多个控件。
- 复制现有的控件并将其粘贴到窗体上。
- 将控件的 Index 属性设置为非 Null 数值。

1. 通过改变控件名称添加控件数组元素

通过改变已有控件的名称，可以将一组控件组成控件数组，具体步骤如下：

1）画出控件数组中要添加的控件（必须为同一类型的控件），并且决定哪一个控件作为数组中的第一个元素。

2）选定控件并将其 Name 属性设置成数组名称。

3）在为数组中的其他控件输入相同名称时，VB 将显示一个对话框，要求确认是否要创建控件数组。例如，若控件数组第一个元素名为 Command1，则选择另一个 CommandButton 将其添加到数组中，并将其名称也设置为 Command1，此时将显示这样一段信息：“已经有一个控件为'Command1'。创建一个控件数组吗？”。单击“是”按钮，确认操作（如图 6-7 所示）。

图 6-7　确认创建控件数组

用这种方法添加的控件仅仅共享 Name 属性和控件类型，其他属性与最初画出控件时的值相同。

2. 通过复制现存控件添加控件数组元素

利用复制、粘贴的功能建立控件数组，如同文本编辑一样方便。具体步骤如下：

1）画出控件数组中的第一个控件。

2）当控件获得焦点时，选择“编辑”菜单中的“复制”命令，或按〈Ctrl+C〉组合键。

3）选择“编辑”菜单中的“粘贴”命令，或按〈Ctrl+V〉组合键。VB 将显示一个对话框询问是否确认创建控件数组。选择“是”，确认操作（如图 6-7 所示），将得到控件数组中的第二个控件。继续在“编辑”菜单中，选择“粘贴”命令（或按〈Ctrl+V〉组合键），可得到控件数组中的其他控件。

每个新数组元素的索引值与其添加到控件数组中的次序相同。并且添加控件时，大多数可视属性，例如高度、宽度和颜色，将从数组中第一个控件复制到新控件中。

3. 通过指定控件的索引值创建控件数组

直接指定控件数组中第一个控件的索引值为 0，然后利用前两种方法中的任何一种添加控件数组的成员，将不会出现对话框询问是否创建控件数组。具体步骤如下：

1）绘制控件数组中的第一个控件。

2）将其索引值改为 0。

3）复制控件数组中的其他控件，将不会出现对话框询问是否确认创建控件数组。

6.4.3　控件数组的使用

VB 的各种控件都可以建立控件数组，下面只举两个例子，分别说明命令按钮和文本框控件数组的使用。

【例 6-11】演示“比较法”排序过程的程序。使用控件数组可以使【例 6-8】的“排序”更加生动（如图 6-8 所示）。

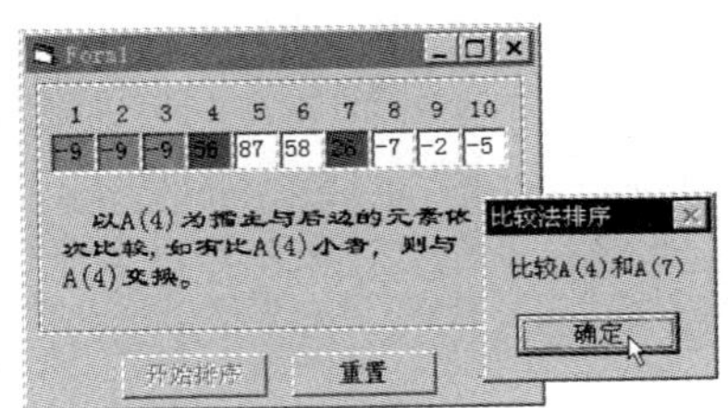

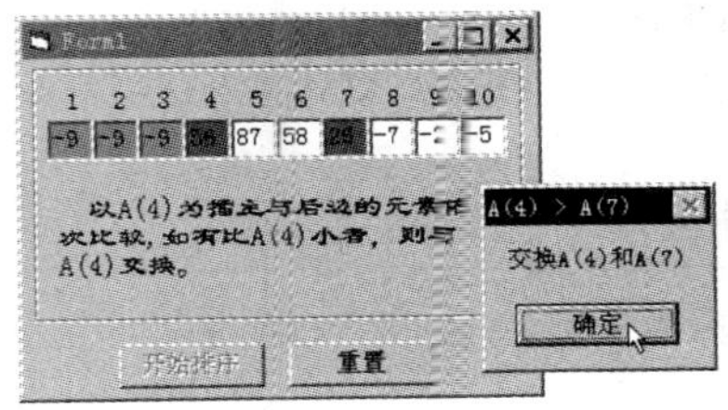

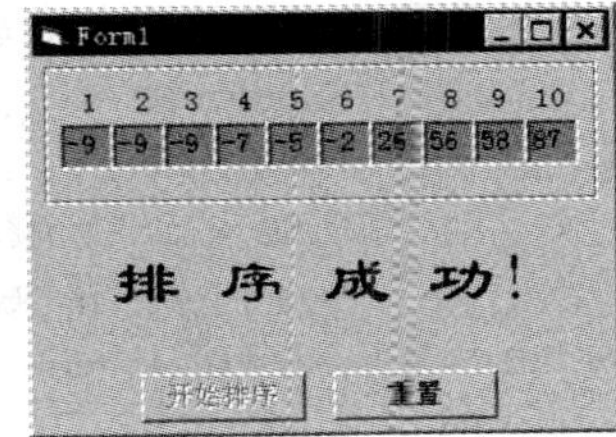

图 6-8　比较法排序

1）建立应用程序用户界面。选择“新建”工程，进入窗体设计器，首先增加一个用作容器的框架 Frame1，选中 Frame1，在其中增加一个文本框控件数组 Text1(1)～Text1(10)，一个标签控件数组 Label1(0)～Label1(9)和一个标签 Label2。然后在窗体中增加一个命令按钮控件数组 Command1(0)～Command1(1)（如图 6-9a 所示）。

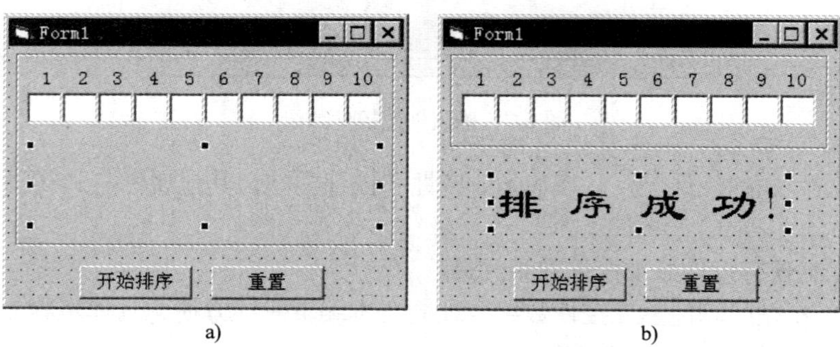

a)　　　　b)

图 6-9　建立程序界面

将 Frame1 控件的 Height 属性改小，再在窗体中增加一个标签 Label3（如图 6-9b 所示）。

2）设置对象属性如表 6-3 所示。

表 6-3　属性设置

对　象	属　性	属 性 值
Command1(0)	Caption	开始排序
Command1(1)	Caption	重置
Frame1	Caption	
Label1(0)～Label1(9)	Caption	依次改为：1，2，…，10
Label2	Caption	
Label3	Caption	排序成功
Text1(1)～Text1(10)	Alignment	2 – Center
	Text	（无）

3）设计代码。

在窗体的通用过程中声明数组变量：

```
Dim a(10) As TextBox                ' 显示数据的对象数组
```

编写窗体的 Activate 事件代码：

```
Private Sub Form_Activate()
  Randomize
  For i = 1 To 10
    Set a(i) = Text1(i)
    a(i).Text = Int(Rnd * 199) - 99
    a(i).BackColor = RGB(255, 255, 255)
  Next
  Frame1.Height = 2256
End Sub
```

编写命令按钮控件数组 Command1()的 Click 事件代码：

```
Private Sub Command1_Click(Index As Integer)
  Select Case Index
    Case 0
      Command1(0).Enabled = False
      For i = 1 To 9
        a(i).BackColor = RGB(255, 0, 255)
        Label2.Caption = "   以 A(" & Trim(i) & ")为擂主与后边的元素依次比较,如有比 A(" & _
                Trim(i) + ")小者，则与 A(" & Trim(i) & ")交换。"
        For j = i + 1 To 10
          a(j).BackColor = RGB(255, 0, 255)
          MsgBox "比较 A(" & Trim(i) & ")和 A(" & Trim(j) & ")", , "比较法排序"
          If Val(a(i).Text) > Val(a(j).Text) Then
            p1 = "交换 A(" & Trim(i) & ")和 A(" & Trim(j) & ")"
            p2 = "A(" & Trim(i) & ") > A(" & Trim(j) & ')"
            MsgBox p1, , p2
            t = a(i).Text: a(i).Text = a(j).Text: a(j).Text = t
          End If
          a(j).BackColor = RGB(255, 255, 255)
        Next j
        a(i).BackColor = RGB(0, 255, 0)
      Next i
      a(10).BackColor = RGB(0, 255, 0)
      Label2.Caption = ""
      Frame1.Height = 1000
    Case 1
      Form_Activate
      Command1(0).Enabled = True
  End Select
End Sub
```

【例 6-12】在【例 6-9】中使用命令按钮控件数组。

分析：【例 6-9】中计算平均分数的三个命令按钮，其 Click 事件代码非常相似，使用命令按钮组可以使代码更加简洁。在例 6-9 的基础上加以修改，具体步骤如下：

1）修改命令按钮的属性设置。首先将 Command1 的 Index 属性改为：0，然后依次将 Command2 与 Command3 的 Name（名称）属性改为：Command1。此时，两个按钮的 Index 属性自动改为 1、2。三个命令按钮变为一个命令按钮控件数组 Command1。

2）修改 Command1 的 Click 事件代码。首先在原有 Command1 的 Click 事件过程中增加参数声明：index As Integer，然后修改代码为：

```
Private Sub Command1_Click(index As Integer)
  k = index
  Select Case k
    Case 0
      t = "数学的平均分为："
```

```
        Case 1
            t = "语文的平均分为："
        Case 2
            t = "外语的平均分为："
    End Select
    s = 0
    For n = 1 To 10
        s = s + b(n, k + 1)
    Next
    s = s / 10
    p = ""
    For n = 1 To 10
        If b(n, k + 1) < s Then p = p & a(n) & "    "
    Next
    MsgBox "低于平均分数的同学有：" & Chr(13) & Chr(13) & p, 0, t & s
End Sub
```

最后，删除原有 Command2 与 Command3 的事件过程代码。

6.5 习题

一、选择题

1．窗体上有一个名称为 Command1 的命令按钮，其单击事件过程代码如下:

```
Private Sub Command1_Click()
    Static x As Variant
    n = 0
    x = Array(1, 2, 3, 4, 5, 6, 7, 8, 9, 10)
    While n <= 4
    x(n) = x(n + 5)
    Print x(n)
    n = n+1
    Wend
End Sub
```

运行程序，单击命令按钮 Command1，窗体上显示的是（　　）。

A．1 2 3 4 5　　B．6 7 8 9 10　　C．2 3 4 5 6　　D．6 2 3 4 5

2．设有如下数组声明语句

```
Dim arr(-2 To 2, 0 To 3) As Integer
```

该数组所包含的数组元素个数是（　　）。

A．20　　B．16　　C．15　　D．12

3．现有由多个单选按钮构成的控件数组，用于区别该空间数组中各控件的属性是（　　）。

A．Name　　B．Index　　C．Caption　　D．Value

4．现有如下一段程序:

```
Option Base 1
```

```
Private Sub Command1_Click()
  Dim a
  a = Array(3,5,7,9)
  x = 1
  For i = 4 To 1 Step -1
  s = s + a(i) * x
  x = x*10
  Next
  Print s
End Sub
```

执行程序，单击 Command1 命令按钮，执行上述事件过程，输出结果是（　　）。

A．9753　　　B．3579　　　C．35　　　D．79

5．有如下程序：

```
Option Base 1
Private Sub Command1_Click()
  Dim arr(10)
  arr = Array(10,35,28,90,54,68,72,90)
  For Each a in arr
  If a > 50 Then
  Sum = Sum + a
  End If
  Next a
  Print Sum
End Sub
```

运行上述程序时出现错误，错误之处是（　　）。

A．数组定义语句不对，应改为 Dim arr　　　B．没有指明 For 循环的终值

C．应在 For 语句之前增加 Sum = 0　　　D．Next a 应改为 Next

二、上机题

1．从键盘上输入 10 个整数，并放入一个一维数组中，然后将其前 5 个元素与后 5 个元素对换，即：第 1 个元素与第 10 个元素互换，第 2 个元素与第 9 个元素互换，...，第 5 个元素与第 6 个元素互换。分别输出数组原来各元素的值和对换后各元素的值，如图 6-10 所示。

2．有一个 $n \times m$ 的矩阵，编写程序，找出其中最大的那个元素所在的行和列，并输出其值及行号和列号，如图 6-11 所示。

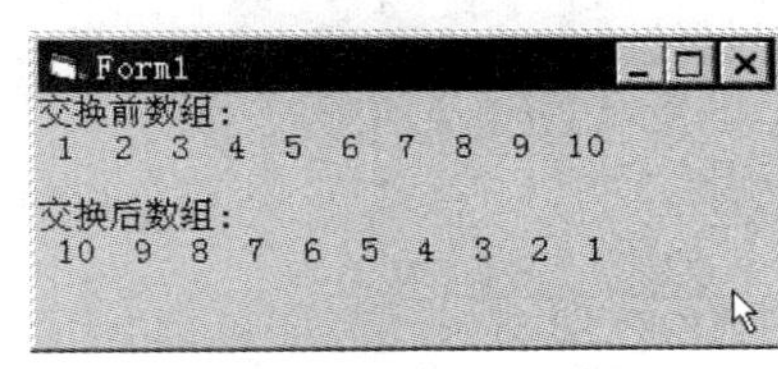

图 6-10　上机题 1

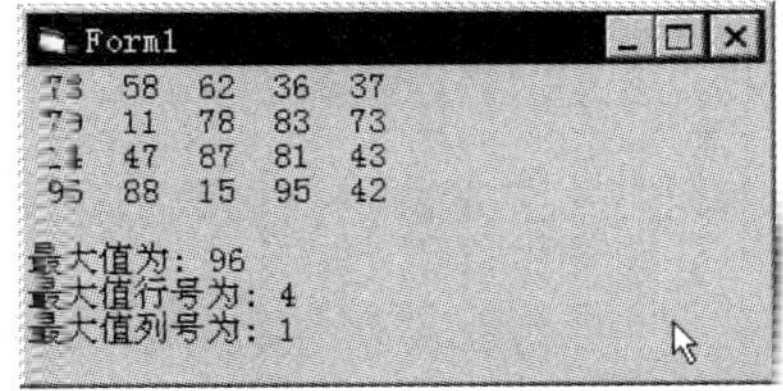

图 6-11　上机题 2

3．编写程序，把下面的数据输入一个二维数组中：

25　36　78　13

12　26　88　93

75　18　22　32

56　44　36　58

然后执行以下操作（如图 6-12 所示）：

1）输出矩阵两个对角线的数；

2）分别输出各行和各列的和；

3）交换第一行和第三行的位置；

4）交换第二列和第四列的位置；

5）输出处理后的数组。

4．编写程序，建立并输出一个 10×10 的矩阵，该矩阵对角线元素为 1，其余元素为 0（如图 6-13 所示）。

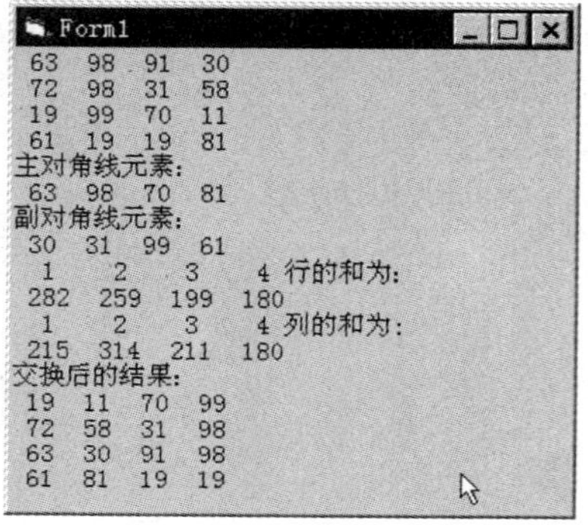

图 6-12　上机题 3

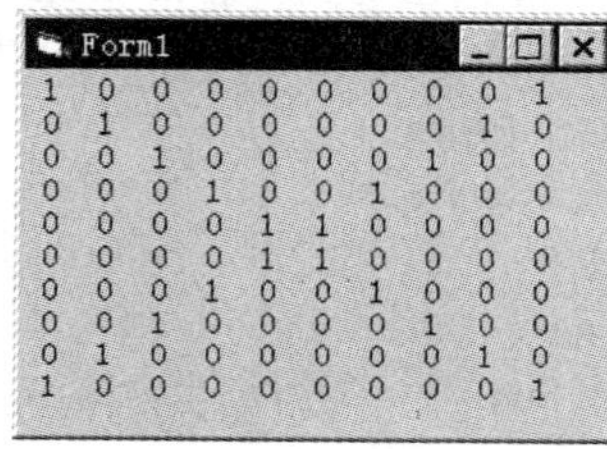

图 6-13　上机题 4

5．编写程序，实现矩阵转置，如图 6-14 所示。即将一个 $n \times m$ 的矩阵的行和列互换。例如，2×3 矩阵 a 转置后的矩阵为 3×2 的矩阵 b。

6．求方阵的两个对角线元素和，如图 6-15 所示。

7．矩阵的乘法运算（如图 6-16 所示）。设 $A = (a_{ij})$为 $n \times k$ 矩阵，$B = (b_{ij})$为 $k \times m$ 矩阵，则 $C = AB$ 为 $n \times m$ 矩阵，C 中元素

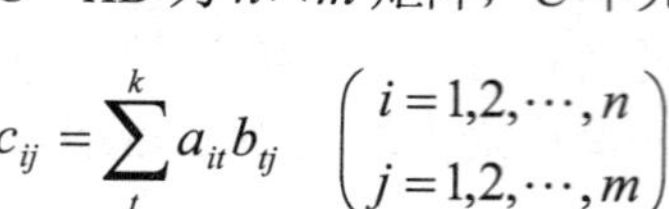

$$c_{ij} = \sum_{t}^{k} a_{it} b_{tj} \quad \begin{pmatrix} i = 1,2,\cdots,n \\ j = 1,2,\cdots,m \end{pmatrix}$$

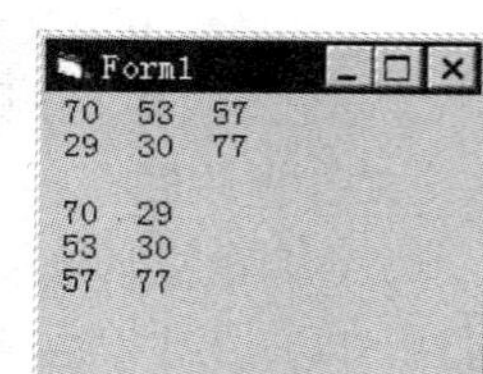

图 6-14　上机题 5

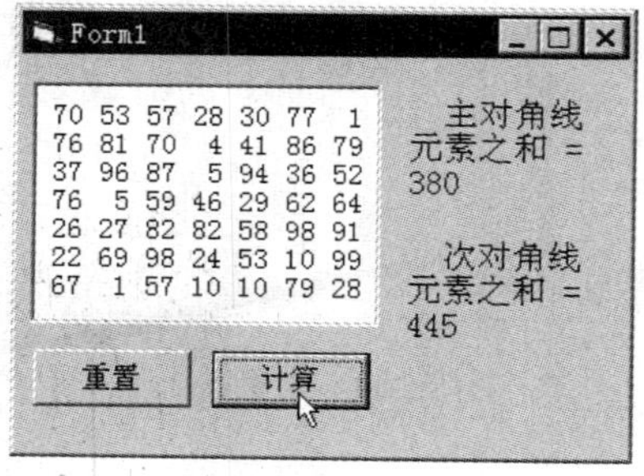

图 6-15　上机题 6

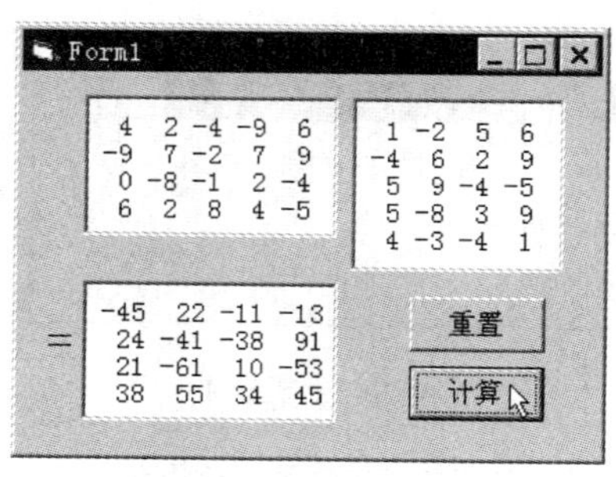

图 6-16　上机题 7

8．设某班共 10 名学生，为了评定某门课程的奖学金，按规定超过全班平均成绩 10%者发给一等奖，超过全班成绩 5%者发给二等奖。试编写程序，输出应获奖学金的学生名单（包括姓名、学号、成绩、奖学金等级），如图 6-17 所示。

9．利用一维数组统计一个班学生 0～9、10～19、20～29、…、90～99 及 100 各分数段的人数，如图 6-18 所示。

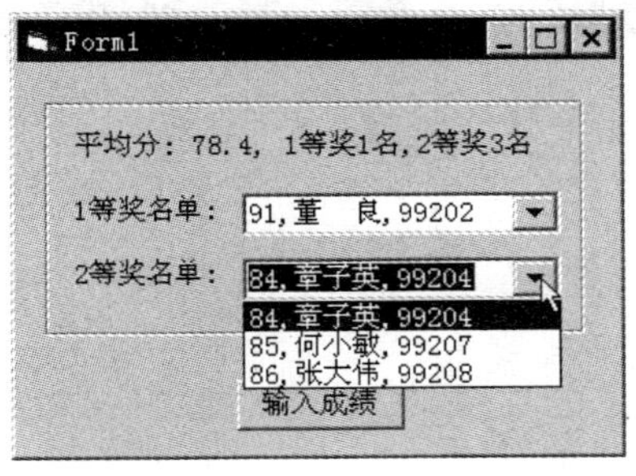

图 6-17　评定奖学金

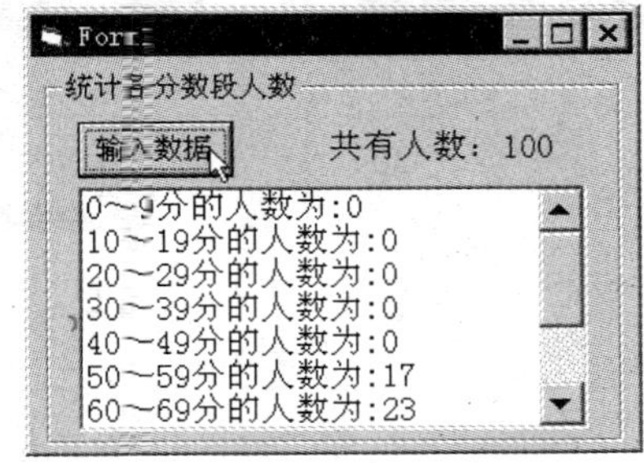

图 6-18　上机题 9

10．选择法排序。选择法排序的基本思路如下：

设有 10 个数存放在数组 A 中，分别表示为 $A(1)$、$A(2)$、$A(3)$、$A(4)$、$A(5)$、$A(6)$、$A(7)$、$A(8)$、$A(9)$、$A(10)$。

先将 $A(1)$与 $A(2)$比较：指针 k 指向 1，若 $A(2)<A(1)$，则将指针 k 指向 2（指针指向较小者）。再将 $A(k)$与 $A(3)$、…、$A(10)$比较，并依次作出同样的处理，指针 k 指向 10 个数中的最小者，然后将 $A(k)$与 $A(1)$互换。

第 2 轮：先将指针 k 指向 2，将 $A(k)$与 $A(3)$、…、$A(10)$比较，并依次作出同样的处理——指针 k 指向第 1 轮余下的 9 个数中的最小者，然后将 $A(k)$与 $A(2)$互换。第 1 轮余下的 9 个数中的最小者放入 $A(2)$中。

继续进行第 3 轮、第 4 轮、…，直到第 9 轮后，余下的 $A(10)$自然就是 10 个数中的最大者。

至此，10 个数已从小到大顺序存放在 $A(1)$～$A(10)$中。

11．插入法排序。插入法排序的基本思路如下：

设有 10 个数存放在数组 A 中，分别表示为 $A(1)$、$A(2)$、$A(3)$、$A(4)$、$A(5)$、$A(6)$、$A(7)$、$A(8)$、$A(9)$、$A(10)$。

先将 $A(1)$与 $A(2)$比较，若 $A(2)<A(1)$，则将 $A(1)$、$A(2)$中的值互换，$A(1)$、$A(2)$顺序排列。

再将 $A(3)$与 $A(1)$、$A(2)$比较，按照顺序确定 $A(3)$应放的位置，$A(1)$、$A(2)$、$A(3)$顺序排列。

依次将后面的数一个一个地拿来插入到排好序的数列中，直到所有的数按顺序排好。

12．冒泡法排序。冒泡法排序的基本思路如下：

设有 10 个数存放在数组 A 中，分别表示为：$A(1)$、$A(2)$、$A(3)$、$A(4)$、$A(5)$、$A(6)$、$A(7)$、$A(8)$、$A(9)$、$A(10)$。

先将 $A(1)$与 $A(2)$比较，若 $A(2)<A(1)$，则将 $A(1)$、$A(2)$中的值互换，$A(2)$存放较大者。再将 $A(2)$与 $A(3)$比较，较大的数放入 $A(3)$中，…，依次将相邻的两数比较，并作出同样的处理，最后将 10 个数中的最大者放入 $A(10)$中。

第 2 轮：依次将 $A(1)$、$A(2)$、…、$A(9)$相邻的数作比较，并依次作出同样的处理，最后将第 1 轮余下的 9 个数中的最大者放入 $A(9)$中。

继续进行第 3 轮、第 4 轮、…，直到第 9 轮后，余下的 $A(1)$ 自然就是 10 个数中的最小者。至此，10 个数已从小到大顺序存放在 $A(1)$～$A(10)$ 中。

13．设计一个“通讯录”程序。当用户在下拉列表框中选择某一人名后，在“电话号码”文本框中显示出对应的电话号码。当用户选择或取消“单位”和“住址”复选框后，将打开或关闭“工作单位”或“家庭住址”文本框，如图 6-19 所示。

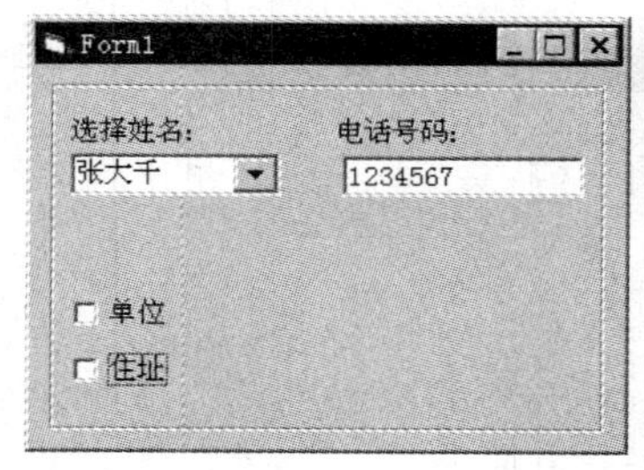

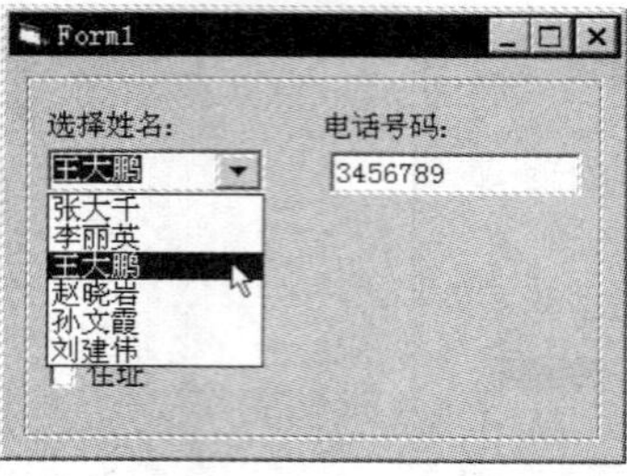

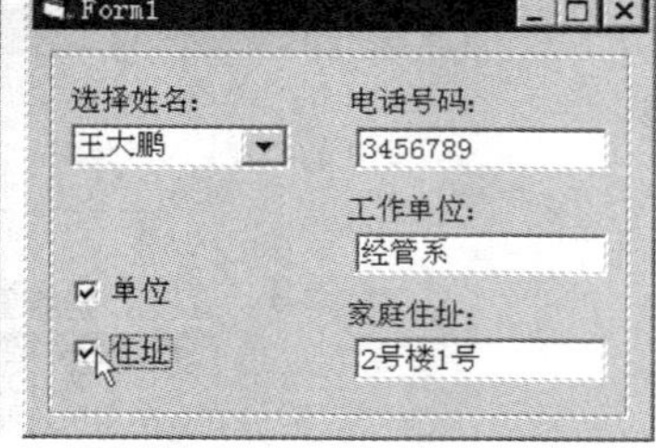

图 6-19 “通讯录”程序

14．把两个按升序（即从小到大）排列的数列 $a(1)$，$a(2)$，…，$a(n)$ 和 $b(1)$，$b(2)$，…，$b(m)$，合并成一个仍为升序排列的新数列 c，如图 6-20 所示。

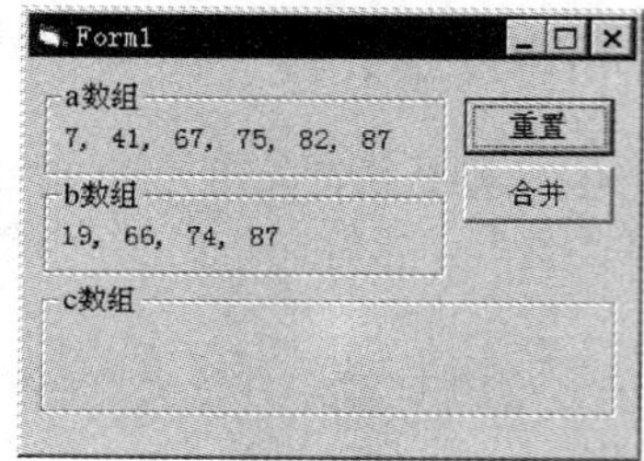

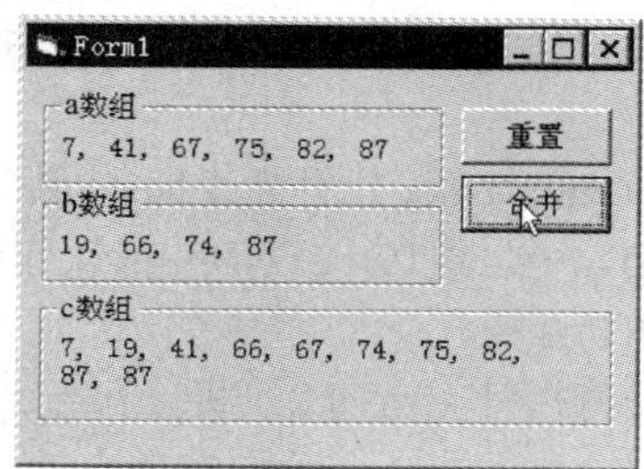

图 6-20 合并数列的程序

提示：本题的关键是，利用存放数列的数组 a 和数组 b 的有序性，分别将 a 和 b 中各元素按其大小关系存放到数组 c。同时必须注意对数组 a（或 b）残剩元素的追加处理。

15．某校召开运动会。有 10 人参加男子 100m 短跑决赛，运动员号码和成绩如表 6-4 所示，试设计程序，按成绩排名次。

表 6-4 运动员号码和成绩

运动员号码	成绩/s	运动员号码	成绩/s
011 号	12.4	476 号	14.9
095 号	12.9	201 号	13.2
233 号	13.8	171 号	11.9
246 号	14.1	101 号	13.1
008 号	12.6	138 号	15.1

第7章　过　　程

使用“过程”是实现结构化程序设计思想的重要方法。结构化程序设计思想的要点之一就是对一个复杂的问题采用“分而治之”的策略——模块化，把一个较大的程序划分为若干个模块，每个模块只完成一个或若干个功能。这些模块通过执行一系列的语句来完成一个特定的操作过程，因此被称为“过程”。用“过程”编程的两大好处：

1）过程可使程序分成离散的逻辑单元，每个单元都比无过程的整个程序容易调试。

2）一个程序中的过程，往往不必修改或只需稍作改动便可以为另一个程序使用。

在 VB 中，根据过程是否有返回值，分为 Sub 过程（子程序）和 Function 过程（函数）。

7.1　Sub 过程

VB 的 Sub 过程分为事件过程和通用过程两大类。

事件过程是当发生某个事件时，对该事件作出响应的程序段，它是 VB 应用程序的主体。

有时多个不同的事件过程可能需要使用同一段程序代码，为此，可将这段代码独立出来，编写为一个共用的过程，这种过程通常称为通用过程，它独立于事件过程之外，可供其他事件过程调用。

7.1.1　事件过程与通用过程

1．事件过程

事件过程由 VB 自行声明，用户不能增加或删除。当用户对某个对象发出一个动作时，Windows 会通知 VB 产生了一个事件，VB 会自动地调用与该事件相关的事件过程。即当对象对一个事件的发生作出认定时，VB 便自动用相应于事件的名字调用该事件的过程。因为名字在对象和代码之间建立了联系，所以说事件过程是依附于窗体和控件上的。

（1）事件过程名

控件的事件过程名由控件的（在 Name 属性中规定的）实际名字、下画线“_”和事件名组合起来构成。例如，如果希望在单击了一个名为 playCommand 的命令按钮后，这个按钮会调用单击事件过程，则要使用 playCommand_Click 过程名。

窗体的事件过程名由单词“Form”、下画线“_”和事件名组合起来构成。例如，如果希望在单击窗体后窗体会调用单击事件，则要使用 Form_Click 过程名。

MDI 窗体的事件过程名由词汇“MDIForm”、下画线“_”和事件名组合起来构成。例如 MDIForm_Load。

（2）事件过程的编写

编写事件过程代码应注意以下几点。

1）控件事件过程的语法为

Private Sub 〈控件名〉_〈事件名〉([〈形参表〉])

[〈语句序列〉]
End Sub

2）窗体事件过程的语法为

Private Sub Form_〈事件名〉([〈形参表〉])
[〈语句序列〉]
End Sub

3）虽然可以自行键入首行的事件过程名，但使用模板会更方便，模板自动将正确的过程名包括进来。方法是：

- 在“对象”列表框中，选定活动的窗体中的对象名（如窗体 Form）。
- 在“过程”列表框中，选择指定对象的事件名（如 Click 事件）。系统就会在“代码编辑器”窗口中生成该对象所选事件的过程模板，如图 7-1 所示。
- 在 Sub 和 End Sub 语句之间输入代码。

4）事件过程名是由 VB 自动给出的，如 Form_Click。因此，在为新控件或对象编写事件代码之前，应先设置它的 Name 属性。如果编写代码后再改变控件或对象的 Name 属性，也必须同时更改事件过程的名字。否则，控件或对象会失去与代码的联系，这时将会把它当作一个通用过程。

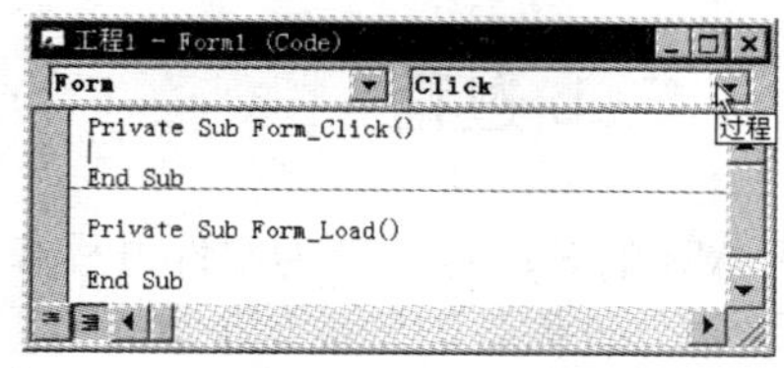

图 7-1　“代码编辑器”窗口

2．通用过程

通用过程告诉应用程序如何完成一项指定的任务。通用过程不与任何特定的事件相联系，只能由别的过程来调用，它可以存储在窗体或标准模块中。

建立通用过程的理由之一是，几个不同的事件过程也许要执行同样的动作。将公共语句放入分离开的过程（通用过程）并由事件过程来调用它，这样一来就不必重复代码，也容易维护应用程序。

7.1.2　通用过程的创建

通用过程与事件过程不同，通用过程并不是由对象的某种事件激活，也不依附于某一对象，故其创建的方法略有区别。建立通用过程有两种方法：直接在“代码”编辑窗口中输入过程代码或使用“添加过程”对话框。

1．在“代码”编辑窗口中输入

在“代码”编辑窗口中，把光标定位在已有过程的外面。然后按如下格式输入通用过程：

[Private | Public][Static] Sub　〈过程名〉([〈形参表〉])
[〈语句序列〉]
[Exit Sub]
[〈语句序列〉]
End Sub

说明：

1）可以将通用过程放入标准模块、类模块和窗体模块中。按照默认规定，所有模块中的子过程为 Public（公用的），这意味着在应用程序中可随处调用它们；如果选用 Private，则只有该过程所在模块中的程序才能调用该过程。

2）如果使用 Static（静态）关键字，则该过程中的所有局部变量都是 Static 类型，也就是说该过程中的所有局部变量的存储空间只分配一次，且这些变量的值在整个程序运行期间都存在，即在每次调用该过程时，各局部变量的值一直存在；如果省略 Static，过程每次被调用时重新为其变量分配存储空间，当该过程结束时释放其变量的存储空间。

3）〈过程名〉的命名规则与变量名相仿，区别是过程名使用 Pascal 大小写形式——所有单词第一个字母大写，其他字母小写。

一个过程只能有一个唯一的过程名。过程名的长度不得超过 40 个字符。在同一个模块中，同一名称不能既作 Sub 过程名又作 Function 过程名。

4）〈语句序列〉是 VB 的程序段，语句列中可以用一个或多个 Exit Sub 语句从过程中退出。

5）〈形参表〉类似于变量声明，它指明了从调用过程传递给过程的变量个数和类型，各变量名之间用逗号分隔。其中的形式参数被默认为具有 Variant 数据类型，最好将形式参数声明为一个数据类型。

〈形参表〉中出现的参数称为形式参数，简称为形参。它并不代表一个实际存在的变量，也没有固定的值。在调用此过程时它被一个确定的值所代替。形式参数的名字并不重要，重要的是其所表示的关系和调用时所给定的实际参数。

不能用定长字符串变量或定长字符串数组作为形式参数。不过可以在 Call 语句中用简单定长字符串变量作为实际参数，在调用 Sub 过程之前，把它转换为变长字符串变量。

6）在过程内，不能再定义过程，但可以调用其他 Sub 过程或 Function 过程。

注：输入过程头（语法格式中的第一行）并按下〈Enter〉键，系统将自动给出末行代码。

2．形参的语法

〈形参表〉中形参的语法为

[[Optional] [ByVal | ByRef] | ParamArray] 〈变量名〉[()] [As 〈类型〉] [= 〈默认值〉] ...

其中：Optional 表示参数不是必需的关键字。如果使用了该选项，则〈形参表〉中的后续参数都必须是可选的，而且必须都使用 Optional 关键字声明。如果使用了 ParamArray，则任何参数都不能使用 Optional。

ByVal 表示该参数按值传递。

ByRef 表示该参数按地址传递。ByRef 是 VB 的默认选项。

ParamArray 只用于〈形参表〉的最后一个参数，指明最后这个参数是一个 Variant 元素的 Optional数组。使用 ParamArray 关键字可以提供任意数目的参数。ParamArray 关键字不能与 ByVal、ByRef 或 Optional 一起使用。

〈变量名〉代表参数的变量的名称，遵循变量命名约定。如果是数组变量，要在数组名后加上一对小括号。

〈类型〉代表传递给该过程的参数的数据类型，可以是Byte、Boolean、Integer、Long、Currency、Single、Double、Date、String（只支持变长）、Object或Variant。如果没有选择参数 Optional，则可以指定用户定义类型或对象类型。注意：如果形式参数中的变量用〈类型〉声明了变量的数据类型，则实际参数中的对应变量也必须声明为相同的数据类型。

〈默认值〉代表任何常数或常数表达式。只对 Optional 参数合法。如果类型为 Object，则显式的默认值只能是 Nothing。

3．使用“添加过程”对话框

使用“添加过程”对话框建立过程的方法为：

1）打开要添加过程的代码编辑窗口。

2）选择“工具”菜单中的“添加过程”命令，打开“添加过程”对话框。

3）在“名称”文本框中输入过程名。从“类型”组中选择过程类型。从“范围”组中选择范围，相当于使用 Public 或 Private 关键字。

4）单击“确定”按钮。

使用本方法，建立一个过程模板，程序员可以通过修改它建立自己的过程。

7.1.3 通用过程的调用

建立通用过程的目的之一就是减少重复代码，将公共语句放入分离开的过程（通用过程）并由事件过程来调用它。每次调用过程都会执行 Sub 和 End Sub 之间的〈语句序列〉。Sub 过程以 Sub 开始，以 End Sub 结束。当程序遇到 End Sub 时，将退出过程，并立即返回到调用语句的后续语句。

调用过程有诸多技巧，它们与过程的类型、位置以及在应用程序中的使用方式有关。

调用 Sub 过程有两种方法：

- 使用 Call 语句：Call 〈过程名〉([〈实参表〉])
- 直接使用过程名：〈过程名〉 [〈实参表〉]

说明：

1）〈实参表〉是实际参数列表，参数与参数之间要用逗号分隔。

2）当用 Call 语句调用执行过程时，其过程名后必须加括号，若有参数，则参数必须放在括号之内。

3）若省略 Call 关键字，则过程名后不能加括号，若有参数，则参数直接跟在过程名之后，参数与过程名之间用空格隔开，参数与参数之间用逗号分隔。

例如，以下两个语句都调用了名为 Stars 的过程：

```
Stars 40
Call Stars(40)
```

其中，40 是实际参数。实际参数可以是常量、变量、表达式。例如：

```
m = 40
Call stars(m)
```

【例 7-1】计算阶乘 5!、6!、8!，以及阶乘的和 5! + 6! + 8!，如图 7-2 所示。

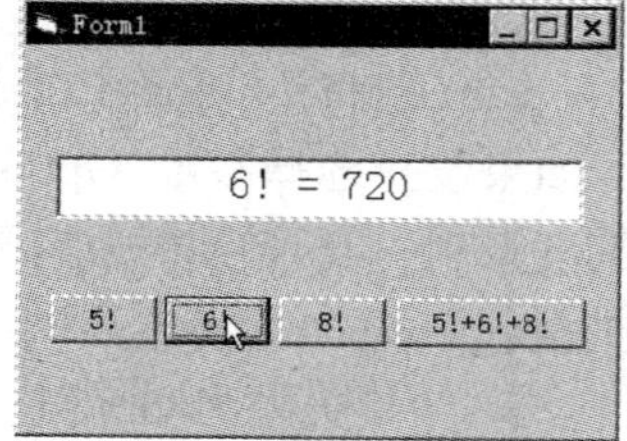

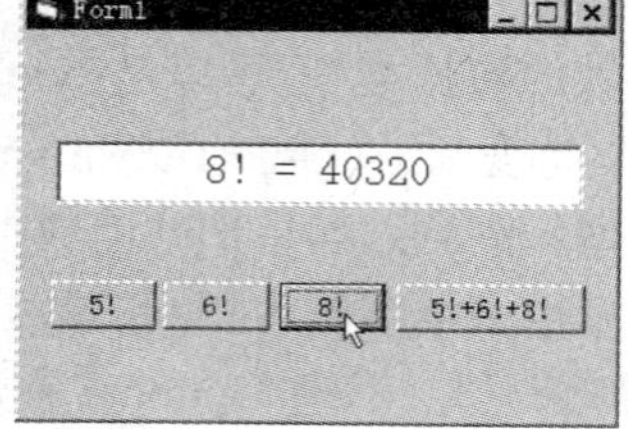

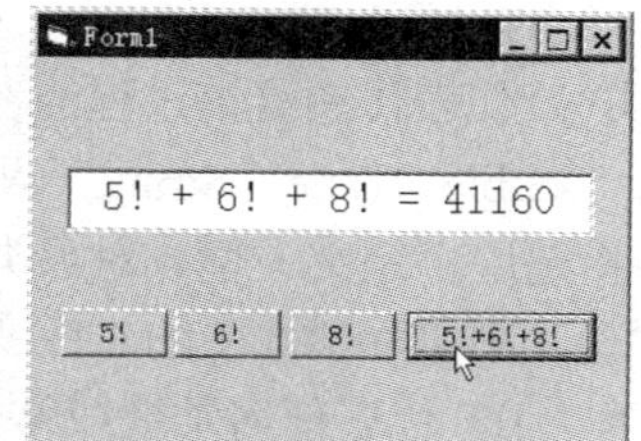

图 7-2　计算阶乘以及阶乘的和

分析：要计算 s = 5! + 6! + 8!，先要分别计算出 5!，6!和 8!。由于三个求阶乘的运算过程完全相同，因此可以用通用 Sub 过程来计算任意阶乘 tot!，每次调用 Sub 过程前给 tot 一个值，在 Sub 过程中将所求结果放入到 totol 变量中，返回主程序后 tot 变量接收 total 的值。这样三次调用子程序便可求得 s。

应用程序用户界面的建立与对象属性的设置参见图 7-2，下面介绍过程代码的编写。

1）双击窗体的空白区，打开代码编辑窗口。选择“工具”菜单中的“添加过程”命令，打开“添加过程”对话框。在“名称”文本框中输入过程名“Fact”；从“类型”组中选中“子程序”，从“范围”组中选中“公有的”，如图 7-3a 所示。单击“确定”按钮后，在代码窗口中可以看到添加了一个子过程，如图 7-3b 所示。

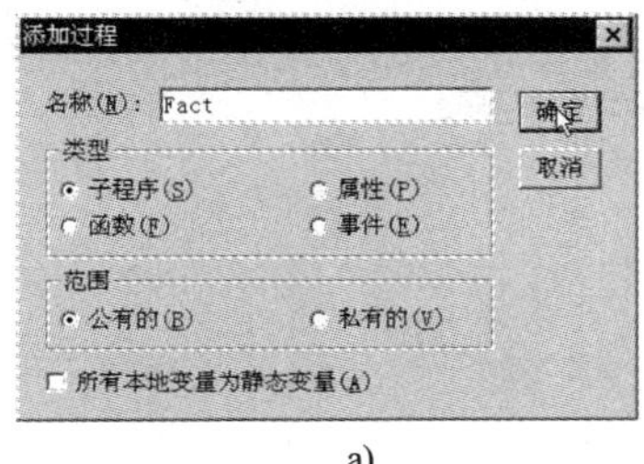

a)

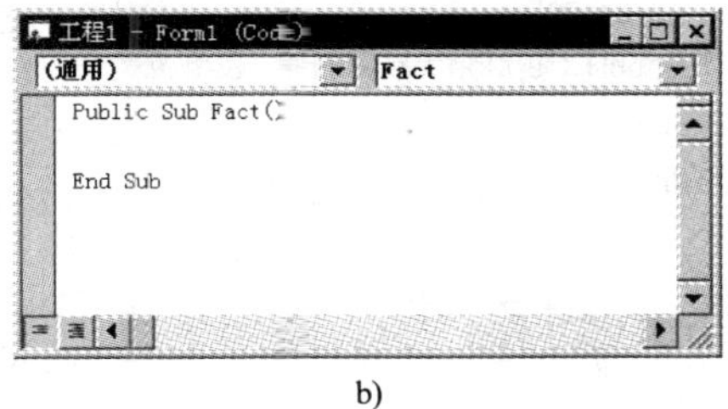

b)

图 7-3 “添加过程”对话框与代码编辑窗口

2）编写通用过程代码。

在括号中添加形参表“m As Integer, total As Long”，编写 Fact 通用子过程代码：

```
Sub Fact(m As Integer, total As Long)              ' 计算阶乘子过程
  Dim i As Integer
  total = 1
  For i = 1 To m
    total = total * i
  Next i
End Sub
```

3）编写事件过程来调用通用过程。

编写命令按钮组的 Click 事件代码：

```
Private Sub Command1_Click(index As Integer)
  Dim a As Integer, b As Integer, c As Integer, s As Long, tot As Long
  n = index
  Select Case n
    Case 0
      a = 5
      Call Fact(a, tot)
      Label1.Caption = a & "! = " & tot
    Case 1
      a = 6
      Call Fact(a, tot)
      Label1.Caption = a & "! = " & tot
```

```
        Case 2
            a = 8
            Call Fact(a, tot)
            Label1.Caption = a & "! = " & tot
        Case 3
            a = 5: b = 6: c = 8
            Call Fact(a, tot)
            s = tot
            Call Fact(b, tot)
            s = s + tot
            Call Fact(c, tot)
            s = s + tot
            Label1.Caption = a & "! + " & b & "! + " & c & "! = " & s
    End Select
End Sub
```

7.2 Function 过程

函数是过程的另一种形式，当过程的执行返回一个值时，使用函数就比较简单。VB 包含了许多内置的或内部的函数，如 Sqr、Cos 或 Chr。用户在编写程序时，只需写出一个函数名并给定参数就能得出函数值。当在程序中需要多次用到某一公式或要处理某一函数关系，而又没有现成的内部函数可以使用时，VB 允许使用 Function 语句编写用户自定义的 Function（函数）过程。Function 过程与内部函数一样，可以在程序或函数嵌套中使用。

7.2.1 Function 过程的定义

与 Sub 过程一样，Function 过程也是一个独立的过程，可读取参数、执行一系列语句并改变其参数的值。与 Sub 过程不同的是，Function 过程可返回一个值到调用的过程。Function 过程的语法为

```
[ Private | Public ][ Static ] Function 〈函数名〉( [〈形参表〉] ) [ As 〈类型〉 ]
    [〈语句序列〉]
    [〈函数名〉=〈表达式〉]
    [ Exit Function ]
    [〈语句序列〉]
    [〈函数名〉=〈表达式〉]
End Function
```

说明：

1）〈函数名〉即 Function 过程的名字，其命名规则与 Sub 过程相同。As〈类型〉指定 Function 过程返回值的类型，可以是 Integer，long，Single，Double，Currency，String 或 Boolean。如果没有 As 子句，默认的数据类型为 Variant。

2）〈表达式〉的值是函数返回的结果。在语法中通过赋值语句将值赋给〈函数名〉，该值就是 Function 过程返回的值。如果在 Function 过程中省略“〈函数名〉=〈表达式〉”，则该过程返回一个默认值：数值函数过程返回 0，字符串函数过程返回空字符串。因此，为了能使一个

Function 过程完成所指定的操作，通常要在过程中为〈函数名〉赋值。

3）〈语句序列〉是程序段，语句序列中可以用一个或多个 Exit Function 语句从函数中退出。

Function 语法中其他部分的含义与 Sub 相同。

与 Sub 过程一样，可以使用“添加过程”对话框来定义 Function 过程，只需在选择过程的类型时，选择“函数”。比如，要创建一个用于求某个数阶乘的通用函数 Fact，可在“添加过程”对话框的名称输入框中键入过程名，然后在类型选择栏中选择“函数”，最后单击“确定”按钮，即可产生如下格式的 Function 过程的框架：

```
Public Function Fact()

End Function
```

通常，由系统自动产生的函数过程框架还需要适当修改。由于函数过程有返回值，这个值就应该属于某种数据类型，因此，还需要在过程名后面加上对其返回值类型的定义和说明。另外，为了获得传递过来的参数，还需定义接收参数的变量等。

【例 7-2】计算任意整数 *n*!的 Function 过程 Fact。

```
Function Fact(x As Integer) As Long
  Dim p As Long, i As Integer
  p = 1
  For i = 1 To x
    p = p * i
  Next i
  fact = p
End Function
```

【例 7-3】计算圆面积的 Function 过程 Cir。

```
Function Cir(r As Single) As Single
  Const pi As Single = 3.1415926
  cir = pi * r ^ 2
End Function
```

【例 7-4】已知直角三角形两直角边，计算第三边（斜边）的 Function 过程。

```
Function Hypotenuse( a As Integer, b As Integer ) As Single
  Hypotenuse = Sqr( a^2 + b^2 )
End Function
```

7.2.2 Function 过程的调用

Function 过程的调用比较简单，可以像使用 VB 内部函数一样来调用 Function 过程，即在表达式中写上它的名字。下面的代码调用了【例 7-3】中计算圆面积的 Function 过程：

```
Text2.Text = cir(30)
```

还可以像调用 Sub 过程那样调用 Function 过程。下面的代码调用了同一个 Function 过程：

```
Call Hypotenuse (3, 6)
Hypotenuse 3, 6
```

当用这种方法调用函数时，VB 放弃返回值。

函数可以没有参数，在调用无参函数时不发生虚实结合。调用无参函数得到一个固定的值，如下述无参函数：

```
Function F2
  F2 = "Welcome to BeiJing"
End Function
```

可如下调用：

```
Debug.Print F2
```

【例 7-5】求 3!+4!+…+10!，如图 7-4 所示。

分析：利用【例 7-2】中求阶乘的 Function 过程 Fact，主程序通过调用该函数依次求得 3!，4!，5!，…，10!的值，然后把这些值进行累加。

应用程序用户界面的建立与对象属性的设置如图 7-4 所示，Function 过程的代码参见【例 7-3】，下面给出命令按钮的 Click 事件代码：

```
Private Sub Command1_Click()
  Dim sum As Long, i As Integer
  For i = 3 To 10
    sum = sum + Fact(i)
  Next i
  Label2.Caption = sum
End Sub
```

【例 7-6】编写求两数最大公约数的 Function 过程。在主程序中输入三个整数，调用 Function 过程求出三个整数的最大公约数，如图 7-5 所示。

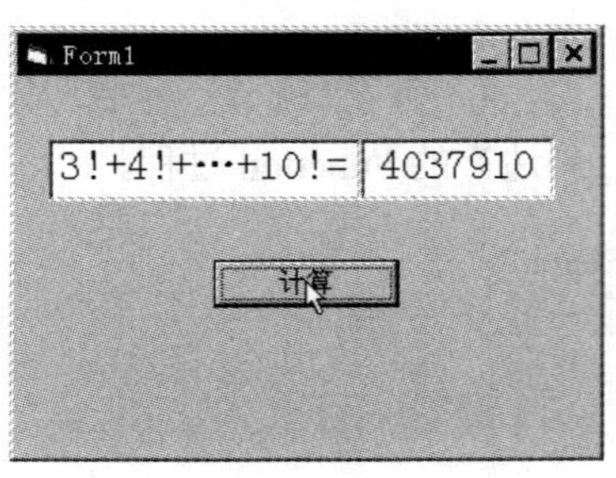

图 7-4　求阶乘之和

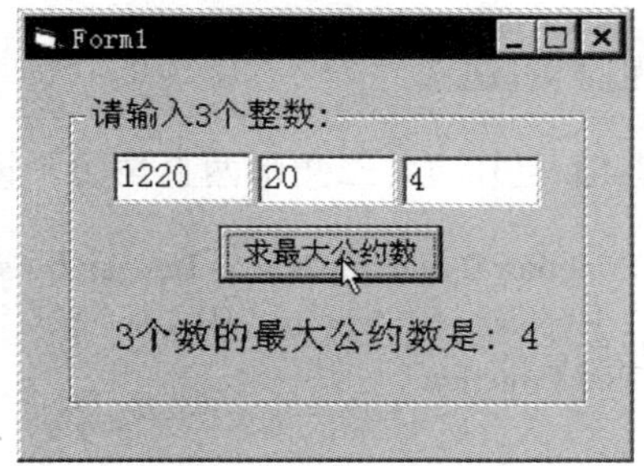

图 7-5　求最大公约数

分析：在第 5 章中曾经给出利用“辗转相除”求两个整数最大公约数的算法。根据此算法，设计一个求两数最大公约数的 Function 过程 Hcf，然后在主程序中调用。

应用程序用户界面的建立与对象属性的设置如图 7-5 所示，下面给出 Function 过程以及命令按钮的事件代码：

```
Function Hcf(m As Long, n As Long) As Long
   Dim r As Long, c As Long
   If m < n Then
      c = m: m = n: n = c
   End If
   r = m Mod n
   Do While r <> 0
     m = n
     n = r
     r = m Mod n
   Loop
   Hcf = n
End Function
Private Sub Command1_Click()
   Dim l As Long, m As Long, n As Long
   Dim p As String
   l = Val(Text1.Text)
   m = Val(Text2.Text)
   n = Val(Text3.Text)
   If l * m * n = 0 Then Exit Sub
   p = "3 个数的最大公约数是:" & Str(Hcf(Hcf(l, m), n))
   Label1.Caption = p
End Sub
```

7.2.3 查看过程

1. 查看当前模块中的过程

为了查看现有的通用过程或 Function 过程，在“代码编辑器”窗口的对象框中选择“通用”，然后在过程框中选择过程名。或者，为查看事件过程，在“代码编辑器”窗口的对象框中选择适当的对象，然后在过程框中选择事件。

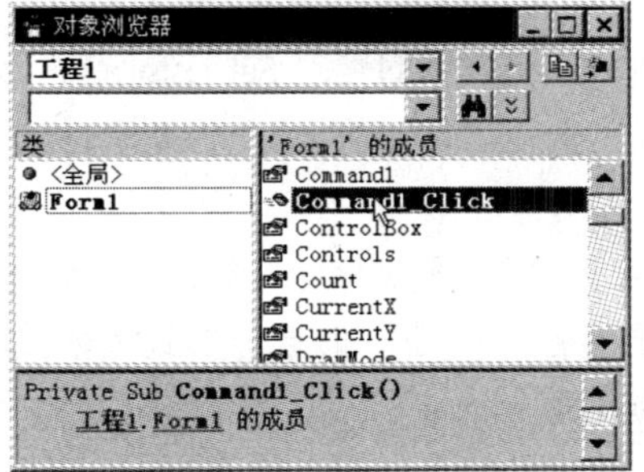

图 7-6 “对象浏览器”窗口

2. 查看其他模块中的过程

选择“视图”菜单中的“对象浏览器”命令（如图 7-6 所示），打开“对象浏览器”窗口，在“工程/库”框中选择工程，在“类/模块”列表中选择模块，并在“成员”列表中选择过程，选择“查看定义”。

7.3 向过程传递参数

调用过程的目的，就是在一定的条件下完成某一工作或计算某一函数值。外界要把条件告诉过程，或者反过来，过程要把某些结果报告给外界，这就是过程与外界的通信。

过程与外界的数据通信有两种方式：通过非局部变量或通过参数。在过程体中使用非局部变量（如全程变量），就是直接处理外界的量。由于这种量在过程内、外都能用，通信不成问题。本节主要讨论参数的传递。

调用过程时可以把数据传递给过程，也可以把过程中的数据传递回来。在调用过程中，要考虑调用过程和被调用过程之间的数据是如何传递的。通常在编制一个过程时，要考虑它需要输入哪些量，进行处理后输出哪些量。正确地提供一个过程的输入数据和正确地引用其输出数据，是使用过程的关键问题，也就是调用过程和被调用过程之间的数据传递问题。

7.3.1 形式参数与实际参数

1. 形式参数

形式参数是指在定义通用过程时，出现在 Sub 或 Function 语句中的变量名，是接收数据的变量。形参表中的各个变量之间用逗号分隔，形参表中的变量可以是：

1）后面跟有左、右圆括号的数组名；若括号内有数字，一般表示数组的维数。

2）除定长字符串之外的合法变量名。即在形参表中只能用如 x As String 之类的变长字符串作为形式参数，不能用如 x As String*10 之类的定长字符串作为形式参数，但定长字符串可以作为实际参数传递给过程。

2. 实际参数

实际参数是指在调用 Sub 或 Function 过程时，传送给 Sub 或 Function 过程的常量、变量或表达式。实参表可由常量、表达式、有效的变量名、数组名（后跟左、右括号）组成，实参表中各参数用逗号分隔。形式参数与实际参数的对应关系为

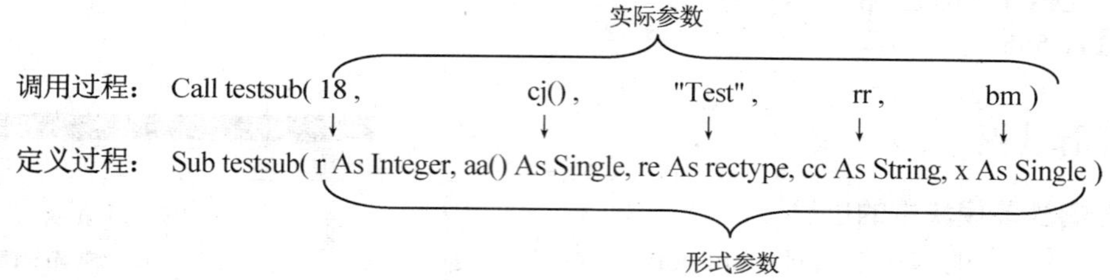

在定义过程时，形式参数为实际参数保留位置。在调用过程时，实际参数被插入形式参数中的各变量处，第一个形式参数接收第一个实际参数的值，第二个形式参数接收第二个实际参数的值……。

〈实参表〉和〈形参表〉中对应的变量名不必相同，但是变量的个数必须相等，而且各实际参数的书写顺序必须与相应形式参数的类型相符。所谓类型相符，对于变量参数就是类型相同；对于值参数则要求实际参数对形式参数赋值相容。

在调用一个过程时必须完成形式参数与实际参数的结合，即把实际参数传送给形式参数，然后按实际参数执行调用的过程。

7.3.2 按值传递与按地址传递

传递参数的方式有两种：如果调用语句中的实际参数是常量或表达式，或者定义过程时选用 ByVall 关键字，就可以按值传递。如果调用语句中的实际参数为变量，或者定义过程时选用 ByRefl 关键字，就可以按地址传递。

1. 按地址传递参数

按地址传递参数，就是让过程根据变量的内存地址去访问实际变量的内容，即形式参数与

实际参数使用相同的内存地址单元，这样通过子过程就可以改变变量本身的值。系统默认按地址传递参数。在传址调用时，实际参数必须是变量，常量或表达式无法传址。

下面给出的程序，可以理解传址调用。

【例 7-7】利用【例 7-6】中的 Function 过程，求任意两数的最大公约数。

程序界面的建立与对象属性的设置如图 7-7 所示，Function 过程参见【例 7-6】，下面给出命令按钮的事件代码：

```
Private Sub Command1_Click()
  Dim x As Long, y As Long
  temp = InputBox("请输入第 1 个整数:")
  x = Val(temp)
  temp = InputBox("请输入第 2 个整数:")
  y = Val(temp)
  If x * y = 0 Then Exit Sub
  Label1.Caption = x & "," & y & "的最大公约数是:" & Str(Hcf(x, y))
  Label2.Caption = x & "," & y & "的最大公约数是:" & Str(Hcf(x, y))
End Sub
```

图 7-7　求最大公约数

说明：代码中最后两条赋值语句是相同的，但是结果确是不同的。原因就在于代码中调用 Function 过程时使用的是传址调用。

主程序调用 Function 过程时的变量 *x*、*y* 与 Function 过程中相对应的变量 *m*、*n* 使用相同的内存地址单元。当第一次执行调用语句时，把变量 *x*、*y* 的地址传给变量 *m*、*n*。在 Function 过程 Hcf()中，变量 *m*、*n* 的值发生变化，返回主程序中时，变量 *x*、*y* 的值也随之改变。因此，当第 2 次执行调用语句时，变量 *x*、*y* 的值以及最大公约数都发生了变化。

2．按值传递参数

按值传递参数时，传递的只是变量的副本。如果过程改变了这个值，则所作变动只影响副本而不会影响变量本身。

当要求变量按值传送时，可以先把变量变成一个表达式，把变量转换成表达式的最简单的方法就是把它放在括号内。例如把变量 *a* 用括号括起来，就把它变为一个表达式:(a)。

也可以在定义过程时用 ByVal 关键字指出参数是按值来传递的，例如：

```
Sub PostAccounts( ByVal intAcctNum as Integer )
                                    ' 这里放语句
End Sub
```

下面给出的程序，可以理解按值传递参数。

【例 7-8】在【例 7-7】中使用传值调用 Function 过程，求两个整数的最大公约数和最小公倍数。

程序界面的建立与对象属性的设置如图 7-8 所示，Function 过程参见例 7-6，下面给出命令按钮的事件代码：

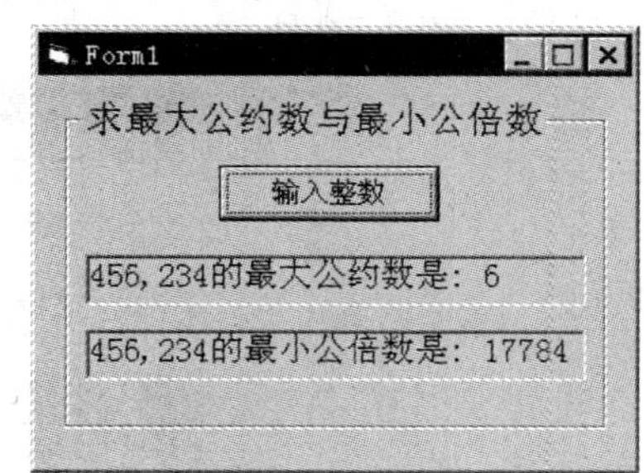

图 7-8　求最大公约数与最小公倍数

```
Private Sub Command1_Click()
  Dim m As Long, n As Long
```

```
    temp = InputBox("请输入第 1 个整数:")
    m = Val(temp)
    temp = InputBox("请输入第 2 个整数:")
    n = Val(temp)
    If n * m = 0 Then Exit Sub
    Label1.Caption = m & "," & n & "的最大公约数是:" & Str(Hcf((m), (n)))
    Label2.Caption = m & "," & n & "的最小公倍数是:" & Str(m * n / Hcf((m), (n)))
End Sub
```

说明：

1）代码使用的传值方式是将实参变量用括号括起。

2）由数学知识可知：最小公倍数 $=\dfrac{n\times m}{\text{最大公约数}}$。

3）过程中的变量名即使与主程序中使用的变量名相同，在内存中也占用不同的内存单元地址。在执行过程时即使其变量内容发生变化，主程序中的变量内容并不会随之改变。

用传值调用这种传递参数的方法只能传递计算值，如数值、字符串。

采用值参数只能从外界向过程（函数）传入信息，但不能传出；而采用变量参数（传址）则既能传入、又能传出。正是由于不能传出，过程结束后，值参数的值就不会影响外界的任何量，因而在一定意义上说，值参数比较安全。

变量参数和值参数各有特点，采用哪一种更合适，则视需要情况而定。一般来说，需要传出参数值时应该用变量参数，否则采用值参数为好。

值参数与变量参数的一种重要区别是，值参数对应的实参是表达式，而变量参数对应的只能是变量。

7.3.3 使用参数

1. 使用可选的参数

在过程的形参表中列入 Optional 关键字，就可以指定过程的形式参数为可选的。如果指定了可选参数，则参数表中此参数后面的其他参数也必是可选的，并且每个参数都要用 Optional 关键字来声明。

【例 7-9】两个命令按钮的事件代码调用同一个过程，一个传递两个参数，而另一个只传递一个参数，如图 7-9 所示。

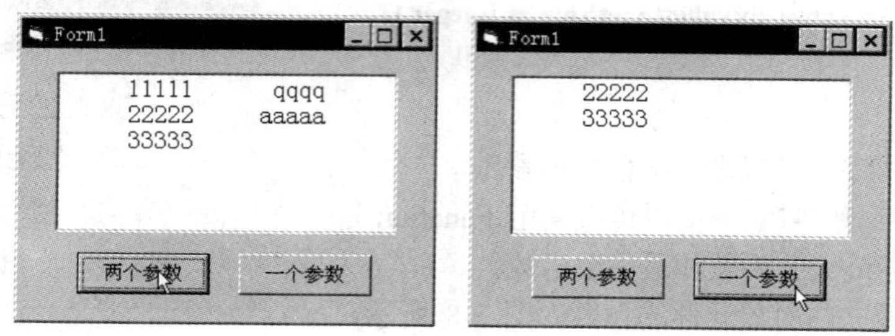

图 7-9　使用可选参数

Sub 过程 ListText 将传递过来的参数值添加到列表框中，其中第二个参数使用 Optional 关键字来声明：

```
Private Sub ListText(x As String, Optional y As String)
  If IsMissing(y) Then
    temp = Format(x, "@@@@@@@@@@")
  Else
    temp = Format(x, "@@@@@@@@@@") & Format(y, "@@@@@@@@@@")
  End If
  List1.AddItem temp
End Sub
```

编写传递两个参数的命令按钮 Command1 的 Click 事件代码：

```
Private Sub Command1_Click()
  Dim a As String, b As String
  a = InputBox("")
  b = InputBox("")
  Call ListText(a, b)
End Sub
```

编写传递一个参数的命令按钮 Command2 的 Click 事件代码：

```
Private Sub Command2_Click()
  Dim a As String
  a = InputBox("")
  Call ListText(a)
End Sub
```

说明：在未提供某个可选参数时，实际上将该参数作为具有 Empty 值的变量来赋值。上例说明如何用 IsMissing 函数测试丢失的可选参数。

2．提供可选参数的默认值

可以给可选参数指定默认值。

【例 7-10】在【例 7-9】中，可以为未传递参数指定一个默认值，如图 7-10 所示。

只需修改 Sub 过程 ListText 的代码：

```
Private Sub ListText(x As String, Optional y As String = "**********")
  temp = Format(x, "@@@@@@@@@@") & Format(y, "@@@@@@@@@@")
  List1.AddItem temp
End Sub
```

3．使用不定数量的参数

一般说来，过程调用中的参数个数应等于过程说明的参数个数。如果使用 ParamArray 关键字，则过程可以接收任意个数的参数。

【例 7-11】改写【例 7-9】中的 Sub 过程 ListText，使之可以接收任意多个参数（如图 7-11 所示）。

Sub 过程 ListText 的代码改为

```
Private Sub ListText(ParamArray strx())
  For Each x In strx
```

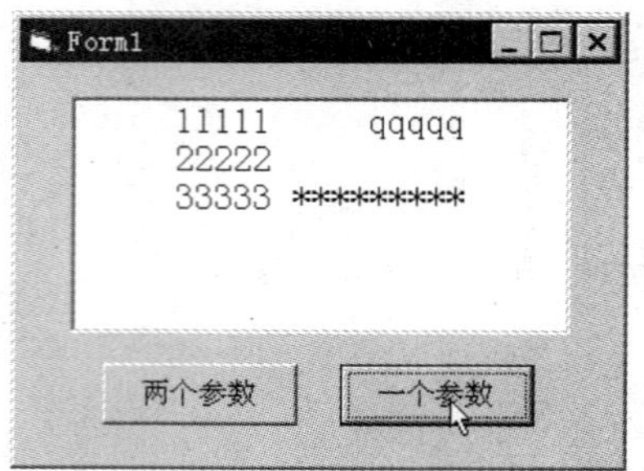

图 7-10 可选参数的默认值

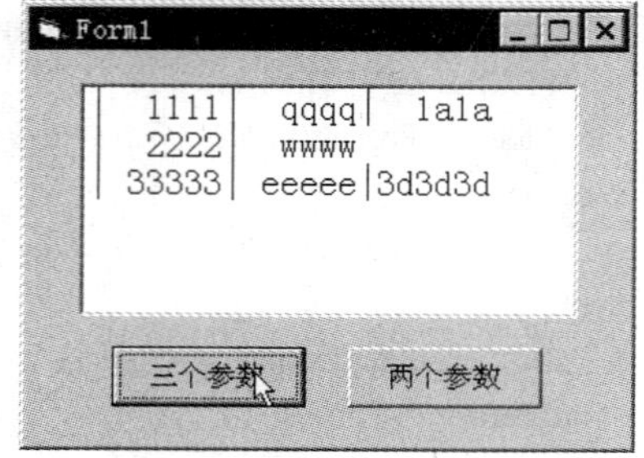

图 7-11 接收多个参数

```
        temp = temp & Format(x, "|@@@@@@")
    Next
    List1.AddItem temp
End Sub
```

编写传递三个参数的命令按钮 Command1 的 Click 事件代码：

```
Private Sub Command1_Click()
    Dim a As String, b As String, c As String
    a = Left(InputBox(""), 6)
    b = Left(InputBox(""), 6)
    c = Left(InputBox(""), 6)
    Call ListText(a, b, c)
End Sub
```

编写传递两个参数的命令按钮 Command2 的 Click 事件代码：

```
Private Sub Command2_Click()
    Dim a As String, b As String
    a = Left(InputBox(""), 6)
    b = Left(InputBox(""), 6)
    Call ListText(a, b)
End Sub
```

7.3.4 传递数组

在使用通用过程和函数过程时，可以将数组或数组元素作为参数进行传递。传递整个数组时，在实际参数与其所对应的形式参数都必须写上所要传递的数组的名称和一对圆括号，例如 *arr*()。在子程序中不可再用 Dim 语句来定义所要传递的数组。

如果要传递数组中的某一元素，则在 Call 语句中只需直接写上该数组元素。例如：

```
Call test(5,x(3))
```

【例 7-12】在例 6-8 中编写排序 Sub 过程，将存有随机数的数组作为参数传递到 Sub 过程。

窗体界面与例 6-8 相同，增加一个 Sub 过程 Sort( )，并且改写排序按钮的 Click 事件代码，其余过程代码不变。

编写 Sub 过程 Sort( )的代码如下：

```
Sub Sort(p() As Integer)          ' 如果形式参数定义了类型，实际参数也须定义相同的类型
  For i = 1 To 9
    For j = i + 1 To 10
      If p(i) > p(j) Then
        t = p(i): p(i) = p(j): p(j) = t
      End If
    Next
  Next
End Sub
```

编写排序按钮 Command2 的 Click 事件代码如下：

```
Private Sub Command2_Click()
  p = ""
  Call Sort(a())
  For i = 1 To 10
    p = p & Str(a(i)) & ","
  Next
  Label2.Caption = LTrim(Left(p, Len(p) - 1))
End Sub
```

在模块的通用段定义了与形式参数相同数据类型的数组：

```
Dim a(1 To 10) As Integer
```

说明：

1）程序的运行结果与【例 6-8】是相同的。

2）数组传递是“地址传递”，实际传递的是数组首元素的地址。因此对 Sub 过程的调用改变了数组中的原有数据。

【例 7-13】随机产生三组整数，并求出每组的最大数，如图 7-12 所示。

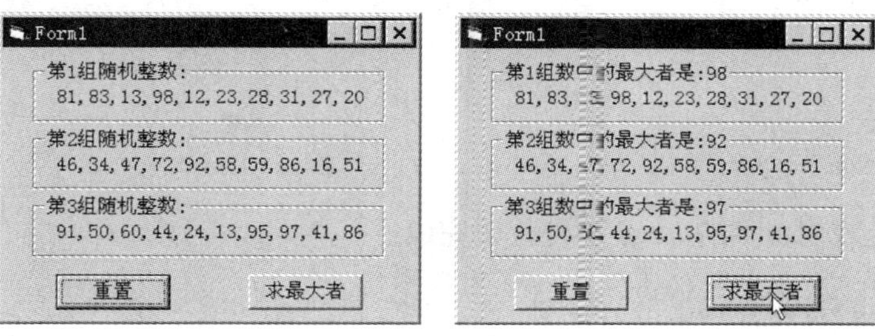

图 7-12　分别求三组随机整数中的最大数

分析：由于要多次产生随机整数数组并求出其最大数，故编写产生随机整数数组的 Fuction 过程以及求数组中最大整数的 Fuction 过程，在主程序中调用并向 Fuction 过程传递数组。

设计步骤如下：

1）设计窗体界面以及设置对象属性。选择“新建”工程，进入窗体设计器，首先在窗体中增加两个命令按钮 Command1、Command2 和一个框架 Frame1，选中 Frame1，在其中增加一

个标签 Label1。然后将框架和其中的标签复制为控件数组：Frame1(0)、Frame1(2)和 Label1(0)、Label1(2)。

各控件属性的设置参见前面章节和图 7-12。

2）编写程序代码。

考虑到要在不同的过程中使用数组，所以首先在模块的通用段声明数组：

```
Dim a(1 To 10) As Integer, b(1 To 10) As Integer, c(1 To 10) As Integer
```

编写产生随机数组并将 10 个数连成一个字符串返回的 Fuction 过程：

```
Function Random(p() As Integer) As String
  temp = ""
  Randomize
  For i = 1 To 10
    Do
      x = Int(Rnd * 90) + 10
      yes = 0
      For j = 1 To i - 1
        If x = p(j) Then yes = 1: Exit For
      Next
    Loop While yes = 1
    p(i) = x
    temp = temp & LTrim(Str(p(i))) & ","
  Next
  Random = temp
End Function
```

编写找出数组 10 个数中最大数并返回的 Fuction 过程：

```
Function Max(p() As Integer) As Integer
  m = p(1)
  For i = 2 To 10
    If m < p(i) Then m = p(i)
  Next
  Max = m
End Function
```

随机整数的生成由窗体的 Load 事件代码完成：

```
Private Sub Form_Load()
  Dim p As String
  p = Random(a())
  Frame1(0).Caption = "第 1 组随机整数:"
  Label1(0).Caption = LTrim(Left(p, Len(p) - 1))
  p = Random(b())
  Frame1(1).Caption = "第 2 组随机整数:"
  Label1(1).Caption = LTrim(Left(p, Len(p) - 1))
  p = Random(c())
```

```
    Frame1(2).Caption = "第 3 组随机整数:"
    Label1(2).Caption = LTrim(Left(p, Len(p) - 1))
End Sub
```

编写两个命令按钮的 Click 事件代码：

```
Private Sub Command1_Click()
    Form_Load
End Sub
Private Sub Command2_Click()
    Dim p As String
    p = "第 1 组数中的最大者是:"
    Frame1(0).Caption = p & Max(a())
    p = "第 2 组数中的最大者是:"
    Frame1(1).Caption = p & Max(b())
    p = "第 3 组数中的最大者是:"
    Frame1(2).Caption = p & Max(c())
End Sub
```

7.4 过程的嵌套与递归调用

在一个过程（Sub 过程或 Function 过程）中调用另外一个过程，称为过程的嵌套调用；而过程直接或间接地调用其自身，则称为过程的递归调用。

7.4.1 过程的嵌套

VB 的过程定义都是互相平行和孤立的，也就是说在定义过程时，一个过程内不能包含另一个过程。VB 虽然不能嵌套定义过程，但可以嵌套调用过程，也就是主程序可以调用子过程，在子过程中还可以调用另外的子过程，这种程序结构称为过程的嵌套，如图 7-13 所示。

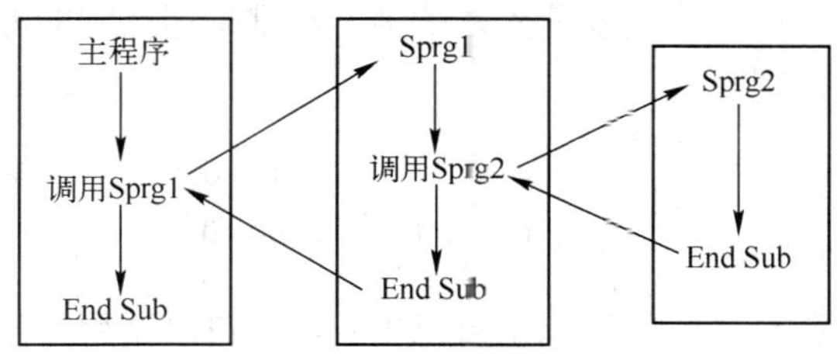

图 7-13 过程的嵌套

图 7-13 清楚地表明，主程序或子过程遇到调用子过程语句就转去执行子过程，而本程序的余下部分要等从子过程返回后才得以继续执行。

【例 7-14】输入参数 n，m，求组合数 $C_n^m = \dfrac{n!}{m!(n-m)!}$ 的值，如图 7-14 所示。

分析：把求阶乘与求组合数公式分别定义为 Function 过程：求组合数用一个 Function 过程 Comb 来实现，而求阶乘 $n!$ 的工作则由另一个 Function 过程 Fact 来实现。在执行 Comb 函数的过程中要多次调用 Fact 函数，这就是过程的嵌套调用。

窗体界面的设计以及对象属性的设置参见图 7-14。下面给出 Function 过程与事件过程的代码。

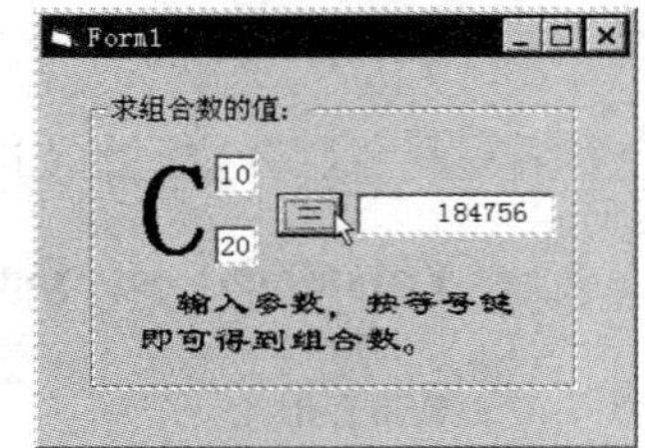

图 7-14 求组合数

编写求阶乘 Function 过程 Fact 的代码：

```
Private Function Fact(x)
  p = 1
  For i = 1 To x
    p = p * i
  Next i
  Fact = p
End Function
```

求组合数用 Function 过程 Comb 的代码：

```
Private Function Comb(n, m)
  Comb = Fact(n) / (Fact(m) * Fact(n - m))
End Function
```

编写等号按钮 Command1 的 Click 事件的代码：

```
Private Sub Command1_Click()
  m = Val(Text1(0).Text): n = Val(Text1(1).Text)
  If m > n Then
    MsgBox "请保证参数的正确输入！"              ' 参数输入时必须保证 n >= m
    Exit Sub
  End If
  Text2.Text = Format(Comb(n, m), "@@@@@@@@@@@")
End Sub
```

7.4.2 过程的递归

递归函数论是现代数学的一个重要分支，数学上常常采用递归的方法来定义一些概念，例如，自然数 n 的阶乘可以递归定义为

$$n! = \begin{cases} 1 & n = 0 \\ n \times (n-1)! & n > 0 \end{cases}.$$

递归算法是指一个过程直接或间接调用自己本身，即自己调用自己。递归在算法描述中有着不可替代的作用。很多看似十分复杂的问题，使用递归算法来描述显得非常简洁与清晰。

VB 的过程具有递归调用功能，递归调用在处理阶乘运算、级数运算、幂指数运算等方面特别有效。

【例 7-15】利用递归调用计算 $n!$。

窗体的设计以及对象属性的设置，如图 7-15 所示。

下面给出 Function 过程与事件过程的代码。

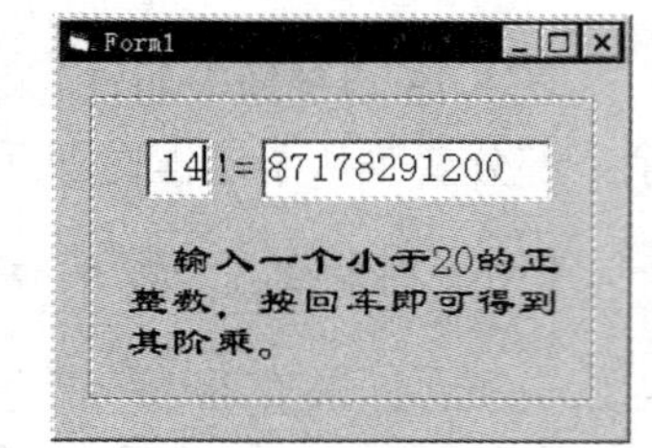

图 7-15 求阶乘

编写求阶乘的递归 Function 过程 Fact 的代码：

```
Private Function Fact(n) As Double
    If n > 0 Then
        Fact = n * Fact(n - 1)
    Else
        Fact = 1
    End If
End Function
```

编写文本框的按键（KeyPress）事件代码：

```
Private Sub Text1_KeyPress(KeyAscii As Integer)
    Dim n As Integer, m As Double
    If KeyAscii = 13 Then
        n = Val(Text1.Text)
        If n < 0 Or n > 20 Then MsgBox ("非法数据！ "): Exit Sub
        m = fact(n)
        Text2.Text = Format(m, "!@@@@@@@@@@@@")
        Text1.SetFocus
    End If
End Sub
```

说明：

1）当 $n>0$ 时，在过程 Fact 中调用 Fact 过程，参数为 $n-1$，这种操作一直持续到 $n=1$ 为止。例如，当 $n=5$ 时，求 Fact(5)的值变为求 5×Fact(4)；求 Fact(4)的值又变为求 4×Fact(3)，…，当 $n=0$ 时，Fact 的值为 1，递归结束，其结果为 5×4×3×2×1。如果把第一次调用过程 Fact 叫做 0 级调用，以后每调用一次级别增加 1，过程参数 n 减 1，则递归调用的过程如下：

递归级别	执行操作
0	Fact(5)
1	Fact(4)
2	Fact(3)
3	Fact(2)
4	Fact(1)
4	返回 1 Fact(1)
3	返回 2　Fact(2)
2	返回 6　Fact(3)
1	返回 24　Fact(4)
0	返回 120　Fact(5)

2）利用递归算法能简单有效地解决一些特殊问题，但是由于递归调用过程比较频繁，所以执行效率很低，在选择递归时要慎重。

7.5　习题

一、选择题

1．设有如下程序

```
Sub proc(x() As Integer)
  Static iAs Integer
  Do
  x(i) = x(i)+x(i+1)
  i=i+1
  Loop While i<2
End Sub

Private Sub Command1_Click()
  Dim a(5) As Integer , i As Integer
  For i= 0 To 4
  a(i)=i+1
  Next i
  Call proc(a)
  Call proc(a)
  For i = 0 To 4
  Print a(i);
  Next i
End Sub
```

程序运行后，单击命令按钮 Command1，输出结果为（　　）。

A. 3 5 7 4 5　B. 3 5 3 4 5　C. 1 2 3 4 5　D. 8 8 3 4 5

2. 窗体上有一个名称为 Command1 的命令按钮，其中部分代码如下：

```
Private Sub Command1_Click()
  Dim a(10) As Integer
  Dim nAs Integer
    Call calc(a, n)
  …
End Sub
```

Calc 过程的首行应该是（　　）。

A. Sub calc(x() As Integer, n As Integer)

B. Public Sub calc(x() As Integer)

C. Private Sub calc(a(n) As Integer, n As Integer)

D. Public Sub calc(a As Integer, n As Integer)

3. 设有如下程序

```
Sub f(x As Integer,ByVal y As Integer)
  x=2*x
  y = y+x
End Sub

Private Sub Command1_Click()
  Dim a As Integer, b As Integer
  a = 6: b = 35
  Call f(a, b)
```

```
    Print a, b
End Sub
```

程序运行后，单击命令按钮 Command1，输出结果为（　　）。

A．6　47　　B．12　47　　C．6　35　　D．12　35

4．窗体上有一个名称为 Command1 的命令按钮，其单击事件过程及有关函数过程如下:

```
Private Sub Command1_Click()
    Dim n As Integer
    n = add(5,10)
    Print n
End Sub

Function add(v1 As Integer, v2 As Integer, Optional v3) As Integer
    If Not IsMissing(v3) Then
    add = v1 + v2 + v3
    Else
    add = v1 + v2
    End If
End Function
```

运行程序，单击命令按钮，以下叙述中正确的是（　　）。

A．程序不能正常运行，因为函数 add 的参数定义有错

B．程序不能正常运行，因为函数定义与函数调用语句的参数个数不匹配

C．程序能正常运行，结果是在窗体上显示 15

D．程序能正常运行，结果是在窗体上显示 510v3

5．在窗体上画一个名称为 Command1 的命令按钮，然后编写如下程序

```
Public Enum s
    a = 4
    b = 3
End Enum

Private Sub Command1_Click()
    Dim x As Integer
    x = a
    If x >= 3 Then MsgBox "Pass!"
End Sub
```

运行程序，其结果是（　　）。

A．运行错误，因为 Enum 定义有错

B．运行错误，因为 x = a 类型不匹配

C．运行正常结束，不显示任何信息

D．运行正常，显示内容为"Pass!"的信息框

6．设有如下程序

```
Option Base 1
```

```
Private Sub Form_Click()
  Dim a(5) As String, i As Integer
  For i = 1 To 5
  a(i) =chr(Asc("A") + i)
    Call f(a, i)
  Next i
End Sub
Sub f(ta() As String, n As Integer)
  Dim iAs Integer
  For i = 1 To n
  Print ta(i)
  Next i
  Print
End Sub
```

对上述程序，以下叙述中正确的是（　　）。

A．程序有错，因为在过程 f 的定义中数组参数格式不正确

B．程序可正常运行，输出内容的第一行是一个字母"A"

C．程序可正常运行，输出内容的第一行是一个字母"B"

D．程序可正常运行，输出内容的第一行是数字 65

7．设程序中有如下数组定义和过程调用语句:

```
Dim a(10) As Integer
……
Call p(a)
```

如下过程定义中，正确的是（　　）。

A．Private Sub p(a As Integer)　　B．Private Sub p(a() As Integer)

C．Private Sub p(a(10) As Integer)　　D．Private Sub p(a(n) As Integer)

二、上机题

1．已知窗体中有如下通用过程可供直接调用:

```
Private Function fun(a As Integer) As Integer
  s% =0
  For i% =500 To 600
    If Int(i% / a) = i% / a Then
      s% =s% +i%
    End If
  Next
  fun = s%
End Function
```

请在窗体上画一个名称为 Text1 的文本框；画一个名称为 C1，标题为“计算”的命令按钮；再画两个单选按钮，名称分别为 Op1、Op2，标题分别为“求 500 到 600 之间能被 7 整除的数之和”“求 500 到 600 之间能被 3 整除的数之和”（如图 7-16 所示）。编写适当的事件过程，使得在运行时，选中一

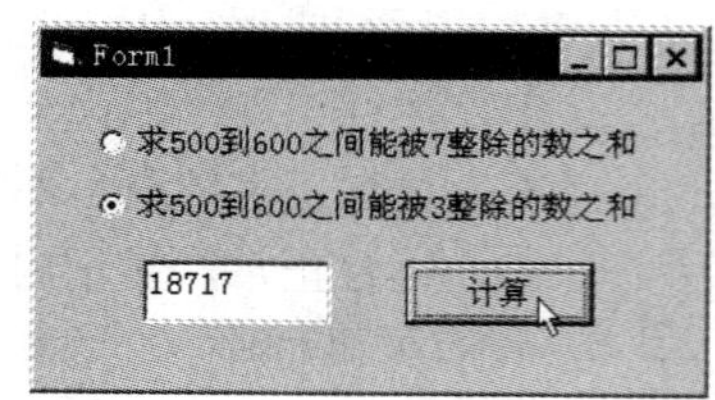

图 7-16　上机题 1

个单选按钮，再单击“计算”按钮，就可以按照单选按钮后的文字要求计算，并把计算结果放入文本框中。

2. 编写一个求三个数中最大值 Max 和最小值 Min 的过程，然后用这个过程分别求三个数、五个数、七个数中的最大值和最小值，如图 7-17 所示。

3. 编写一个过程，以整型数作为形参，当该参数为奇数时输出 False，而当该参数为偶数时输出 True。

4. 设 a 为一整数，如果能使 $a^2 = xxa$ 成立，则称 a 为“守形数”。例如 $5^2 = 25$，$25^2 = 625$，即 5 和 25 都是守形数。试编写一个 Function 过程 Automorphic，其形参为一正整数，判断其是否为守形数，然后用该过程查找 1～1000 内的所有守形数，如图 7-18 所示。

5. 编写求解一元二次方程 $ax^2 + bx + c = 0$ 的过程，要求 a、b、c 及解 x_1、x_2 都以参数传送的方式与主程序交换数据，输入 a、b、c 和输出的操作放在主程序中，如图 7-19 所示。

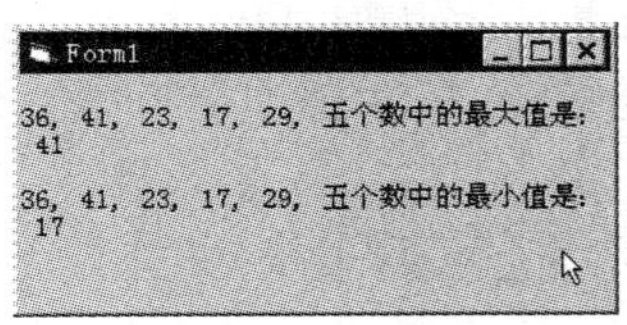

图 7-17　上机题 2

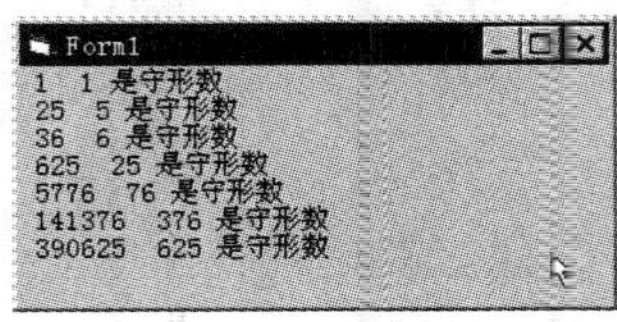

图 7-18　上机题 4

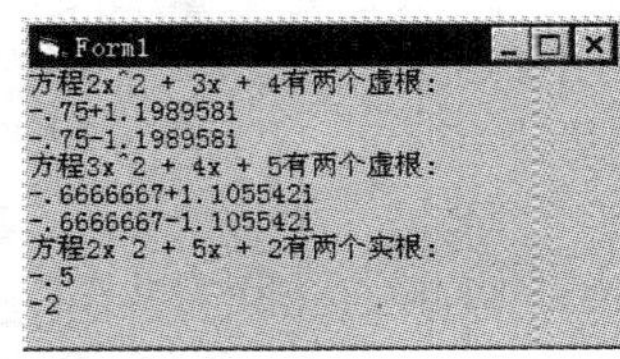

图 7-19　上机题 5

6. 裴波那契（Fibonacci）数列的第一项是 1，第二项是 1，以后各项都是前两项的和。编写程序，求裴波那契数列的第 N 项的值，如图 7-20 所示。

7. 编写八进制数与十进制数相互转换的过程（如图 7-21 所示）。

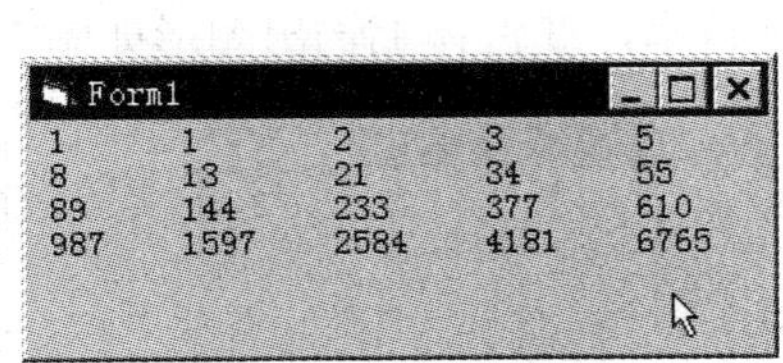

图 7-20　上机题 6

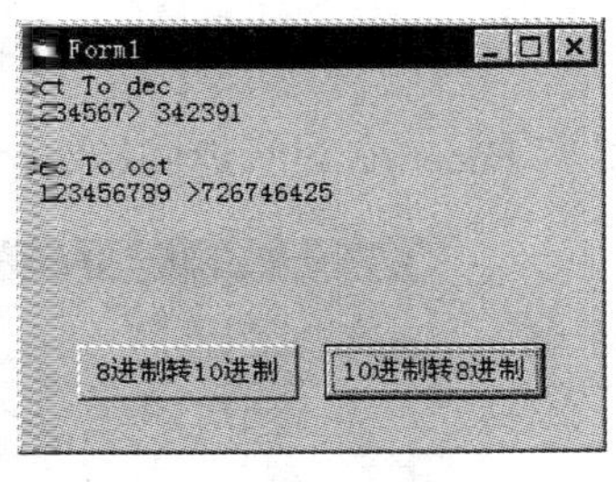

图 7-21　上机题 7

1）过程 ReadOctal，读入八进制数，然后转换为等值的十进制数。

2）过程 WriteOctal，将十进制正整数以等值的八进制形式输出。

8. 编写一个过程，用来计算并输出 $S = 1 + \frac{1}{2} + \frac{1}{3} + \cdots + \frac{1}{100}$ 的值。

9. 编写过程，用下面的公式计算 π 的近似值（如图 7-22 所示）。

$$\frac{\pi}{4} = 1 - \frac{1}{3} + \frac{1}{5} - \frac{1}{7} + \cdots + (-1)^{n-1}\frac{1}{2n-1}$$

在事件过程中调用该程序，并输出当 $n = 100$、1000、10000、100000 时π的近似值。

10. 编写求四个数中的最大数的 Function 过程（如图 7-23 所示）。

11. 编写求最大数 Function 过程，使用不定数量的参数，求任意多数中的最大数。

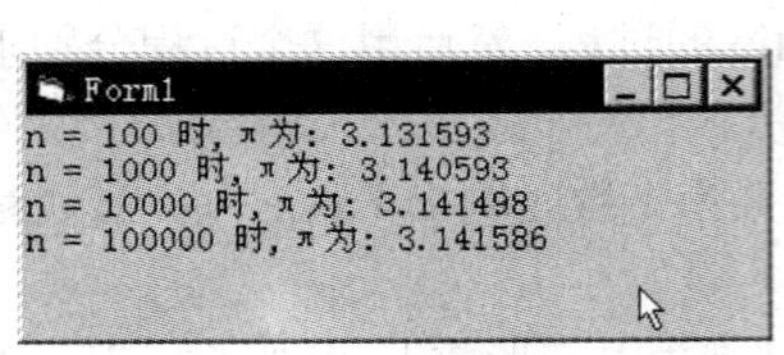

图 7-22　上机题 9

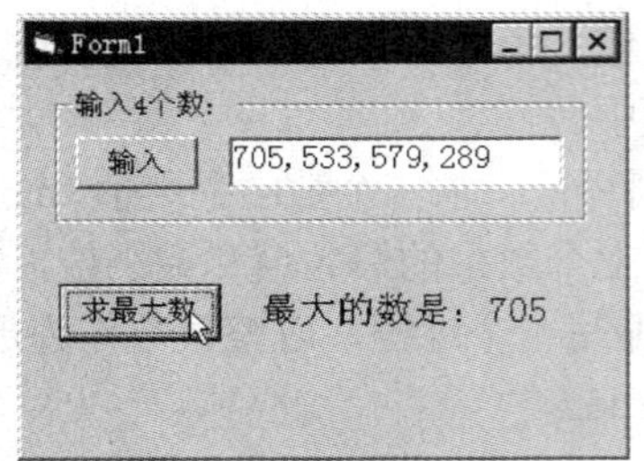

图 7-23　上机题 10

12．使用 Timer 函数设计用来暂停指定时间（秒）的 Sub 过程（如图 7-24 所示）。

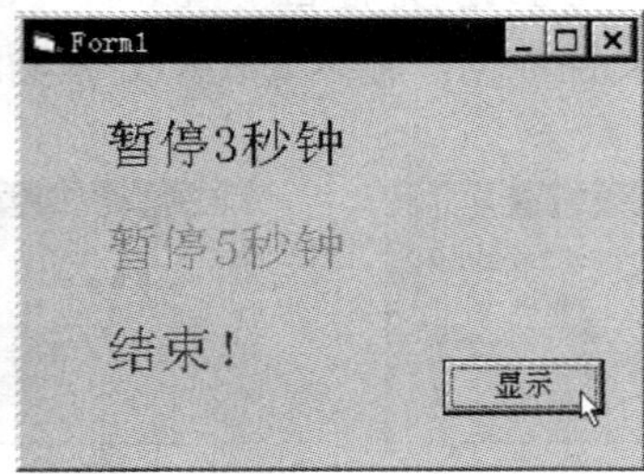

图 7-24　上机题 12

13．编写计算阶乘的 Function 过程，利用 e^x 的下述近似公式计算 e（直到最后一项小于 10^{-6} 为止）。

$$e^x \approx 1+\frac{x}{1!}+\frac{x^2}{2!}+\frac{x^3}{3!}+\cdots+\frac{x^n}{n!}$$

14．编写 Function 过程返回指定字符、长度的字符串，在窗体上输出图形如图 7-25 所示。

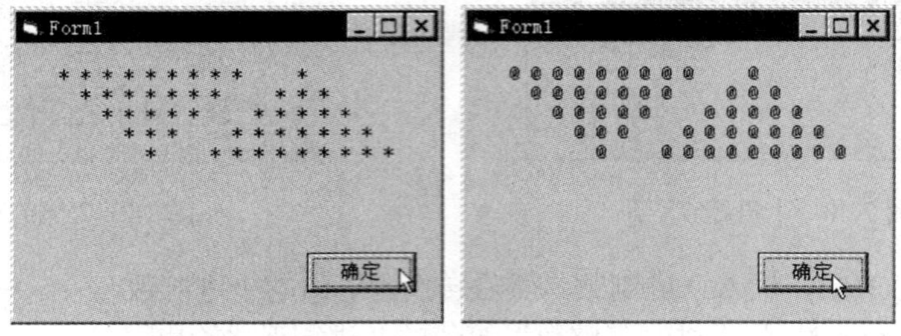

图 7-25　上机题 14

15．移动数组元素。将数组中某个位置的元素移动到指定位置（如图 7-26 所示）。

16．向数组中的指定位置插入新元素，即将新添加的元素放到数组的指定位置（如图 7-27 所示）。

17．删除数组中指定位置的元素，如图 7-28 所示。

18．有 5 个人坐在一起，问第 5 个人多少岁？他说比第 4 个人大 2 岁。问第 4 个人岁数，他说比第 3 个人大 2 岁。问第 3 个人，又说比第 2 个人大 2 岁。问第 2 个人，说比第 1 个人大 2 岁。最后问第 1 个人，他说是 10 岁。请问第 5 个人多少岁？

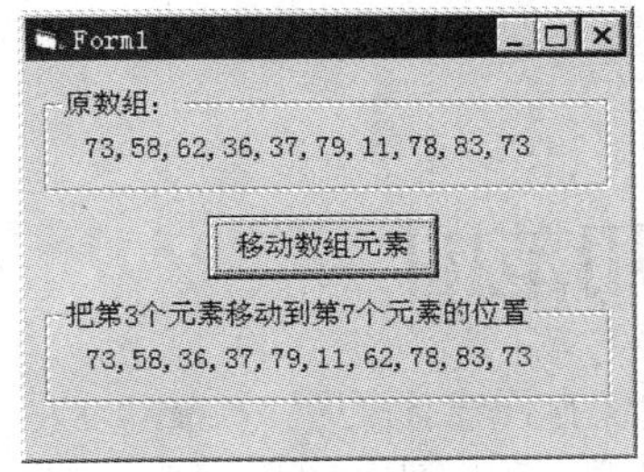

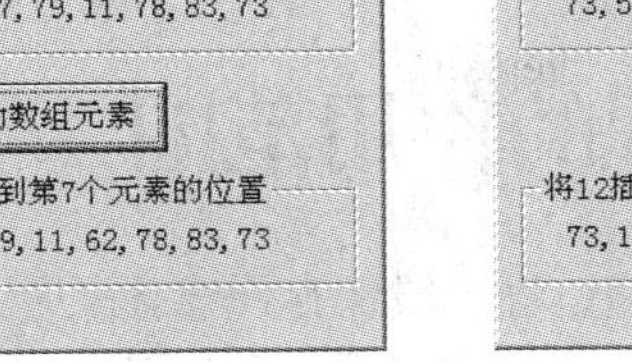

图 7-26 上机题 15

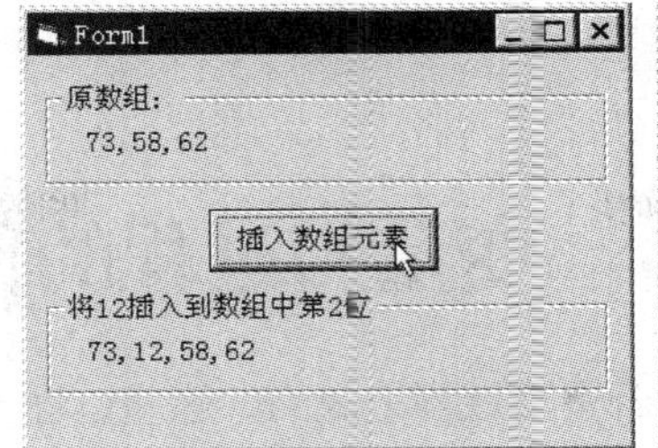

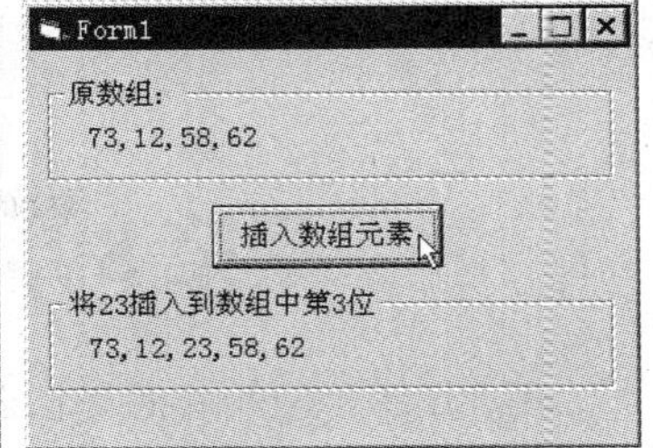

图 7-27 上机题 16

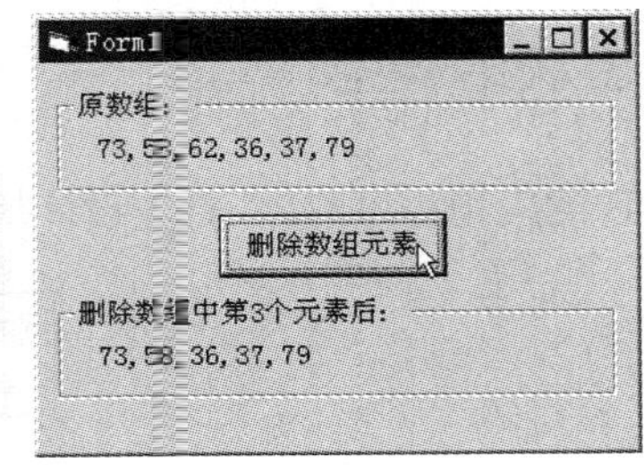

图 7-28 删除数组中指定位置的元素

19．Hanoi 塔问题：传说印度教的主神梵天创造世界时，在印度北部佛教胜地贝拿勒斯圣庙里，安放了一块黄铜板，板上插着三根针，在其中一根针上自下而上放着由大到小的 64 个金盘。这就是所谓的梵塔（Hanoi）。梵天要僧侣们坚定不移地按下面规则把 64 个盘子移到另一根针上：

1）一次只能移一个盘子。

2）盘子只许在三根针上存放。

3）永远不许大盘压小盘。

梵天称，当把他创造世界时所安放的 64 个盘子全部移到另一根针上之时，就是世界毁灭之日。请编制程序解决该问题，如图 7-29 所示。

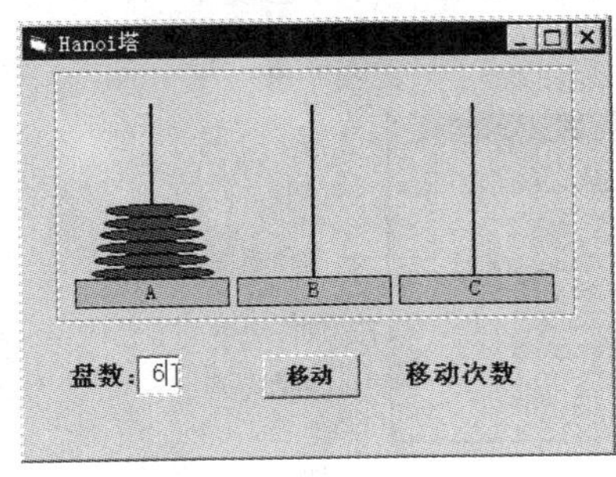

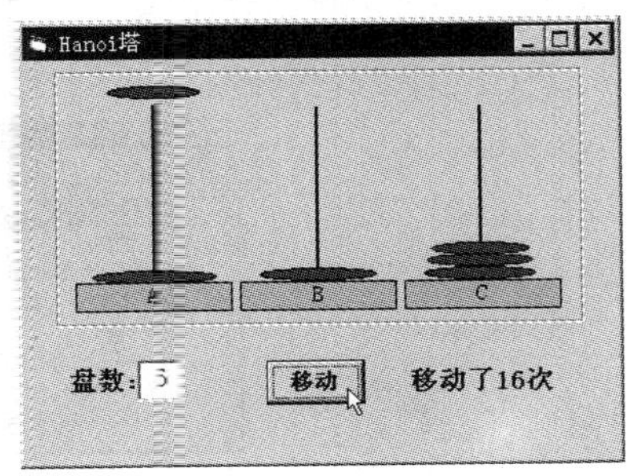

图 7-29 汉诺塔程序

第 8 章　变量与过程的作用范围

在 VB 中，应用程序是由若干个过程组成的，这些过程一般保存在窗体文件（*.frm）或标准模块文件（*.bas）中。变量在过程中是必不可少的，根据变量或过程所处的不同位置，可被访问的范围是不相同的。变量与过程可被访问的范围称为变量与过程的作用域。

8.1　代码模块的概念

在建立 VB 的应用程序时，应首先设计代码的结构。VB 应用程序的结构通常如图 8-1 所示。

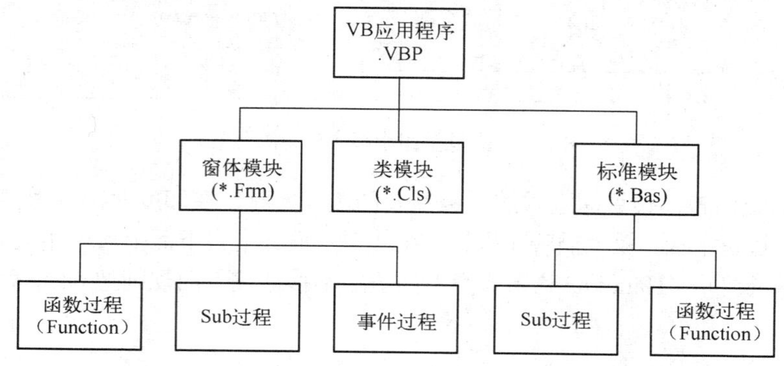

图 8-1　VB 应用程序的结构

VB 将代码存储在三种不同的模块中：窗体模块、标准模块和类模块。在这三种模块中都可以包含声明（常数、变量、动态链接库 DLL 的声明）和过程（Sub、Function、Property 过程）。它们形成了工程的一种模块层次结构，可以较好地组织工程，同时也便于代码的维护，如图 8-2 所示。

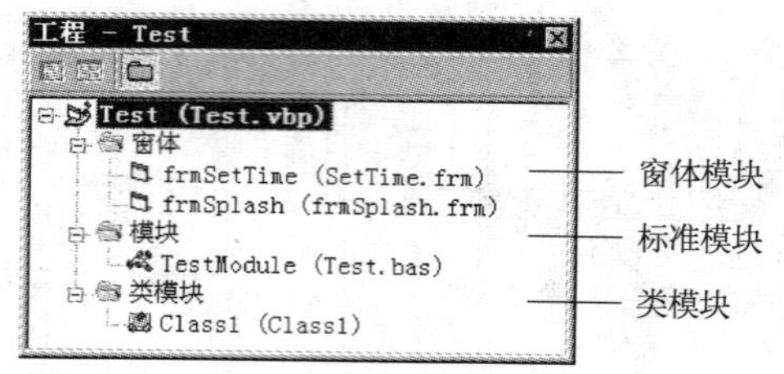

图 8-2　工程中的模块

8.1.1　窗体模块

每个窗体对应一个窗体模块，窗体模块包含窗体及其控件的属性设置、窗体变量的说明、事件过程、窗体内的通用过程、外部过程的窗体级声明。

窗体模块保存在扩展名为 frm 的文件中。默认时应用程序中只有一个窗体，因此有一个以 frm 为扩展名的窗体模块文件。如果应用程序有多个窗体，就会有多个以 frm 为扩展名的窗体模块文件。

如果要在文本编辑器中观察窗体模块，则还会看到窗体及其控件的描述，包括它们的属性设置值，如图 8-3 所示。窗体模块中也可以引用该应用程序内的其他窗体或对象。

添加新窗体的步骤为：选择“工程”菜单中“添加窗体”命令，则打开“添加窗体”对话框中的“新建”选项卡，如图 8-4 所示。

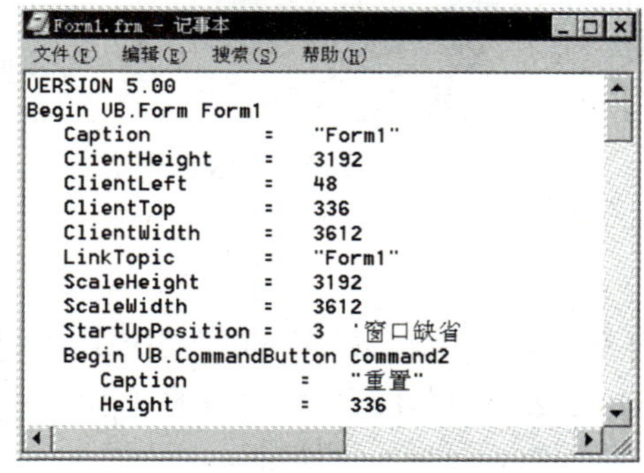

图 8-3 查看窗体模块文件的内容

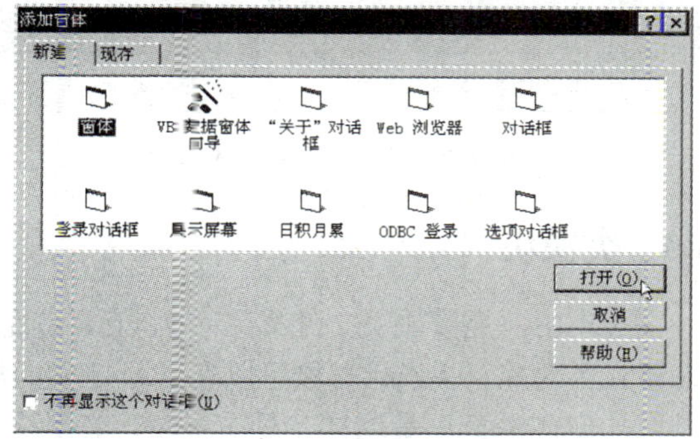

图 8-4 “添加窗体”对话框中的“新建”选项卡

在该对话框中双击需要添加的窗体类型，新建的窗体将出现在工程窗口中。

注意：虽然 ActiveX 文档和 ActiveX 控件等是具有不同扩展名的新模块类型，但从编程角度来讲，这些模块仍可视为窗体模块。

8.1.2 标准模块

简单的应用程序通常只有一个窗体，这时所有的代码都存放在该窗体模块中。而当应用程序庞大而复杂时，就需要多个窗体。在多窗体结构的应用程序中，有些程序员创建的通用过程需要在多个不同的窗体中共用，为了不在每个需要调用该通用过程的窗体重复键入代码，就需要创建标准模块，标准模块包含公共代码的过程。

标准模块保存在扩展名为 bas 的文件中，默认时应用程序中不包含标准模块。标准模块可以包含公有或模块级的变量、常数、类型、外部过程和全局过程的全局声明或模块级声明。默认时，标准模块中的代码是公有的，任何窗体或模块中的事件过程或通用过程都可以调用它。写入标准模块的代码不必绑在特定的应用程序上，在许多不同的应用程序中可以重用标准模块。在标准模块中可以存储通用过程，但不能存储事件过程。

在工程中添加标准模块的步骤如下：

1）选择“工程”菜单中“添加模块”命令，则打开“添加模块”对话框中的“新建”选项卡，如图 8-5 所示。

2）在该对话框中双击“模块”图标，将打开新建标准模块窗口，如图 8-6 所示。

3）在属性窗口修改该模块的“名称”属性（只有“(名称)”属性），给模块命名。接下来就是在标准模块的代码窗口中，向模块中添加过程。

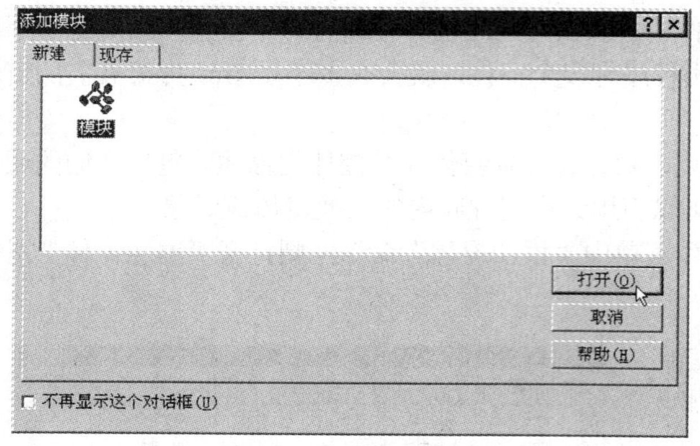

图 8-5 “添加模块”对话框

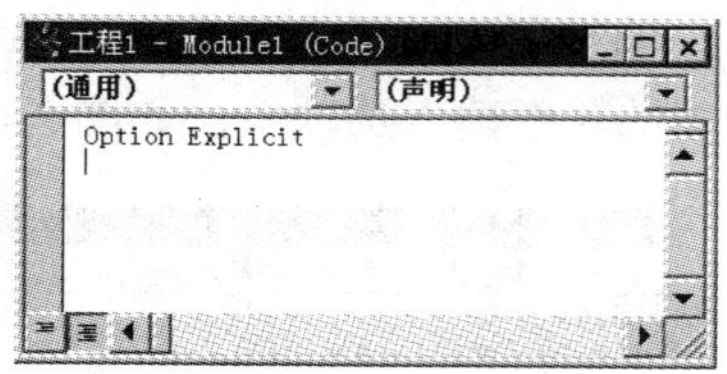

图 8-6 标准模块

8.1.3 类模块

在 VB 中，类模块（文件扩展名为 cls）是面向对象编程的基础。程序员可在类模块中编写代码建立新对象，这些新对象可以包含自定义的属性和方法，可以在应用程序内的过程中使用。实际上，窗体本身正是这样一种类模块，在其上可安放控件、可显示窗体窗口。

类模块与标准模块的不同之处在于标准模块仅仅含有代码，而类模块既含有代码又含有数据，类模块可以视为没有物理表示的对象。

8.2 变量的作用范围

变量的作用范围（作用域）指变量能被某一过程识别的范围。当一个应用程序中出现多个过程或函数时，在它们各自的子程序中都可以定义自己的常量、变量。这时，自然会提出一个问题，这些常量或变量是否在程序中到处可用？回答是否定的。

在 VB 中，可以在过程或模块中声明变量，根据声明变量的位置，变量分为两类：过程级变量（Procedure level）和模块级变量（Module level）。

按照作用范围分类，过程级变量属于局部变量，而模块级变量则属于全局变量。

8.2.1 过程级变量

在一个过程内部使用 Dim 或 Static 关键字声明变量时，只有该过程内部的代码才能访问或改变该变量的值，因此被称为“过程级变量”。过程级变量的作用范围限制在该过程内部。例如：

```
Dim a As Integer, b As Single
Static s As String
```

如果在过程中未作说明而直接使用某个变量，该变量也被当成过程级变量。用 Static 说明的变量在应用程序的整个运行过程中都一直存在，而用 Dim 说明的变量只在过程执行时存在，退出过程后，这类变量就会消失。过程级变量通常用于保存临时数据。

过程级变量属于局部变量，只能在建立的过程内有效，即使是在主程序中建立的变量，也不能在被调用的子过程中使用。即局部变量的作用范围（作用域）仅限于它们自己所在的过程，使用局部变量的程序比仅使用全程变量的程序更具有通用性。

【例 8-1】过程级局部变量示例。

```
Private Sub Form_Activate()
  Dim a As Integer, b As Integer, c As Integer          ' 过程级局部变量
  a = 5: b = 3
  Print
  Print Tab(15); "a"; Tab(25); "b"; Tab(35); "c=a*b"
  Print "调用 Prod 前"; Tab(14); a; Tab(24); b; Tab(34); c
  Call Prod
  Print "调用 Prod 后"; Tab(14); a; Tab(24); b; Tab(34); c
  Print
  Print "调用 Sum 前"; Tab(14); a; Tab(24); b; Tab(34); c
  Call Sum
  Print "调用 Sum 后"; Tab(14); a; Tab(24); b; Tab(34); c
End Sub
Sub Prod()                                              ' 通用过程
  Dim a As Integer, b As Integer, c As Integer          ' 过程级局部变量
  c = a * b
  Print "Prod 子过程"; Tab(14); a; Tab(24); b; Tab(34); c
End Sub
Sub Sum()                                               ' 通用过程
  Dim a As Integer, b As Integer, c As Integer          ' 过程级局部变量
  c = a + b
  Print "Sum 子过程"; Tab(14); a; Tab(24); b; Tab(34); c
End Sub
```

程序的运行结果如图 8-7 所示。从上面程序的运行结果可以看出，主程序中的变量没有带到子过程中。

在编写一个较复杂的程序时，可能有多个过程或函数。在书写过程（函数）说明时，往往而且应该把注意力集中在这一相对独立的子过程内。其中所用到的变量名如果都是局部名，则无论怎样处理都不会影响到外界。如果用到非局部量，一经改变就会影响到外界，考虑不周时容易引起麻烦，所以，为安全起见，过程（函数）体内应尽可能用局部变量。

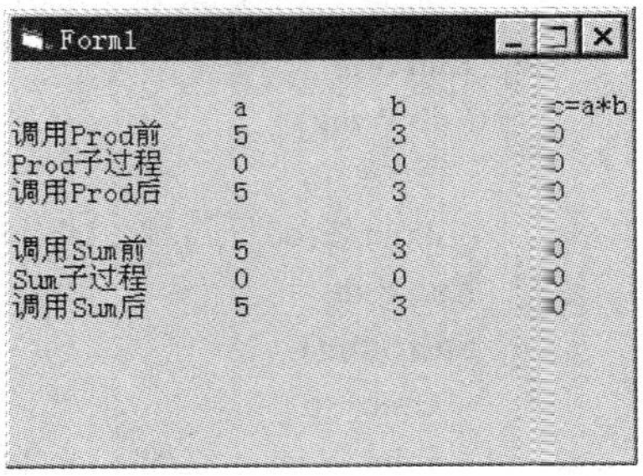

图 8-7 程序运行结果

8.2.2 模块级变量

在模块的通用段中声明的变量属于模块级变量。模块级变量分为私有和公有。

1. 私有的模块级变量

私有的模块级变量在声明它的整个模块的所有过程中都能使用，但其他模块却不能访问该变量。声明方法是在模块的通用段中使用 Private 或 Dim 关键字声明变量。例如：

```
Private s As String
Dim a As Integer, b As Single
```

在模块的通用段中使用 Private 或 Dim 作用相同，但使用 Private 会提高代码的可读性。

2．公有的模块级变量

公有的模块级变量在所有模块中的所有过程中都能使用。它的作用范围是整个应用程序，因此公有模块级变量属于全局变量。声明方法是在模块的通用段中使用 Public 关键字声明变量。例如：

```
Public a As Integer, b As Single
```

全局变量是指在所有程序（包括主程序和过程）中都可以使用的内存变量。就像在一个过程中定义的变量一样，在子过程中可以任意改变和调用全局变量，当子过程执行完后，其值又带回主程序。

把变量定义为全局变量虽然很方便，但这样会增加变量在程序中被无意修改的机会，因此，如果有更好的处理变量的方法，就不要声明全局变量。另外，用 Const 语句定义的符号常量也能声明为全局的。

【例 8-2】公有的模块级全局变量示例。

```
Public a As Integer, b As Integer, c As Integer     ' 写在“(通用)”的“(声明)”中
Private Sub Form_Activate()                          ' 事件过程
  a = 5: b = 3
  Print Tab(15); "a"; Tab(25); "b"; Tab(35); "c=a*b"
  Print "调用 Prod 前"; Tab(14); a; Tab(24); b; Tab(34); c
  Call Prod
  Print "调用 Prod 后"; Tab(14); a; Tab(24); b; Tab(34); c
  Print
  Print Tab(15); "a"; Tab(25); "b"; Tab(35); "c=a+b"
  Print "调用 Sum 前"; Tab(14); a; Tab(24); b; Tab(34); c
  Call Sum
  Print "调用 Sum 后"; Tab(14); a; Tab(24); b; Tab(34); c
End Sub
Sub Prod()                         ' 通用过程
  c = a * b
  Print "Prod 子过程"; Tab(14); a; Tab(24); b; Tab(34); c
End Sub
Sub Sum()                          ' 通用过程
  c = a + b
  Print "Sum 子过程"; Tab(14); a; Tab(24); b; Tab(34); c
End Sub
```

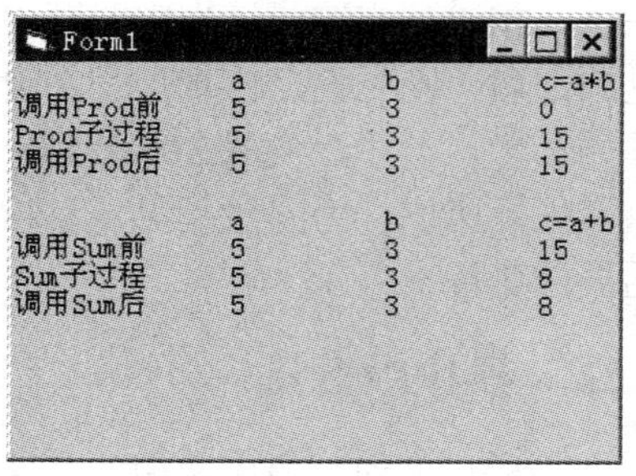

图 8-8　程序运行结果

程序的运行结果如图 8-8 所示。从程序的运行结果可以看出，在模块级中用 Public 声明的全程变量 *a*、*b*、*c*，在各过程中都能访问和修改。

8.2.3　变量的生存期

从变量的作用空间来说，变量有作用范围；从变量的作用时间来说，变量有生存期。

假设过程内部有一个变量，当程序运行进入该过程时，要分配给该变量一定的内存单元，一旦程序退出该过程，变量占有的内存单元是释放还是保留，根据变量在程序运行期间的生命

周期，把变量分为静态变量（Static）和动态变量（Dynamic）。静态变量不释放内存单元，动态变量释放内存单元，有时候可能需要某些局部变量是静态变量，而其他变量则为动态变量。

1．动态变量

动态变量是指程序运行进入变量所在的过程时，才分配该变量的内存单元，经过处理退出该过程后，该变量占用的内存单元自动释放，其值消失，其内存单元能被其他变量占用。

使用 Dim 关键字在过程中声明的局部变量属于动态变量，在过程执行结束后变量的值不被保留，在每一次重新执行过程时，变量重新声明。

2．静态变量

静态变量是指程序运行进入该变量所在的过程，修改变量的值后，退出该过程，其值仍被保留，即变量所占的内存单元没有释放。当以后再次进入该过程时，原来变量的值可以继续使用。使用 Static 关键字在过程中声明的局部变量属于静态变量。

【例 8-3】下面程序说明了 Static 关键字的作用。

```
Private Sub Form_Activate()
  Dim i As Integer
  For i = 1 To 6
    TestSub
  Next i
End Sub
Sub TestSub()
  Dim x As Integer, m As String
  Static y, n
  x = x + 1: y = y + 1
  m = m & "*": n = n & "*"
  Print "x="; x; " y="; y, "m="; m, "n="; n
End Sub
```

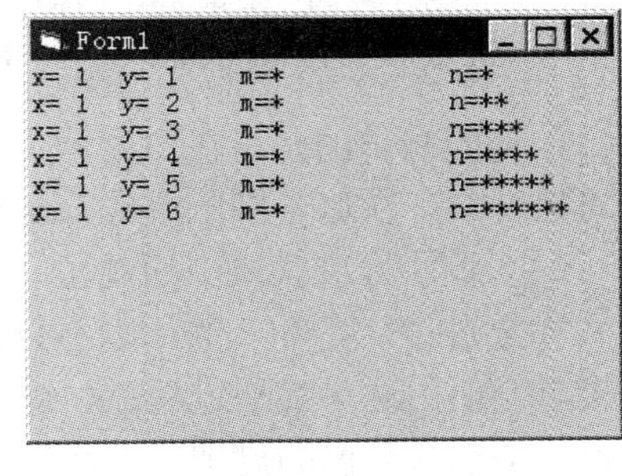

图 8-9　程序运行结果

程序的运行结果如图 8-9 所示。

说明：*x*、*y*、*m*、*n* 都是过程 TestSub 中的局部变量，*y*、*n* 被说明为 Static 变量，每次调用保持上一次的值，*y*、*n* 的值会变化；*x*、*m* 是动态变量，每次调用都被重新初始化为 0 或""，它们的值总是不变。

为使过程中所有的局部变量为静态变量，可在过程头的起始处加上 Static 关键字。例如：

```
Static Function RunningTotal (num)
```

这就使过程中的所有局部变量都变为静态，无论它们是用 Static、Dim 或 Private 声明的还是隐式声明的。可以将 Static 放在任何 Sub 或 Function 过程头的前面，包括事件过程和声明为 Private 的过程。

8.3　过程的作用范围

过程也有作用的范围（作用域），在 VB 中，过程的作用域分为模块级（或称文件级）和全局级（或称工程级）。

8.3.1 模块级过程

模块级过程是在某个模块（文件）内定义的过程。如果在 Sub 或 Function 前加关键字 Private，则该过程只能被在本模块（文件）中定义的过程调用，即其作用域为本模块（文件）。

8.3.2 全局级过程

全局级过程是在定义过程时，在 Sub 或 Function 前加关键字 Public（可以默认）。全局级过程可被整个应用程序所有模块（文件）中定义的过程调用，即其作用域为整个应用程序（工程）。

8.3.3 调用其他模块中的过程

在工程中的任何地方都能调用其他模块中的全局过程。调用其他模块中的过程的各种技巧，取决于该过程是在窗体模块中、类模块中还是标准模块中。

（1）调用窗体中的过程

所有窗体模块的外部调用必须指向包含此过程的窗体模块。如果在窗体模块 Form1 中包含 SomeSub 过程，则可使用下面的语句调用 Form1 中的过程：

```
Call Form1.SomeSub( arguments )
```

（2）调用类模块中的过程

与窗体中调用过程类似，在类模块中调用过程要调用与过程一致并且指向类实例的变量。例如，DemoClass 是类 Class1 的实例：

```
Dim DemoClass as New Class1
DemoClass.SomeSub
```

不同于窗体的是，在引用一个类的实例时，不能用类名作限定符。必须首先声明类的实例为对象变量（在这个例子中是 DemoClass），并用变量名引用它。

（3）调用标准模块中的过程

如果过程名是唯一的，则不必在调用时加模块名。无论是在模块内，还是在模块外调用，结果总会引用这个唯一过程。如过程仅出现在一个地方，这个过程就是唯一的。如果两个以上的模块都包含同名的过程，那就有必要用模块名来限定了。

在同一模块内调用一个全局过程会运行该模块内的过程。例如，对于 Module1 和 Module2 中名为 CommonName 的过程，从 Module2 中调用 CommonName 则运行 Module2 中的 CommonName 过程，而不是 Module1 中的 CommonName 过程。

从其他模块调用全局过程名时必须指定那个模块。例如，若在 Module1 中调用 Module2 中的 CommonName 过程，要用下面的语句：

```
Module2.CommonName( arguments )
```

【例 8-4】全局级过程的调用，如图 8-10 所示。

应用程序（工程）中包括两个窗体 Forml、Form2 和一个标准模块 Module1。在 Forml 窗体中定义了一个计算矩形面积的全局级 Function 过程，在标准模块 Module1 中定义了一个计算矩形周长的全局级 Function 过程。

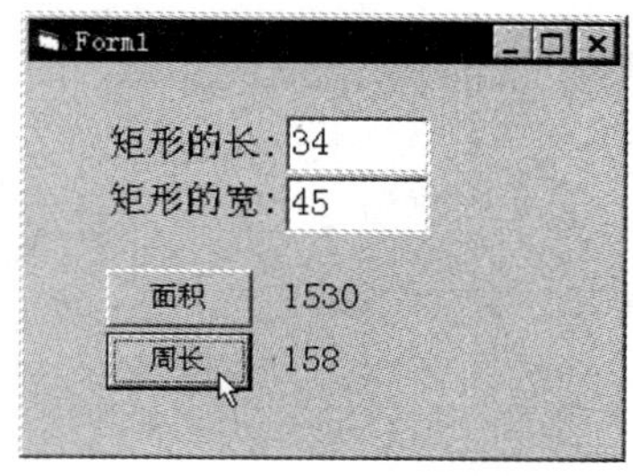

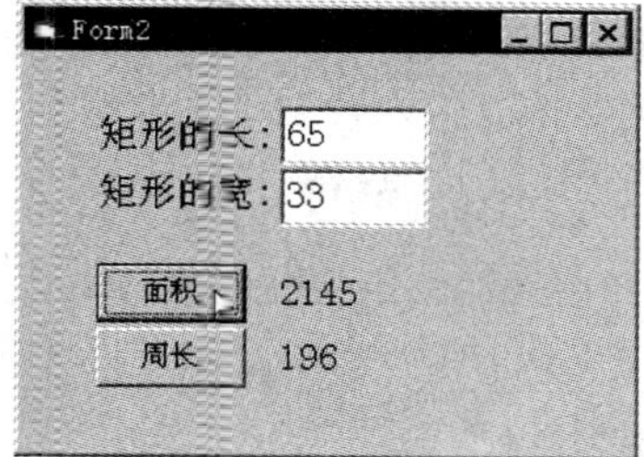

图 8-10 不同窗体对过程的调用

两个窗体中的命令按钮组的 Click 事件过程功能相同，差别是调用 Function 过程时所使用的名字。

编写 Form1 窗体模块中的过程代码如下：

```
Public Function Area(x As Single, y As Single) As Single
   Area = x * y
End Function
Private Sub Command1_Click(index As Integer)
   Dim a As Single, b As Single
   a = Val(Text1(0).Text)
   b = Val(Text1(1).Text)
   n = index
   If n = 0 Then
      Label2(0).Caption = Area(a, b)
   Else
      Label2(1).Caption = Perimeter(a, b)
   End If
End Sub
Private Sub Form_Load()
   Form2.Show
End Sub
```

编写 Form2 窗体模块中的过程代码如下：

```
Private Sub Command1_Click(index As Integer)
   Dim a As Single, b As Single
   a = Val(Text1(0).Text)
   b = Val(Text1(1).Text)
   n = index
   If n = 0 Then
      Label2(0).Caption = Form1.Area(a, b)
   Else
      Label2(1).Caption = Perimeter(a, b)
   End If
End Sub
```

编写标准模块 Module1 中的过程代码：

```
Public Function Perimeter(x As Single, y As Single) As Single
  Perimeter = 2 * (x + y)
End Function
```

8.4 习题

一、选择题

1．下列关于 VB 标准模块的描述中，错误的是（　　）。

A．标准模块中既有控件，也有代码

B．标准模块文件的扩展名为 bas

C．标准模块不属于任何一个窗体

D．标准模块中的通用过程可以被不同窗体中的程序调用

2．一个工程文件中含有 Form1、Form2 和标准模块 Model1．如果 Form1 的声明部分有语句 Private x As Integer，且 Model1 中有语句 Private y As Integer，则下列说法中，正确的是(　　)。

A．变量 x、y 的作用域相同　　B．变量 x 的作用域是 Form1

C．变量 y 的作用域是 Model1　　D．在 Form2 中可以直接使用 x 和 y

3．以下关于函数过程的叙述中错误的是（　　）。

A．函数过程一定有返回值

B．函数过程一定有参数

C．函数过程可以在窗体模块和标准模块中定义

D．函数过程参数的类型与返回值的类型无关

二、上机题

1．在标准模块中编写求最大公约数的 Function 过程，然后在窗体模块中调用，对分数进行化简，如图 8-11 所示。

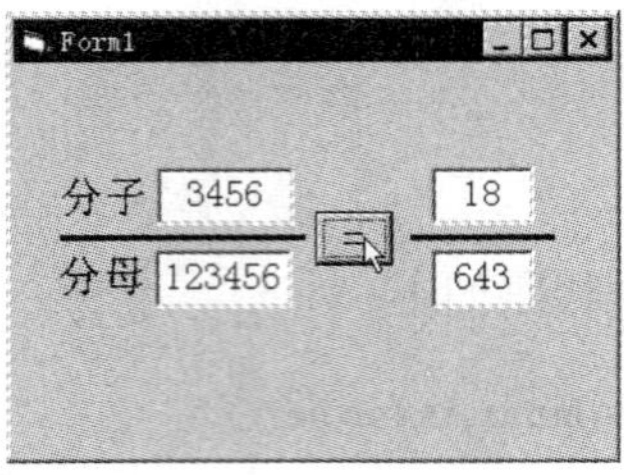

图 8-11　上机题 1

2．“井字棋游戏”，其规则是：轮流出棋，首先三子连成线者为赢，如图 8-12 所示。

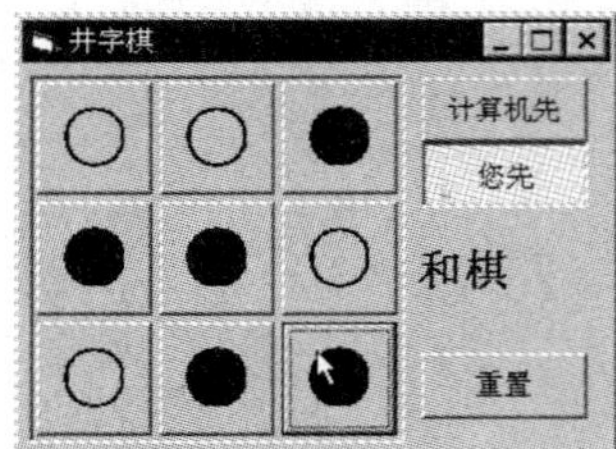

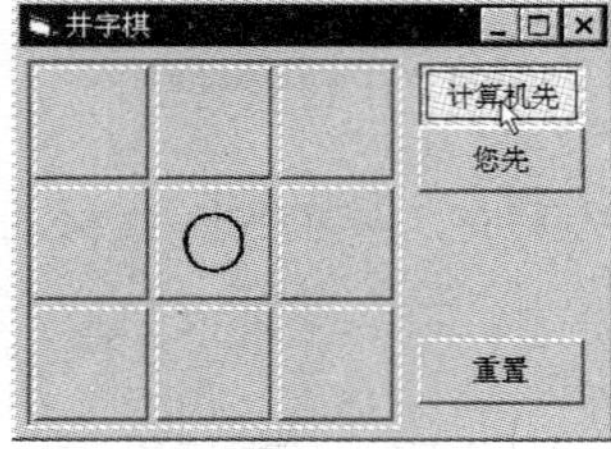

图 8-12　上机题 2

第 9 章　菜单与对话框

基于 Windows 的应用程序及各类娱乐软件的共同特点之一就是大量使用不同的菜单和工具栏，把用户从众多烦琐的命令和参数中解放了出来，使用和操作显得十分方便和直观。

9.1　使用菜单

菜单是 Windows 应用程序中十分关键的要素之一，它以分组的形式组织多个命令或操作，为用户灵活操作应用程序提供了便捷的手段。

在实际的应用中，菜单可分为两种基本类型：下拉式菜单和弹出式菜单，如图 9-1 所示。下拉式菜单一般通过单击菜单栏中菜单标题（如“文件”“编辑”“视图”等）的方式打开，弹出式菜单则通过右击某一区域的方式打开。

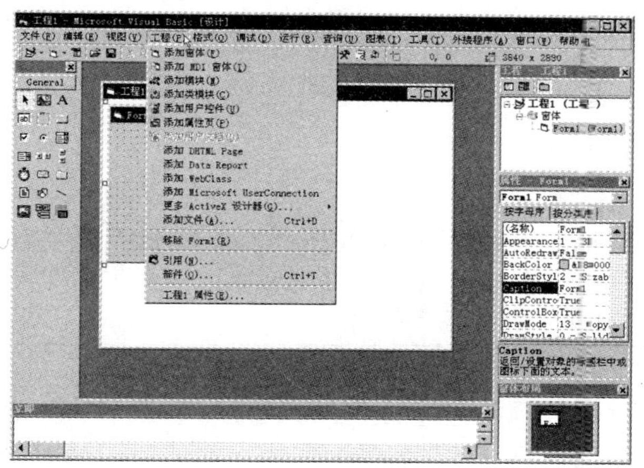

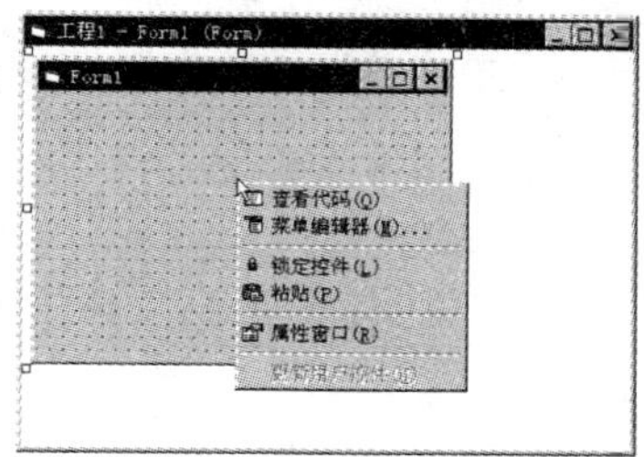

图 9-1　VB 的下拉式菜单与弹出式菜单

一般来说，不同的区域所“弹出”的菜单内容是不同的。如在 VB 的工具栏中的弹出菜单与窗体设计器中的弹出菜单就完全不同。

9.1.1　下拉式菜单

在下拉式菜单系统中，一般有一个主菜单，称为菜单栏。其中包括一个或多个选择项，称为菜单标题。当单击一个菜单标题时，包含菜单项的列表（菜单）即被打开。菜单由若干个命令、分隔条、子菜单标题（其右边含有三角的菜单项）等菜单项组成。当选择子菜单标题时又会“下拉”出下一级菜单项列表，称为子菜单。VB 的菜单系统最多可达六层。

在 VB 中，菜单也是一个图形对象，即控件。与其他控件一样，它具有定义其外观与行为的属性。在设计或运行时可以设置 Caption 属性、Enabled 和 Visible 属性、Checked 属性以及其他属性。菜单控件只包含一个事件，即 Click 事件，当用鼠标或键盘选中该菜单控件时，将调用该事件。与一般控件不同的是，菜单控件不在 VB 的工具箱中，需要在 VB 的“菜单编辑器”中进行菜单的设计。

1．菜单编辑器

用菜单编辑器可以创建新的菜单和菜单项、在已有的菜单上增加新命令、编辑已有的菜单命令以及修改和删除已有的菜单和菜单项。

在 VB 系统，选择“工具”菜单中的“菜单编辑器”命令，或在“工具栏”上单击“菜单编辑器”按钮都可以打开菜单编辑器，如图 9-2 所示。

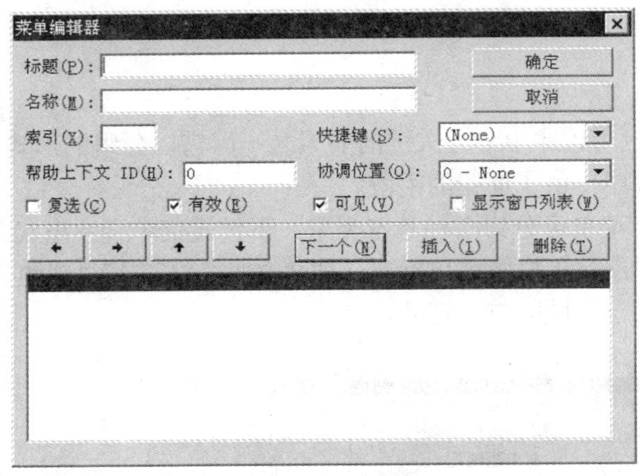

图 9-2　菜单编辑器

菜单编辑器分为三个部分：

1）菜单控件属性区。用于设置菜单项的各个属性，表 9-1 列出其中的主要属性。

表 9-1　菜单控件的主要属性

属　性	说　明
标题（Caption）	设置菜单项的标题，相当于控件的 Caption 属性，也是显示在菜单中的字符。可以在标题中设置热键。可以用分割线将某些菜单项归为一类并与其他项隔开
名称（Name）	设置菜单项的名称，相当于控件的 Name 属性。菜单项的命名规则与控件的命名规则相同
索引（Index）	设置菜单控件数组的下标，相当于控件数组的 Index 属性
快捷键（Shortcut）	可设置与菜单项等价的快捷键。在程序运行时，按下快捷键会立刻运行一个菜单项。快捷键的赋值包括功能键与控制键的组合，如〈Ctrl+F1〉键或〈Ctrl+A〉键。它们出现在菜单中相应菜单项的右边
复选（Checked）	“复选”属性设置为 True 时，可以在相应的菜单项旁加上记号“√”。表明该菜单项当前处于活动状态
有效（Enabled）	用来设置菜单项的操作状态。如果该属性被设置为 False，则相应的菜单项会变“灰”，不响应用户事件
可见（Visible）	设置该菜单项是否可见。如果该属性被设置为 False，则相应的菜单项将被暂时从菜单中去掉，直到该属性重新被设置为 True

说明：其他属性可参见 VB 的联机帮助。

2）编辑区。编辑区共有七个按钮，用来对输入的菜单项进行简单的编辑，如表 9-2 所示。

表 9-2 编辑区的按钮

按　钮	说　明
← →	用来产生或取消内缩符号（…），内缩符号可以确定菜单的层次。单击一次右箭头产生一个内缩符号，单击一次左箭头则删除一个内缩符号
↑ ↓	用于调整菜单项的上下位置。当位于菜单控件列表框中的菜单项被选中后，可以通过上、下箭头来移动其位置
下一个(N)	用于进入下一个菜单项的设计
插入(I)	在光标所在处插入一个空白菜单项
删除(T)	删除光标所在处的菜单项

3）菜单控件列表框。菜单控件列表框位于菜单编辑器的下部，输入的菜单项在这里显示出来，并通过内缩符号表明菜单项的层次，如图 9-3 所示。

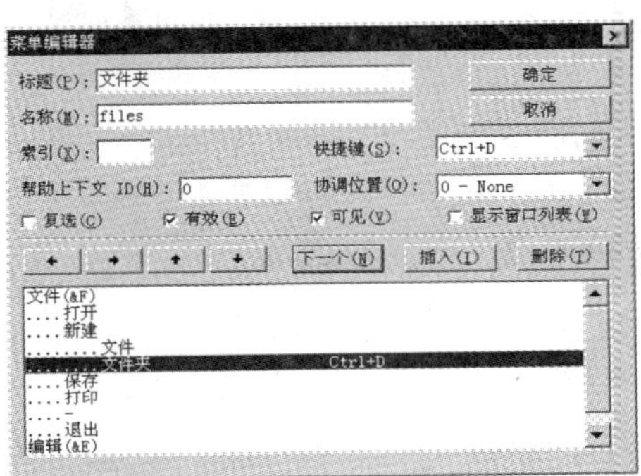

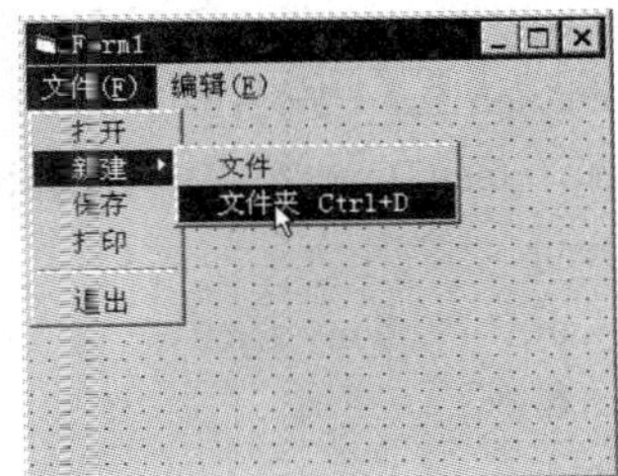

图 9-3　菜单控件列表框与对应的菜单项

2. 下拉式菜单的设计

下面通过一个例子来说明菜单程序设计的基本方法和步骤，这个方法具有通用性，无论多复杂的菜单都可以通过这个方法设计出来。

【例 9-1】为【例 4-13】中的电子标题板增加一个菜单，利用菜单来控制标题板的内容、字体及字体风格等，如图 9-4 所示。

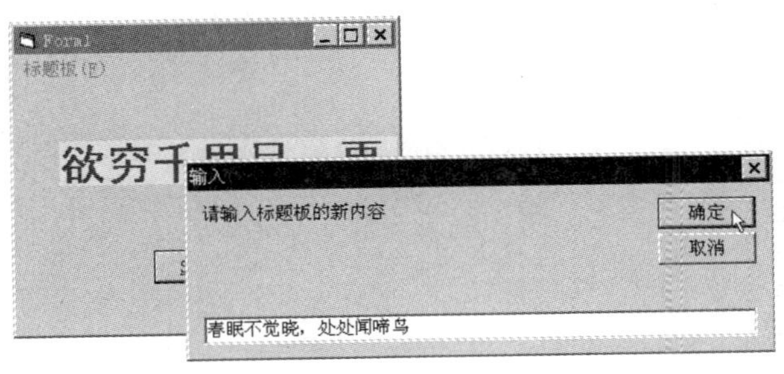

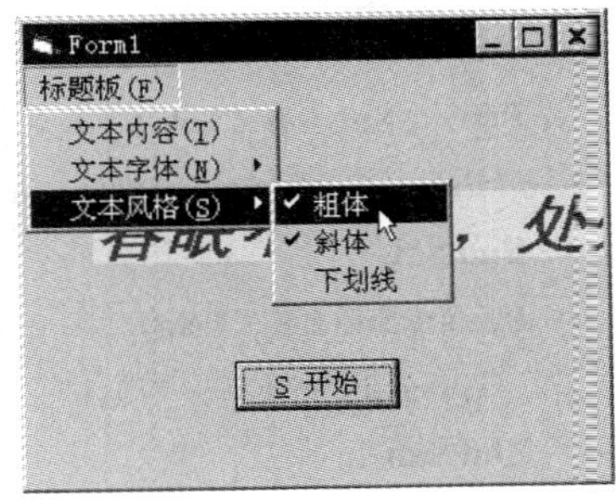

图 9-4　利用菜单控制标题板

只需在【例 4-13】的基础上作如下修改：

1）打开菜单编辑器，按照表 9-3 设计菜单项。

表 9-3　菜单项的设置

标题（Caption）	名称（Name）	说　明
标题板（&F）	menu	主菜单项 1
....文本内容（&T）	txt	子菜单项 11
....文本字体（&N）	nam	子菜单项 12
....宋体	song	子菜单项 121
....隶书	li	子菜单项 122
....楷体	kai	子菜单项 123
....黑体	hei	子菜单项 124
....文本风格（&S）	styl	子菜单项 13
....粗体	bld	子菜单项 131
....斜体	itl	子菜单项 132
....下划线	undrln	子菜单项 133

2）编写菜单项代码。

编写“文本内容”项 Txt 的 Click 事件代码：

```
Private Sub Txt_Click()
  temp = InputBox（"请输入标题板的新内容", "输入", Label1.Caption）
  If temp <> "" Then
    Label1.Caption = temp
  End If
End Sub
```

编写“文本字体”中四个菜单选项的 Click 事件代码：

```
Private Sub song_Click()
  Label1.FontName = "宋体"
End Sub
Private Sub li_Click()
  Label1.FontName = "隶书"
End Sub
Private Sub kai_Click()
  Label1.FontName = "楷体_GB2312"
End Sub
Private Sub hei_Click()
  Label1.FontName = "黑体"
End Sub
```

编写“文本风格”中三个菜单选项的 Click 事件代码：

```
Private Sub bld_Click()
  bld.Checked = Not bld.Checked
```

```
    Label1.FontBold = bld.Checked
End Sub
Private Sub Itl_Click()
    Itl.Checked = Not Itl.Checked
    Label1.FontItalic = Itl.Checked
End Sub
Private Sub Undrln_Click()
    Undrln.Checked = Not Undrln.Checked
    Label1.FontUnderline = Undrln.Checked
End Sub
```

3. 菜单控件数组

既然 VB 将菜单项视为控件，因此就能运用控件数组的概念。菜单控件数组的作用主要有两个：

1）用于动态地增删菜单项。

2）简化编程，用一段代码处理多个菜单项。

【例 9-2】在【例 9-1】中使用菜单控件数组。

只需在【例 9-1】的基础上作如下修改：

1）打开菜单编辑器，按照表 9-4 修改菜单项。

表 9-4　菜单项的修改

标题（Caption）	名称（Name）	索引（Index）	说　明
标题板（&F）	Menu		主菜单项 1
....文本内容（&T）	txt		子菜单项 11
....文本字体（&N）	txtFont		子菜单项 12
........宋体	fname	1	子菜单项 121
........隶书	fname	2	子菜单项 122
........楷体	fname	3	子菜单项 123
........黑体	fname	4	子菜单项 124
....文本风格（&S）	Styl		子菜单项 13
........粗体	Styly	1	子菜单项 131
........斜体	Styly	2	子菜单项 132
........下划线	Styly	3	子菜单项 133

2）修改菜单项代码。

删除原“文本字体”中四个菜单选项的 Click 事件代码，编写“文本字体”菜单中的菜单控件数组 fname 的 Click 事件代码：

```
Private Sub fname_Click(Index As Integer)
    Select Case Index
        Case 1
            Label1.Fontname = "宋体"
        Case 2
```

```
            Label1.Fontname = "隶书"
        Case 3
            Label1.Fontname = "楷体_GB2312"
        Case 4
            Label1.Fontname = "黑体"
    End Select
End Sub
```

删除原“文本风格”中三个菜单选项的 Click 事件代码，编写“文本风格”菜单中的菜单控件数组 Styly 的 Click 事件代码：

```
Private Sub Styly_Click(Index As Integer)
    Styly(Index).Checked = Not Styly(Index).Checked
    Select Case Index
        Case 1
            Label1.FontBold = Styly(Index).Checked
        Case 2
            Label1.FontItalic = Styly(Index).Checked
        Case 3
            Label1.FontUnderline = Styly(Index).Checked
    End Select
End Sub
```

4．菜单项的可用与不可用

VB 设计的菜单可以根据程序的运行状态动态地进行调整。当菜单项所指示的操作不适合当前的环境时，可以暂时将其关闭，不让用户选择该菜单项，也可以干脆把它隐藏起来，就像根本没有这个菜单项一样，等到条件成熟时，再重新显示被隐藏的菜单项。

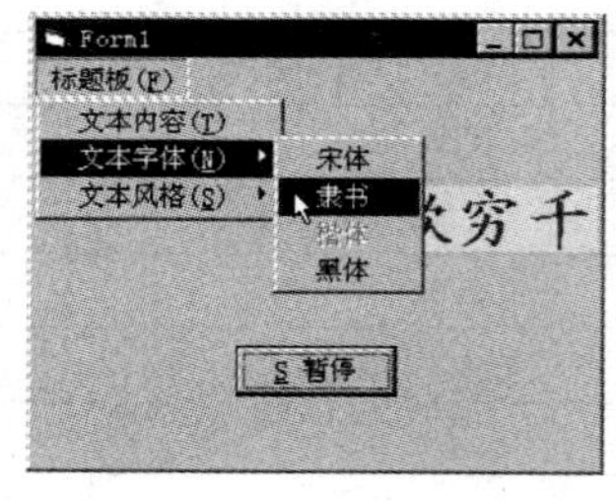

图 9-5　菜单项的可用与不可用

【例 9-3】在【例 9-2】中，当前文本的字体在菜单中被关闭——菜单项呈灰色，可以选择未被选择的字体，如图 9-5 所示。

只需在【例 9-2】的基础上修改“文本字体”菜单中的菜单控件数组 fname 的 Click 事件代码：

```
Private Sub fname_Click(Index As Integer)
    Select Case Index
        Case 1
            Label1.Fontname = "宋体"
        Case 2
            Label1.Fontname = "隶书"
        Case 3
            Label1.Fontname = "楷体_GB2312"
        Case 4
            Label1.Fontname = "黑体"
    End Select
    For Each x In fname
        x.Enabled = Iif(x.Index = Index, False, True)
```

```
    Next
End Sub
```

隐藏一个菜单项的办法也是很简单的。在上面的例子中，修改“文本字体”菜单中的菜单控件数组 Fontname 的 Click 事件代码如下，即可隐藏或重现菜单项（如图 9-6 所示）。

```
Private Sub fname_Click(Index As Integer)
    Select Case Index
        Case 1
            Label1.FontName = "宋体"
        Case 2
            Label1.FontName = "隶书"
        Case 3
            Label1.FontName = "楷体_GB2312"
        Case 4
            Label1.FontName = "黑体"
    End Select
    For Each x In fname
        x.Visible = Iif(x.Index = Index, False, True)
    Next
End Sub
```

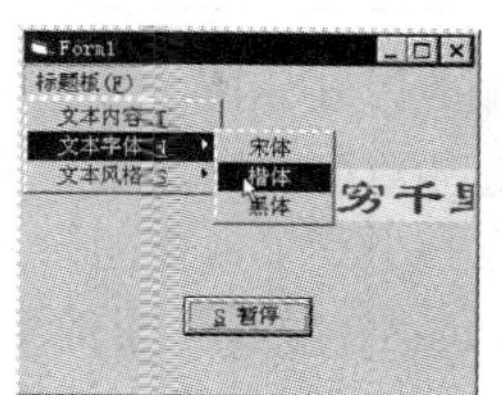

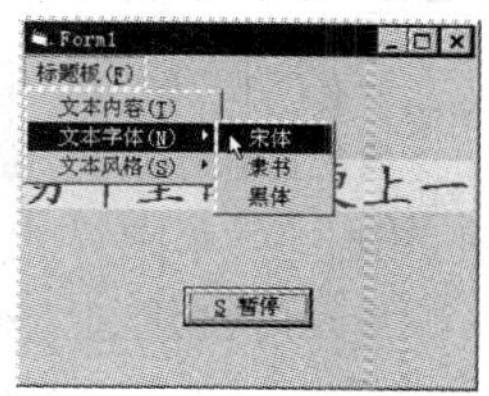

图 9-6　隐藏和重现菜单项

即可隐藏或重现菜单项，如图 9-6 所示。

9.1.2　弹出式菜单

虽然下拉式菜单能够根据程序的运行情况动态地调整其可见性及有效性，也可以动态地增减菜单项，但其对用户的当前操作跟踪不够。

弹出式菜单能以灵活的方式为用户提供更加便利的操作，它可以根据用户右击时的位置，动态地调整菜单项的显示位置，同时也改变菜单项显示内容，因此弹出式菜单又称为“上下文菜单”或“快捷菜单”。

为了显示“弹出式菜单”，可以使用 PopupMenu 方法，语法为

[〈窗体名〉.] PopupMenu〈菜单名〉[, flags [,x [, y [, boldcommand]]]]

说明：

1）省略〈窗体名〉，将打开当前窗体的菜单。

2）〈菜单名〉是指通过菜单编辑器设计的菜单（至少有一个子菜单项）的名称（Name）。

3）Flags 参数为一些常量数值的设置，包含位置常数及行为常数两个指定值，如表 9-5 和表 9-6 所示。

表 9-5　位置常数

位 置 常 数	说　　明
0（默认）	菜单左上角位于 X
4	菜单上框中央位于 X
8	菜单右上角位于 X

表 9-6　行为常数

行为常数	说　明
0（默认）	菜单命令只接收右键单击
2	菜单命令可接收左、右键单击

两个常数可以相加或以 or 相连。

4）Boldcommand 参数可以指定在显示的弹出式菜单中以粗体字体出现的菜单项的名称。在弹出式菜单中只能有一个菜单项被加粗。

5）为创建一个不显示在菜单栏里的菜单，可在设计时使顶级菜单项目为不可见（保证在菜单编辑器里的“Visible”复选框没有被选上）。当 VB 显示一个弹出式菜单时，指定的顶级菜单的 Visible 属性会被忽略。

【例 9-4】在【例 9-1】中实现弹出式菜单（如图 9-7 所示）。

只需增加标签和窗体的 MouseDown 事件代码：

```
Private Sub Label1_MouseDown(Button As Integer, Shift As Integer, X As Single, Y As Single)
  If Button = 2 Then
    PopupMenu Styl, 6
  End If
End Sub
Private Sub Form_MouseDown(Button As Integer, Shift As Integer, X As Single, Y As Single)
  If Button = 2 Then
    PopupMenu txtfont, 6
  End If
End Sub
```

注意：在 VB 的文本框中，即使不编程也可以得到一个弹出式菜单（如图 9-8 所示）。

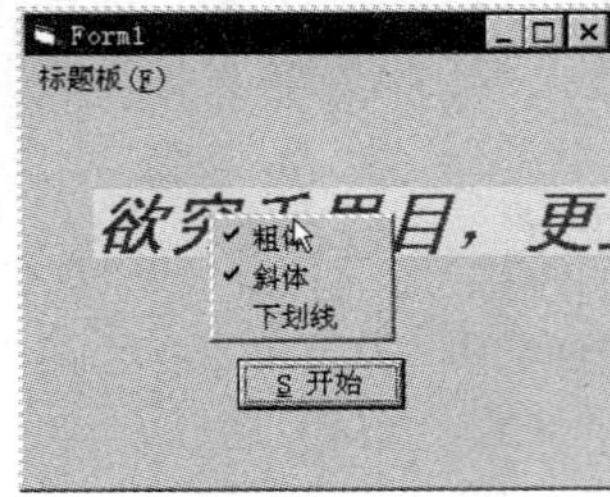

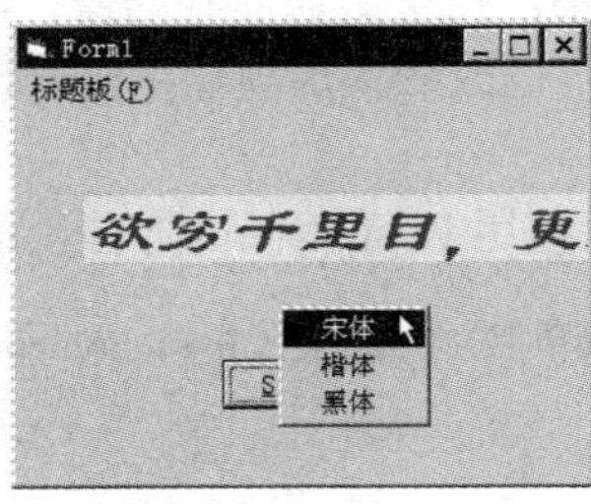

图 9-7　自定义的弹出式菜单

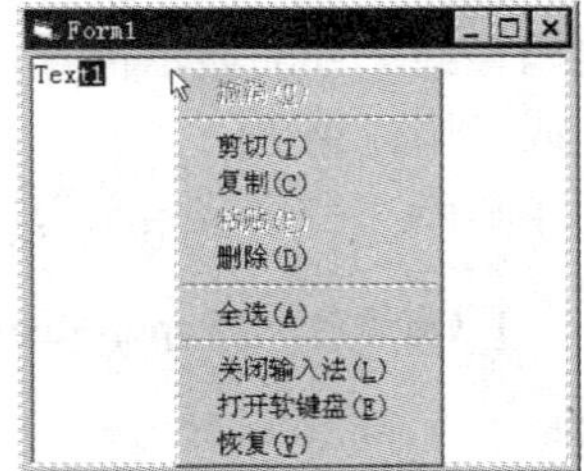

图 9-8　文本框的弹出式菜单

9.2　公共对话框

一些应用程序中常常需要进行打开和保存文件、选择颜色和字体、打印等操作，这就需要应用程序提供相应的对话框以方便使用。这些对话框作为 Windows 的资源，在 VB 中已被做成“公共对话框”控件。

“公共对话框”（Common Dialog）控件为用户提供了一组标准的系统对话框，可以使用它进行打开或保存文件、设置打印选项、选择各种颜色以及选择字体等操作。另外还可以通过调用 Windows 帮助引擎来显示应用程序的帮助。

9.2.1 添加“公共对话框”控件

“公共对话框”控件属于 VB 专业版和企业版所特有的 ActiveX 控件，位于文件“C:\Windows\System\Comdlg32.ocx”中，名称为“Microsoft Common Dialog Control 6.0”。

右击控件工具箱，在弹出菜单中选择“部件”命令，打开“部件”对话框（如图 9-9a 所示）。在“部件”对话框中，选定所需的文件，单击“确定”按钮即可将“公共对话框”控件添加到控件工具箱中（如图 9-9b 所示）。

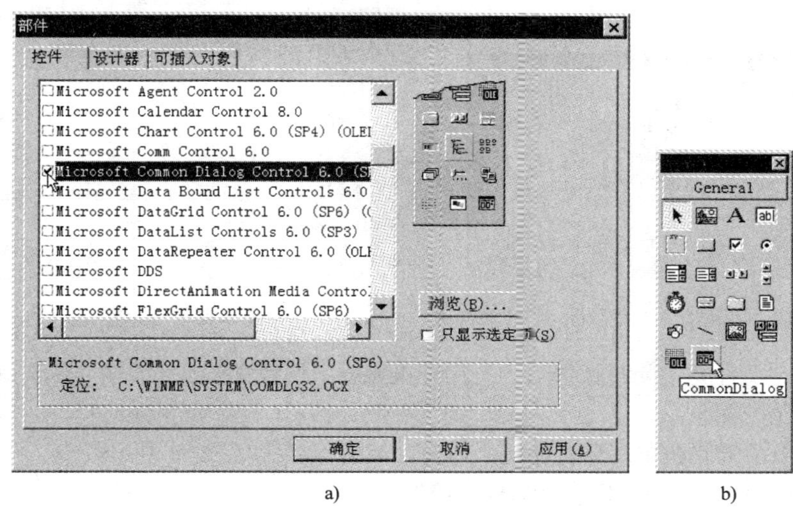

a)　　　　b)

图 9-9　添加“公共对话框”控件

9.2.2 使用“公共对话框”

在应用程序中使用“公共对话框”控件，需要将它添加到窗体中。由于在程序运行时看不见“公共对话框”控件，因此可以将它放置在窗体的任何位置。

在程序运行时，“公共对话框”可以显示一个对话框或执行帮助的引擎，所显示的对话框由控件的“方法”决定。共有六种方法来指定相应的对话框，如表 9-7 所示。

表 9-7　通用对话框控件的方法列表

名称	功能
ShowOpen	显示文件打开对话框
ShowSave	显示文件存储对话框
ShowColor	显示颜色对话框
ShowFont	显示字体对话框
ShowPrinter	显示打印对话框
ShowHelp	显示 Windows 帮助对话框

每种对话框都有自己特殊的属性，这些属性既可以在属性窗口中设置，也可以在代码中设

置，还可以在“属性页”对话框中设置。

在属性窗口中选择“(自定义)”，再单击右侧的“…”按钮，就会出现“属性页”对话框，如图 9-10 所示。

本书介绍前 5 种对话框的使用方法，帮助对话框的使用可以参见 VB 的联机帮助。

1．使用“打开”对话框

打开文件是 Windows 应用程序（例如 Office）中的常用操作。“打开”对话框可以用来指定文件所在的驱动器、文件夹、文件名以及文件扩展名，如图 9-11 所示。

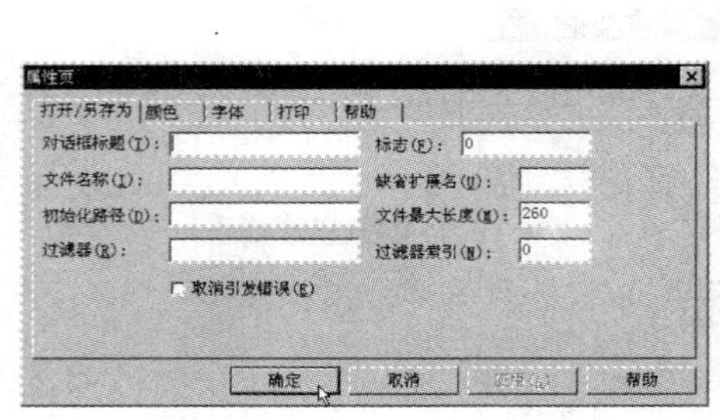

图 9-10 “属性页”对话框

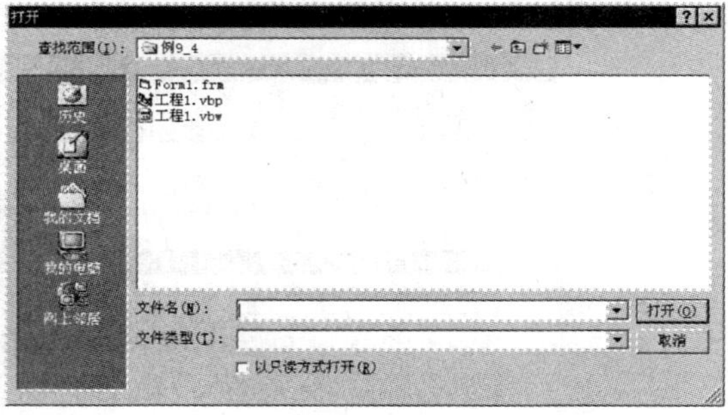

图 9-11 “打开”对话框

运行时选定文件并关闭对话框后，可用 FileName 属性得到文件所在的驱动器、文件夹、文件名以及文件扩展名。

使用“打开”对话框的步骤如下：

1）首先在窗体中增加“公共对话框”控件。

2）然后在“属性页”对话框中设置属性，其中各属性描述如表 9-8 所示。

表 9-8 属性页各属性介绍

属　　性	描　　述
对话框标题（DialogTitle）	用于设置对话框的标题，默认值为“打开”
文件名称（FileName）	用于设置对话框中“文件名称”的默认值，并返回用户所选中的文件名
初始化路径（InitDir）	用于设置初始的文件目录，并返回用户所选择的目录。若不设置该属性，系统默认当前目录
过滤器（Filter）	用于设置显示文件的类型，格式为：描述|通配符，若需设置多项时，可以用管道符（|）隔开. 如:All Files（*.*）|*.*|Text Files（*.TXT）|*.txt
标志（Flags）	用于设置对话框的一些选项,可以是多个值的组合
缺省扩展名（DefaultExt）	为该对话框返回或设置默认的文件扩展名，当保存一个没有扩展名的文件时，自动给该文件指定由 DefaultExt 属性指定的扩展名
文件最大长度（MaxFileSiz）	用于指定文件的最大字节数。该属性的范围是 1B～32KB。默认值是 256B
过滤器索引（FilterIndex）	设置“打开”或“另存为”对话框中默认过滤器的索引。当用 Filter 属性为“打开”或“另存为”对话框指定过滤器时，该属性指定默认的过滤器。对于所定义的第一个过滤器其索引是 1

3）最后使用 CommonDialog 控件的 ShowOpen 方法来显示“打开”对话框：

```
控件名.ShowOpen
```

2．使用“另存为”对话框

“另存为”对话框可以用来指定文件所要保存的驱动器、文件夹、文件名以及文件扩展名，如图 9-12 所示。

使用“另存为”对话框的步骤同上，首先应在窗体中增加“公共对话框”控件，然后在“属性页”对话框中设置属性，其中属性页的设置同上。最后使用 CommonDialog 控件的 ShowSave 方法来显示“另存为”对话框：

```
控件名.ShowSave
```

3．使用“颜色”对话框

“颜色”对话框用来在调色盘中选择颜色，或者创建自定义颜色，如图 9-13 所示。

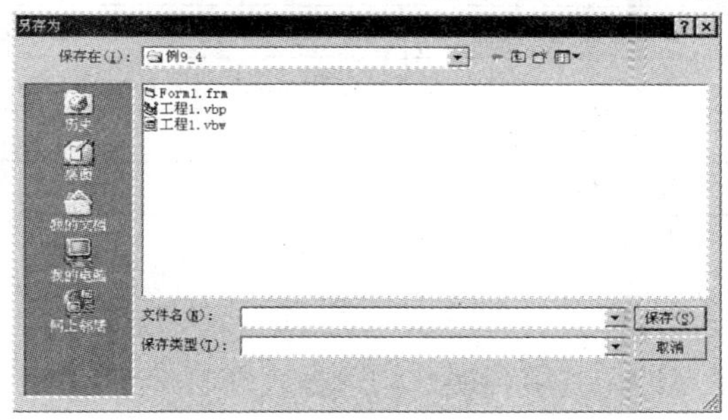

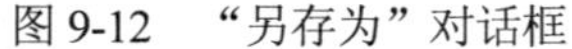

图 9-12 “另存为”对话框

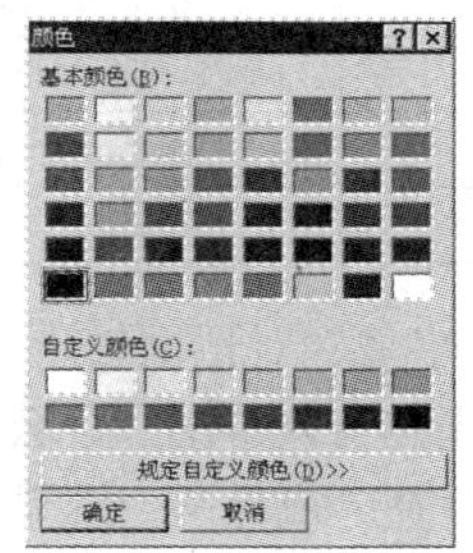

图 9-13 “颜色”对话框

运行时选定颜色并关闭对话框后，可用 Color 属性得到所选的颜色。使用“颜色”对话框的步骤如下：

1）首先在窗体中增加“公共对话框”控件。

2）然后在“属性页”对话框中设置属性，其中各属性描述如表 9-9 所示。

表 9-9 “颜色属性页”属性介绍

属　性	描　述
颜色（Color）	用于设置初始颜色，并可返回用户所选择的颜色
标志（Flags）	设置对话框的一些颜色

3）最后使用 CommonDialog 控件的 ShowColor 方法来显示“颜色”对话框：

```
控件名.ShowColor
```

4．使用“字体”对话框

“字体”对话框设置并返回所用字体的名字、样式、大小、效果及颜色，如图 9-14 所示。

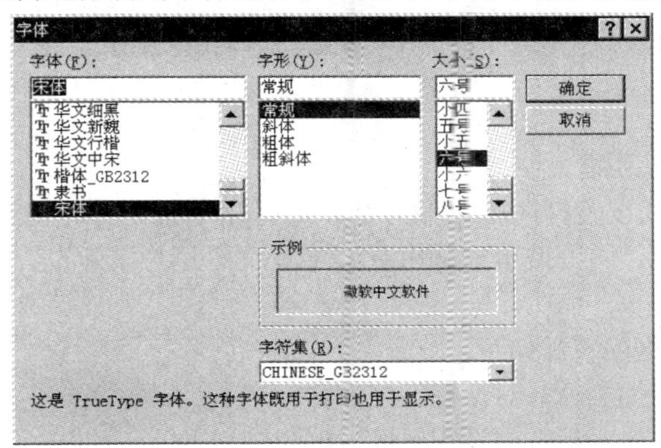

图 9-14 “字体”对话框

运行时选定设置并关闭对话框后，所做的设置将包含在表 9-10 中。

表 9-10　“字体”对话框确定的属性

名　称	属　性	说　明
颜色	Color	如要使用这个属性，必须先将 Flags 属性设置为 cdlCFEffects 或 256
字体样式-粗体	FontBold	
字体样式-斜体	FontItalic	
效果-删除线	FontStrikethru	如要使用这个属性，必须先将 Flags 属性设置为 cdlCFEffects 或 256
效果-下画线	FontUnderline	如要使用这个属性，必须先将 Flags 属性设置为 cdlCFEffects 或 256
字体	FontName	设置字体的名称
大小	FontSize	设置字体的大小

使用“字体”对话框的步骤如下：

1）首先在窗体中增加“公共对话框”控件。

2）然后在“属性页”对话框中设置属性，其中各属性描述如表 9-11 所示。

表 9-11　“属性页”对应属性介绍

属　性	描　述
FontName	用于设置字体名称中的初始字体，并可返回用户所选择的字体名称
FontSize	用于设置对话框中的初始字体大小，并可返回用户所选择的字体大小。默认值为 8
Min、Max	用于设置对话框中“大小”列表框中的最小值和最大值
Flags	设置对话框的一些选项
Style	用于设置字体风格，并可返回用户选中的字体风格，它包括四个选项：粗体（FontBold）、斜体（FontItalic）、下画线（FontUnderline）、水平删除线（FontStrikethru）

注意：必须将 Flags 属性设为下列常数之一与其他选项之和：

cdlCFScreenFonts 或 1（屏幕字体）

cdkCFPrinterFonts 或 2（打印机字体）

cdlCFBoth 或 3（=1+2　两种字体皆有）

例如：设为 259（=256+3 是 cdlCFEffects 常数与 3 之和，在对话框中将出现颜色、效果等选项）。

3）最后使用 CommnnDialog 控件的 ShowFont 方法来显示“字体”对话框：

控件名.ShowFont

5. 使用“打印”对话框

“打印”对话框可以设置打印输出的方法，如打印范围、打印份数、打印质量等打印属性。此外，对话框还显示当前安装的打印机的信息，允许用户重新设置默认打印机，如图 9-15 所示。

使用“打印”对话框的步骤如下：

1）首先在窗体中增加“公共对话框”控件。

2）然后在“属性页”对话框中设置属性，如图 9-16 所示。

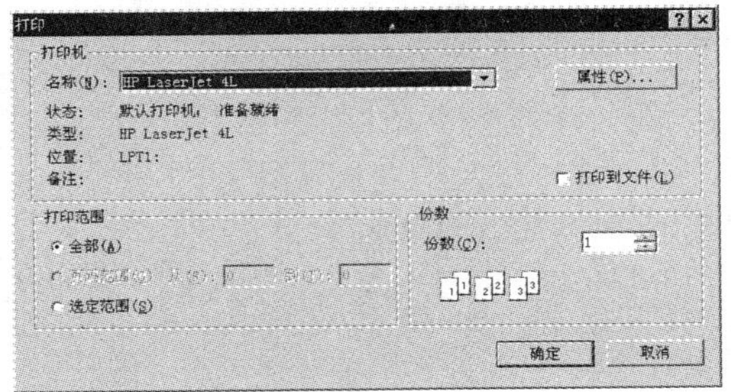

图 9-15 “打印”对话框

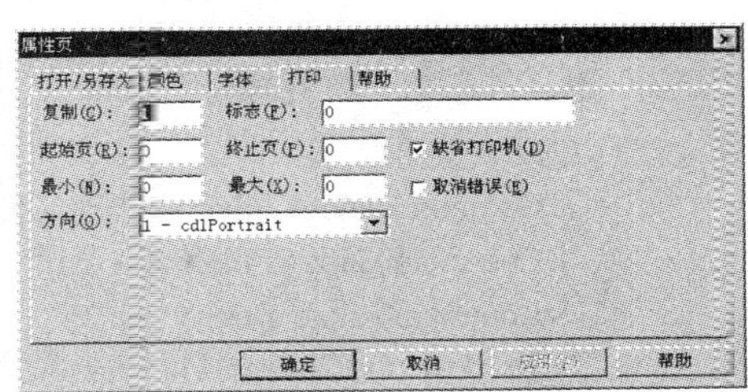

图 9-16 “属性页”对话框

其中“属性页”对应的属性如表 9-12 所示。

表 9-12 “属性页”对应属性介绍

属　性	描　述
复制（Copies）	用于设置打印的份数
标志（Flags）	设置对话框的一些选项。当 Flags 属性为 256 时，将显示“打印设置”对话框
最小（Min）	用于设置可打印的最小页数
最大（Max）	用于设置可打印的最大页数
起始页（FromPage）	用于设置要打印的起始页数
终止页（ToPage）	用于设置要打印的终止页数
方向（Orientation）	用于确定以纵向或横向模式打印文档

3）最后使用 CommonDialog 控件的 ShowPrinter 方法来显示“打印”对话框：

控件名.ShowPrinter

【例 9-5】使用公共对话框控件的例子（如图 9-17 所示）。

1）建立应用程序用户界面与设置对象属性。选择“新建”工程，进入窗体设计器，首先增加一个公共对话框 Commondialog1、一个框架 Frame1 和一个命令按钮数组 Command1（0）～Command1（3）。然后，选定框架 Frame1，在其中增加一个文本框 Text1。并且参照图 9-17b 设置窗体中各控件的属性。

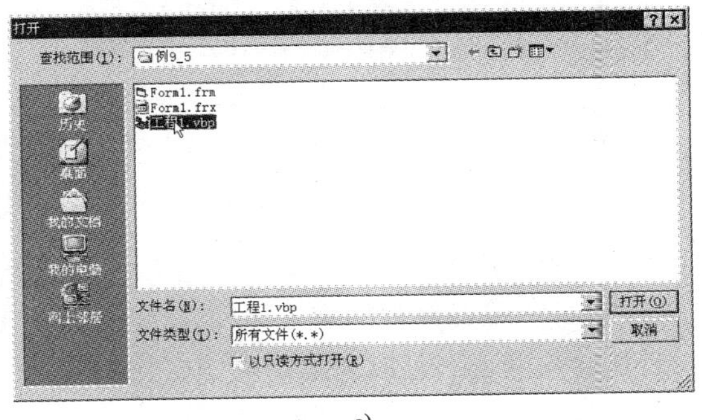

a)

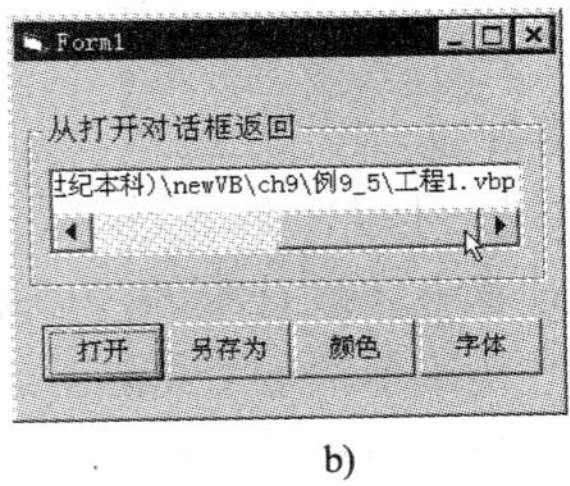

b)

图 9-17 使用“公共对话框”控件

2）编写命令按钮数组 Command()的 Click 事件代码：

```
Private Sub Command1_Click(Index As Integer)
  n = Index
  Select Case n
    Case 0
      CommonDialog1.Filter = "所有文件(*.*)|*.*|文本文件(*.TXT)|*.txt"
      CommonDialog1.FilterIndex = 1
      CommonDialog1.ShowOpen
      Text1.Text = CommonDialog1.FileName
      Frame1.Caption = "从打开对话框返回"
    Case 1
      CommonDialog1.ShowSave
      Text1.Text = CommonDialog1.FileName
      Frame1.Caption = "从另存为对话框返回"
    Case 2
      CommonDialog1.ShowColor
      Text1.Text = "从颜色对话框返回"
      Text1.ForeColor = CommonDialog1.Color
      Frame1.Caption = "从颜色对话框返回"
    Case 3
      CommonDialog1.Flags = 3 Or 256
      CommonDialog1.ShowFont
      With Text1
        .FontName = CommonDialog1.FontName
        .FontSize = CommonDialog1.FontSize
        .FontStrikethru = CommonDialog1.FontStrikethru
        .FontBold = CommonDialog1.FontBold
        .FontItalic = CommonDialog1.FontItalic
        .FontUnderline = CommonDialog1.FontUnderline
        .ForeColor = CommonDialog1.Color
      End With
      Text1.Text = "从字体对话框返回"
      Frame1.Caption = "从字体对话框返回"
  End Select
End Sub
```

9.3 习题

一、选择题

1．下列关于 VB 菜单的叙述中错误的是（　　）。

A．在程序运行期间，可以通过控件数组实现菜单项的增减操作

B．在菜单项的 Caption 属性中，使用字符“&”可以为菜单项定义访问键

C．当菜单项的 Caption 属性为“-”时，将显示为一个菜单分割线

D．菜单项的 Caption 属性不可以为空字符串

2．设菜单编辑器中的各菜单项的属性设置如表 9-13 所示。

表 9-13　菜单项的属性设置

序号	标题	名称	复选	有效	可见	内缩符号
1	File	File		√	√	无
2	Open	OpenFile		√	√	1
3	Save	SaveFile		√		1
4	Exit	EndOfAll			√	1
5	Help	Show Help	√		√	1

针对上述属性设置，以下叙述中错误的是（　　）。

A．属性设置有错，存在“标题”与“名称”重名现象

B．运行程序，序号为“3”的菜单项不显示

C．运行程序，序号为“4”的菜单项不可用

D．运行程序，序号为“5”的菜单项前显示“√”

3．以下关于通用（公共）对话框的叙述中，错误的是（　　）。

A．若没有指定 InitDir 属性值，则起始目录为当前目录

B．用一个通用对话框控件可以建立几种不同的对话框

C．FileTitle 属性指明了文件对话框中所选择的文件名

D．文件对话框属性 FilterIndex 指定默认过滤器，它是一个从 0 开始的整数

4．以下关于菜单设计的叙述中错误的是（　　）。

A．各菜单项可以构成控件数组

B．每个菜单项可以看成是一个控件

C．设计菜单时，菜单项的“有效”未选，表示该菜单项不显示

D．菜单项只响应单击事件

5．窗体上有一个名称为 CommonDialog1 的通用对话框，一个名称为 Command1 的命令按钮，并有如下事件过程：

```
Private Sub Command1_Click()
    CommonDialog1.DefaultExt = "doc"
    CommonDialog1.FileName = "VB.txt"
    CommonDialog1.Filter = "All(*.*)|*.*|Word|*.Doc|"
    CommonDialog1.FilterIndex = 1
    CommonDialog1.ShowSave
End Sub
```

运行上述程序，如下叙述中正确的是（　　）。

A．打开的对话框中文件“保存类型”框中显示“All(*.*)”

B．实现保存文件的操作，文件名是 VB.txt

C．DefaultExt 属性与 FileName 属性所指明的文件类型不一致，程序出错

D．对话框的 Filter 属性没有指出 txt 类型，程序运行出错

二、上机题

1．在名称为 Form1 的窗体上建立一个二级下拉菜单，第一级共有两个菜单项，标题分别为“文件”“编辑”，名称分别为 file、edit；在“编辑”菜单下有第二级菜单，含有三个菜单项，标题分别为“剪切”“复制”“粘贴”，名称分别为 cut、copy、paste。其中“粘贴”菜单项设置

为无效（如图 9-18 所示）。

2．在 Form1 的窗体上画一个名称为 Text1 的文本框，然后建立一个主菜单，标题为“操作”，名称为 Op，该菜单有两个子菜单，其标题分别为“显示”和“隐藏”，名称分别为 Dis 和 Hid，编写适当的事件过程。程序运行后，如果选择“操作”菜单中的“显示”命令，则在文本框中显示“等级考试”；如果选择“隐藏”命令，则隐藏文本框。程序的运行情况如图 9-19 所示。

3．北京、南京、西安、昆明四城市的名胜古迹和风景区如下：

北京：天安门广场、故宫、北海公园、颐和园、香山、天坛

南京：雨花台、中山陵、明孝陵、灵谷寺、栖霞山、莫愁湖

西安：钟楼、大雁塔、小雁塔、半坡博物馆、秦始皇陵和兵马俑

昆明：金殿、西山龙门、安宁温泉、滇池、大观楼公园

建立一个弹出式菜单，该菜单包括四个命令，分别为北京、南京、西安和昆明。程序运行后，选择弹出菜单中的某个命令，在标签中显示相应城市的名字，而在文本框中显示相应的名胜古迹和风景区的名字，如图 9-20 所示。

图 9-18　上机题 1

图 9-19　上机题 2

图 9-20　上机题 3

4．编写程序，在窗体上显示一行信息，通过自定义的颜色对话框和字体对话框改变这行信息的颜色和字体，如图 9-21 所示。

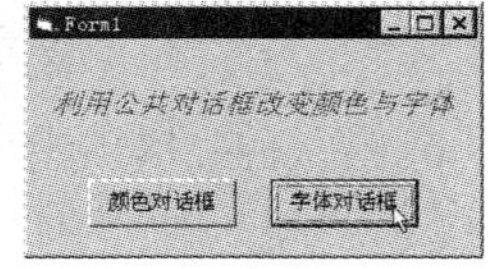

图 9-21　程序设计与运行

5．在窗体上画一个文本框和三个命令按钮，在文本框中输入一段文本（汉字），然后实现以下操作：

1）通过字体对话框把文本框中文本的字体设置为黑体，字体样式设置为粗斜体，字体大小设置为 24。该操作在第一个命令按钮的事件过程中实现。

2）通过颜色对话框把文本框中文字的前景色设置为红色。该操作在第二个命令按钮的事件过程中实现。

3）通过颜色对话框把文本框中文字的背景色设置为黄色。该操作在第三个命令按钮的事件过程中实现。

6．在窗体上画上一个文本框 Text，四个标签，属性设置如图 9-22 所示，另外再设计一个“数制转换”的菜单，含有两个子菜单，分别为：“八进制”“十六进制”。编写过程，使得程序运行时，在文本框中输入一个十进制数值。然后分别单击主菜单“数制转换”的子菜单项，可以在相应的标签内以不同的进制显示输入的数值，并在菜单前加标记符。程序运行的界面如图 9-22 所示。

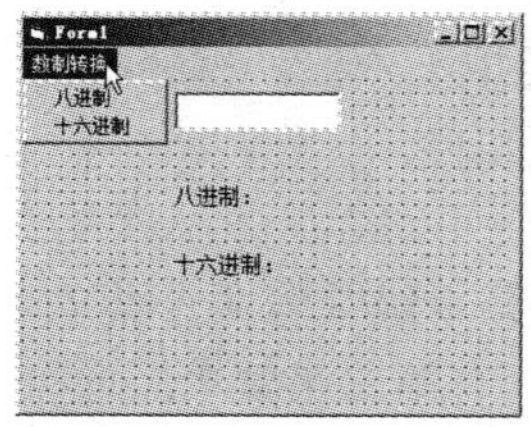

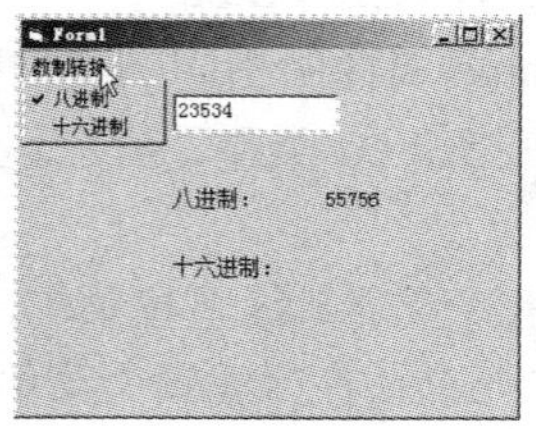

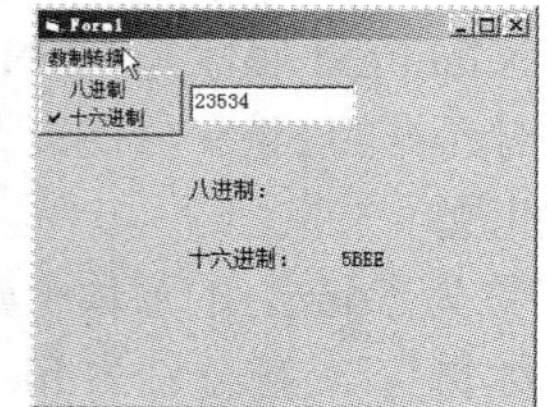

图 9-22　上机题 6

第 10 章　多重窗体与环境应用

到目前为止，所介绍的每个程序都只使用一个窗体来处理输入和输出。在很多情况下，与用户进行交互一个窗体也就足够了。但是，如果想为用户提供更多的信息（或从用户那里获得更多信息），就需要使用多个窗体。

10.1　多重窗体与多文档窗体

VB 允许在一个工程（程序）中使用多个窗体。多窗体程序一般有两种形式，单文档界面（SDI）和多文档界面（MDI）。前者又称为多重窗体界面，每个窗体都是独立的、平等的；后者所包含的多个窗体则被放置在一个（父）窗体中，父窗体为应用程序中所有的（子）窗体提供工作空间。

10.1.1　建立多重窗体应用程序

多重窗体应用程序的代码是针对各个窗体编写的，因此其设计基础是单个窗体的设计，而在多重窗体应用程序中添加和删除窗体的操作需要使用“工程”菜单。

1．在工程中添加窗体

在当前工程中添加一个新的窗体有三种方法：

- 在“工程”菜单中选择“添加窗体”菜单命令。
- 在工具栏中选择“添加<项>”，单击其下拉箭头，从弹出的列表中选择“添加窗体”命令。
- 在工程资源管理器中的工程图标上右击，打开快捷菜单，选择“添加”子菜单下的“添加窗体”命令。

这时打开“添加窗体”对话框，提示欲建立窗体的类型（如图 10-1 所示，VB 的不同版本预定义窗体集也不一样）。可以选择建立一个新的空白窗体或建立为特定任务设计的半成品窗体。添加的新窗体（设为第二个）被命名为 Form2，后续的窗体则分别命名为 Form3、Form4 等。可以在属性窗口修改新窗体的名称。

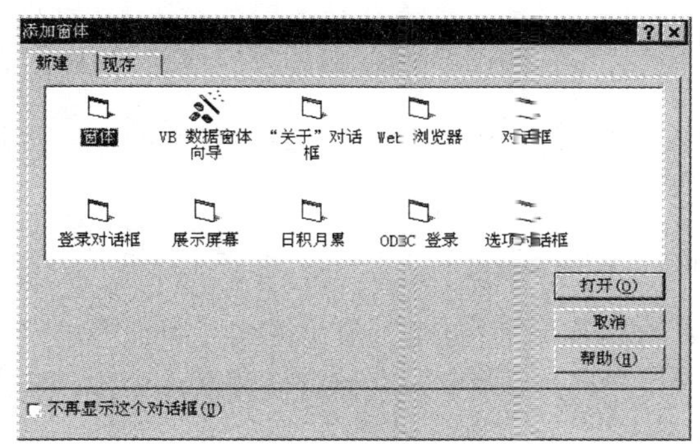

图 10-1　“添加窗体”对话框

2．在工程中删除窗体

从工程中删除窗体的方法有两种：

- 先选定欲删除的窗体，然后选择“工程”菜单中“移除〈窗体名〉”命令。
- 在工程资源管理器中欲删除的窗体名上右击，打开快捷菜单，选择“移除〈窗体名〉”命令。

3．保存窗体

每建立一个新的窗体，都应将窗体存盘，一个窗体保存在一个扩展名为 frm 的窗体文件中。保存窗体可以在“文件”菜单中选择“保存〈窗体名〉”或“〈窗体名〉另存为”命令。

对于新建立的工程，在“文件”菜单中选择“保存工程”或“工程另存为”选项，系统将自动弹出对话框，提示用户保存工程的各个文件，如标准模块文件（*.bas）、窗体文件（*.frm）、工程文件（*.vbp）。

4．使用工程资源管理器

多重窗体实际上是单一窗体的集合，每个窗体都需要独立进行创建和修改。在设计时，利用工程资源管理器可以在各个窗体间进行切换（如图 10-2 所示）。

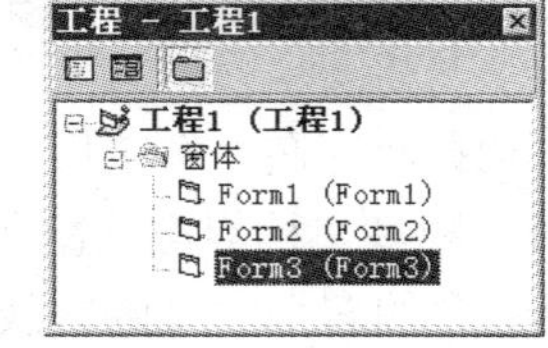

图 10-2　工程资源管理器

10.1.2　多重窗体程序的执行

在单窗体工程中，所有的操作都在一个窗体中完成，不需要在多个窗体间切换。而在多窗体工程中，则需要打开、关闭、显示或隐藏指定的窗体，下面介绍相应的语句和方法。

1．加载与卸载窗体

加载窗体是指将窗体文件装入内存，而卸载窗体是指将窗体从内存中删除。VB 有两条语句专门用于对窗体进行加载与卸载的操作：Load 语句和 Unload 语句。

1）Load 语句是加载窗体的命令，其语法格式为

Load〈窗体名〉

其中〈窗体名〉即窗体的 Name 属性。执行 Load 语句后，可以引用窗体中的各对象，如控件及其各种属性，但此时窗体并没有显示出来。

2）Unload 语句是卸载窗体的命令，其语法格式为

Unload〈窗体名〉

该语句与 Load 语句的功能相反，它清除内存中指定的窗体。

2．显示与隐藏窗体

窗体用 Load 语句加载后，并没有被显示出来。若要显示窗体，可以使用窗体的 Show 方法，其语法格式为

[〈窗体名〉.] Show [〈窗体模式〉]

如果省略〈窗体名〉，则显示当前窗体。〈窗体模式〉用来指定窗体状态，取值为 1 或 0。当取值为 1 时，窗体为“模态型”，屏幕中只有该窗体为活动窗口，其他窗口都不能被操作。当取值为 0 时，窗体为“非模态型”。

Show 方法兼有加载与显示窗体的两种功能。在执行 Show 方法时，若窗体不在内存中，则

Show 自动加载窗体并显示出来。

若要暂时关闭窗体而不将窗体卸载，可以使用窗体的 Hide 方法将窗体隐藏起来，其语法格式为

[〈窗体名〉.] Hide [〈窗体模式〉]

Hide 方法将窗体隐藏起来，即不在屏幕上显示，但仍在内存中。

说明：窗体显示时，其 Visible 属性为 True，隐藏时 Visible 属性为 False。也可以在代码中通过修改 Visible 属性来显示或隐藏窗体。

3．启动窗体

当工程包含多个窗体的时候，VB 规定，必须指定其中一个窗体作为“启动窗体”。如果不指定启动窗体，则系统默认第 1 个建立的窗体为启动窗体。只有启动窗体才能在工程运行时自动显示出来，其他窗体必须通过 Show 方法才能看到。

指定启动窗体的步骤是：

1）选择“工程”菜单中的“〈工程名〉属性”命令，打开“工程属性”对话框（如图 10-3 所示）。

2）选择“通用”选项卡，在“启动对象”下拉列表中，选择指定的窗体作为启动窗体。

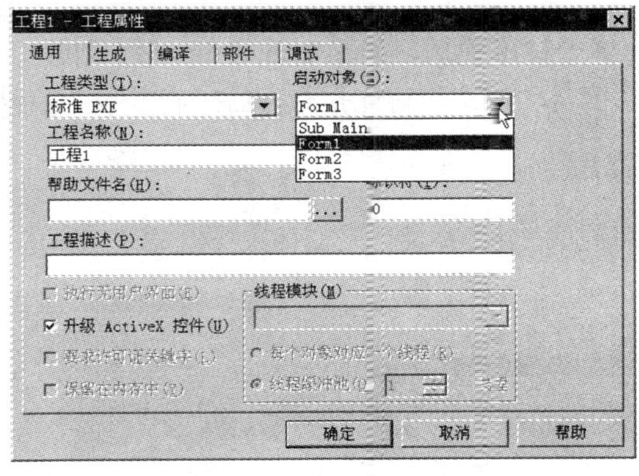

图 10-3　“工程属性”对话框

3）单击“确定”按钮。

4．程序的关闭

应用程序结束时，应卸载所有的窗体。若仍有隐藏的窗体存在，则程序继续运行。使用 End 语句结束程序，系统自动卸载工程中的所有窗体。

10.1.3　Sub Main 过程

在一个含有多个窗体或多个工程的应用程序中，有时候需要在显示多个窗体之前对一些条件进行初始化；有时候也许要应用程序启动时不加载任何窗体。例如：可能想先运行装入数据文件的代码，然后再根据数据文件的内容决定显示几个不同窗体中的哪一个。即需要在启动程序时执行一个特定的过程。在 VB 中，这样的过程称为启动过程，并命名为 Sub Main。例如：

```
Sub Main()
    Dim status As Integer
```

```
    status = GetUserStatus          ' 调用一个函数过程来检验用户状态。
    If status = 1 Then              ' 根据状态显示某个启动窗体。
        mainForm.Show
    Else
        passwordForm.Show
    End If
End Sub
```

Sub Main 过程不能在窗体模块内，必须在标准模块中。其建立方法如下：

1）选择“工程”菜单中的“添加模块”命令。

2）在打开的“添加模块”对话框中单击“打开”按钮。

3）在该模块（默认名称为 Module1）的代码窗口中输入：Sub Main 后按〈Enter〉键，系统自动给出过程的开始行和结束行。

4）在其中输入过程代码，并保存模块文件 Module1.bas。

5）选择“工程”菜单中的“工程属性”命令，打开“工程属性”对话框。

6）选择“通用”选项卡，在“启动对象”下拉列表中，选择 Sub Main 选项，并单击“确定”按钮。

说明：

1）一个工程可以含有多个标准模块，但是 Sub Main 过程只能有一个。

2）Sub Main 不能被系统自动识别而首先执行，必须将其设为启动过程。

10.1.4 多重窗体程序应用

【例 10-1】为应用程序增加一个“登录”子窗体来控制非法用户的使用，如图 10-4 所示。

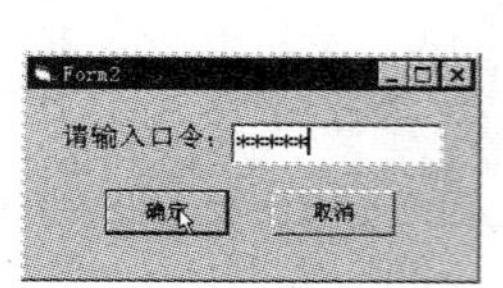

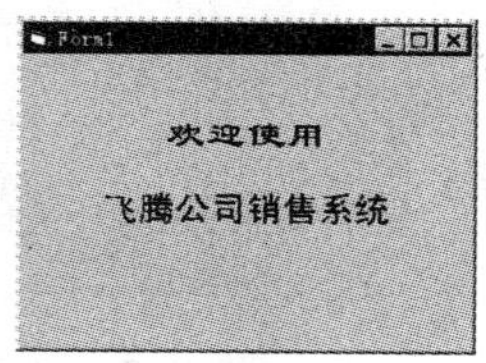

图 10-4 “登录”子窗体与应用程序窗体

1）建立应用程序用户界面与设置对象属性。选择“新建”工程，进入窗体设计器，在窗体中增加两个标签 Label1 和 Label2，并修改属性如图 10-4 所示。

2）建立“登录”子窗体界面与设置对象属性。选择“工程”菜单中的“添加窗体”命令，打开“添加窗体”对话框。单击“打开”按钮，添加一个标准窗体 Form2。在 Form2 中增加一个标签 Label1、一个文本框 Text1 和两个命令按钮 Command1、Command2。设置对象属性如图 10-4 和表 10-1 所示。

表 10-1 部分属性设置

对 象	属 性	属 性 值	说 明
Command1	Caption	确定	按钮的标题
	Default	True	默认按钮
Text1	PasswordChar	*	

3）设计“登录”子窗体Form2中代码。

编写命令按钮Command1（确定）的Click事件代码：

```
Private Sub Command1_Click()
  If Lcase(Text1.Text) = "abcde" Then
    Unload Me                              ' 卸载当前窗体
    Form1.Show
  Else
    MsgBox "对不起，口令错！"
    Text1.SelStart = 0
    Text1.SelLength = Len(Text1.Text)
    Text1.SetFocus
  End If
End Sub
```

编写命令按钮Command2（取消）的Click事件代码：

```
Private Sub Command2_Click()
  End
End Sub
```

4）指定启动窗体。

选择“工程”菜单中的“〈工程名〉属性”命令，打开“工程属性”对话框，选择“通用”选项卡，在“启动对象”下拉列表中，选择Form2作为启动窗体。

5）保存窗体。

10.1.5 多文档（MDI）窗体

多文档界面的应用可同时打开多个文档，每个文档都显示在自己的窗口中。包含文档的子窗体被放置在父窗体中，父窗体为应用程序中所有的子窗体提供工作空间。

子窗体实际上就是MDIChild属性设置为True的普通窗体，一个应用程序可以包含多个相似或不相似的MDI子窗体。在运行时，子窗体显示在MDI窗体（父窗体）的工作区内。当子窗体最小化时，它的图标显示在MDI窗体的工作区内，而不是在任务栏中。创建MDI窗体的一般步骤为：

1）选择“工程”菜单中的“添加MDI窗体”命令，系统显示“添加MDI窗体”对话框，如图10-5所示。

2）选择“新建”选项卡中的“MDI”窗体，单击“打开”按钮，屏幕上出现一个名字为Mdiform1的MDI窗体（它的底色与普通窗体不同），如图10-6所示。

3）单击工具栏上的“启动”按钮运行程序，一个空白的MDI窗体出现在屏幕上。

MDI窗体与普通窗体不同，除非控件具有Align属性（如PictureBox）或者具有不可见界面（如Timer），否则不能将控件直接放置在MDI窗体上。

任何时候，一个应用程序只能有一个MDI窗体。

要创建一个MDI子窗体，可以先创建一个新的普通窗体，然后将其MDIChild属性设为True即可。

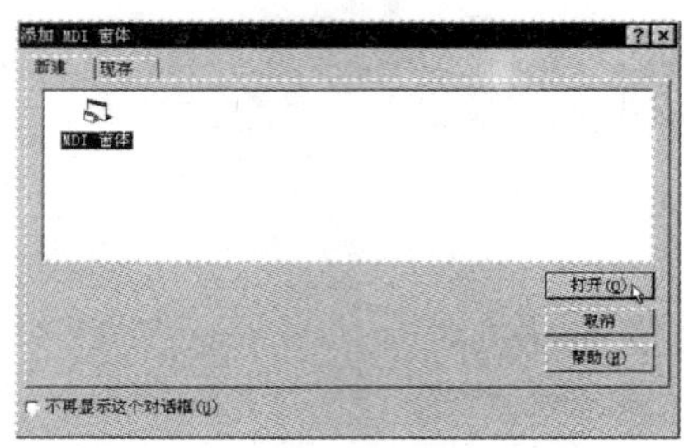

图 10-5 “添加 MDI 窗体”对话框

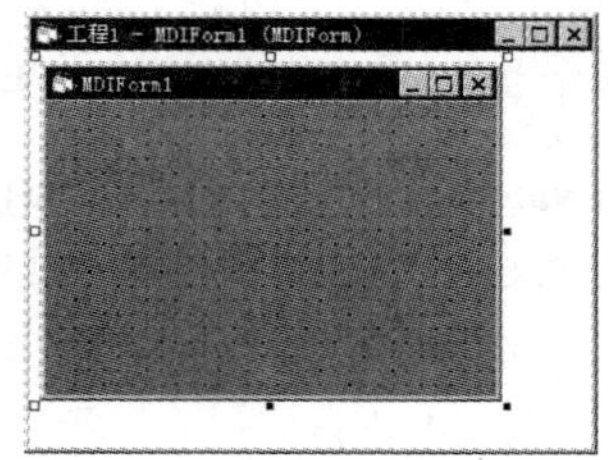

图 10-6 新添加的 MDI 窗体

多文档界面的特点如下：

1）所有子窗体均显示在 MDI 窗体（父窗体）的工作区中。用户可以改变、移动子窗体的大小，但被限制在 MDI 窗体中。

2）当最小化一个子窗体时，其图标将显示于 MDI 窗体上而不是在任务栏中。当最小化 MDI 窗体时，所有子窗体也被最小化，只有 MDI 窗体的图标出现在任务栏中。

3）当最大化一个子窗体时，其标题与 MDI 窗体的标题一起显示在 MDI 窗体的标题栏上。

4）MDI 窗体和子窗体可以有各自的菜单，当子窗体加载时，会覆盖 MDI 窗体的菜单。

10.2 DoEvents 函数与闲置循环

在一般情况下，只有当事件发生时 VB 才会执行相应的过程代码。这就是说，如果没有事件发生，应用程序将处于“闲置”状态。另一方面，当 VB 执行一个过程时，将停止对其他事件（如鼠标事件）的响应，直至过程执行完毕。也就是说，如果 VB 处于“忙碌”状态，事件过程只能在队列中等待，直到当前过程结束。

为了改变这种顺序，VB 提供了 DoEvents 函数。

10.2.1 DoEvents 函数

使用 DoEvents 函数，可以将应用程序的控制权交还给 Windows 操作系统，以便处理其他事件。当操作系统处理完队列中的事件之后，返回控制权。DoEvents 函数的语法格式为

DoEvents[()]

说明：

1）DoEvents 函数返回一个 Integer，以代表 VB 独立版本中打开的窗体数目。

2）若省略函数括号，则 DoEvents 可以作为语句使用。

【例 10-2】使用 DoEvents，可以在执行循环的过程中进行其他操作，如图 10-7 所示。

图 10-7 在执行循环的过程中进行其他操作

设计步骤如下：

1）建立应用程序用户界面与设置对象属性。选择“新建”工程，进入窗体设计器，在窗体中增加一个标签 Label1、两个命令按钮 Command1 和 Command2（改变标题），并修改属性如图 10-7 所示。

2）编写代码。

编写命令按钮 Command1（开始循环）的 Click 事件代码：

```
Private Sub Command1_Click()
  For i = 1 To 200000
    DoEvents
    For j = 1 To 1000
    Next j
    Label1.Caption = i
  Next
End Sub
```

编写命令按钮 Command2（改变标题）的 Click 事件代码：

```
Private Sub Command2_Click()
  Me.Caption = Label1.Caption
End Sub
```

说明：运行程序，单击“开始循环”按钮，将显示循环变量 i 的值。由于加了延时循环，程序的运行时间较长。如果没有 DoEvents 语句，则程序运行期间不能进行任何操作。有了 DoEvents 语句，则可以在循环的过程中进行其他操作，如移动窗体、改变窗体大小、单击“改变标题”按钮等。

10.2.2 闲置循环

编写一个循环，当程序处于闲置状态时来执行该循环，这个循环称为“闲置循环”。

【例 10-3】编写“闲置循环”程序，当没有事件发生的时候，进行计数循环，如图 10-8 所示。

1）建立应用程序用户界面与设置对象属性如图 10-8 所示。

2）编写代码。

首先在工程中添加一个模块 Module1，编写其中代码：

```
Public a As Long              ' 声明全局变量
Sub main()                    'Main 程序
  Form1.Show                  ' 显示窗体
  Do While DoEvents()         ' 闲置循环
    a = a + 1
  Loop
End Sub
```

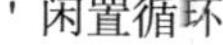

图 10-8　闲置循环

编写命令按钮 Command1（确定）的 Click 事件代码：

```
Private Sub Command1_Click()
    Label1.Caption = a
End Sub
```

3）将启动对象设为 Sub Main。

说明：执行程序，单击“确定”按钮，将显示计数变量 *a* 的值。

10.3 习题

一、选择题

1．下列关于 Sub Main 过程的描述中，错误的是（　　）。

A．Sub Main 过程可以先于窗体模块执行

B．Sub Main 过程应在标准模块中定义

C．一个工程只能有一个 Sub Main 过程

D．Sub Main 过程能被 VB 自动识别并一定首先被执行

2．假定一个 VB 应用程序由一个窗体模块和一个标准模块构成。为了保存该应用程序，以下正确的操作是（　　）。

A．保存窗体模块文件

B．分别保存窗体模块、标准模块和工程文件

C．只保存窗体模块和标准模块文件

D．只保存工程文件

3．以下叙述中正确的是（　　）。

A．窗体及窗体上所有控件的事件过程代码都保存在窗体文件中

B．在工程中只有启动窗体可以建立菜单

C．窗体名称必须与窗体文件的名称相同

D．程序一定是从某个窗体开始执行的

4．以下关于多窗体的叙述中，正确的是（　　）。

A．任何时刻，只有一个当前窗体

B．向一个工程添加多个窗体，存盘后生成一个窗体文件

C．打开一个窗体时，其他窗体自动关闭

D．只有第一个建立的窗体才是启动窗体

二、简答题

1．什么是“启动窗体”？在多窗体工程中如何设置“启动窗体”？

2.什么是多文档界面？如何将窗体设置为MDI子窗体？MDI子窗体是否可以有自己的菜单？

第 11 章　键盘与鼠标事件过程

除了响应鼠标的单击（Click）或双击（DblClick）事件以外，VB 应用程序还能响应多种鼠标事件和键盘事件。例如，窗体、图片框与图像控件都能检测鼠标指针的位置，并可判定其左、右键是否已按下，还能响应鼠标按钮与〈Shift〉、〈Ctrl〉或〈Alt〉键的各种组合。键盘事件则能够响应各种按键操作的 KeyDown、KeyUp 及 KeyPress 事件，通过编写键盘事件的代码，可以响应和处理大多数的按键操作、解释并处理 ASCII 字符。

11.1　键盘事件

可以把编写响应击键事件的应用程序看作是编写键盘处理器。键盘处理器可在控件级和窗体级这两个层次上工作。有了控件级（低级）处理器就可对特定控件编程。例如，可能希望将 Textbox 这个控件中的输入文本都转换成大写字符。而有了窗体级处理器就可使窗体首先响应击键事件，于是就可将焦点转换成窗体的控件并重复或启动事件。

11.1.1　KeyPress 事件

KeyPress 事件是当用户按下和松开一个 ASCII 字符键时发生。该事件被触发时，被按键的 ASCII 码将自动传递给事件过程的 KeyAscii 参数。在程序中，通过访问该参数，即可获知用户按下了哪一个键，并可识别字母的大小写。其语法格式为

Private Sub 对象名_KeyPress(keyascii As Integer)

其中参数 keyascii 是被按下字符键的标准 ASCII 码。对它进行改变可给对象发送一个不同的字符。将 keyascii 改变为 0 时可取消击键，这样一来对象便接收不到字符。

说明：

1）具有焦点的对象才能接收该事件。一个窗体仅在它没有可视和有效的控件或 KeyPreview 属性被设置为 True 时才能接收该事件。

2）KeyPress 事件可以引用任何可打印的键盘字符、来自标准字母表的字符或少数几个字符与〈Ctrl〉键的组合、〈Enter〉或〈Backspace〉键。

【例 11-1】编写显示按键及其 ASCII 码的程序（如图 11-1 所示）。

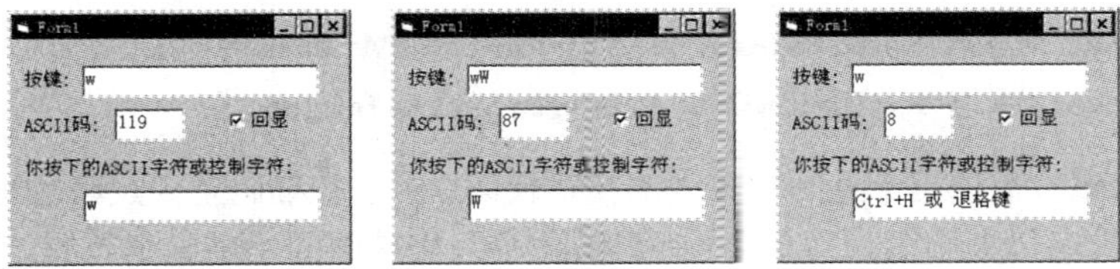

图 11-1　KeyPress 事件接收的按键

程序的代码部分：

复选框的 Click 事件代码：

```
Private Sub Check1_Click()
  Text1.SetFocus
End Sub
```

文本（输入）框 Text1 的 KeyPress 事件代码：

```
Private Sub Text1_KeyPress(KeyAscii As Integer)
  Text2.Text = KeyAscii
  Select Case KeyAscii
    Case 0 To 7, 9 To 12, 14 To 26, 28 To 31
      Text1.Text = ""
      Text3.Text = "Ctrl+" & Chr(64 + KeyAscii)
    Case 8
      Text3.Text = "Ctrl+" & Chr(64 + KeyAscii) & " 或 退格键"
    Case 13
      Text1.Text = ""
      Text3.Text = "Ctrl+" & Chr(64 + KeyAscii) & " 或 回车键"
    Case 27
      Text1.Text = ""
      Text3.Text = "Ctrl+" & Chr(64 + KeyAscii) & " 或 Esc 键"
    Case Else
      Text3.Text = Chr(KeyAscii)
  End Select
  If Check1.Value = 0 Then
    KeyAscii = 0
  End If
End Sub
```

说明：

1）函数 Chr(KeyAscii) 将 KeyAscii 参数转变为字符。

2）Text2 中显示按键的 ACSII 码，Text3 中显示按键。

3）若取消“回显”：KeyAscii = 0，输入框将不显示刚刚按下的键。

11.1.2 KeyDown 和 KeyUp 事件

KeyDown 和 KeyUp 事件是当一个对象具有焦点时按下或松开一个键时发生的。当控制焦点位于某对象上时，按下键盘中的任意一键，则会在该对象上触发产生 KeyDown 事件，当释放该键时，将触发产生 KeyUp 事件，之后产生 KeyPress 事件。其语法格式为

```
Private Sub 对象名_KeyDown(KeyCode As Integer, Shift As Integer)
Private Sub 对象名_KeyUp(KeyCode As Integer, Shift As Integer)
```

其中 KeyCode 参数项用于返回被按键的扫描代码。由于扫描码主要反映物理键位，因此通过该参数不能区分字母大小写。因为同一字母的大小写均是由同一字母键入的，其扫描码相同，但它可区分开主键盘的数字键与小键盘的数字键。

Shift 参数项返回一个整数，该整数响应〈Shift〉、〈Ctrl〉和〈Alt〉键的状态。Shift 参数等于 1、2 和 4 分别表示〈Shift〉、〈Ctrl〉和〈Alt〉键被按下，而三数的部分和表示三个按钮部分地被同时按下。例如，〈Ctrl〉和〈Alt〉键都被按下，则 Shift 的值就是 2+4=6。因此，可结合

该参数项来判断输入字母的大小写。

说明：

1）对于这两个事件来说，带焦点的对象都能接收所有击键。一个窗体只有在不具有可视的和有效的控件时才可以获得焦点。

2）虽然 KeyDown 和 KeyUp 事件可应用于大多数键，它们最经常地还是应用于：定位键、键盘修饰键和按键的组合、区别数字小键盘和常规数字键、扩展的字符键如功能键等。

3）〈Tab〉键不能触发 KeyDown 和 KeyUp 事件；命令按钮的 Default 属性设置为 True 时，〈Enter〉键不能触发 KeyDown 和 KeyUp 事件；命令按钮的 Cancel 属性设置为 True 时，〈Esc〉键不能触发 KeyDown 和 KeyUp 事件。

4）应当使用 KeyDown 和 KeyUp 事件过程来处理任何不被 KeyPress 识别的击键，诸如：功能键、编辑键、定位键以及任何这些键和键盘换档键的组合等。与 KeyDown 和 KeyUp 事件不同的是，KeyPress 不显示键盘的物理状态，而只是传递一个字符。

【例 11-2】编写可以测试功能键与控制键的程序（如图 11-2 所示）。

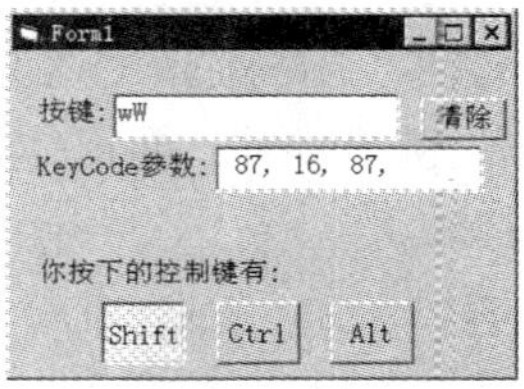

图 11-2　测试功能键与控制键

程序的代码部分：

文本（输入）框 Text1 的 Keydown 事件代码：

```
Private Sub Text1_Keydown(KeyCode As Integer, Shift As Integer)
  Text2.Text = Text2.Text & Str(KeyCode) & ","
  If KeyCode > 111 And KeyCode < 124 Then
    Label1(2).Caption = "你刚才按了功能键：' & "F" & Str(KeyCode - 111)
    Label1(2).Visible = True
  Else
    Label1(2).Visible = False
  End If
  Check1.Value = IIf((Shift And vbShiftMask) > 0, 1, 0)
  Check2.Value = IIf((Shift And vbCtrlMask) > 0, 1, 0)
  Check3.Value = IIf((Shift And vbAltMask) > 0, 1, 0)
End Sub
```

命令按钮（清除）Command1 的 Click 事件代码：

```
Private Sub Command1_Click()
  Text1.Text = ""
  Text2.Text = ""
  Text1.SetFocus
End Sub
```

说明：

1）Text2 中显示按键接收的 KeyCode 参数，Label1(2)的 Visible 设为 False。

2）图形方式的复选框 Check1、Check2 和 Check3 分别表示：〈Shift〉、〈Ctrl〉和〈Alt〉键。

3）使用 And 运算符将位屏蔽常数和 Shift 参数一起来测试条件是否大于 0：

```
ShiftDown = (Shift And vbShiftMask) > 0
```

该条件说明〈Shift〉键被按下。

4）KeyPress 将每个字符的大、小写形式作为不同的键代码解释，即作为两种不同的字符。而 KeyDown 和 KeyUp 则用两个参数解释每个字符的大写和小写形式：Keycode——显示物理的键（将〈A〉和〈a〉作为同一个键返回）；Shift——指示 Shift +Key 键的状态并返回〈A〉或〈a〉其中之一。

11.1.3 使用 KeyPreview 属性

KeyPreview 属性返回或设置一个值，以决定是否在控件的键盘事件（KeyDown、KeyUp 和 KeyPress）之前激活窗体的键盘事件。其语法为

对象名.KeyPreview [= boolean]

其中，Boolean 是布尔表达式，指定如何接收事件：当取值为 False（默认值）时，活动控件接收键盘事件，而窗体不接收；当取值为 True 时，窗体先接收键盘事件，然后是活动控件接收事件。

说明：

1）可以用该属性，生成窗体的键盘处理程序，例如，应用程序利用功能键时，需要在窗体级处理击键，而不是为每个可以接收击键事件的控件编写程序。

2）如果窗体中没有可见和有效的控件，它将自动接收所有键盘事件。

3）一些控件能够拦截键盘事件，以致窗体不能接收它们。这样的例子有：CommandButton 控件有焦点时的〈Enter〉键以及焦点在 ListBox 控件上时的方向键。

11.2 鼠标事件

在前面的例子中曾多次使用鼠标事件，即单击（Click）事件和双击（DblClick）事件，这些事件是通过快速按下并松开鼠标键而产生的。除此之外，VB 还可以通过 MouseDown、MouseUp、MouseMove 事件使应用程序对鼠标位置及状态的变化作出响应（其中不包括拖放事件）。大多数控件能够识别这些鼠标事件。

其实，Click 事件是由 MouseDown 和 MouseUp 组成，因此 MouseDown 和 MouseUp 是更基本的鼠标事件。

当鼠标指针位于无控件的窗体上方时，窗体将识别鼠标事件；当鼠标指针在控件上方时，控件将识别上述三种鼠标事件。如果鼠标被持续地按下，则第一次按下之后捕获鼠标的对象将接收全部鼠标事件直至所有按钮被释放为止。

11.2.1 MouseDown 和 MouseUp 事件

MouseDown 和 MouseUp 事件是当按下(MouseDown)或者释放(MouseUp)鼠标键时发生。其语法为

Private Sub 对象名_MouseDown(button As Integer, shift As Integer, x As Single, y As Single)

Private Sub 对象名_MouseUp(button As Integer, shift As Integer, x As Single, y As Single)

其中参数 Button 返回一个整数，Button 参数的值分别等于 1，2 和 4 时，相应于左按键、右按键以及中间按键的动作。注意只能有一个按键引起事件。

如同键盘事件一样，参数 Shift 返回一个整数。在 Button 参数指定的按键被按下或者被释放的情况下，该整数相应于〈Shift〉、〈Ctrl〉和〈Alt〉键的状态。

参数 x，y 返回一个指定鼠标指针当前位置的数。x 和 y 的值所表示的总是通过该对象 ScaleHeight，ScaleWidth，ScaleLeft 和 ScaleTop 属性所建立的坐标系统的方式。

说明：与 Click 和 DblClick 事件不同，MouseDown 和 MouseUp 事件能够区分出鼠标的左、右和中间按钮。也可以为使用〈Shift〉，〈Ctrl〉和〈Alt〉等键盘换挡键编写用于鼠标—键盘组合操作的代码。为了在给一个鼠标按键按下或释放时指定将引起的一些操作，应当使用 MouseDown 或者 MouseUp 事件过程。

11.2.2 MouseMove 事件

MouseMove 事件在移动鼠标时发生。其语法格式为：

Private Sub 对象名_MouseMove(button As Integer, shift As Integer, x As Single, y As Single)

其中参数描述同 MouseDown 和 MouseUp 事件。

说明：

1）MouseMove 事件伴随鼠标指针在对象间移动时连续不断地产生。除非有另一个对象捕获了鼠标，否则，当鼠标指针位置在对象的边界范围内时该对象就能接收 MouseMove 事件。

2）要测试某一条件，首先将各个结果赋给一个临时整型变量然后再与一个位屏蔽的 Button 或 Shift 参数进行比较。测试应当用各个参数进行 And 运算，若结果大于零，则说明该键或按钮被按下。其操作如下：

```
leftDown = (Button And vbLeftButton) > 0
ctrlDown = (Shift And vbCtrlMask) > 0
```

然后，接下去可对结果的各种组合进行检测，其操作如下：

```
If LeftDown And CtrlDown Then
```

11.2.3 自定义鼠标指针

在 VB 中，可以通过属性设置来改变鼠标指针的形状。鼠标指针的改变可以告知用户诸多信息，例如，正在进行长时间的后台任务，调整某个控件或窗口的大小，某控件不支持拖放操作等。

1. MousePointer 属性的设置

MousePointer 属性是一个整数，取值为 0～15，可用 MousePointer 属性在 16 个预定义指针中任选一个。这些指针表示各种系统事件和过程，表 11-1 描述了各种指针及其在应用程序中的可能作用。

每个指针选项均由一个整型设置值表示，默认设置值为 0-Default 并显示成标准的 Windows 箭头指针。但是，此设置由操作系统控制，如果用户改变系统指针箭头，则会改变设置值。为在应用程序中控制鼠标指针，应将 MousePointer 属性设置为合适的数值。

表 11-1 MousePointer 属性值的描述

指针形状	值	常数	描述
	0	VbDefault	（默认值）形状由对象决定
	1	VbArrow	箭头
	2	VbCrosshair	十字线（crosshair 指针）
	3	VbIbeam	I 型
	4	VbIconPointer	图标（矩形内的小矩形）
	5	VbSizePointer	尺寸线（指向东、南、西和北四方向的箭头）
	6	VbSizeNESW	右上-左下尺寸线（指向东北和西南方向的双箭头）
	7	VbSizeNS	垂-直尺寸线（指向南和北的双箭头）
	8	VbSizeNWSE	左上-右下尺寸线（指向东南和西北方向的双箭头）
	9	vbSizeWE	水-平尺寸线（指向东和西两个方向的双箭头）
	10	vbUpArrow	向上的箭头
	11	vbHourglass	沙漏（表示等待状态）
	12	vbNoDrop	不允许放下
	13	vbArrowHourglass	箭头和沙漏
	14	vbArrowQuestion	箭头和问号
	15	vbSizeAll	四向尺寸线
	99	vbCustom	通过 MouseIcon 属性所指定的自定义图标

在设置控件的 MousePointer 属性而且鼠标经过此控件时，指针就会出现。在设置窗体的 MousePointer 属性而且鼠标经过窗体的空白区域或经过 MousePointer 属性为 0 - Default 的控件时，选定的指针都会出现。

运行时，可用整型数值或 Visual Basic 鼠标指针常数设置鼠标指针值。例如：

```
Form1.MousePointer = 11            ' 或 vbHourglass
```

2．图标和光标

用自定义图标或光标可进一步改变应用程序的外观和功能。可以设置鼠标指针来显示自定义图标或光标，它们可以表示鼠标的状态及当前的输入位置。

图标就是 ico 文件，与 VB 的文件相同。光标则是 cur 文件，在本质上像图标一样是位图。光标中还包含热点信息。热点是跟踪光标位置（x 和 y 坐标）的像素。热点通常位于光标的中央。在用 MouseIcon 属性将图标加载到 VB 后，VB 把它们转换成光标格式并将热点设置成中央像素。两者不同点是，cur 文件的热点位置可以改变，而 ico 文件的热点位置不能改变。可在 Windows SDK 提供的“Image Editor”中编辑光标文件。

为使用自定义图标或光标，应设置 MousePointer 和 MouseIcon 属性。其中 MouseIcon 属性设置为自定义图标或光标文件，而 MousePointer 属性则设置成 99 - Custom。

在将 MousePointer 属性设置成 99 - Custom 时，如果未在 MouseIcon 上加载图标，则使用默认的鼠标指针。同样，如果未将 MousePointer 属性设置成 99 - Custom，则将忽略 MouseIcon 的设置。

11.2.4 使用鼠标事件

【例 11-3】使用鼠标事件设计画图小程序，可以新建或打开已有的 bmp 文件，使用画笔可以随意绘图，选择“擦除”则可以用“手”形图标擦除图板，可以保存作品，如图 11-3 所示。

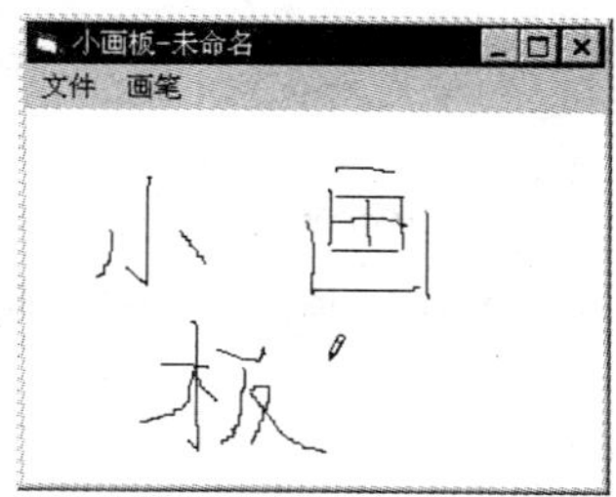

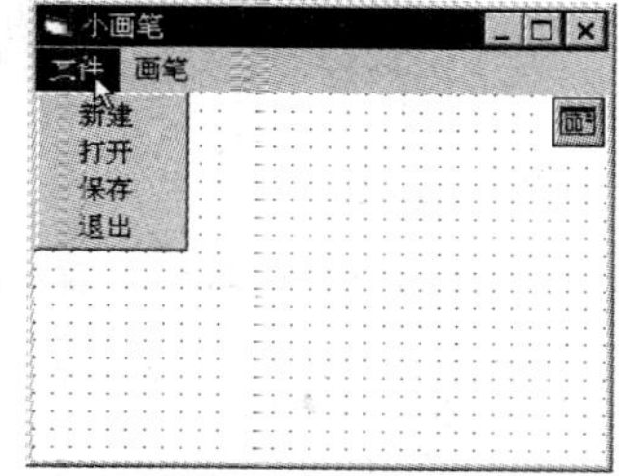

图 11-3 小画板程序

设计步骤如下：

1）建立应用程序用户界面并设置对象属性选择“新建”工程，进入窗体设计器，增加公共对话框控件 Commondialog1，如图 11-3 所示。设置对象属性如表 11-2 所示。

表 11-2 属性设置

对象	属性	属性值	说明
Form1	BackColor	（白色）	窗体的背景色
Commondialog1	Filter	图片文件|*.bmp	过滤器

2）打开菜单编辑器，按照表 11-3 设计菜单项。

表 11-3 菜单项的设置

标题（Caption）	名称（Name）	索引（Index）	说明
文件	File		主菜单项 1
….新建	Files	0	子菜单项 11
….打开	Files	1	子菜单项 12
….保存	Files	2	子菜单项 13
….退出	Files	3	子菜单项 14
画笔	pencil		主菜单项 2

3）编写程序代码。

编写窗体 Form1 的事件代码：

装入（Load）事件：

```
Private Sub Form_Load()
  Me.AutoRedraw = True
  Me.Caption = "小画板-" & "未命名"
End Sub
```

鼠标按下（MouseDown）事件：

```
Private Sub Form_MouseDown(Button As Integer, Shift As Integer, X As Single, Y As Single)
  If Button = 1 Then
    CurrentX = X: CurrentY = Y
  End If
```

```
End Sub
```

鼠标移动（MouseMove）事件：

```
Private Sub Form_MouseMove(Button As Integer, Shift As Integer, X As Single, Y As Single)
  If Button = 1 Then
    Me.Line (CurrentX, CurrentY)-(X, Y)
    CurrentX = X: CurrentY = Y
  End If
End Sub
```

编写菜单的事件代码：

文件菜单的单击（Click）事件：

```
Private Sub files_Click(Index As Integer)
  Select Case Index
    Case 0
      Me.Picture = LoadPicture("")
      Me.Caption = "小画板-" & "未命名"
    Case 1
      CommonDialog1.ShowOpen
      Me.Picture = LoadPicture(CommonDialog1.FileName)
      Me.Caption = "小画板-" & CommonDialog1.FileName
    Case 2
      CommonDialog1.FileName = Mid(Me.Caption, 5)
      CommonDialog1.ShowSave
      SavePicture Me.Image, CommonDialog1.FileName
    Case 3
      End
  End Select
End Sub
```

画笔菜单项的单击（Click）事件：

```
Private Sub pencil_Click()
  If pencil.Caption = "画笔" Then
    pencil.Caption = "擦除"
    Me.DrawMode = 16
    Me.DrawWidth = 8
    a = "c:\Program Files\Microsoft Visual Studio\Common\Graphics\Cursors\h_nw.cur"
  Else
    pencil.Caption = "画笔"
    Me.DrawMode = 1
    Me.DrawWidth = 1
    a = "c:\Program Files\Microsoft Visual Studio\Common\Graphics\Cursors\Pencil.cur"
  End If
  Me.MouseIcon = LoadPicture(a)
End Sub
```

说明：

1）图片文件的存盘使用命令：SavePicture Me.Image，CommonDialog1.FileName。

2）设置属性：Me.AutoRedraw = True 是为了使图片文件可以接受改动。

3）当鼠标左键被按下时，CurrentX = X: CurrentY = Y 用来保存当时的坐标。

11.3 习题

一、选择题

下列操作说明中，错误的是（　　）。

A．单击窗体，会触发窗体的 Click 事件

B．双击命令按钮，会触发命令按钮的 DblClick 事件

C．在对象上进行一次鼠标操作，会触发多个与鼠标有关的事件

D．在对象上移动鼠标的过程中，会不断触发 MouseMove 事件

二、上机题

1．编写一个程序，当按下〈Shift+F6〉键时，在窗体上显示“再见！”，并终止程序的运行。

2．编写一个程序，当按下某个键时，程序以十六进制和八进制形式输出该键的 KeyCode，如图 11-4 所示。

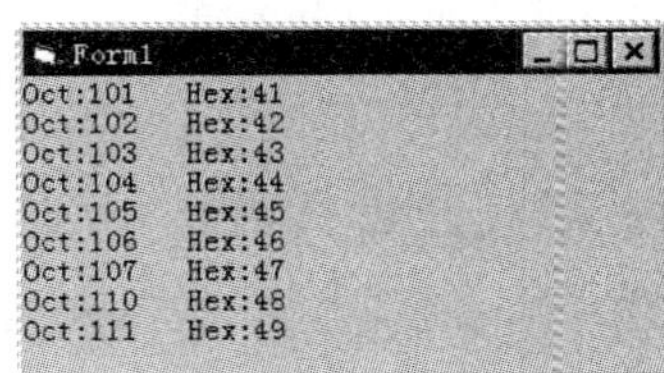

图 11-4　上机题 2

3．在窗体上画一个文本框、一个图片框和一个命令按钮。编写程序，使得当鼠标光标位于不同的控件或窗体上时，鼠标光标具有不同的形状，此时如果同时按下鼠标右键，则显示相应的信息。例如，当鼠标光标移动到图片框上时，如果按下鼠标右键，则用一个信息框显示“这是图片框”，如图 11-5 所示。

要求：在文本框和窗体上的鼠标光标使用系统提供的光标形状，而图片框和命令按钮上的鼠标光标使用自己定义的形状。

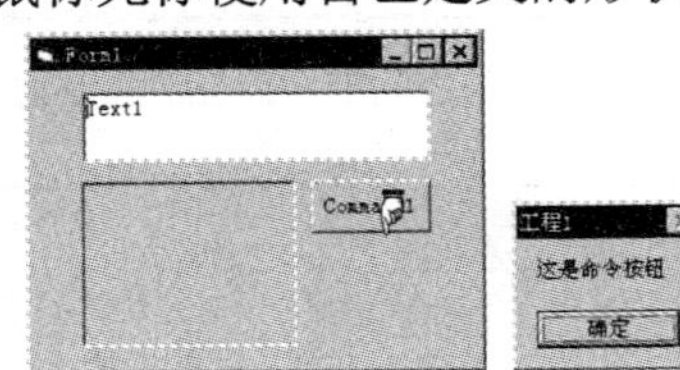
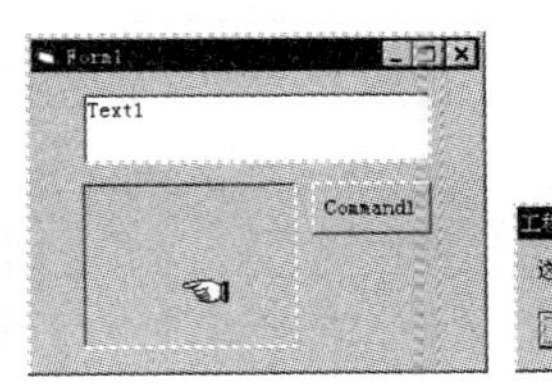
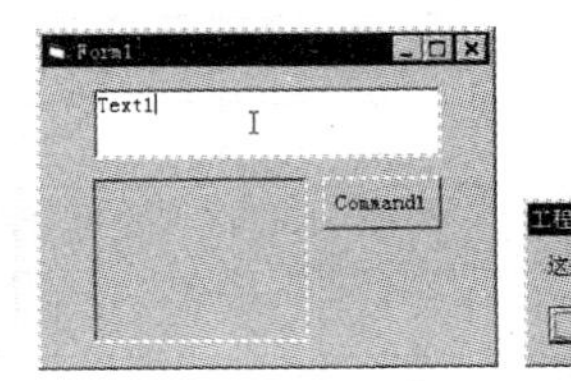

图 11-5　上机题 3

4．在窗体上画若干个控件，然后画两个列表框，其中一个列表框用来列出当前窗体上控件的名称，另一个列表框列出 15 种鼠标光标的形状。程序运行后，从第一个列表框中选择控件或窗体；从第二个列表框中选择鼠标光标形状，为选择的控件或窗体设置所需要的鼠标光标形状，如图 11-6 所示。

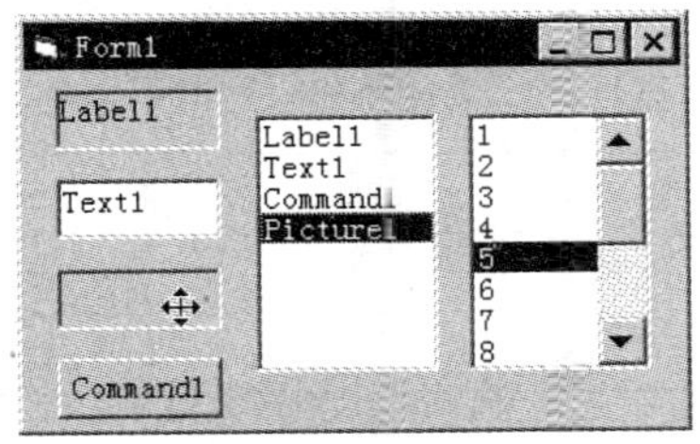

图 11-6　上机题 4

第 12 章　图形与图像

VB 为用户提供了简洁有效的图形图像处理功能，除了窗体和控件的图形图像特征以外，它还提供了一系列基本的图形函数、语句和方法，支持直接在窗体上产生图形、图像和颜色，控制对象的位置和外观。

12.1　绘制图形

VB 提供了两种绘图方式：一是使用绘图控件，如 Line 控件、Shape 控件等；二是使用绘图方法，如 Line 方法、Circle 方法等。使用绘图控件无须编写代码，但它提供的绘图样式选择有限，只能实现简单功能，要实现更高级功能，还得采用绘图方法。

12.1.1　图形控件

形状（Shape）和直线（Line）控件可用来在窗体表面画图形元素。这些控件不支持任何事件，只用于表面装饰。可以在设计时通过设置其属性来确定显示某种图形，也可以在程序运行的时候修改属性以动态地显示图形。

1．Shape 控件

Shape 控件预定义了六种形状，通过设置 Shape 属性来实现所需的形状，如表 12-1 所示。

表 12-1　Shape 属性设置值

属 性 值	常　　数	说　　明
0	VbShapeRectangle	（默认值）矩形
1	VbShapeSquare	正方形
2	VbShapeOval	椭圆形
3	VbShapeOval	圆形
4	VbShapeRoundedRectangle	圆角矩形
5	VbShapeRoundedSquare	圆角正方形

可以调整这些形状的大小，可以设置其颜色、边框样式、边框宽度等。表 12-2 列出了 Shape 控件的常用属性。

表 12-2　Shape 控件的常用属性

属　　性	说　　明	属　　性	说　　明
BorderColor	边框色	BorderWidth	边框宽度
FillColor	填充色	FillStyle	填充样式
BorderStyle	边框样式	DrawMode	画图模式

设置 BorderStyle 属性产生的效果取决于 BorderWidth 属性的设置。如果 BorderWidth 不是1，并且 BorderStyle 不是 0 或者 6，则自动将 BorderStyle 设置成 1。如图 12-1 所示为设计时用 Shape 控件画的图形。

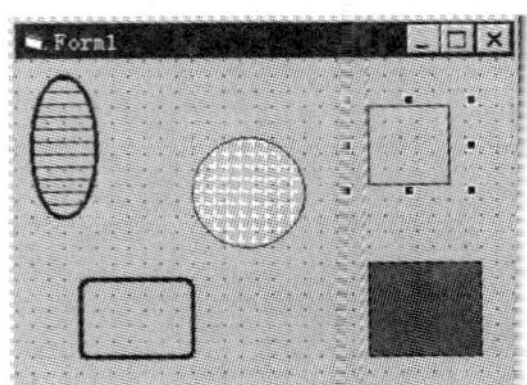

图 12-1　设计时用 Shape 控件画的图形

在容器中可以绘制 Shape 控件，但是不能把 Shape 控件当作容器。

2. Line 控件

直线（Line）控件与 Shape 控件相似，但仅用于画线。Line 控件用于在窗体、图片框和框架中画各种直线段，既可以在设计时通过设置线的端点坐标属性来画出直线，也可以在程序运行的时候动态地改变直线的各种属性。

在设计时，可以使用 Line 控件在窗体上可视化地安排直线的位置、长度、颜色、宽度、实虚线等属性。运行时不能使用 Move 方法移动 Line 控件，但是可以通过改变 X1、X2、Y1 和 Y2 属性来移动它或者调整它的大小。

设置 BorderStyle 属性的效果取决于 BorderWidth 属性的设置。如果 BorderWidth 不是 1，并且 BorderStyle 不是 0 或 6，则将 BorderStyle 自动设置成 1。可以在运行时修改其属性，如下面语句：

```
Line.BorderWidth=3            ' 将直线宽度设置为 3 像素（Pixel）
```

用 Line 控件画直线，系统将每一根直线（即一个 Line 控件）看成一个对象。

3. 图形控件与动画

【例 12-1】曲柄滑块机构的演示。利用 Timer 控件来控制图形控件的转动，如图 12-2 所示。

设计步骤如下：

1）建立应用程序用户界面。选择“新建”工程，进入窗体设计器，首先增加一个框架 Frame1 和一个命令按钮 Command1。选定 Frame1，在其中增加四个“形状”控件 Shape1（大圆）、Shape2（滑块）、Shape3（圆周上的动点）、Shape4（圆心），一个“计时器”Timer1 和若干“直线”Line1（连杆）、Line2（半径）等，如图 12-3 所示。其中，计时器控件 Timer1 可以放在窗体的任何位置。

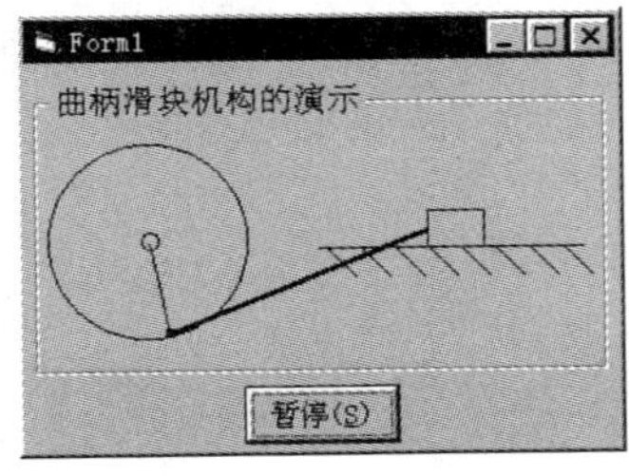

图 12-2　曲柄滑块机构

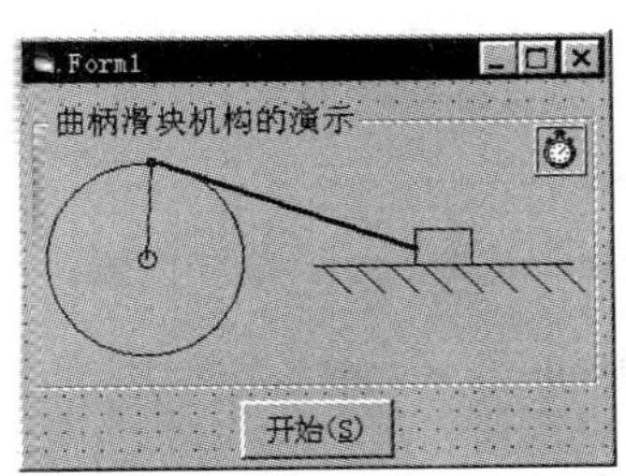

图 12-3　用户界面的设计

2）设置对象属性，如表 12-3 所示。其他属性的设置参见图 12-4。

表 12-3　属性设置

对　象	属　性	属 性 值	说　明
Shape1	Shape	3 – Circle	圆形
Shape3	Shape	3 – Circle	圆形
	FillColor	（红色）	填充颜色
	FillStyle	0 – Solid	填充类型
Shape4	Shape	3 – Circle	圆形
Line1	BorderWidth	2	连杆的宽度
Timer1	Interval	100	
	Enabled	False	

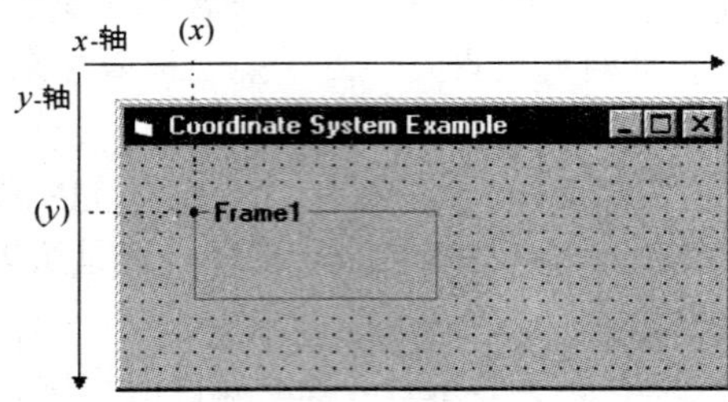

图 12-4　窗体的坐标系统

3）编写程序代码。

在通用模块中声明符号常数及窗体级变量：

```
Const pi = 3.14159
Dim X0 As Single, Y0 As Single, t As Integer
```

编写窗体的 Load 事件代码：

```
Private Sub Form_Load()
  With Shape1
    .Tag = .Width / 2                    ' 圆的半径
     X0 = .Left + .Tag                   ' 圆心的 x 坐标
     Y0 = .Top + .Tag                    ' 圆心的 y 坐标
  End With
  With Line1                             ' 连杆的长
     .Tag = Sqr((.X1 – .X2) ^ 2 + (.Y1 – .Y2) ^ 2)
  End With
End Sub
```

编写 Timer1 的 Timer 事件代码：

```
Private Sub Timer1_Timer()
  t = t + 1
  Shape3.Left = X0 + Shape1.Tag * Sin(pi * t / 30) – 30
```

```
    Shape3.Top = Y0 – Shape1.Tag * Cos(pi * t / 30) + 30
    Line1.X1 = Shape3.Left + 30
    Line1.Y1 = Shape3.Top + 30
    Line1.X2 = Shape3.Left + Sqr(Line1.Tag ^ 2 – (Shape3.Top – Y0) ^ 2)
    Line2.X1 = Line1.X1
    Line2.Y1 = Line1.Y1
    Shape2.Left = Line1.X2
End Sub
```

编写命令按钮 Command1 的 Click 事件代码：

```
Private Sub Command1_Click()
    If Command1.Caption = "暂停(&S)" Then
        Command1.Caption = "继续(&C)"
        Timer1.Enabled = False
    Else
        Command1.Caption = "暂停(&S)"
        Timer1.Enabled = True
    End If
End Sub
```

12.1.2 图形的坐标系统

每一个图形操作（包括调整大小、移动和绘图），都要使用绘图区或容器的坐标系统。坐标系统是一个二维网格，可定义屏幕上、窗体中或其他容器中（如图片框或 Printer 对象）的位置。

任何容器的默认坐标系统，都是由容器的左上角（0，0）坐标开始。沿这些坐标轴定义位置的测量单位，统称为刻度。在 VB 中，坐标系统的每个轴都有自己的刻度。

坐标轴的方向、起点和坐标系统的刻度，都是可以改变的，一般使用的是默认系统。

1．坐标单位

坐标单位即坐标的刻度，默认的坐标系统采用 twip 为单位。设置对象的 ScaleMode 属性可以改变坐标系统的单位，例如可以采用像素或毫米为单位。表 12-4 列出了 ScaleMode 属性设置值。

表 12-4 ScaleMode 属性设置值

属 性 值	常 数	说 明
0	VbUser	自定义坐标系统
1	VbTwips	twip（默认值，1440twips/inch，567twips/cm）
2	VbPoints	磅（72 磅/inch）
3	VbPixels	像素（显示器分辨率的最小单位）
4	VbCharacters	字符（水平每个单位=120twips，垂直每个单位=240twips）
5	VbInches	in（英寸）
6	VbMillimeters	mm（毫米）
7	VbCentimeters	cm（厘米）

例如下面的代码使窗体的坐标单位改为毫米：

```
ScaleMode = 6
```

2．坐标方法

使用 Scale 方法也可以设置用户的坐标系统，其语法格式为：

```
[〈object〉.] Scale(x1,y1)–(x2,y2)
```

说明：$(x1,y1)$设置〈object〉的左上角坐标，$(x2,y2)$设置〈object〉的右下角坐标。使用 Scale 方法将把〈object〉在 x 方向上分为 $x2-x1$ 等分，在 y 方向上分为 $y2-y1$ 等分。使用 Scale 方法将自动把 ScaleMode 属性设置为 0。

3．坐标属性

与坐标系统有关的属性，如表 12-5 所示。

表 12-5　坐标属性

属　性	说　明
ScaleTop	对象左上角的纵坐标
ScaleLeft	对象左上角的横坐标
ScaleWidth	对象右下角的横坐标
ScaleHeight	对象右下角的纵坐标
CurrentX	当前点的横坐标
CurrentY	当前点的纵坐标

例如，代码：

```
Me.ScaleTop = 10
Me.ScaleLeft = 10
Me.ScaleWidth = 90
Me.ScaleHeight = 110
```

上述代码与代码 Me.Scale(10,10)–(90,110)是等效的。

12.1.3　与图形有关的属性

在 VB 中，窗体、图片框或 Printer 对象都有一些与图形有关的属性，这些属性能够设置颜色、线型和填充样式，程序可以利用这些属性绘制丰富多彩的图形。表 12-6 列出了这些图形属性。

表 12-6　对象的图形属性

类　别	属　性
显示处理	AutoRedraw，ClipControls
绘图技术	DrawMode，DrawStyle，DrawWidth，BorderStyle，BorderWidth
填充技术	FillColor，FillStyle
颜色	BackColor，ForeColor，BorderColor，FillColor

1．DrawMode 属性

DrawMode 属性决定由图形方法或 Shape 控件及 Line 控件所绘制线条的真实颜色。当然，在一个黑色或纯白色的背景上，或者在未定义颜色的背景上绘图时，DrawMode 将不起作用。

用 DrawMode 属性绘图时，系统将当前的 ForeColor、BackColor 和 DrawMode 所确定的方式组合起来，其结果为最后绘图的颜色。DrawMode 属性的语法为

[〈object〉.] DrawMode [=〈值〉]

其中，值的设置为 1～16，按其复杂程度可分为表 12-7 所示的四类。

表 12-7　最简单的 DrawMode 功能

值	功　能
1	像素变黑
16	像素变白
11	像素颜色保持原色不变，即空操作（NOP）、效果相当于关闭绘图
6	像素变成其补色，即所有颜色数据变反（0 变 1，1 变 0）

在这四种变化中，DrawMode 不考虑前景色（ForeColor），只设置像素的当前颜色，如表 12-8 所示。

表 12-8　与前景色 ForeColor 有关的 DrawMode 功能

值	功　能
13（CopyPen）	像素变成前景色 ForeColor，不管原来是什么颜色，这是默认的 DrawMode 值，也是最常见的设置值
4（NotCopyPen）	像素变成前景色 ForeColor 的补色

在这两种变化中，像素颜色只与 ForeColor 有关，而与 BackColor 及当前颜色无关，如表 12-9 所示。

表 12-9　与 Xor（异或）有关的 DrawMode 功能

值	功　能
7（XorPen）	将当前颜色与 ForeColor 进行异或（Xor）操作
10（NotPen）	将当前颜色与 ForeColor 进行异或操作，再将操作的结果进行非（Not）操作

DrawMode 的这种功能与 ForeColor 和当前颜色有关。在绘图和动画中，DrawMode=7 是一个很有用的设置值，它利用 Xor 方式，在同一地点绘图两次，从而消除第一次绘画的痕迹，精确地还原出绘图之前的显示内容，从而实现动画。

任何颜色与其自身进行 Xor 操作将产生黑色，进行 NotXor 操作将产生白色，如表 12-10 所示。

表 12-10　DrawMode 的合并操作功能

值	功　能
15（MergePen）	将当前颜色与笔颜色进行逻辑或（Or）操作
2（NotMergePen）	将当前颜色与笔颜色进行逻辑或（Or）操作后，再对结果进行非（Not）操作
12（MergeNotPen）	先对笔颜色进行非（Not）操作，然后再与当前颜色进行逻辑或（Or）组合
14（MergeNotPen）	先对当前颜色进行逻辑非（Not）操作，再与笔颜色进行逻辑或（Or）组合

由上可以看出，这些组合的结果是难以预测的。

使用 Mask 类操作，可以为 CopyPen 建立图像的阴影。如表 12-11 所示。

表 12-11　DrawMode 的 Mask 类操作功能

值	功　能
9（MaskPen）	将笔颜色与当前颜色进行与（And）操作
8（NotMaskPen）	将笔颜色与当前颜色进行与（And）操作，然后再对结果进行非（Not）操作
3（MaskNotPen）	先对笔颜色进行非（Not）操作，再将结果与笔颜色进行与（And）操作
5（MaskPenNot）	先对当前颜色进行非（Not）操作，再将结果与笔颜色进行与（And）操作

在 DrawMode 的 16 种设置中，只有值 1，6，7，11，13 和 16 的结果是能预测到的。

2．DrawWidth 属性和 DrawStyle 属性

（1）DrawWidth 属性的语法

DrawWidth 属性的语法为

[〈object〉.] DrawWidth [=〈值〉]

窗体、图片框的 DrawWidth 属性可以用来设置绘图线的宽度，〈值〉以像素为单位，设置后影响 Pset、Line 和 Circle 方法，〈值〉的范围是 1～32767，默认值为 1，也就是说，画出的线为 1 像素宽。

（2）DrawStyle 属性的语法

DrawStyle 属性的语法为

[〈object〉.] DrawStyle [=〈值〉]

DrawStyle 属性用于指定用图形方式创建的线是实线还是虚线。DrawStyle 属性有七种〈值〉：0～6，用来产生不同间隔的实、虚线。默认值为 0（实线）。如图 12-5 所示为 DrawWidth 属性与 DrawStyle 属性不同设置值的效果。

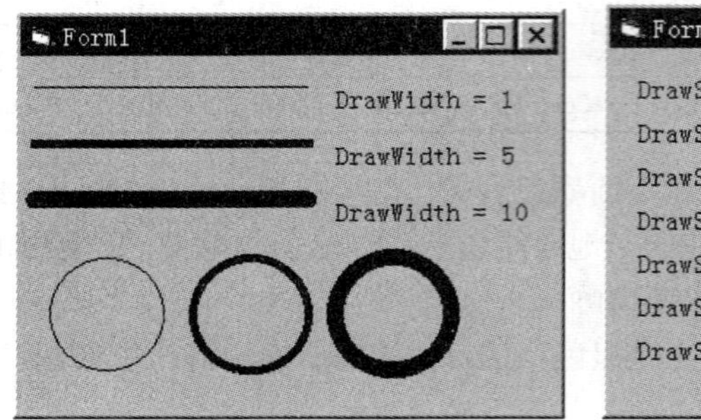

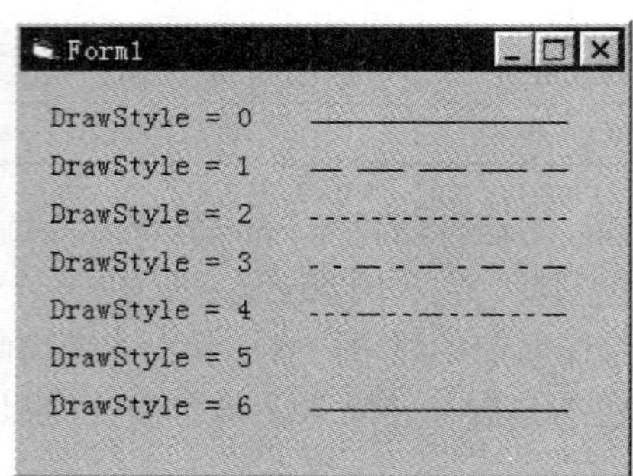

图 12-5　DrawWidth 属性与 DrawStyle 属性不同设置值的效果

当 DrawWidth=1 时，DrawStyle 的设置值全部起作用；当 DrawWidth>1 时，DrawStyle 的设置值为 1～4 时，DrawStyle 属性不起作用，此时绘出的都是实线。

3．FillColor 属性和 FillStyle 属性

利用 FillColor 和 FillStyle 属性，可以对已绘制好的封闭图形（如正方形、矩形、圆等）和 Shape 控件设置填充色图案。当需填充图案时，填充的颜色由 FillColor 属性确定，填充的图案

样式由 FillStyle 属性确定。

（1）FillColor 属性的语法

FillColor 属性的语法为

[〈object〉.] FillColor [=〈值〉]

其中〈值〉为可选的长整型数，为该点指定的 RGB 颜色。如果省略，则默认值为 0。可用 RGB 函数或 QBColor 函数指定颜色。

（2）FillStyle 属性的语法

FillStyle 属性的语法为

[〈object〉.] FillStyle [=〈值〉]

其中〈值〉有 0～7 共八种选择：纯色、横条纹、竖条纹、正网格、斜网格等。如图 12-6 所示。

图 12-6 FillStyle 属性不同设置值的效果

12.1.4 使用颜色

1．颜色属性

窗体和图片框都有两个关于颜色的属性 BackColor 和 ForeColor。BackColor 定义了绘画区的背景颜色。若 BackColor 为灰色，则清除后整个区域为灰色。ForeColor 属性决定了对象上绘制的文本或图形的颜色，改变 ForeColor 属性，不影响已创建的文本或图形。

在设计时指定颜色属性比较简单，只要在“属性”窗口中选择相应的属性就可以直接利用调色板进行颜色的选择。而在程序运行中要设置颜色就没有这么直观了，程序员可以使用 VB 预先定义好的颜色常量指定颜色，也可以使用 RGB 函数生成一个颜色。

VB 预先定义好的颜色常量可以使用“对象浏览器”列出，当使用这些内部常数时，无须了解这些常数是如何产生的，也无须声明。例如，无论什么时候想指定红色作为颜色参数或颜色属性的设置值，都可以使用常数 vbRed：

```
BackColor = vbRed
```

而颜色函数则提供了更大的选择余地。

2．颜色函数

VB 提供了两个专门处理颜色的函数 RGB 和 QBColor 函数。

（1）RGB 函数

在这两个颜色函数中，RGB 是最常用的一个。语法为

RGB（red，green，blue）

其中，red、green、blue 分别表示颜色的红色成分、绿色成分、蓝色成分。取值的范围都是 0～255。

RGB 函数采用红、绿、蓝三基色原理，返回一个Long整数，用来表示一个 RGB 颜色值。表 12-12 列出一些常见的标准颜色以及这些颜色的红、绿、蓝三原色的成分值。

表 12-12　常见的标准颜色 RGB 值

颜　色	红 色 值	绿 色 值	蓝 色 值
黑色	0	0	0
蓝色	0	0	255
绿色	0	255	0
青色	0	255	255
红色	255	0	0
洋红色	255	0	255
黄色	255	255	0
白色	255	255	255

（2）QBColor 函数

QBColor 函数沿用于早期的 Basic 版本：QBasic，返回一个用来表示所对应颜色值的 RGB 颜色码。语法为

QBColor（color）

其中，color 参数是一个 0～15 的整型值，如表 12-13 所示。

表 12-13　color 参数的设置值

值	颜　色	值	颜　色
0	黑色	8	灰色
1	蓝色	9	亮蓝色
2	绿色	10	亮绿色
3	青色	11	亮青色
4	红色	12	亮红色
5	洋红色	13	亮洋红色
6	黄色	14	亮黄色
7	白色	15	亮白色

12.1.5　常用绘图方法

VB 提供的绘图方法可以更加灵活地绘制图形。

1．画点方法（PSet）

PSet 方法可以在对象的指定位置（x, y），按确定的像素颜色画点，语法为

[〈object〉.] PSet [Step] (x, y), [〈颜色〉]

说明：

1）〈object〉为可选的对象表达式，如果省略〈object〉，具有焦点的窗体作为〈object〉。

2）Step 为可选的关键字，指定相对于由 CurrentX 和 CurrentY 属性提供的当前图形位置的坐标。

3）(x, y)为必需的一对 Single（单精度浮点数），设置点的水平（x 轴）和垂直（y 轴）坐标。

4）〈颜色〉为可选的长整型数，为该点指定颜色。如果省略，则使用当前的 ForeColor 属性值。可用 RGB 函数或 QBColor 函数指定颜色。

在 VB 中绘制数学函数曲线多数采用 PSet 方法。

【例 12-2】使用 PSet 方法绘制圆的渐开线，如图 12-7 所示。

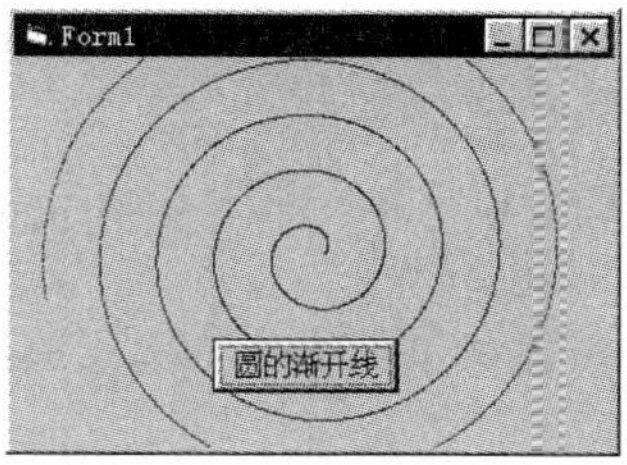

图 12-7 用 PSet 方法绘制圆的渐开线

分析：圆的渐开线可以用参数方程表示：

$$\begin{cases} x = a(\cos t + t\sin t) \\ y = a(\sin t - t\cos t) \end{cases}$$

只需如下命令按钮的 Click 事件代码：

```
Private Sub Command1_Click()
  ScaleMode = 6                         ' 设置坐标单位为 mm
  x = Me.ScaleWidth / 2                 ' 中心点的横坐标
  y = Me.ScaleHeight / 2                ' 中心点的纵坐标
  For t = 0 To 30 Step 0.01
    xt = Cos(t) + t * Sin(t)
    yt = －(Sin(t) － t * Cos(t))        ' 与笛卡儿坐标一致，纵坐标向上为正
    PSet (xt + x, yt + y), vbBlue       ' 相对于中心点画出曲线
  Next t
End Sub
```

说明：

1）PSet 所画点的大小取决于当前容器（窗体或控件）的 DrawWidth 属性值，像素点的真正颜色取决于 DrawMode 和 DrawStyle 的属性值。

2）执行 PSet 时，CurrentX 和 CurrentY 属性被设置为语句指定的坐标位置。

3）要清除某个坐标上的像素，只需在该坐标点上画一个背景色的像素：

PSet(x,y),BackColor

2．画直线、矩形方法（Line）

Line 方法可以在对象上的两点之间画直线或矩形，语法为

〈object〉.Line [Step] [x1, y1] – [Step] (x2, y2) [,〈颜色〉] [,B [F]]

说明：

1）$x1,y1$ 为可选的，是直线或矩形的起点坐标。如果省略，起点位于由 CurrentX 和 CurrentY 指示的位置。ScaleMode 属性决定了使用的度量单位。

2）$x2, y2$ 为必需的，是直线或矩形的终点坐标。

3）〈颜色〉为可选的长整型数，设置直线或矩形的颜色。如果省略，则使用 ForeColor 属性值。可用 RGB 函数或 QBColor 函数指定颜色。

4）B 为可选的，如果选择 B，则以($x1,y1$)为左上角坐标，($x2,y2$)为右下角坐标画出矩形。F 选项规定矩形以矩形边框的颜色填充。不能不用 B 而用 F。如果不用 F 仅用 B，则矩形用当前的 FillColor 和 FillStyle 填充。FillStyle 的默认值为 transparent。

5）画连接线时，前一条线的终点就是后一条线的起点。线的宽度取决于 DrawWidth 属性值。在背景上画线和矩形的方法取决于 DrawMode 和 DrawStyle 属性值。

6）执行 Line 方法后，CurrentX 和 CurrentY 属性被参数设置为终点。

【例 12-3】下面用 Line 方法的不同参数画出图形，如图 12-8 所示。

只需如下的窗体事件代码：

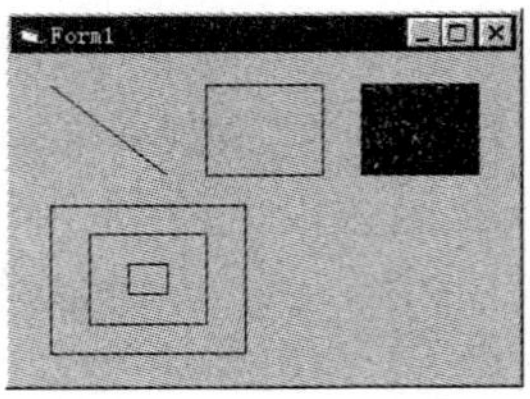

图 12-8　用 Line 方法的不同参数画出的图形

```
Private Sub Form_Paint()
  Cls
  Scale (0, 0) - (13, 11)                    ' 设置用户坐标系统
  Line (1, 1) - (4, 4), 4                    ' 画直线
  Line (5, 1) - (8, 4), 4, B                 ' 画矩形框
  Line (9, 1) - (12, 4), 4, BF               ' 画矩形块
  For i = 1 To 3                             ' 画三个嵌套的方形框
    Line (i, 4 + i) - (7 - i, 11 - i), , B
  Next i
End Sub
```

说明：在使用 PSet 和 Line 方法时，在每个坐标点(*x*,*y*)之前，可加上 Step 关键字，用来指出将要画出的点和当前坐标点的相对位置，如上例中的第 4，5，6 行语句可以用以下语句代替：

```
Line (1, 1) - Step(3, 3), 4          ' 画直线
Line (5, 1) - Step(3, 3), 4, B       ' 画矩形框
Line (9, 1) - Step(3, 3), 4, BF      ' 画矩形块
```

3．画圆方法（Circle）

Circle 方法可以在对象上画圆、椭圆或弧。语法为

[〈object〉.] Circle [Step] (x, y),〈半径〉, [color, start, end, aspect]

说明：

1）(*x*,*y*)指定圆、椭圆或弧的中心坐标。object 的 ScaleMode 属性决定了使用的度量单位。

2）〈半径〉指定圆、椭圆或弧的半径。

3）color 可选，如果被省略，则使用 ForeColor 属性值。可用 RGB 函数或 QBColor 函数指定颜色。

4）start 和 end 指定（以弧度为单位）弧或扇形的起点以及终点位置。其范围为 -2π～2π。起点的默认值是 0，终点的默认值是 2π。正数画弧，负数画扇形。

5）aspect 为垂直半径与水平半径之比，不能为负数。aspect > 1 时，椭圆沿垂直方向拉长，当 aspect < 1 时，椭圆沿水平方向拉长。aspect 的默认值为 1.0，在屏幕上产生一个标准圆（非椭圆）。

6）可以省略语法中间的某个参数，但不能省略分隔参数的逗号。指定的最后一个参数后面的逗号是可以省略的。

7）Circle 执行后，CurrentX 和 CurrentY 属性被参数设置为中心点。

【例 12-4】利用 Circle 方法在窗体中央画出如图 12-9 所示的图形。

按如下步骤进行绘画：利用 Circle 方法在窗体上先画出一个左上部缺 1/4 的圆，然后再用相对坐标在缺口内画第二个圆，最后用<1 的纵横比在第二个圆中画一个小椭圆。窗体的 Click

事件代码为

```
Sub Form_Click()
  Const pi = 3.1415926
  Circle (2000, 1250), 1000, vbRed, - pi, - pi / 2
  Circle Step( - 500, - 500), 500
  Circle Step(0, 0), 500, , , , 5 / 25
End Sub
```

【例 12-5】可以画出部分圆或椭圆，即圆弧和扇形，如图 12-10 所示。

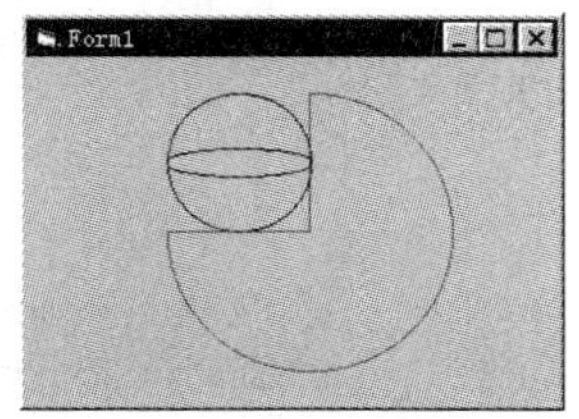

图 12-9 用 Circle 方法在窗体中央画图形

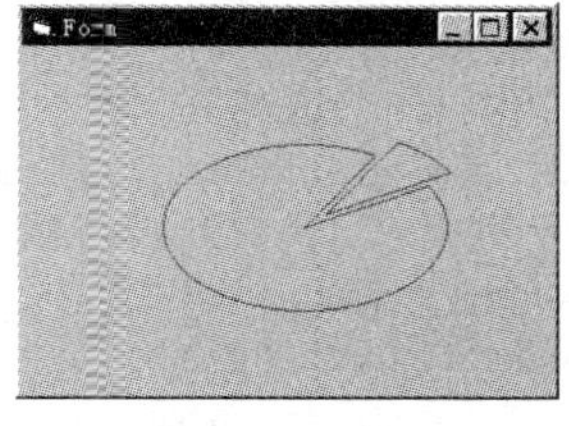

图 12-10 画圆弧

只需如下的窗体事件代码：

```
Private Sub Form_Paint()
  Const pi = 3.1415926
  Circle (2150, 1200), 1000, vbRed, - pi / 6, - pi / 3, 3 / 5
  Circle (2000, 1300), 1000, vbRed, - pi / 3, - pi / 6, 3 / 5
End Sub
```

说明：画部分圆或椭圆时，如果 start 为负，Circle 画一半径到 start，并将角度处理为正的圆；如果 end 为负，Circle 画一半径到 end，并将角度处理为正的圆。Circle 方法总是逆时针（正）方向绘图。

4．清除图形方法（Cls）

Cls 方法可以清除 Form 或 PictureBox 中由图形和打印语句在运行时所生成的图形和文本，清除后的区域以背景色填充。设计时使用 Picture 属性设置的背景位图和放置的控件不受 Cls 影响。Cls 方法的语法为

```
[object.] Cls
```

调用 Cls 之后，object 的 CurrentX 和 CurrentY 属性复位为 0。

注意：Cls 方法的使用与 AutoRedraw 属性的设置有很大关系。如果调用 Cls 之前，AutoRedraw 属性设置为 False，则 Cls 不能清除在 AutoRedraw 属性设置为 True 时产生的图形和文本；如果调用 Cls 之前，AutoRedraw 属性设置为 True，则 Cls 可以清除所有运行时产生的图形和文本。

【例 12-6】使用 AutoRedraw 属性控制 Cls 方法从窗体中删除显示信息，如图 12-11 所示。

1）用户界面及各对象的属性设置参见图 12-11。

2）编写事件代码。

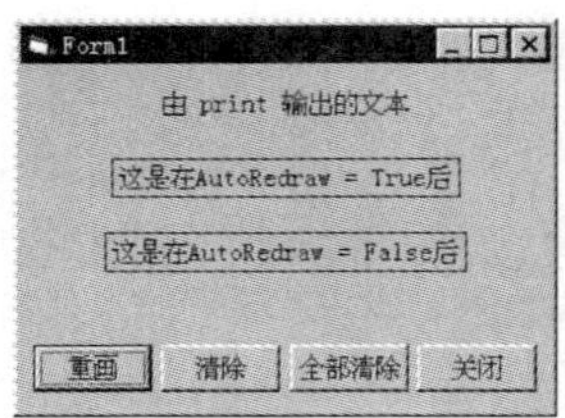

图 12-11　使用 Cls 方法

编写命令按钮 Command1 的 Click 事件代码：

```
Private Sub Command1_Click()
  Dim Msg, Msg1, Msg2                                        ' 声明变量
  Msg = "由 print 输出的文本"
  Msg1 = "这是在 AutoRedraw = True 后"
  Msg2 = "这是在 AutoRedraw = False 后"
  AutoRedraw = True                                          ' 打开 AutoRedraw
  CurrentX = ScaleWidth / 2 - TextWidth(Msg) / 2             ' 设置 Print 的 x,y 坐标
  CurrentY = TextHeight(Msg)
  Print Msg                                                  ' 输出信息 Msg
  x = ScaleWidth / 2 - TextWidth(Msg1) / 2
  y = TextHeight(Msg1)
  Line (x - 50, 4 * y - 50) - Step(TextWidth(Msg1) + 100, y + 100), , B
  CurrentX = x:   CurrentY = 4 * y                           ' 设置 Print 的 x,y 坐标
  Print Msg1                                                 ' 输出信息 Msg 1
  AutoRedraw = False
  x = ScaleWidth / 2 - TextWidth(Msg2) / 2
  y = TextHeight(Msg2)
  Line (x - 50, 7 * y - 50) - Step(TextWidth(Msg2) + 100, y + 100), , B
  CurrentX = ScaleWidth / 2 - TextWidth(Msg2) / 2            ' 设置 Print 的 x,y 坐标
  CurrentY = 7 * y
  Print Msg2                                                 ' 输出信息 Msg 2
End Sub
```

编写命令按钮 Command2 的 Click 事件代码：

```
Private Sub Command2_Click()
  Msg = "按“确定”按钮，将清除窗体上的部分内容"
  MsgBox Msg                                                 ' 显示信息
  Cls                                                        ' 清除窗体的背景
End Sub
```

编写命令按钮 Command3 的 Click 事件代码：

```
Private Sub Command3_Click()
  AutoRedraw = True :   Cls
End Sub
```

编写命令按钮 Command4 的 Click 事件代码：

```
Private Sub Command3_Click()
  Unload Me
End Sub
```

12.1.6 绘图语句与 Paint 事件

如果在程序代码中有图形方法的绘图语句，使用 Paint 事件将很有用。在设计多媒体应用程序时，最有效的方法是将所有的绘图方法（Pset，Line，PaintPicture 等）都放在 Paint 事件中，否则，可能会发生一些不希望发生的事情。例如，图形控件（Label，Line，Shape 等）会被重叠、丢失或以错误的顺序排列。

窗体和 PictureBox 图片框控件都有 Paint 事件，通过使用 Paint 事件过程，可以保证必要的图形都得以重现。例如，窗体最小化后，恢复到正常大小时，窗体内所有图形都得重画。当 AutoRedraw 属性为 True 时，将自动重画，Paint 事件不起作用。在 Resize 事件过程中使用 Refresh 方法，可在每次调整窗体大小时强制对所有对象通过 Paint 事件进行重画。

【例 12-7】本例是一个 Paint 事件在 Resize 窗体中所起作用的示例。运行时将画出一个与窗体各边的中点相交的菱形，当随意调整窗体的大小时，窗体中的菱型也随着自动调整，如图 12-12a 为调整前的显示，图 12-12b 为调整窗体后的显示。

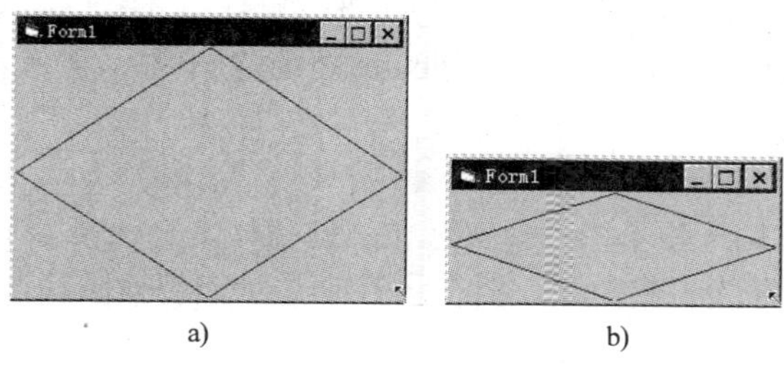

a) b)

图 12-12 程序运行结果

只需如下的窗体事件代码：

```
Private Sub Form_Paint()
  Dim HalfX, HalfY                              ' 声明变量
  HalfX = ScaleLeft + ScaleWidth / 2            ' 设置到宽度的一半
  HalfY = ScaleTop + ScaleHeight / 2            ' 设置到高度的一半
  ' 画一个菱形。
  Line (ScaleLeft, HalfY) - (HalfX, ScaleTop)
  Line  - (ScaleWidth + ScaleLeft, HalfY)
  Line  - (HalfX, ScaleHeight + ScaleTop)
  Line  - (ScaleLeft, HalfY)
End Sub
Private Sub Form_Resize()
  Refresh
End Sub
```

12.2 显示图片

图片可以显示在 VB 应用程序的三种位置：窗体（Form）上、图片框（Picture）内和图像（Image）控件内。图片可以是下述任何格式的图片文件：位图（bmp、dib、cur）、

图标（ico）、图元文件（wmf）、增强型图元文件（emf）、JPEG 或 GIF 文件。图片可来自 Windows 的各种绘图程序。例如，随同各种版本 Windows 一同提供的绘图程序、其他图形应用程序或剪贴画库。可在设计时或运行时，采用不同途径把图片添加到窗体、图片框或图像控件中。

12.2.1 直接加载图片到窗体

使用窗体的 Picture 属性，可以很方便地加载图片到窗体上，如图 12-13 所示。要在运行时显示或替换图片，可利用函数 LoadPicture 来设置 Picture 属性：提供图片文件名和可选路径名，由 LoadPicture 函数处理加载和显示图片的细节。

图 12-13 加载图片到窗体

LoadPicture 函数的语法格式为

LoadPicture([〈文件名〉])

其中〈文件名〉是一个字符串表达式，包括驱动器、文件夹和文件的名称。如果省略〈文件名〉，LoadPicture 将清除图像。

12.2.2 使用图像控件

图像（Image）控件用来显示图片。实际显示的图片由 Picture 属性决定，Picture 属性包括被显示图片的文件名及可选的路径名。要在运行时显示或替换图片，可利用函数 LoadPicture 来设置 Picture 属性。

Image 控件具有 Stretch 属性，Stretch 属性设为 False（默认值）时，Image 控件可根据图片调整大小。将 Stretch 属性设为 True 将根据 Image 控件的大小来调整图片的大小，这可能使图片变形。

Image 控件被认为是轻图形控件，它只支持 PictureBox 中属性、方法和事件的一个子集。因此，它需要的系统资源较少而且加载也比 PictureBox 控件更快。

【例 12-8】利用图像控件设计“红绿灯”程序，如图 12-14a 和 b 所示。

设计步骤如下：

1）建立应用程序用户界面与设置属性。选择“新建”工程，进入窗体设计器，在窗体中增加一个框架控件 Frame1，并单击 Frame1 使之被激活，在其中加入两个图像控件 Image1 和 Image2。然后在窗体中增加一个图像控件数组 Image3(0)~Image3(2)，参见图 12-14c 所示。

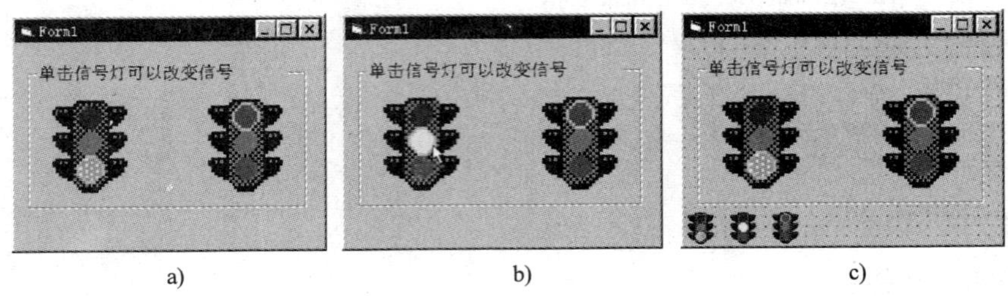

图 12-14 “红绿灯”程序与界面设计

图像控件的属性设置，如表 12-14 所示。

表 12-14　属性设置

对　象	属　性	属 性 值
Image1	Picture	trffc10a.ico
	Stretch	True
	Tag	2
Image2	Picture	trffc10c.ico
	Stretch	True
	Tag	3
Image3(0)～Image3(2)	Picture	trffc10a.ico、trffc10b.ico、trffc10c.ico
	Visible	False

2）编写事件代码。

编写 Image1 的 Click 事件代码：

```
Private Sub Image1_Click()
  u = Image1.Tag
  Select Case u
    Case 1
      Image1.Picture = Image3(0).Picture              ' 绿灯
      Image1.Tag = 2
      Image2.Picture = Image3(2).Picture
      Image2.Tag = 1
    Case 2
      Image1.Picture = Image3(1).Picture              ' 黄灯
      Image1.Tag = 3
    Case 3
      Image1.Picture = Image3(2).Picture              ' 红灯
      Image1.Tag = 1
      Image2.Picture = Image3(0).Picture
      Image2.Tag = 2
  End Select
End Sub
```

编写 Image2 的 Click 事件代码：

```
Private Sub Image2_Click()
    u = Image2.Tag
    Select Case u
      Case 1
        Image2.Picture = Image3(0).Picture
        Image2.Tag = 2
        Image1.Picture = Image3(2).Picture
        Image1.Tag = 1
      Case 2
        Image2.Picture = Image3(1).Picture
        Image2.Tag = 3
      Case 3
        Image2.Picture = Image3(2).Picture
```

```
            Image2.Tag = 1
            Image1.Picture = Image3(0).Picture
            Image1.Tag = 2
        End Select
    End Sub
```

说明：

1）三个图标文件 trffc10a.ico、trffc10b.ico、trffc10c.ico 所在文件夹的路径为：\Program files\Microsoft Visual Studio\Common\graphics\icons\traffic\。

2）Image 控件具有 Click 事件，因此可以单击 Image 控件来改变图像的显示。

3）用控件的 Tag 属性记录当前显示的图片。

12.2.3 使用图片框控件

图片框（PictureBox）控件可以用来显示图片、作为其他控件的容器、显示图形方法输出的图形或 Print 方法输出的文本。

1．图片的显示

PictureBox 控件的主要作用是为用户显示图片。实际显示的图片由 Picture 属性决定，Picture 属性包括被显示图片的文件名及可选的路径名。要在运行时显示或替换图片，可利用函数 LoadPicture 来设置 Picture 属性。

PictureBox 控件具有 AutoSize 属性，当该属性设置为 True 时，PictureBox 能自动调整大小与显示的图片匹配。如果要用 AutoSize 属性设置为 True 的 PictureBox，设计窗体时就需要特别小心。图片将不考虑窗体上的其他控件而调整大小，这可能导致意想不到的后果，如覆盖其他控件。设计时应通过加载每一幅图片来检查是否有这种现象发生。

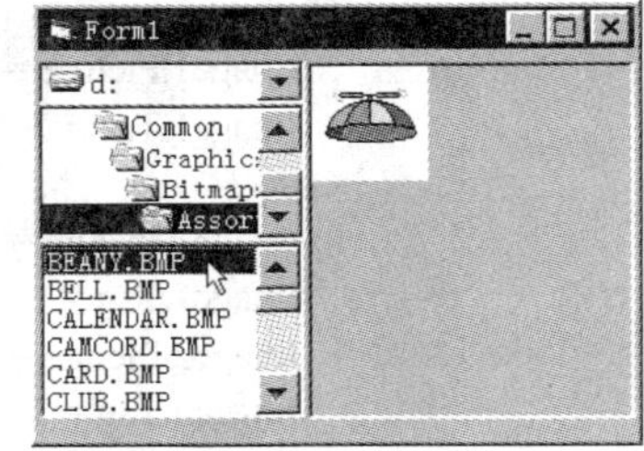

图 12-15　图片浏览器

【例 12-9】用来浏览图形文件的图片浏览器，如图 12-15 所示。

设计步骤如下：

1）建立应用程序用户界面与设置对象属性。

选择“新建”工程，进入窗体设计器，首先增加文件系统控件：驱动器列表框 Drive1、目录列表框 Dir1、文件列表框 File1，再增加一个图片框 Picture1（参见图 12-15）。只需修改 File1 的 Pattern 属性：*.ico; *.bmp。

2）编写程序代码。

编写目录列表框 Dir1 的 Change 事件代码：

```
Private Sub Dir1_Change()
    File1.Path = Dir1.Path
End Sub
```

编写驱动器列表框 Drive1 的 Change 事件代码：

```
Private Sub Drive1_Change()
    Dir1.Path = Drive1.Drive
End Sub
```

编写文件列表框 File1 的 Change 事件代码：

```
Private Sub File1_Click()
    ChDrive Drive1.Drive
    ChDir Dir1.Path
    Picture1.Picture = LoadPicture(File1.FileName)
End Sub
```

说明：文件系统控件的使用参见第 13 章。

2. 输出图形和文本

【例 12-10】利用图片框输出文本与图形，如图 12-16 所示。

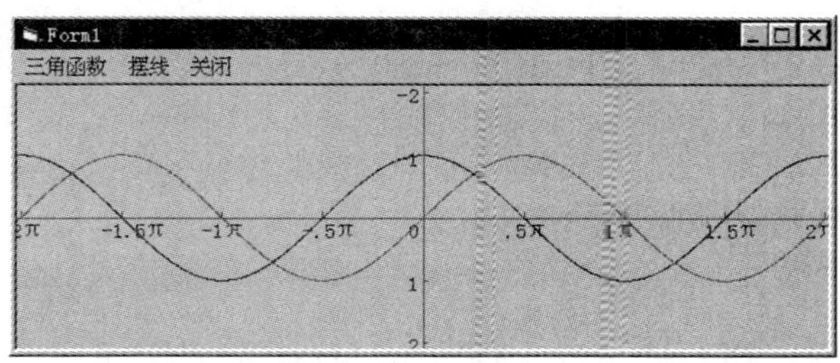

图 12-16　利用图片框输出文本与图形

设计步骤如下：

1）首先按照表 12-15 中的菜单项设计菜单。然后在窗体上增加一个图片框（参见图 12-16）。

表 12-15　菜单项的设置

标题（Caption）	名称（Name）	索引（Index）	说　明
三角函数	san		主菜单项 1
....Sin(x)	hs1	0	子菜单项 11
....Cos(x)	hs1	1	子菜单项 12
....清除	hs1	2	子菜单项 13
摆线	bai		主菜单项 2
....m = 1.5	m	0	子菜单项 21
....m = 3	m	1	子菜单项 22
....m = 4	m	2	子菜单项 23
....m = 5	m	3	子菜单项 24
....m = 6	m	4	子菜单项 25
....清除	m	5	子菜单项 26
关闭	m		主菜单项 3

2）编写程序代码。

编写窗体的 Paint 事件代码：

```
Private Sub Form_Paint()
    Const pi = 3.14159
    With Picture1
```

```
        .Top = 0
        .Left = 0
        .Width = Me.ScaleWidth
        .Height = Me.ScaleHeight
        .ScaleMode = 6
        oldx = .ScaleWidth / 2
        oldy = .ScaleHeight / 2
        .Cls
        ' 画坐标轴
        Picture1.Line (oldx, 0) - (oldx, .ScaleHeight), RGB(255, 0, 0)
        Picture1.Line (0, oldy) - (.ScaleWidth, oldy), RGB(255, 0, 0)
    End With
    Picture1.CurrentX = oldx - 4: Picture1.CurrentY = oldy + 0.5
    Picture1.Print 0
    ' 画 x 轴的刻度
    For xt = -Int(oldx) To Int(oldx) Step 0.5
        If xt <> 0 Then
            st = xt * 10 * pi
            Picture1.CurrentX = oldx + st - 3: Picture1.CurrentY = oldy + 0.5
            Picture1.Print xt & " π "
            Picture1.Line (oldx + st, oldy - 1) - (oldx + st, oldy), RGB(255, 0, 0)
        End If
    Next xt
    ' 画 y 轴的刻度
    For yt = -5 To 7
        If yt <> 0 Then
            st = yt * 10
            Picture1.CurrentX = oldx - 4: Picture1.CurrentY = oldy + st - 1
            Picture1.Print yt
            Picture1.Line (oldx, oldy + st) - (oldx + 1, oldy + st), RGB(255, 0, 0)
        End If
    Next yt
End Sub
```

编写“三角函数”子菜单的 Click 事件代码：

```
Private Sub hs1_Click(Index As Integer)
    oldx = Picture1.ScaleWidth / 2
    oldy = Picture1.ScaleHeight / 2
    Select Case Index
        Case 0
            For t = -oldx To oldx Step 0.01
                xt = 10 * t
                yt = 10 * Sin(t)
                Picture1.PSet (xt + oldx, oldy - yt), RGB(0, 127, 127)
            Next
        Case 1
```

```
    For t =  - oldx To oldx Step 0.01
      xt = 10 * t
      yt = 10 * Cos(t)
      Picture1.PSet (xt + oldx, oldy  -  yt), RGB(0, 127, 127)
    Next
  Case 2
    Picture1.Cls
    Form_Paint
    Exit Sub
End Select
End Sub
```

编写“摆线”子菜单的 Click 事件代码：

```
Private Sub m_Click(Index As Integer)
  n = Index
  Select Case n
    Case 0
      a = 12: b = 8
    Case 1
      a = 12: b = 4
    Case 2
      a = 12: b = 3
    Case 3
      a = 12: b = 2.4
    Case 4
      a = 12: b = 2
    Case 5
      Picture1.Cls
      Form_Paint
      Exit Sub
  End Select
  oldx = Picture1.ScaleWidth / 2
  oldy = Picture1.ScaleHeight / 2
  For t = 0 To 4 * 3.14159 Step 0.01
    xt = (a + b) * Cos(t)  -  b * Cos((a + b) * t / b)
    yt = (a + b) * Sin(t)  -  b * Sin((a + b) * t / b)
    Picture1.PSet (xt + oldx, oldy  -  yt), vbBlue
  Next t
End Sub
```

说明：内（外）摆线又称“圆内（外）旋轮线”，是 A 圆周沿 B 圆周内（外）部滚动而无滑动时，A 圆周上一固定点 M 所描成的轨迹。其参数方程为

$$\begin{cases} x = (a \mp b)\cos t \pm b\cos\dfrac{a \mp b}{b}t \\ y = (a \mp b)\sin t - b\sin\dfrac{a \mp b}{b}t \end{cases}$$

其中 a 为定圆的半径，b 为动圆的半径。曲线的形状由 $m=\frac{a}{b}$ 的值决定。

本例分别给出当 $m=1.5$、3、4、5、6 时的外摆线图形，如图 12-17 所示为 m=3、6 时的外摆线。

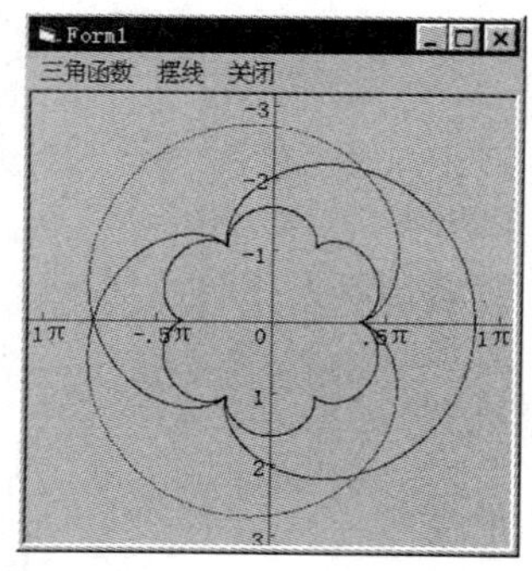

图 12-17　m = 3、6 时的外摆线

12.3　滚动条控件

滚动条（ScrollBar）是 Windows 界面上的常见元素，有了滚动条，就可在应用程序或控件中水平或垂直滚动，相当方便地巡视一长列项目或大量信息。无论何时，只要应用程序或控件所包含的信息超过当前窗口（或者在 ScrollBars 属性被设置成 True 时的文本框和 MDI 窗体）所能显示的信息，滚动条就会自动出现。

滚动条控件不同于 Windows 中内部的滚动条或 VB 中那些附加在文本框、列表框、组合框或 MDI 窗体上的滚动条，它为那些不能自动支持滚动的应用程序和控件提供了滚动功能。另外，还可以用滚动条作为输入设备。滚动条控件有两个：水平滚动条（HScrollBars）和垂直滚动条（VScrollBars）。除了方向之外，水平滚动条和垂直滚动条的动作是相同的。

12.3.1　滚动条的属性

1．Min、Max 属性

返回或设置滚动条所能代表的最小、最大值，其取值范围为：–32768～32767。Min 属性的默认值为 0，Max 属性的默认值为 32767。

2．Value 属性

返回或设置滚动条的当前位置，其返回值始终介于 Max 和 Min 属性值之间，包括这两个值。

3．LargeChange 属性

返回和设置当用户单击滚动框和滚动箭头之间的区域时，滚动条控件 Value 属性值的改变量。比如，若设置 LargeChange 属性值为 10，则单击水平滚动框左边的区域时，滚动条的 Value 属性值将递减 10，若单击滚动框右边的区域，则 Value 将递增 10。该属性默认值为 1。

4．SmallChange 属性

返回和设置当用户单击滚动箭头时，滚动条控件 Value 属性值的改变量。当单击滚动条两端的箭头按钮时，滚动条的值将按最小改变量进行递增或递减。该属性的默认值为 1。

12.3.2 滚动条的事件

滚动条可以识别多种事件，但最重要的是 Change 和 Scroll 事件。在程序运行过程中，每当滚动条的 Value 属性发生变化时，就发生 Change 事件。而当单击滚动箭头、单击滚动框与箭头之间的区域或沿着滚动条拖拉滚动框的动作结束时，滚动条的 Value 属性就发生变化。

尽管拖动滚动框会引起 Value 属性发生变化，从而触发 Change 事件，但在滚动条内拖动滚动框的过程中，并不发生 Change 事件。此时将触发产生滚动条的 Scroll（滚动）事件（当然滚动框的位置改变后，又将触发产生 Change 事件）。

在实际编程中，常用 Scroll 事件过程来跟踪滚动条在拖动时数值的动态变化。由于在单击滚动条或滚动箭头时，将产生 Change 事件，因此常利用 Change 事件来获得滚动条变化后的最终值。

12.3.3 滚动条的应用

可以使用滚动条来提供简便的定位。

【例 12-11】在【例 12-9】的图片浏览器中利用滚动条来控制超大图片的显示，如图 12-18a 所示。

设计步骤如下：

（1）修改应用程序用户界面与设置对象的属性

在例 12-9 图片浏览器的 Picture1 中增加一个图片框 Picture2、一个水平滚动条 HScroll1 和垂直滚动条 VScroll1，参见图 12-18b 所示。

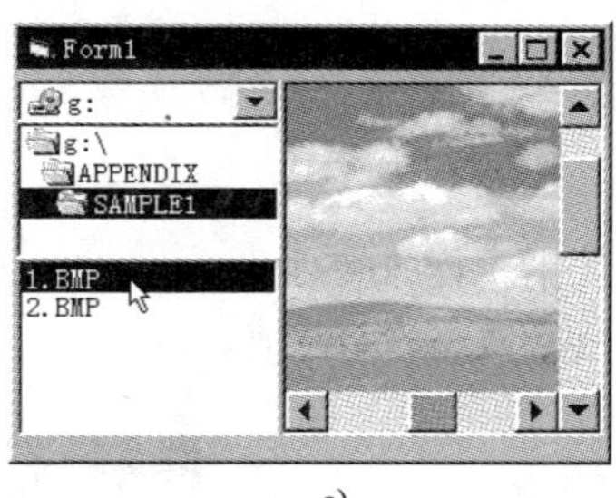

a)

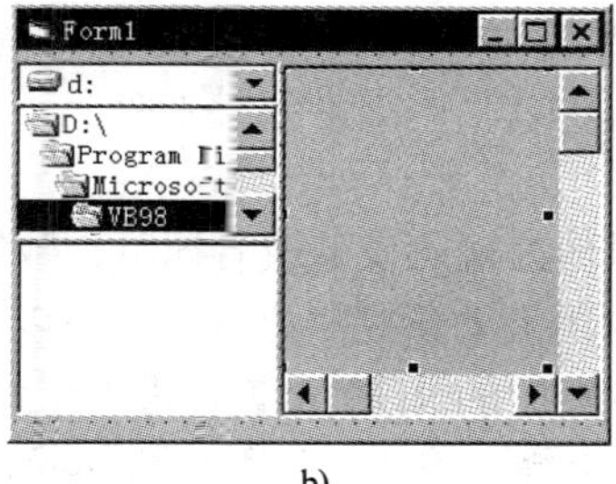

b)

图 12-18 利用滚动条控制图形的显示

新增控件的属性设置，如表 12-16 所示。

表 12-16 属性设置

对　象	属　性	属 性 值
Picture2	BorderStyle	0 – None
HScroll1	LargeChange	2000
	SmallChange	200
VScroll1	LargeChange	2000
	SmallChange	200

（2）编写程序代码

修改文件列表框 File1 的 Click 事件代码：

```
Private Sub File1_Click()
  ChDrive Drive1.Drive
  ChDir Dir1.Path
  With Picture2
    .Left = 0
    .Top = 0
    .Picture = LoadPicture(File1.FileName)
    .AutoSize = True
  End With
  h = Picture2.Height - Picture1.Height
  v = Picture2.Width - Picture1.Width
  VScroll1.Max = IIf(h > 0, h, 0)
  HScroll1.Max = IIf(v > 0, v, 0)
  VScroll1.Value = 0
  HScroll1.Value = 0
End Sub
```

编写水平滚动条 HScroll1 的 Change 事件代码：

```
Private Sub HScroll1_Change()
  Picture2.Left = 0 - HScroll1.Value
End Sub
```

编写垂直滚动条 VScroll1 的 Change 事件代码：

```
Private Sub VScroll1_Change()
  Picture2.Top = 0 - VScroll1.Value
End Sub
```

滚动条还可以作为输入设备或者速度、数量的指示器来使用。

【例 12-12】利用滚动条控制色彩，还可以返回色彩的 RGB 值。

直接修改文本框中的 RGB 设置，可以得到相应的色彩。单击滚动条也可得到所需的色彩，并可返回相应的 RGB 设置，如图 12-19 所示。

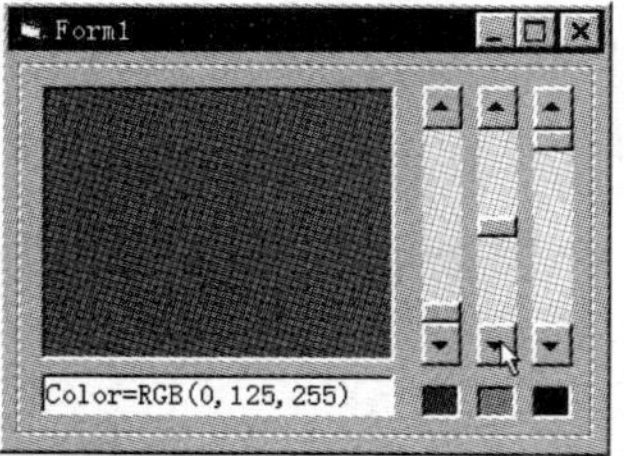

图 12-19　调色盘

设计步骤如下：

（1）建立应用程序用户界面与设置对象属性

选择“新建”工程，进入窗体设计器。首先增加一个框架 Frame1，激活 Frame1 后，在其中增加一个图片框 Picture1、一个文本框 Text1、一个垂直滚动条控件数组 VScroll1(0)～VScroll1(2)和一个标签控件数组 Label1(0)～Label1(2)，并设置属性如表 12-17 所示。

表 12-17　属性设置

对　　象	属　　性	属 性 值
Vscroll1(0)～Vscroll1(2)	LargeChange	32
	SmallChange	4
	Max	0

（续）

对　　象	属　　性	属 性 值
Vscroll1(0)～Vscroll1(2)	Min	255
	Value	255
Label1(0)～Label1(2)	BackColor	依次为：红、绿、蓝
	BordeStyle	1 – Fixed Single
	Caption	
Frame1	Caption	
Text1	Text	Color = RGB(255,255,255)

（2）编写程序代码

编写水平滚动条 VScroll1()的事件代码：

```
Private Sub VScroll1_Change(Index As Integer)
  Picture1.BackColor = RGB(VScroll1(0), VScroll1(1), VScroll1(2))
  r = LTrim(Str(VScroll1(0)))
  g = LTrim(Str(VScroll1(1)))
  b = LTrim(Str(VScroll1(2)))
  Text1.Text = "Color=RGB(" & r & "," & g & "," & b & ")"
End Sub
```

编写文本框 Text1 的 GotFocus 事件代码：

```
Private Sub Text1_GotFocus()
  Text1.SelStart = 10
End Sub
```

编写文本框 Text1 的 KeyPress 事件代码：

```
Private Sub Text1_KeyPress(KeyAscii As Integer)
  If KeyAscii = 13 Then
    a = InStr(10, Text1.Text, ",")
    b = InStr(a + 1, Text1.Text, ",")
    c = InStr(b + 1, Text1.Text, ")")
    VScroll1(0) = Val(Mid(Text1.Text, 11, a - 10))
    VScroll1（1）= Val(Mid(Text1.Text, a + 1, b - a))
    VScroll1（2）= Val(Mid(Text1.Text, b + 1, c - b - 1))
  End If
End Sub
```

说明：

1）函数 InStr（n,〈字符串 1〉,〈字符串 2〉）的功能是：从字符串 1 第 n 个位置开始查找字符串 2 首次出现的位置，并返回一个整数。

2）控件也有默认值，大多数的控件都默认为其值属性。因此

```
VScroll1(0) = Val(Mid(Text1.Text, 11, a - 10))
```

相当于

```
VScroll1(0).Value = Val(Mid(Text1.Text, 11, a - 10))
```

12.4 习题

一、选择题

窗体上有一个名称为 Shape1 的形状控件和由三个命令按钮组成的名称为 cmdDraw 的控件数组。窗体外观如图 12-20 所示（从上到下的三个命令按钮的下标值分别为 0、1、2）。有事件过程如下:

```
Private Sub cmdDraw_Click(Index As Integer)
  Select Case Index
    Case 0
      Shape1.Shape = 0
    Case 1
      Shape1.Shape = 1
    Case 2
      Shape1.Shape = 3
  End Select
End Sub
```

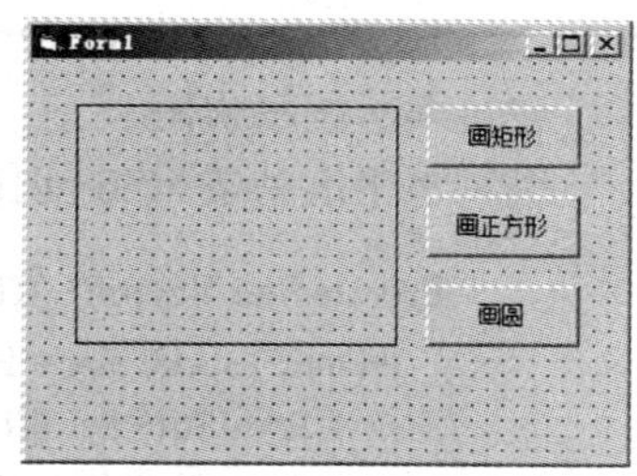

图 12-20　选择题.1

当单击“画圆”命令按钮时，会执行 cmdDraw_Click 事件过程。以下叙述中正确的是（　　）。

A．Case 2 分支有错，此 Case 后面表达式的值应该与赋给 Shapel.Shape 的值一致

B．程序运行有错，控件数组的下标应该从 1 开始

C．Index 是形状控件的参数

D．程序正常运行，形状控件被显示为圆形

二、上机题

1．在窗体上画上一个圆和一条直线（圆的名称为 Shape1，直线的名称为 Line1）构成一个简易的钟表图案，再画上两个命令按钮“开始”和“停止”，名称分别为 Cmd1 和 Cmd2，再添上一个计时器控件 Timer1。编写过程，使得程序开始运行时，钟表指针不动，单击“开始”按钮，则钟表上的指针（即 Line1）开始顺时针旋转（每秒转 6°，一分钟一圈），单击“停止”按钮，则指针停止旋转，如图 12-21 所示。

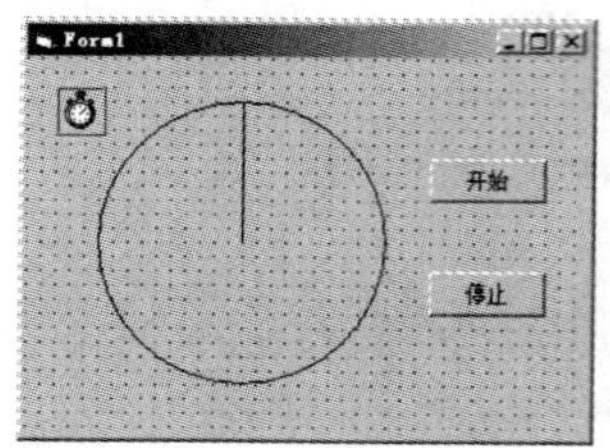

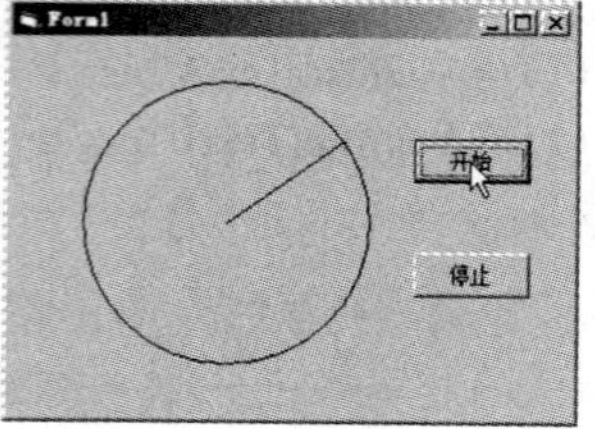

图 12-21　上机题 1

2．编制小时钟程序，利用 Timer 控件来控制指针的转动。

3．从蓝色的大圆中分别剪下两个小圆，求大圆剩下部分的面积，如图 12-22 所示。

4．输入两点的坐标，显示两点的连线并计算两点间的距离，如图 12-23 所示。

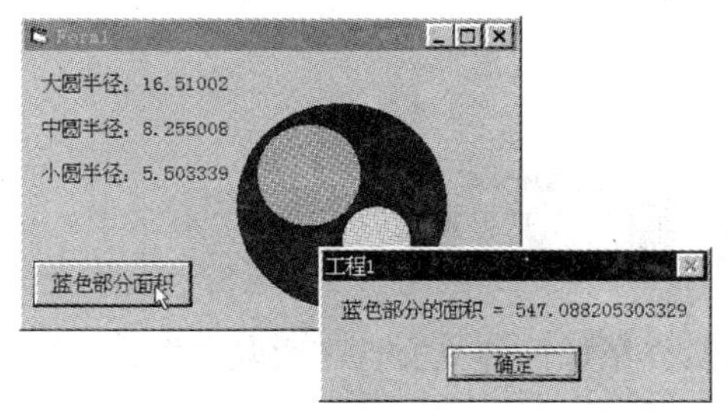

图 12-22　上机题 3

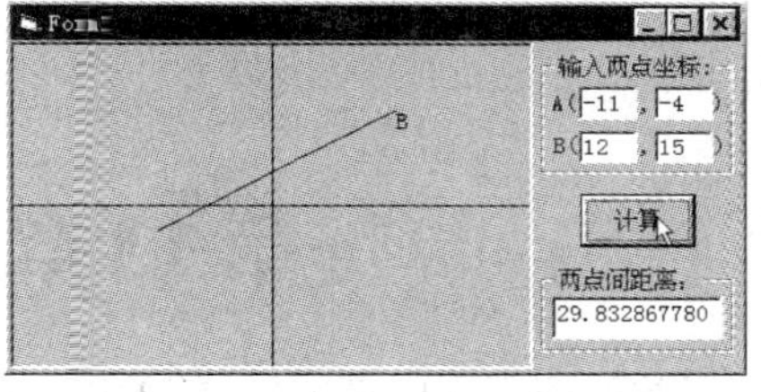

图 12-23　上机题 4

5．在屏幕颜色为 16 位色以上的显示方式下，窗体背景由深变浅，如图 12-24 所示。

6．利用 Circle 方法在窗体中画一个圆桶，如图 12-25 所示。

7．利用 Circle 方法在窗体中画一个有缺口的饼，如图 12-26 所示。

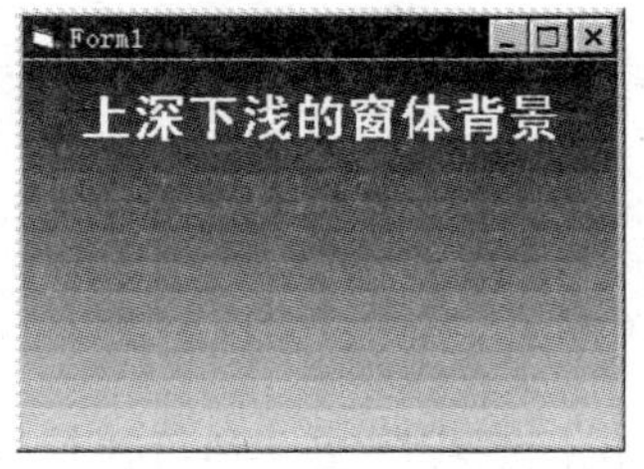

图 12-24　上机题 5

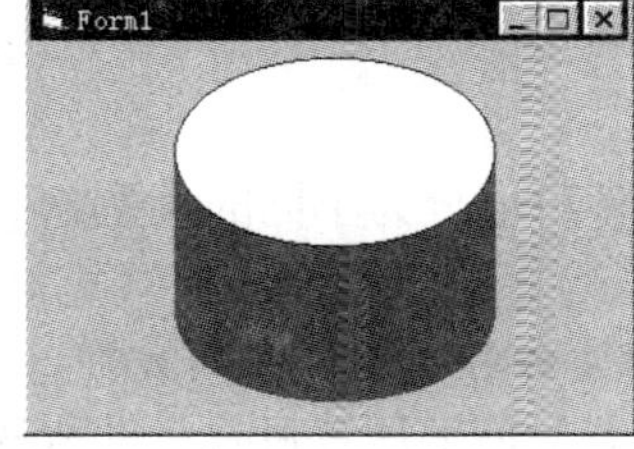

图 12-25　上机题 6

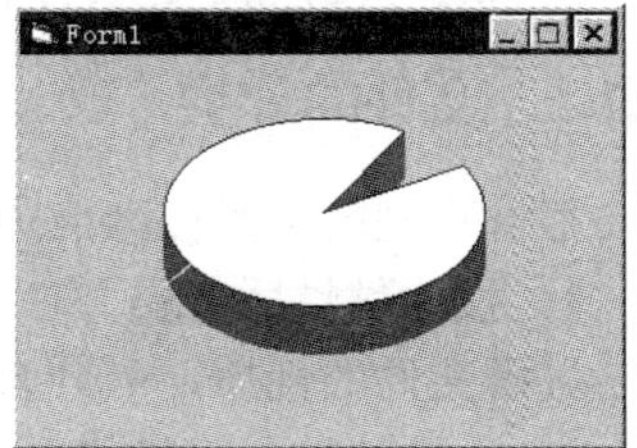

图 12-26　上机题 7

8．输入三种商品的销售量，显示销售比例的饼图，如图 12-27 所示。

9．在窗体上画五角星，如图 12-28 所示。

10．编程序，输入长方体的长、宽、高，求其表面积，如图 12-29 所示。

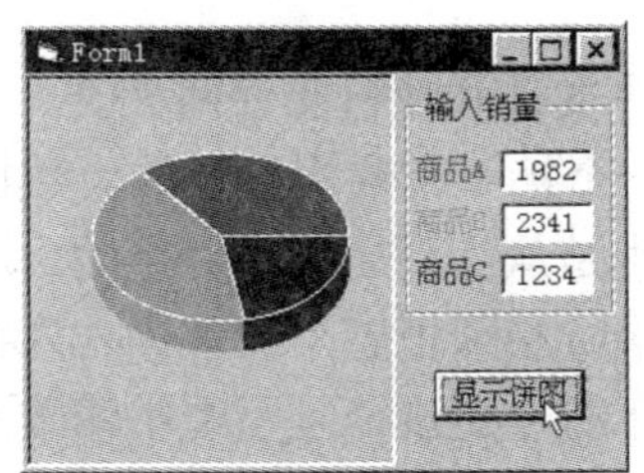

图 12-27　上机题 8

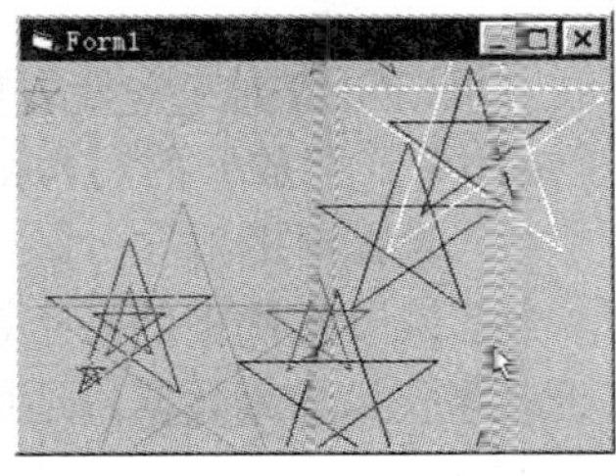

图 12-28　上机题 9

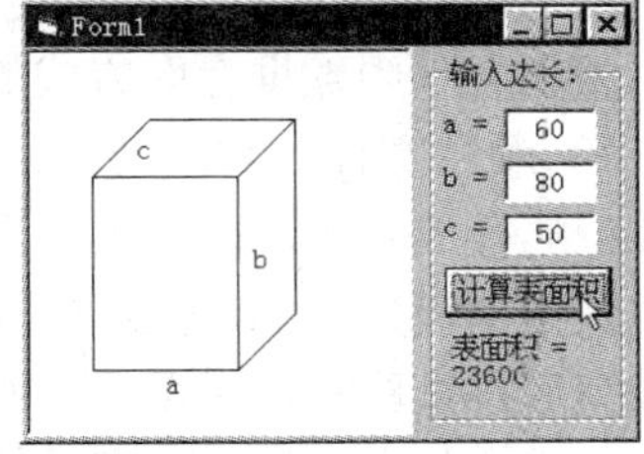

图 12-29　上机题 10

11．运行时在图片框上画出坐标系统刻度，右击窗体，在快捷菜单中选择三角函数名称，可以画出图形。

12．利用计时器控件设计自动“红绿灯”程序。

13．在窗体中画上一个标签 Label1、一个文本框 Text1、一个水平滚动条 HScroll1 和一个标题为“移动”的命令按钮 Cmd1。编写过程代码，使得程序运行后，当在文本框中输入数值后，单击“移动”按钮，则滚动条中的滚动块滚动到该数相符的刻度，如果输入的数值超过了滚动条的最大刻度，则滚动条只移动到滚动条的最右端，如果小于滚动条的最小刻度，则只移动到滚动条的最左端，如图 12-30 所示。

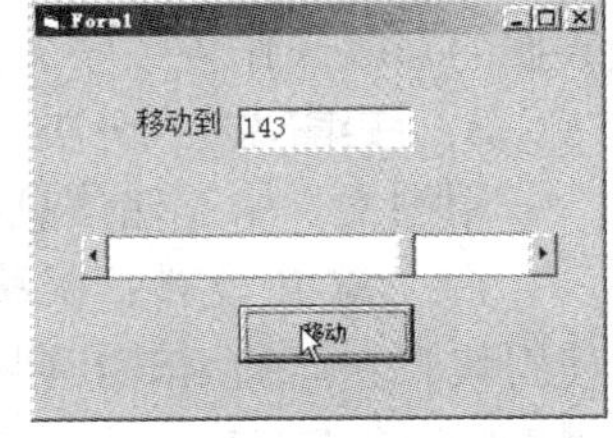

图 12-30　上机题 13

第 13 章　数 据 文 件

大多数的应用程序都需要读/写磁盘文件。本章介绍如何建立文件、读取文件、写文件以及文件夹中文件的删除、复制、更名等各种操作。

13.1　文件的结构与分类

文件是指记录在外部介质上的信息的集合，文件的结构是指如何合理地组织数据而形成文件，当然这与文件的类型有关。

13.1.1　文件的分类

根据不同的分类标准，VB 文件可以分为不同的类型。

1．按文件性质分类

根据文件的性质，可分为程序文件和数据文件两大类。

1）程序文件：这种文件存放的是可供计算机执行的程序，包括源程序文件和可执行程序文件。例如，扩展名为 com 和 exe 的可执行文件以及扩展名为 bas 和 frm 的各种源程序文件。

2）数据文件：用来存放运行程序所需的数据，或用来存储程序的运行结果。例如，学生成绩、职工工资、人事档案等。

本章主要讨论数据文件。

2．按存取方式和结构分类

根据文件中数据存取方式的不同，可以将数据文件分为顺序文件和随机文件两大类。

1）顺序文件：数据（通常以记录的形式存放）的写入是一个接一个依次进行的。数据在文件中的存放次序，以及读出次序与写入数据时的顺序一致，也是从头到尾按序进行的。这样的文件结构较为简单，但维护困难，为了修改文件中的某个记录，必须把整个文件读入内存，修改完后再重新写入磁盘。不能灵活地存取和增减数据，适用于有一定规律且不经常修改的数据。其优点是占空间少，容易使用。

2）随机文件：数据通常也以记录的形式存放，但与顺序文件不同的是，其每条记录的长度相等，且拥有一个唯一的记录号。因此，对于随机文件，可以按记录号进行数据的存取操作。不但可以随机地访问任意指定的记录，而且对记录的读或写也是可以随意选择的。随机文件对数据的存取操作较顺序文件方便、灵活。

3．按编码方式分类

根据文件中存储信息所使用的编码方式，可以将文件分为 ASCII 文件和二进制文件。

1）ASCII 文件：又称为文本文件，它以 ASCII 方式存储，数值型数据中的每位数字分别使用代表它们的 ASCII 码存储，汉字的存储则使用双字节的汉字字符集编码。ASCII 文件可以用 DOS 的 TYPE 命令显示，可以直接打印输出，可以用文本编辑软件处理。例如，DOS 编辑器 EDIT、Windows 中的“记事本”等。高级语言的源程序通常也为 ASCII 文件。

2）二进制文件：以二进制方式保存信息，该类文件不具有可读性，不能使用 TYPE 命令输出或显示，也不能用文本编辑器建立或修改，占空间较小。二进制文件通常用于编译后的程序文件。

13.1.2 文件的结构

为了有效地存取数据，数据必须以某种特定的方式存放，这种特定的方式就是文件的结构。VB 的数据文件由记录组成，记录由字段组成，字段由字符组成。

1）字符(Character)：是构成文件的最基本单位，可以是数字、字母、特殊符号或单一的字节。一个字符通常用一个字节存放，一个汉字或全角字符则用两个字节存放。注意，VB 6.0 支持双字节字符，当计算字符串长度时一个汉字作为一个字符计算。

2）字段(Field)：又称域，由若干个字符组成，用来表示一项数据。例如，姓名“张大强”是一个字段，由三个汉字组成。

3）记录(Record)：由一组相关的字段组成。例如在通信录中，每个人的姓名、单位、住址、电话号码等组成一个记录。在 VB 中，通常以记录为单位处理数据。

4）文件(File)：由记录组成。一个文件含有一个以上的记录，如在通信录文件中有 40 个人的信息，每个人的信息是一个记录，40 个记录构成一个文件。

13.2 文件操作语句和函数

在 VB 中，对于数据文件的处理，传统的方法是通过使用 Open 语句以及一些相关的语句和函数来实现的。这些语句和函数，适用于顺序文件、随机文件和二进制文件的访问。

13.2.1 数据文件的操作

在微型计算机中，数据文件一般为磁盘文件。从磁盘文件向计算机的内存传送数据，对于计算机来说，属于“输入”操作，称为“读文件”。从计算机的内存向磁盘文件传送数据，则是计算机的“输出”操作，称为“写文件”。

为了有效地管理文件的输入/输出操作，每一个打开的数据文件中都有一个指针，指向下一次将要读写的数据位置，称为“文件指针”或“记录指针”。当默认读写位置时，数据的读出或写入总是指向文件指针的当前位置。

数据文件的操作，一般按以下三个步骤进行：

1）打开（或建立）文件：一个数据文件，首先必须打开才能使用。如果文件不存在，在执行某些打开命令时，将建立一个新文件。

2）读/写文件：执行文件的“写”操作，就是把内存中的数据传输到外部设备（一般为磁盘）并予以存储的过程；执行文件的“读”操作，则是把文件中的数据传输到计算机内存的过程。读/写文件是数据文件处理的核心部分。

3）关闭文件：对于一个不再使用的文件，应执行关闭命令，以便释放相关的文件缓冲区。

13.2.2 文件的打开与关闭语句

1. Open 语句

在对文件执行任何读写操作之前，必须打开文件。Open 语句用来打开或建立一个文件，分配一个缓冲区供文件进行输入/输出，并决定缓冲区的访问方式。其语法格式为

Open 〈文件名〉 For 〈读写方式〉 [Access 〈存取类型〉] [〈锁定类型〉] As [#] 〈文件号〉 [Len =〈记录长度〉]

说明：

1）〈文件名〉是欲打开或建立的文件名。该字符串表达式还可包括驱动器和路径描述。

2）〈读写方式〉是指定文件的读写方式，其取值如表 13-1 所示。

表 13-1　读写方式

参　数	方　式	说　明
Output	顺序输出方式	打开或建立一个顺序文件，并允许向文件输出数据
Input	顺序输入方式	打开一个顺序文件，指定从文件中读入数据
Append	顺序输出（追加）方式	与 Output 不同的是，Append 方式在打开一个顺序文件时，将指针定位在文件的末尾，当输出数据时，新记录将添加在原有记录的后面
Random	随机文件方式	如果未指定方式，Open 语句将以 Random 方式打开文件
Binary	二进制文件方式	

3）〈存取类型〉是指定文件的存取类型，其取值如表 13-2 所示。

表 13-2　存取类型

参　数	存取类型	说　明
Read	打开只读文件	
Write	打开只写文件	
Read Write	打开读/写文件	只能用于随机文件、二进制文件和以 Append 方式打开的文件。在 Random 和 Binary 方式中，如果没有 Access 选项，Open 语句将按下列顺序打开文件：Read Write → Read → Write

4）〈锁定类型〉是在多用户或多进程环境中，限定其他用户或进程打开文件的操作，有如表 13-3 所示的几种类型。

表 13-3　锁定类型

参　数	说　明
Shared	与其他进程共享打开的文件
Lock Read	不允许其他进程读该文件
Lock Write	不允许其他进程写该文件
Lock Read Write	不允许其他进程读/写该文件

如果不指定锁定类型，则在文件打开时，不允许其他进程访问该文件。

5）〈文件号〉是打开文件时指定的文件句柄。取值是 1～511 的一个整数。Open 语句将打开的文件与指定的文件号联系在一起，在文件的读写操作中，以文件号代替文件名。使用 FreeFile 函数可得到下一个可用的文件号。

6）〈记录长度〉是不超过 32767 的一个整数。对于随机文件，该值表示记录长度；对于顺序文件，该值代表缓冲字符数；对于二进制文件，Len 选项被忽略。例如：

```
Open "c:\basic\student.dat" For Output As #1
```

表示将建立一个新的顺序文件。如果文件“c:\basic\studen.dat”不存在，就用此文件名建立一个新文件。如果文件存在，在打开文件时，文件中原有数据全部丢失，新记录将从头开始写入。

因此，无论文件存在与否，Output 都将建立一个新文件。

在使用 Open 语句时，应注意以下几点：

1）Open 语句有打开和建立两种功能，如果语句中指定的文件不存在，则在使用 Output、Append、Random 或 Binary 方式时，将以指定的文件名建立一个新文件。

2）为了满足多种存取数据的需求，在 Input、Random 和 Binary 方式下，不必关闭文件，就可用不同的文件号打开同一文件。而在 Append 和 Output 方式下，则必须首先关闭文件，才可用不同的文件号打开同一文件，否则将产生“文件已打开”的错误。

3）如果文件已由其他进程打开，而且指定了不允许的访问类型，则 Open 操作失败。

2. Close 语句

Close 语句用来关闭 Open 语句所打开的输入/输出文件。其语法格式为：

Close [[#]〈文件号〉] [, [#]〈文件号〉]…

说明：

1）〈文件号〉是欲关闭文件的文件号。省略时关闭 Open 语句打开的所有文件。

2）执行 Close 语句，文件与其文件号之间的关联将终结，并释放与该文件相关联的缓冲区空间。

3）当关闭 Output 或 Append 打开的文件时，系统将把文件缓冲区中的数据写入文件。

4）执行 End 语句和 Reset 语句也会关闭所有用 Open 语句打开的磁盘文件。例如：

```
Close #1,#3                    ' 关闭#1，#3 文件
Close                          ' 关闭所有打开的文件
```

13.2.3 文件访问函数

1. EOF 函数

EOF 函数用于测试指定文件的结束状态，通常用来检查以 Input 方式打开的顺序文件。其语法格式为

EOF(〈文件号〉)

说明：当文件中的记录指针指向文件末尾时（最后一条记录的后面），EOF 函数返回 True，否则返回 False。如果在文件末尾执行输入操作，VB 将给出错误信息“输入超出文件尾”，使用 EOF 可以避免这种错误的发生。

2. FreeFile 函数

FreeFile 函数返回指定范围内下一个可用的文件号。其语法格式为

FreeFile[(〈区间号〉)]

说明：〈区间号〉为 0 或默认时，返回 1～255 的文件号；为 1 则返回 256～511 的文件号。

使用 FreeFile 函数可以把一个未使用的文件号赋给指定变量，当用 Open 语句打开文件时，使用代表文件号的变量，可以不必考虑具体的文件号。当打开的文件较多，尤其是在一些通用过程中访问文件时，可以避免打开正在使用的文件号。例如：

```
FileNumber = FreeFile
FileName = "c:\student\faz2001.dat"
```

```
Open FileName For Input As #FileNumber
  …
Close #FileNumber
```

3. Input 函数

Input 函数返回它所读出的所有字符，包括逗号、空格符、引号以及回车符和换行符等，可用于以 Input 方式打开的顺序文件或以二进制文件方式打开的文件。其语法格式为

Input(〈字符个数〉, [#]〈文件号〉)

说明：〈字符个数〉指定需要返回的字符个数。

4. Len 函数

Len 函数返回字符串表达式中包含字符的数目，或是存储一个变量所需的字节数。其语法格式为

Len(〈字符串表达式〉)

说明：对于用户定义类型，如一个记录类型变量，Len 函数返回的是该变量写入文件时的大小。

VB 提供的另一个测试字符串长度的函数是 LenB。与 Len 函数不同的是，该函数返回的是代表字符串的字节数，而不是字符串中字符的数量。当字符串中含有汉字时，应该特别注意区分，例如：

```
MyLen = Len("计算机等级考试")          ' 返回 7
MyLen = LenB("计算机等级考试")。       ' 返回 14
```

对于定长字符串，Len 总是返回字符串定义的长度，例如：

```
Dim MyStr As String * 20
MyStr = "计算机等级考试"               ' 实际输入的字符个数为 7
MyLen = Len(MyStr)                     ' 返回变量 MyStr 定义的长度为 20
```

5. Loc 函数

Loc 函数返回一个用 Open 语句打开文件的上一次读写位置。其语法格式为

Loc(〈文件号〉)

说明：对于随机文件，Loc 返回上一次对文件进行读出或写入的记录号。对于二进制文件，Loc 返回上一次读出或写入的字节位置。对于顺序文件，由于文件只能从头到尾顺序写入或读出，因此，一般不需要使用 Loc 函数。

随机文件的记录号从 1 开始，文件字节的起始位置也是 1。

6. LOF 函数

LOF 函数返回用 Open 语句打开文件的大小（以字节为单位）。其语法格式为

LOF(〈文件号〉)

说明：要取得一个尚未打开文件的大小，应该使用 FileLen 函数。

7．Seek 函数

Seek 函数返回一个用 Open 语句打开的文件的当前读写位置。其语法格式为

Seek(〈文件号〉)

说明：对于随机文件，Seek 返回文件指针指向的将要读出或写入的记录号。对于二进制文件和顺序文件，Seek 返回将要读出或写入的字节位置。

13.3　顺序文件的操作

顺序文件的打开与关闭由 Open 语句和 Close 语句来实现。打开顺序文件的基本语法格式为

Open 〈文件名〉 For {Input | Output | Append} As 〈文件号〉 [Len = buffersize]

其中参数说明参见 13.2.2。下面介绍对顺序文件进行读/写操作的语句。

13.3.1　顺序文件的写操作

要将数据写入文本文件，应以 Output 或 Append 方式打开该文件。然后使用 Print #或者 Write #语句将数据写入文件中。

1．Print # 语句

Print # 语句将格式化数据写入顺序文件中，其功能与多次使用的 Print 方法类似，只是 Print 方法输出的对象是窗体、图片框或打印机，而 Print # 语句的输出对象是文件。其语法格式为

Print #〈文件号〉，[{Spc(n) | Tab[(n)]}] [〈表达式列表〉] [{，|；}]

说明：

1）〈文件号〉是打开文件时指定的文件句柄。

2）Spc 函数、Tab 函数、表达式列表及尾部的逗号、分号等与 Print 方法中相同。

3）文件号后各项若省略，则向文件中输出一个空行。

4）如果需要读出 Print # 在文件中写入的数据，可使用 Line Input # 语句或 Input 函数。

【例 13-1】用 Print #语句向顺序文件输出数据。

选择“新建”工程，进入窗体设计器，编写窗体的 Click 事件代码：

```
Private Sub Form_Click()
  Open "c:\ out1.txt" For Output As #1
  Print #1, 1; 2; 3; 4; 5                        ' 用紧凑格式输出数值型数据
  Print #1, "计算机"; "等级考试"; "1"; "2"; "3"    ' 用紧凑格式输出字符串型数据
  Print #1, "4", "5", 13.35, 12 - 76             ' 用标准格式输出
  Print #1,                                      ' 输出一个空行
  Print #1, "这是用"; "Print#语句";               ' 注意，输出列表最后有分号
  Print #1, "输出的文件"                           ' 紧接上一个 Print # 语句输出
  Close #1
End Sub
```

运行程序，单击窗体后，用 Windows 的“记事本”打开文件“out1.txt”，可以看到文件的内容及其格式，如图 13-1 所示。

out1.txt - 记事本
文件(F) 编辑(E) 搜索(S) 帮助(H)
```
 1  2  3  4  5
计算机等级考试123
4             5             12.35          -64

这是用Print # 语句输出的文件
```

图 13-1 用 Print # 语句写入文件的格式示例

2. Write # 语句

与 Print # 相同，Write # 语句将输出列表指定的数据，顺序写入文件号所代表的文件中，其语法格式为

Write #〈文件号〉, [〈表达式列表〉]

其中，〈文件号〉的含义同上；〈表达式列表〉中若有多个表达式，表达式之间用逗号隔开，也可用空格或分号分隔；如果省略输出列表，则输出一个空白行到文件。若要从文件中读出 Write # 写入的数据，通常使用 Input # 语句。

用 Write # 语句写入的顺序文件具有如下的格式：

1）字符型数据，用双引号（"）括起来。

2）逻辑型数据，保存为 #TRUE# 或者 #FALSE# 。

3）日期型数据，采用 #yyyy-mm-dd hh:mm:ss# 的格式，或将日期部分和时间部分分开处理，其形式为 #yyyy-mm-dd# 和 #hh:mm:ss# 。

4）各数据项之间以紧凑格式存放，并自动插入分界符（逗号）。

5）在输出列表中的最后一个字符写入文件后，自动插入回车换行符。

【例 13-2】用 Write # 语句向顺序文件输出数据。

选择“新建”工程，进入窗体设计器，编写窗体的 Click 事件代码：

```
Private Sub Form_Click()
  Dim I As Integer, S As String
  Dim D As Date, B As Boolean
  Open "c:\WEXAM\26160001\out2.txt" For Output As #1  ' 以顺序输出方式建立并打开文件
  I = 100: S = "773456"
  D = Date: B = True                       'Date 函数返回系统当前的日期
  Write #1, I, S, D, B                     ' 写入第 1 条记录
  Write #1, "这是用 Write 语句输出的文件"     ' 写入第 2 条记录
  Close #1                                 ' 关闭文件
End Sub
```

运行程序，单击窗体后，用 Windows 的“记事本”打开文件“out2.txt”，可以看到文件的内容及其格式（如图 13-2 所示）。此例可以帮助我们理解 Write # 语句的具体使用方法，以及文件中各种类型数据的存放格式。

图 13-2 用 Write #语句写入文件的格式示例

Print #语句与 Write #语句的区别：Print #语句根据指定的格式，将数据写入文件，数据项之间不会自动插入分界符，而 Write #语句在数据项之间自动插入分界符。

Write #语句适合输出不同类型的数据，特别是当数据写入文件后，还需用其他程序读出进行处理的情况。Print #语句适合输出文本类型或列表格式的数据，供打印或显示用。

【例 13-3】用 Write #语句向顺序文件输出 20 个随机两位整数。

选择“新建”工程，进入窗体设计器，编写窗体的 Click 事件代码：

```
Private Sub Form_Click()
  Randomize
  Open "c:\WEXAM\26160002\datain.txt" For Output As #1
  For i = 1 To 20
    Write #1, Int(Rnd * 90) + 10
  Next
  Close #1
End Sub
```

【例 13-4】设在工程中有一个标准模块，其中定义了如下记录类型（用户自定义类型）：

```
Type Books
  Name As String * 10
  TelNum As String * 20
End Type
```

执行下列事件过程代码将在顺序文件中写入一条记录：

```
Private Sub Command1_Click()
  Dim b As Books
  Open "c:\Person.txt" For Output As #1
  b.Name = InputBox("输入姓名")
  b.TelNum = InputBox("输入电话号码")
  Write #1, b.Name, b.TelNum
  Close #1
End Sub
```

13.3.2 顺序文件的读操作

要读取文本文件的内容，应以 Input 方式打开该文件。然后使用 Input # 或者 Line Input # 语句将文件复制到内存变量中。

1. Input # 语句

Input 语句从一个打开的顺序文件中读出数据，并将数据赋给指定的变量，其语法格式为

Input #〈文件号〉,〈变量列表〉

说明：

1）〈文件号〉是打开文件时指定的文件句炳。

2）〈变量列表〉是接收数据的变量，变量之间用逗号分隔。Input #语句把从文件中读出的数据赋给这些变量，变量的个数和类型应该与文件中读取的数据的个数和类型一致。

3）用 Input #语句把读出的数据赋给数值变量时，将忽略前导空格、回车或换行符，把遇到的第一个非空格、非回车和换行符作为数值的开始，遇到空格、回车或换行符则认为数值结束；对于字符串数据，同样忽略前导空格、回车或换行符，如果需要把开头带有空格的字符串

赋给变量，则必须把字符串放在双引号中。

通常，用 Write #语句写入文件的数据，可使用 Input #语句读出数据。读数据时，一般不需处理就可直接将数据指定给变量。

【例 13-5】用 Input #语句读取【例 13-2】所建立文件中的数据，并将数据显示在窗体上。

选择“新建”工程，进入窗体设计器，编写窗体的 Click 事件代码：

```
Private Sub Form_Click()
  Dim I As Integer, S As String
  Dim D As Date, B As Boolean
  Open "c:\ out2.txt" For Input As #1             ' 以顺序输入方式打开文件
  Input #1, I, S, D, B            ' 读取第 1 条记录
  Close #1                        ' 关闭文件
  Cls
  Print "文件中第一个记录为："
  Print I, S, D, B
End Sub
```

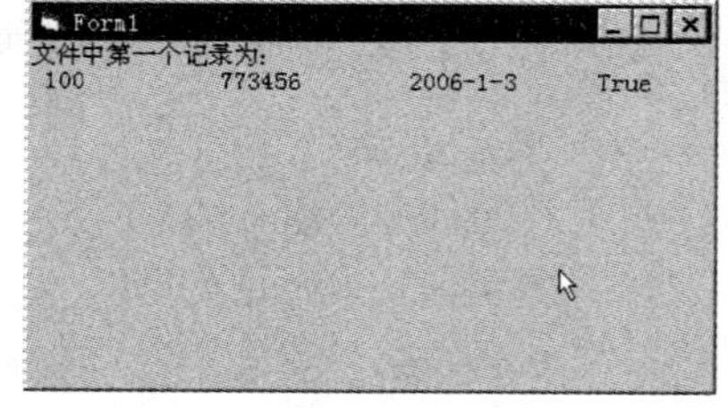

图 13-3　用 Input #语句读取文件

程序运行结果如图 13-3 所示。

注意：在用 Input #语句读取用 Write #语句写入文件的数据时，并没有对字符串数据的定界符（"）作特别的处理，也没有删除日期型数据和布尔型数据的定界符（#）。Input #语句在将数据指定给变量时，会自动去掉这些定界符，如同 Write #语句在写文件时会根据变量的类型自动添加定界符。

【例 13-6】设数据文件 datain1.txt 和 datain2.txt 文件中各有 20 个整数（如例 13-3 中过程所写），设计程序读入文件中的 20 个整数，分别放入两个数组 Arr1 和 Arr2 中，然后计算：把两个数组中对应下标的元素相加，其结果放入第三个数组中（即：第一个数组的第 *n* 个元素与第二个数组的第 *n* 个元素相加，其结果作为第三个数组的第 *n* 个元素。这里的 *n* 为 1、2、...、20），并计算第三个数组各元素之和，最后把所求得的和在窗体上显示出来，并将计算结果存入 dataout.txt 文件中。

设计步骤如下：

1）设计程序界面及设置控件属性。选择“新建”工程，进入窗体设计器，在窗体中增加三个命令按钮 Command1～Command3。并修改其属性如表 13-4 所示。

表 13-4　属性设置

对　象	属　性	属 性 值	说　明
Command1	Caption	读入数据	
	Name	C1	
Command2	Caption	计算	
	Name	C2	
Command3	Caption	存盘	
	Name	C3	

2）编写代码。

首先在窗体的通用段声明数组及变量：

```
Option Base 1
Dim Arr1(20) As Integer
Dim Arr2(20) As Integer
Dim s As Integer
```

然后编写读取和写入数据的通用过程。

编写读取文件 datain1.txt 的 ReadDate1 过程代码：

```
Sub ReadData1()
  Open App.Path & "\" & "datain1.txt" For Input As #1
  For i = 1 To 20
    Input #1, Arr1(i)
  Next i
  Close #1
End Sub
```

编写读取文件 datain2.txt 的 ReadDate2 过程代码：

```
Sub ReadData2()
  Open App.Path & "\" & "datain2.txt" For Input As #1
  For i = 1 To 20
    Input #1, Arr2(i)
  Next i
  Close #1
End Sub
```

编写写入文件的 WriteDate 过程代码：

```
Sub WriteData(Filename As String, Num As Integer)
  Open App.Path & "\" & Filename For Output As #1
  Print #1, Num
  Close #1
End Sub
```

其中，App.Path 表示当前工程所在的文件夹（目录）。

最后编写事件过程代码。

编写命令按钮 C1（读入数据）的 Click 事件代码

```
Private Sub C1_Click()
  Call ReadData1
  Call ReadData2
```

```
End Sub
```

编写命令按钮 C2（计算）的 Click 事件代码：

```
Private Sub C2_Click()
  Dim Arr3(20) As Integer
  For i = 1 To 20
    Arr3(i) = Arr1(i) + Arr2(i)
  Next
  s = 0
  For i = 1 To 20
    s = s + Arr3(i)
  Next
  Cls
  Print
  Print "各元素之和为：", s
End Sub
```

编写命令按钮 C3（存盘）的 Click 事件代码：

```
Private Sub C3_Click()
  WriteData "dataout.txt", s
End Sub
```

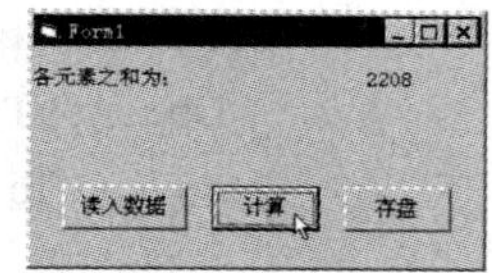

图 13-4　运行程序

运行程序，依次单击命令按钮“读入数据”“计算”和“存盘”（如图 13-4 所示）后，所得结果保存在当前文件夹的 dataout.txt 文件中。

2．Line Input #语句

Line Input #语句从顺序文件中读出一行，并把它赋给一个字符串变量，其语法格式为

Line Input #〈文件号〉,〈字符串变量〉

其中，文件号的含义同上，字符串变量用来接收从文件中读出的一行字符。

Line Input #语句通常用来读取用 Print #语句写入的文件。它一次从文件中读取一行字符，直到遇到回车符为止。回车符将被忽略，不会附加到字符串上。Line Input #语句也可用来读取以 ASCII 码存放在磁盘上的各种源程序文件以及文本文件等。

【例 13-7】在当前目录中有顺序文件 in7.txt，文件中有几行汉字（如图 13-5 所示）。在窗体上画一个文本框，名称为 Text1，能显示多行；再画一个命令按钮，名称为 C1，标题为“存盘”。并编写适当的事件过程，使得在加载窗体时，把 in7.txt 文件的内容显示在文本框中，然后在文本的最前面手工插入一行汉字：“计算机等级考试”。最后单击“存盘”按钮，可以把文本框中修改过的内容存到文件 out7.txt 中（如图 13-6 所示）。

窗体的设计参见图 13-6，下面给出程序代码：

1）窗体的 Load 事件代码可以读入文件 in7.txt：

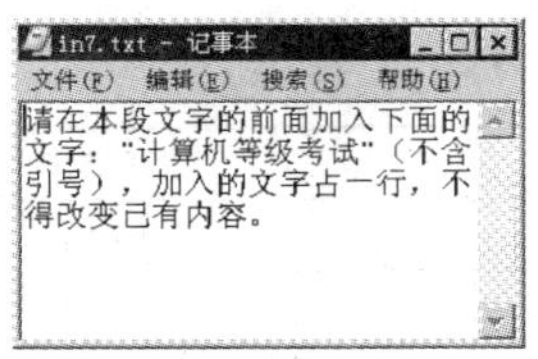

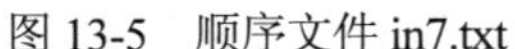
图 13-5　顺序文件 in7.txt

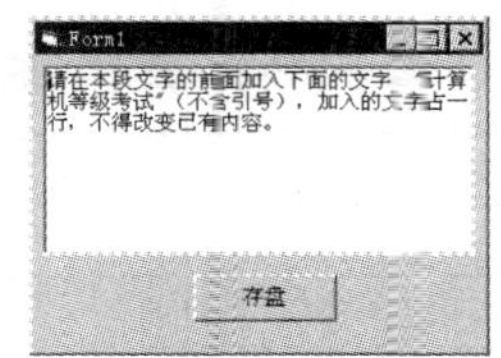

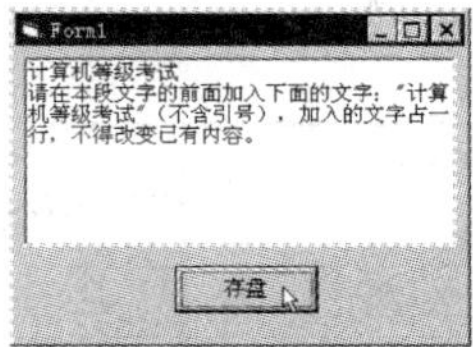

图 13-6　读取与写入文本

```
Private Sub Form_Load()
  Open App.Path & "\" & "in7.txt" For Input As #1
  a = ""
  Do Until EOF(1)
    Line Input #1, b
    a = a & b & Chr(13) & Chr(10)
  Loop
  Close #1
  Text1.Text = a
End Sub
```

2）命令按钮 C1 的 Click 事件代码可以将文本框中的内容写入文件 Out7.txt：

```
Private Sub C1_Click()
  Open App.Path & "\" & "out7.txt" For Output As #1
  Print #1, Text1.Text
  Close #1
End Sub
```

程序运行结果如图 13-6 所示。

【例 13-8】一个简易文本编辑器，具有创建、编辑、保存普通文本文件的功能，如图 13-7 所示。设计步骤如下：

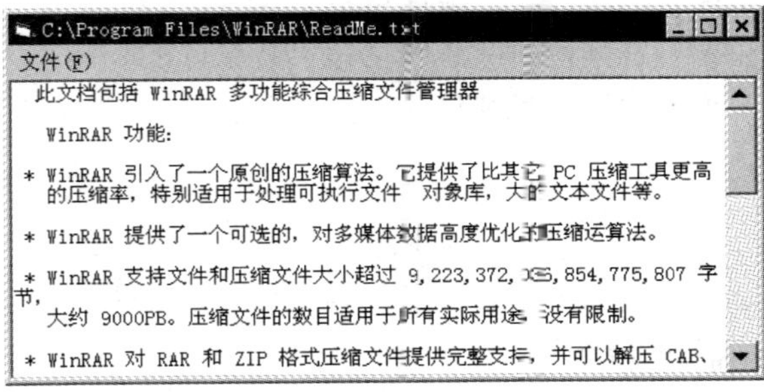

图 13-7　简易的文本编辑器

1）建立应用程序用户界面与设置对象属性。选择“新建”工程，进入窗体设计器，首先在窗体上添加一个文本框 Text1 和一个公共对话框 Commondialog1，然后打开菜单编辑器，按照表 13-5 设计菜单项。

表 13-5　菜单项的设置

标题（Caption）	名称（Name）	索引（Index）	说　　明
文件(&F)	Files		主菜单项 1
....新建(&N)	File	0	子菜单项 11
....打开(&O)	File	1	子菜单项 12
....保存(&S)	File	2	子菜单项 13
....另存(&A)	File	3	子菜单项 14
....关闭(&X)	File	4	子菜单项 15

设置窗体、文本框和公共对话框的属性如表 13-6 所示。

表 13-6　属性设置

对　　象	属　　性	属　性　值	说　　明
Form1	Caption	未命名	窗体的标题
Commondialog1	Filter	所有文件(*.*)|*.*|文本文件(*.TXT)|*.txt	文件过滤器
	FilterIndex	2	过滤器索引指向第 2 项
Text1	Text		文本框的内容
	MultiLine	Ture	显示多行文本
	ScrollBars	2 – Vertical	垂直滚动条

2）编写代码。

为了使改变窗体大小的时候文本框能随之改变，编写窗体的 Resize 事件代码：

```
Private Sub Form_Resize()
  Text1.Left = 0
  Text1.Top = 0
  Text1.Height = Form1.ScaleHeight
  Text1.Width = Form1.ScaleWidth - Picture1.Width
End Sub
```

然后编写菜单控件数组 File()的 Click 事件代码：

```
Private Sub File_Click(Index As Integer)
  n = Index
  Select Case n
    Case 0                              ' 新建
      Text1.Text = ""
      Form1.Caption = "未命名"
    Case 1                              ' 打开
      CommonDialog1.ShowOpen            ' 显示"打开"公共对话框
      fname = CommonDialog1.FileName
      If fname <> "" Then
        Text1.Text = ""
```

```
            Open fname For Input As #1
            b = ""
            Do Until EOF(1)
                Line Input #1, nextline
                b = b & nextline & Chr(13) & Chr(10)
            Loop
            Close #1
            Text1.Text = b
        End If
        Form1.Caption = fname
    Case 2                                        ' 保存
        If Form1.Caption = "未命名" Or Form1.Caption = "" Then
            CommonDialog1.ShowSave                '显示"另存为"公共对话框
            fname = CommonDialog1.FileName
        Else
            fname = Form1.Caption
        End If
        If fname <> "" Then
            Open fname For Output As #1
            Print #1, Text1.Text
            Close #1
        End If
    Case 3                                        ' 另存
        CommonDialog1.ShowSave                    ' 显示"另存为"公共对话框
        fname = CommonDialog1.FileName
        If fname <> "" Then
            Open fname For Output As #1
            Print #1, Text1.Text
            Close #1
        End If
    Case 4
        Text1.Text = ""
        End
    End Select
    Text1.SetFocus
End Sub
```

13.4 随机文件的操作

随机文件中的一行数据称为一条记录。随机文件对文件的读/写顺序没有限制，可以随意读/写某一条记录。这就要求记录的长度是固定的，以便由记录号来定位。随机文件的读写速度较快，但其占用空间较大。

随机文件的打开与关闭仍由 Open 语句和 Close 语句来实现。打开随机文件的基本语法格式为

Open〈文件名〉[For Random] As〈文件号〉Len =〈记录长度〉

其中参数说明参见 13.2.2。下面介绍对随机文件进行读/写操作的语句。

13.4.1 随机文件的读/写操作

对打开的随机文件中的记录进行编辑，要先把记录从文件读到内存变量，然后改变各变量的值，最后，把变量写回该文件。

1．Get #语句

把记录读入变量使用 Get #语句，其语法格式为

Get #〈文件号〉,〈记录号〉,〈变量名〉

其中，〈文件号〉是打开文件时指定的文件句炳，〈记录号〉是要读入的记录号数；而〈变量名〉则是接收记录内容的记录型变量名，一般声明为用户定义类型。

2．Put #语句

使用 Put #语句可以把数据写入或替换随机文件中的记录，其语法格式为

Put #〈文件号〉,〈记录号〉,〈变量名〉

其中，〈文件号〉是打开文件时指定的文件句炳，〈记录号〉是要写入或替换的记录位置，〈变量名〉是接收记录的内容的记录型变量名。

【例 13-9】利用随机文件保存学生的成绩，可以浏览或编辑（读取、修改、写入）学生的学号、姓名以及三门功课的成绩，如图 13-8 所示。

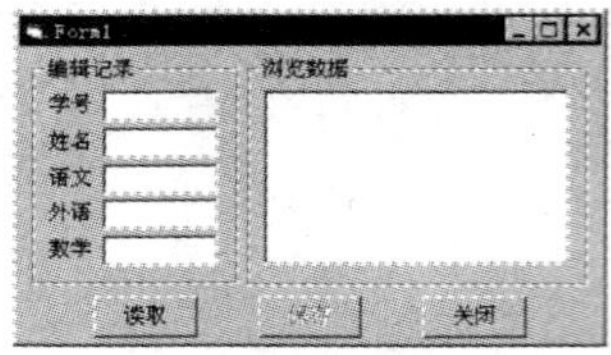

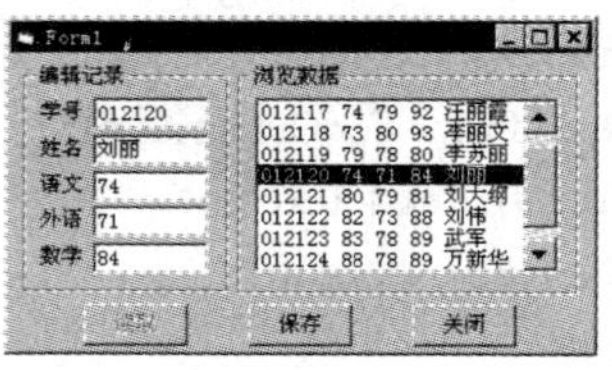

图 13-8　简易的学生成绩管理软件

1）建立应用程序用户界面与设置对象属性。选择“新建”工程，进入窗体设计器，首先增加两个框架 Frame1～Frame2 和三个命令按钮 Command1～Command3。选定 Frame1，在其中增加一个文本框数组 Text1(0)～Text1(4)和五个标签。选定 Frame2，在其中增加一个列表框 List1。

设置框架、文本框、标签、列表框和命令按钮的属性如图 13-8 所示。

2）编写代码。

首先在窗体的通用段创建用户定义类型（记录类型）并声明变量：

```
Private Type cj
  xm As String * 6
  xh As String * 6
```

```
    sx As Integer
    yw As Integer
    wy As Integer
End Type
Private da As cj
```

编写“读取”按钮的 Click 事件代码：

```
Private Sub Command1_Click()
    Dim sx As Single, yw As Single, wy As Single
    FileName = App.Path & "\" & "xsda2.dat"
    Open FileName For Random As #1 Len = Len(da)          打开随机数据文件
    lastrec = LOF(1) / Len(da)
    List1.Clear
    For n = 1 To lastrec
        Get #1, n, da
        xh = Format(da.xh, "@@@@@@")
        xm = Format(RTrim(da.xm), "@@@@")
        yw = Format(da.yw, "####")
        wy = Format(da.wy, "####")
        sx = Format(da.sx, "####")
        msg = xh & " " & yw & " " & wy & " " & sx & " " & xm
        List1.AddItem msg
    Next
    Command1.Enabled = False
End Sub
```

编写“保存”按钮的 Click 事件代码：

```
Private Sub Command2_Click()
    recnum = List1.ListIndex
    da.xh = Text1(0).Text
    da.xm = Text1(1).Text
    da.yw = Text1(2).Text
    da.wy = Text1(3).Text
    da.sx = Text1(4).Text
    xh = Format(da.xh, "@@@@@@")
    xm = Format(RTrim(da.xm), "@@@@")
    yw = Format(da.yw, "####")
    wy = Format(da.wy, "####")
    sx = Format(da.sx, "####")
    msg = xh & " " & yw & " " & wy & " " & sx & " " & xm
```

```
    Put #1, recnum + 1, da
    List1.RemoveItem recnum
    List1.AddItem msg, recnum
    Command2.Enabled = False
End Sub
```

编写“关闭”按钮的 Click 事件代码：

```
Private Sub Command3_Click()
    Close #1
    Unload Me
End Sub
```

编写列表框的 Click 事件代码：

```
Private Sub List1_Click()
    If List1.ListIndex > -1 Then
        n = List1.ListIndex + 1
        Get #1, n, da
        Text1(0).Text = da.xh
        Text1(1).Text = da.xm
        Text1(2).Text = da.yw
        Text1(3).Text = da.wy
        Text1(4).Text = da.sx
    End If
    Command2.Enabled = True
End Sub
```

13.4.2 随机文件中记录的增加与删除

1．增加记录

在随机文件中添加记录，是指向文件的末尾添加记录。其方法是，把〈记录号〉的值设置为比文件中的记录数多 1，然后使用 Put 语句。

【例 13-10】在【例 13-9】中增加一个添加新记录的功能，如图 13-9 所示。

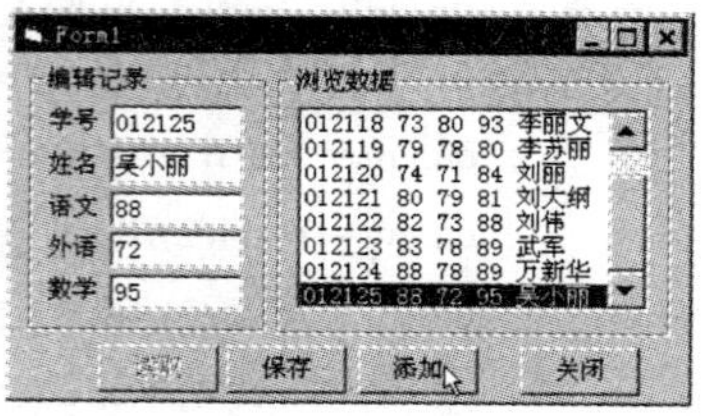

图 13-9　增加一个添加新记录的功能

设计步骤如下：

只需在【例 13-9】中增加一个命令按钮 Command4，并编写其 Click 事件代码：

```
Private Sub Command4_Click()
    lastrec = LOF(1) / Len(da) + 1
    da.xh = Text1(0).Text
    da.xm = Text1(1).Text
```

```
    da.yw = Text1(2).Text
    da.wy = Text1(3).Text
    da.sx = Text1(4).Text
    xh = Format(da.xh, "@@@@@@")
    xm = Format(RTrim(da.xm), "@@@@")
    yw = Format(da.yw, "####")
    wy = Format(da.wy, "####")
    sx = Format(da.sx, "####")
    msg = xh & " " & yw & " " & wy & " " & sx & " " & xm
    Put #1, lastrec, da
    List1.AddItem msg
    Command2.Enabled = False
End Sub
```

2．删除记录

通过清除其字段可以删除一个记录，但是该记录仍在文件中存在。通常文件中不能有空记录，因为它们会浪费空间且会干扰顺序操作。最好把余下的记录复制到一个新文件，然后删除老文件。要清除随机访问文件中删除的记录，请按照以下步骤执行：

1）创建一个新文件。

2）把有用的所有记录从原文件复制到新文件。

3）关闭原文件并用 Kill 语句删除它（语法参见 13.6.2）。

4）使用 Name 语句把新文件以原文件的名字重新命名（语法参见 13.6.2）。

【例 13-11】在【例 13-10】中增加一个删除记录的功能，如图 13-10 所示。

设计步骤如下：

只需在【例 13-10】中增加一个命令按钮 Command5，并编写其 Click 事件代码：

```
Private Sub Command5_Click()
    FileName = App.Path & "\" & "xsda2.dat"
    recnum = List1.ListIndex + 1
    Open "rec.tem" For Random As #2 Len = Len(da)              ' 打开临时随机文件
    lastrec = LOF(1) / Len(da)
    For n = 1 To lastrec
        If n <> recnum Then
            Get #1, n, da
            Put #2, , da
        Else
            Get #2, n, da
            With da
                Text1(0).Text = .xh
                Text1(1).Text = .xm
                Text1(2).Text = .yw
                Text1(3).Text = .wy
```

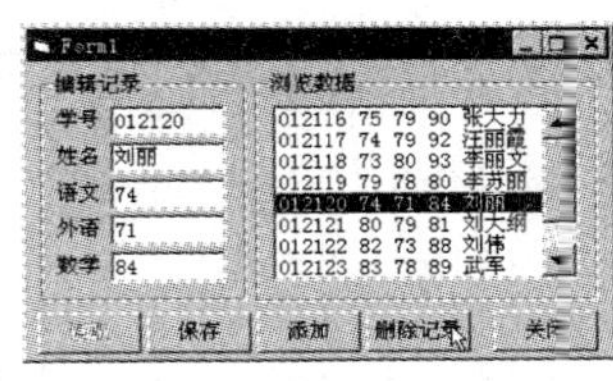

图 13-10　增加一个删除记录的功能

```
            Text1(4).Text = .sx
        End With
    End If
Next
Close #1
Close #2
Kill FileName
Name "rec.tem" As FileName
Call Command1_Click
End Sub
```

13.5 文件系统控件

文件系统控件的作用是显示出关于磁盘驱动器、目录和文件的信息，并从中进行选择以便执行进一步的操作。通过使用驱动器列表框（DriveListBox）、目录列表框（DirListBox）和文件列表框（FileListBox）这三种控件的组合，可以创建自定义文件系统对话框。

13.5.1 驱动器列表框

驱动器列表框的外观与组合框相似，提供一个下拉式驱动器清单，可以显示当前系统中所有有效的磁盘驱动器。

1．驱动器列表框的属性

驱动器列表框最主要的属性是 Drive 属性，该属性用于设置或返回要操作的驱动器。该属性只能在运行时由程序代码设置或访问，设计阶段无效。

例如，若驱动器列表框的对象名为 Drive1，要获得当前驱动器号，可使用如下代码：

```
Drivename = Drive1.Drive
```

若要设置当前驱动器为 D 盘，则可使用如下代码：

```
Drive1.Drive = "d:"
```

另外，使用 ChDrive 语句也可以将指定的驱动器设为当前驱动器。如：

```
ChDrive Drive1.Drive          ' 将用户在列表框中选择的驱动器设为当前驱动器
ChDrive "D"                   ' 将 D:设为当前驱动器
```

驱动器列表框常与目录列表框和文件列表框配合使用，以完成对相关文件的控制。

2．驱动器列表框的事件

驱动器列表框的常用事件主要是 Change 事件。该事件在驱动器列表框的 Drive 属性值发生改变时产生。通常在该事件过程中编程，以完成相关的操作。

13.5.2 目录列表框

目录列表框用于显示当前驱动器或指定驱动器上的目录结构。显示时以根目录开始，各级子目录按目录的层次结构依次缩进。

1．目录列表框的属性

目录列表框最主要的属性是 Path 属性，用于设置或返回要显示目录结构的驱动器路径或目录路径。该属性仅在运行时有效，设计时无效。在程序中，通过访问该属性，可获得列表框中显示的当前目录。例如，若目录列表框的对象名为 Dir1，要获得当前工作目录，可使用如下代码：

```
Dir1.Path = Drive1.Drive
```

若要设置当前目录为 c:\windows，则可使用如下代码：

```
Dir1.Path = "c:\windows"
```

使用 ChDir 语句也可以改变当前的目录或文件夹。如：

```
ChDir Dir1.Path                    ' 将用户在目录列表框中选取的目录设为当前目录
```

2．目录列表框的事件

目录列表框能响应一些常用的事件，在实际编程中，最常用的是 Change 事件。该事件在目录列表框的 Path 属性发生改变时产生。

目录列表框常与驱动器列表框配合使用，以便在驱动器改变时，目录列表框的显示也能跟着改变。实现的方法通常是在驱动器的 Change 事件中为目录列表框的 Path 属性赋值。

13.5.3　文件列表框

文件列表框常与目录列表框配合使用，用以显示指定目录下的文件列表。用户可从文件列表框中选择所要操作的一个或多个文件。

1．文件列表框的属性

文件列表框可视为标准列表框的一个衍生或具体化，因此，除了自身特有的属性外，它也继承了标准列表框的一些重要属性，其主要属性如表 13-7 所示。

表 13-7　FileListBox 的属性

属　性	说　明
FileName	返回或设置所选文件的路径和文件名，设计时不可用
Multiselect	是否允许用户选择多个文件。True-允许，False-不允许
Path	设置或返回要显示文件列表框的文件路径
Pattern	设定允许显示文件名的文件类型。如“*.exe;*.com”，默认值为*.*
Archive	是否可以显示 Archive 属性的文件
Hidden	是否可以显示 Hidden 属性的文件
Normal	是否可以显示 Normal 属性的文件
ReadOnly	是否可以显示 ReadOnly 属性的文件
System	是否可以显示 System 属性的文件

2．文件列表框的事件

文件列表框常用的事件主要有 PathChange、PatternChange、DblClick、Click、GotFocus 和 LostFoucs。

13.5.4 文件系统控件共有的属性

以下三个属性是文件系统控件共有的：

- ListCount 属性：用于返回列表框中列表项总数，仅在运行时有效。
- ListIndex 属性：用于设置或返回列表框中所选定列表项的索引值。该属性与在标准列表框中的功能和用法相同。仅在运行时有效。
- List 属性：为数组性质的属性，用于设置或返回文件列表框中指定列表项的内容。与在标准列表框中的功能和用法相同。仅在运行时有效。

13.5.5 文件系统对象的同步操作

直接绘制在窗体中的驱动器列表框、目录列表框和文件列表框，彼此之间并无任何联系，为了使它们能同步操作，就需要通过编程控制，将它们彼此关联起来。一般，可以在驱动器列表框 Drive1 的 Change 事件和目录列表框 Dir1 的 Change 事件中分别执行语句：

Dir1.Path = Drive1.Drive 和 File1.Path = Dir1.Path

【例 13-12】使用文件系统控件制作简易的文本浏览器，如图 13-11 所示。

1）建立应用程序用户界面与设置对象属性。选择“新建”工程，进入窗体设计器，首先增加一个框架 Frame1。选定 Frame1，在其中增加一个驱动器列表框 Drive1、一个目录列表框 Dir1、一个文件列表框 File1 和一个文本框 Text1。

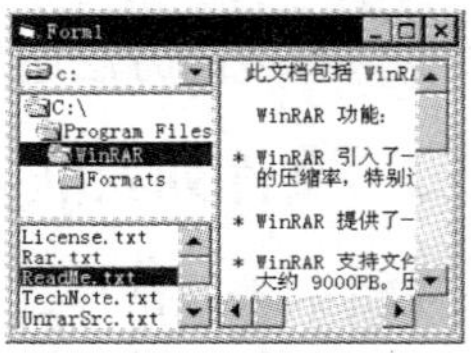

设置文件系统控件的属性如表 13-8 所示。设置框架、文本框的属性如图 13-11 所示。

图 13-11 简易的文本浏览器

表 13-8 文件系统控件的属性设置

对 象	属 性	属 性 值	说 明
File1	Pattern	*.txt	允许显示的文件类型

2）编写代码。

编写驱动器列表框 Drive1 的 Change 事件代码：

```
Private Sub Drive1_Change()
  Dir1.Path = Drive1.Drive
End Sub
```

编写目录列表框 Dir1 的 Change 事件代码：

```
Private Sub Dir1_Change()
  File1.Path = Dir1.Path
End Sub
```

编写文件表框 File1 的 Click 事件代码：

```
Private Sub File1_Click()
  ChDrive Drive1.Drive
```

```
    ChDir Dir1.Path
    Text1.Text = ""
    Open File1.FileName For Input As #1
    b = ""
    Do Until EOF(1)
      Line Input #1, nextline
      b = b & nextline & Chr(13) & Chr(10)
    Loop
    Close #1
    Text1.Text = b
End Sub
```

13.6 文件基本操作

文件的基本操作是指对文件的删除、复制、移动和更名等。VB 不仅提供了对文件操作的相应命令，还提供了对目录（文件夹）操作的相应命令。

13.6.1 目录的基本操作

1．MkDir 语句

使用 MkDir 语句可以创建一个新的目录或文件夹。其语法格式为

MkDir〈路径名〉

其中，〈路径名〉是用来指定所要创建的目录或文件夹的字符串表达式，可以包含驱动器。如果没有指定驱动器，则 MkDir 会在当前驱动器上创建新的目录或文件夹。

2．ChDir 语句

使用 ChDir 语句可以改变当前的目录或文件夹。其语法格式为

ChDir〈路径名〉

其中，〈路径名〉是一个字符串表达式，它指明哪个目录或文件夹将成为新的默认目录或文件夹。〈路径名〉可以包含驱动器，如果没有指定驱动器，则 ChDir 在当前的驱动器上改变默认目录或文件夹。

说明：ChDir 语句改变默认目录位置，但不会改变默认驱动器位置。例如，如果默认的驱动器是 C，则下面的语句将会改变驱动器 D 上的默认目录，但是 C 仍然是默认的驱动器：

```
ChDir "D:\TMP"
```

3．RmDir 语句

使用 RmDir 语句可以删除一个存在的目录或文件夹。其语法格式为

RmDir〈路径名〉

其中，〈路径名〉是一个字符串表达式，用来指定要删除的目录或文件夹。〈路径名〉可以包含驱动器。如果没有指定驱动器，则 RmDir 会在当前驱动器上删除目录或文件夹。

说明：如果想要使用 RmDir 来删除一个含有文件的目录或文件夹，则会发生错误。在试图删除目录或文件夹之前，先使用 Kill 语句来删除所有文件。

4. CurDir 函数

CurDir 函数返回一个表示当前路径的字符串。其语法格式为

CurDir[(〈驱动器名〉)]

其中，可选的〈驱动器名〉参数是一个字符串表达式，它指定一个存在的驱动器。如果没有指定驱动器，或〈驱动器名〉是零长度字符串（""），则 CurDir 会返回当前驱动器的路径。

5. ChDrive 语句

使用 ChDrive 语句可以改变当前的驱动器。其语法格式为

ChDrive〈驱动器名〉

其中，〈驱动器名〉是一个字符串表达式，它指定一个存在的驱动器。如果使用零长度的字符串（""），则当前的驱动器将不会改变。如果〈驱动器名〉参数中有多个字符，则 ChDrive 只会使用首字母。

13.6.2 文件的基本操作

1. Kill 语句

使用 Kill 语句可以从磁盘中删除文件。其语法格式为

Kill〈文件名〉

其中，〈文件名〉是用来指定一个文件名的字符串表达式，可以包含目录或文件夹以及驱动器。

说明：Kill 支持多字符(*)和单字符(?)的统配符来指定多重文件。

2. Name 语句

使用 Name 语句可以重新命名一个文件、目录或文件夹。其语法格式为

Name〈旧文件名〉As〈新文件名〉

其中，〈旧文件名〉为字符串表达式，指定已存在的文件名和位置，可以包含目录或文件夹以及驱动器。〈新文件名〉也是字符串表达式，指定新的文件名和位置，可以包含目录或文件夹以及驱动器。由〈新文件名〉所指定的文件名不能存在。

说明：Name 语句重新命名文件并将其移动到一个不同的目录或文件夹中。如有必要，Name 可跨驱动器移动文件。但当〈新文件名〉和〈旧文件名〉都在相同的驱动器中时，只能重新命名已经存在的目录或文件夹。

Name 不能创建新文件、目录或文件夹。

在一个已打开的文件上使用 Name，将会产生错误。必须在改变名称之前，先关闭打开的文件。Name 参数不能包括多字符(*)和单字符(?)的统配符。

3. FileCopy 语句

FileCopy 语句用来复制一个文件。其语法格式为

FileCopy〈源文件〉,〈目标文件〉

其中，〈源文件〉是字符串表达式，用来表示要被复制的文件名。可以包含目录或文件夹以及驱动器。〈目标文件〉也是字符串表达式，用来指定要复制的目标文件名，可以包含目录或文件夹以及驱动器。

说明：如果想要对一个已打开的文件使用 FileCopy 语句，则会产生错误。

13.7 习题

一、选择题

1．窗体上有一个名称为 Dir1 的目录列表框，一个名称为 File1 的文件列表框。当改变目录列表框的内容时，文件列表框的内容应该与之同步改变。为实现两控件同步操作，应该使用的事件过程是（　　）。

A．Dir1_Click　　B．Dir1_Change　　C．File1_Click　　D．File1_Change

2．下列关于文件及其操作的描述中，正确的是（　　）。

A．为了满足不同存取方式的需要，可以对同一个随机文件用几个不同的文件号打开

B．Open 语句可以打开文件，但不能建立文件

C．文件号可以是任意整数

D．顺序文件中每个记录的长度一定是相同的

3．目录列表框 Path 属性所表示的含义是（　　）。

A．当前驱动器或指定驱动器上的路径

B．当前驱动器或指定驱动器上某目录下的文件列表

C．根目录下的文件列表

D．指定路径下的文件列表

4．窗体上有一个名称为 Command1 的命令按钮，其事件过程如下:

```
Private Sub Command1_Click()
  Dim s As String
  Open "c:\Filel.txt" For Input As #1
  Open "c:\File2.txt" For Output As #2
  Do While Not EOF(1)
    Input #1, s
      Print #2, s
  Loop
  Close #1, #2
End Sub
```

关于上述程序，以下叙述中错误的是（　　）。

A．程序把 File1.txt 文件的内容存放到 File2.txt 文件中

B．程序中打开了两个随机文件

C．程序中打开了两个顺序文件

D．"EOF(1)"中的"1"对应于 File1.txt 文件

5．以下关于文件及相关操作的叙述中错误的是（　　）。

A．以 Append 的方式打开的文件可以进行读写操作

B．文件记录的各个字段的数据类型可以不同

C．随机文件各记录的长度是相同的

D．随机文件可以通过记录号直接访问文件中的指定记录

二、上机题

1．已知窗体中有如下函数过程 isprime 可以在程序中直接调用，其功能是判断参数 a 是否为素数。如果是素数，则返回 True，否则返回 False。

```
Private Function isprime(a As Integer) As Boolean
  Dim flag As Boolean
  flag = True
  b% = 2
  Do While b% <= Int(a / 2) And flag
    If Int(a / b%) = a / b% Then
      flag = False
    Else
      b% = b% + 1
    End If
  Loop
  isprime = flag
End Function
```

在当前目录中有顺序文件 in1.txt（如图 13-12 所示）。

请在窗体上画两个文本框，名称分别为 Text1、Text2；三个命令按钮，名称分别为 C1、C2、C3，标题分别为“输入”“计算”“存盘”（如图 13-13 所示）。

编写适当的事件过程，使得在运行时，单击“输入”按钮，就把文件 in1.txt 中的整数放入 Text1 中；单击“计算”按钮，则找出大于 Text1 中的整数的第一个素数，并显示在 Text2 中；单击“存盘”按钮，则把 Text2 中的计算结果存入 out1.txt 文件中。

2．设当前目录中有两个数据文件 datain1.txt 和 datain2.txt，其中分别包含 20 个整数，在窗体上画三个命令按钮，其名称分别为 C1、C2 和 C3，标题分别为“读入数据”“计算”和“存盘”（如图 13-14 所示）。窗体中另有三个过程：ReadData1 和 ReadData2 过程可以把 datain1.txt 和 datain2.txt 文件中的各 20 个整数分别读入 Arr1 和 Arr2 数组中；而 WriteData 过程可以把计算出的整数值写到当前文件夹下指定的文件中（整数值通过计算求得，文件名为 dataout.txt，ReadData1、ReadData2 和 WriteData 过程参见【例 13-6】）。

图 13-12　顺序文件 in1.txt

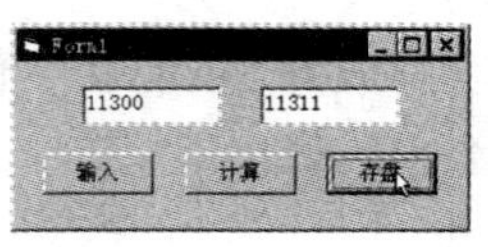

图 13-13　上机题 1

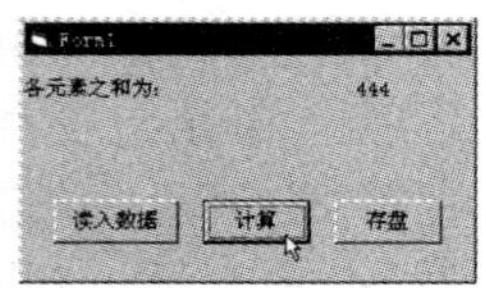

图 13-14　上机题 2

要求：程序运行后，如果单击“读入数据”按钮，则读入 datain1.txt 和 datain2.txt 文件中的各 20 个整数，分别放入两个数组中；如果单击“计算”按钮，则把两个数组中对应下标的元

素除以 10 并截尾取整后相乘，其结果放入第三个数组中（即：把第一个数组的第 n 个元素除以 10 截尾取整，再把第二个数组的第 n 元素除以 10 截尾取整，两者相乘后的结果作为第三个数组的第 n 个元素。这里的 n 为 1、2、...、20），然后计算第三个数组各元素之和，并把所求得的和在窗体上显示出来；如果单击“存盘”按钮，则把所求得的和存入当前文件夹的 dataout.txt 文件中。

3．在磁盘上以文件形式建立一个三角函数表，其格式如图 13-15 所示。

三角函数表.txt - 记事本

文件(F)　编辑(E)　搜索(S)　帮助(H)

x	SIN	COS	TAN
0	.	1.	.
1	.017452	.999848	[illegible]
2	.034899	.999391	[illegible]
3	.052336	.99863	.052408
4	.069756	.997564	[illegible]
5	.087156	.996195	[illegible]
6	.104528	.994522	[illegible]
7	.121869	.992546	[illegible]
8	.139173	.990268	[illegible]
9	.156434	.987688	[illegible]
10	.173648	.984808	[illegible]
11	.190809	.981627	[illegible]
12	.207912	.978148	[illegible]
13	.224951	.97437	[illegible]
14	.241922	.970296	[illegible]
15	.258819	.965926	[illegible]
16	.275637	.961262	.286745
17	.292371	.956305	.30573
18	.309017	.951057	.324919
19	.325568	.945519	.344327
20	.34202	.939693	.36397
21	.358368	.933581	.383864
22	.374606	.927184	.404026

图 13-15　上机题 3

4．某单位全年每次报销的经费（假定为整数）存放在一个磁盘文件“报销经费.txt”中，如图 13-16 所示。试编写一个程序，从该文件中读出每次报销的经费，计算其总和，并将结果存入另一个文件中。

5．编写一个程序，用来处理活期存款的结算事务。每次处理之后，程序都要显示当前的结存，并把它存入一个文件中，要求输出的浮点数保留小数点后两位，如图 13-17 所示。

6．编写程序，按图 13-18 所示的格式输出月历，并把结果放入一个文件中。

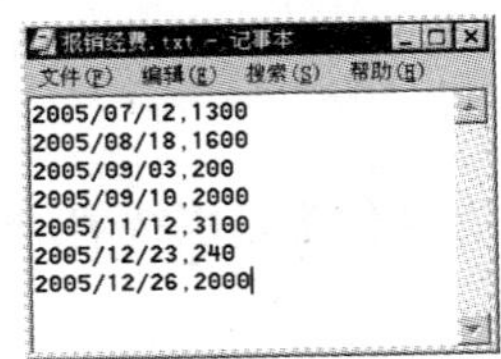
报销经费.txt - 记事本

文件(F)　编辑(E)　搜索(S)　帮助(H)

2005/07/12,1300
2005/08/18,1600
2005/09/03,200
2005/09/10,2000
2005/11/12,3100
2005/12/23,240
2005/12/26,2000

图 13-16　上机题 4

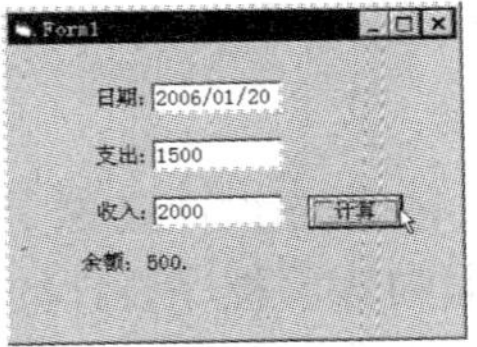

图 13-17　上机题 5

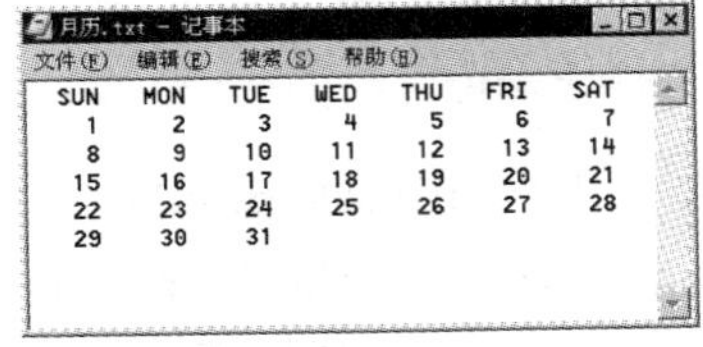
月历.txt - 记事本

文件(F)　编辑(E)　搜索(S)　帮助(H)

SUN	MON	TUE	WED	THU	FRI	SAT
1	2	3	4	5	6	7
8	9	10	11	12	13	14
15	16	17	18	19	20	21
22	23	24	25	26	27	28
29	30	31				

图 13-18　上机题 6

7．编写应用程序，如图 13-19 所示。功能如下：

1）建立一个随机文件，管理某单位的职工信息。其中每个记录由工作证号、姓名、性别、工资和工作日期组成，可以向此文件添加新记录。

2）可以修改、删除记录。

3）可以按记录浏览所有职工的情况。

4）可以按姓名查找，并显示找到的记录。

5）可以按工作证号查找，并显示找到的记录。

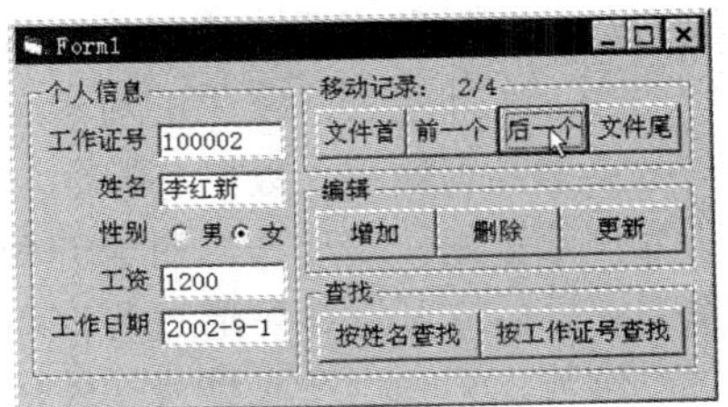

图 13-19　职工信息管理

第 14 章　面向对象的程序设计

面向对象程序设计（Object-Oriented Programming，OOP）是目前主流程序设计方法，它取代了传统的结构化程序设计技术，代表着程序设计的发展方向。本章将介绍 VB 6.0 中面向对象的一些基本概念和面向对象的程序设计方法。

14.1　面向对象程序设计概述

面向对象程序设计方法是由结构化程序设计方法发展而来的，它摆脱了结构化程序设计中需要对过程进行全面设计的方法（不但要告诉计算机“做什么”，还要告诉计算机“怎么做”）。将所涉及的一切实体全部当作一个“对象”来看待，并且将这些对象分别归属到不同的“类”中。在程序设计时通过更改对象的属性、触发对象的事件和调用对象的方法，控制程序的执行进程。而且在 VB 中使用的大多数对象都是系统以“控件类”的形式定义好的，程序员在使用时只需将其从工具箱中添加到窗体上（创建控件类的实例）即可。对于一些特殊的问题，程序员还可以创建自定义类或 ActiveX 控件。

VB 采用了面向对象的事件驱动编程机制，程序员只需编写响应用户动作（事件）的程序，如移动鼠标、单击或双击等“事件”的响应代码，而不必考虑按精确次序执行的每个步骤，编写代码相对较少。这样就可以快速创建强大的应用程序，而无须考虑过多的细节。这种事件驱动的编程机制就是通常所说的“可视化编程”方法，也可认为是“面向对象编程”的简化版。

需要说明的是，面向对象的程序设计并不是要完全抛弃结构化程序设计的方法，二者并不矛盾。面向对象的程序设计在将问题分解为最低级模块时，仍需要使用结构化编程技巧。只是它在分解一个大问题为小问题时采取的思路是不同的。

14.1.1　对象和类

对象和类是面向对象程序设计的主体，在程序设计过程中，所有工作都是围绕着对象和类进行的。深刻理解对象和类的概念是进行面向对象程序设计的基础。

对象（Object）是代码和数据的集合，就像现实生活中的一个实体。如一只气球是一个对象，一台计算机也是一个对象。一台计算机又可以拆分为主板、CPU、内存、外设等部件，这些部件又都分别是一个对象，因此“计算机对象”可以说是由多个“子对象”组成的，它可以称为是一个对象容器（Container）。

在 VB 环境下，常用的对象有各种控件、窗体、菜单、应用程序的部件以及数据库等。这些对象都具有属性（数据）和行为方式（方法）。简单地说，属性用于描述对象的一组特征，方法为对象实施一些动作，对象的动作常常需要触发事件，而触发事件又可以修改属性。一个对象建立以后，其操作可通过与该对象有关的属性、事件和方法来描述。

例如，一辆汽车有型号、外形、颜色、发动机功率等属性，又有发动、加速、停止等方法。方法需要一定的触发事件（如踩油门导致加速等），方法也可以改变对象的某些属性（如重压导致轮胎的变形等）。

"属性""方法"和"事件"是对象的基本元素。在 VB 程序设计过程中，可以通过这三个基本元素来操纵和控制对象。

类是创建对象实例的模板，可以理解成同种对象的集合与抽象。它包含有所创对象的属性描述和行为特征的定义。类是一个集合，而对象是这个集合中的一个实例。例如，各种各样、大大小小的房屋均属于建筑类；中专生、大专生、大学生均属于学生类等。可以将大学生看作学生类中的一个对象，也可以将其看做学生类中的一个子类。

类的一组属性和方法定义了类的界面。因为类含有属性和方法，它封装了用于类的全部信息。当在应用程序中由类创建一个对象时，用户只要使用对象的属性和方法进行相应的操作即可，完全不必关心其内部是如何实现的。一个对象就像一个黑匣子，表示它内部属性的数据和行为的代码都封装在这个黑匣子中。

面向对象程序设计主要是建立在类和对象的基础之上。通常的面向对象程序设计中的类都是由程序员自己开发的。而在 VB 中，类可以是系统设计好的，也可以由程序员根据需要自行设计。

在 VB 中，工具箱上的可视类图标是系统设计好的标准控件类，此外还可以选择"工程"菜单中的"部件"命令，加入大量的 Active X 控件。通过将这些类实例化，可以得到真正的控件对象。当程序员在窗体上"画"出一个控件时，就自动将其转化为对象了（创建了一个控件对象，简称为控件）。

除了通过控件类产生控件对象外，VB 还提供了许多系统对象，如打印机（Printer）、剪贴板（Clipboard）、屏幕（Screen）、应用程序（App）等。

窗体是一个特例，它既是类，也是一个对象。当向一个工程添加一个新窗体时，实质就由窗体类创建了一个窗体对象。窗体是控件对象的容器，也是应用程序的界面。

14.1.2 类的继承性

继承性指的是一个新类可以从现有的类中派生出来，新类具有父类中所有的特性，直接继承了父类的方法和数据，新类的对象可以调用该类及父类的成员变量和成员函数。继承是从一种对象类型构造另一种对象类型的一个主要方法。利用继承性，可以在已经定义的对象类型基础上创建更复杂、更专业的对象类型，只要加进所需属性和方法，将新对象与上级对象区别开来即可。一旦创建一个对象类型即可多次复用，创建多个子对象和多代子对象。继承性是自动的共享类、子类和对象中的方法和数据的机制，合理使用继承可以减少很多的重复劳动。如果类实现了一个特别的功能，那么它的派生类就可以重复使用这些功能，而不再需要重新编程。

14.1.3 类的封装性

任何程序都包含两个部分：代码和数据。在结构化程序设计模式中，数据在内存中进行分配，并由子程序和函数代码处理；而在 OOP 模式中是将处理数据的代码、数据的声明和存储封装在一起。一个对象中的数据和代码相对于程序的其余部分是不可见的，它能防止那些非期望的交互和非法的访问。

封装就是将对象的属性和方法封装到具有适当定义接口的容器中。对象接口提供的方法和属性应使对象能够如期使用。

封装的功能取决于两个重要概念：模块化和信息隐藏。模块化是对象的自给自足的特性，它不会访问定义接口以外的其他对象。信息隐藏是指将对象的信息限制在对象接口使用所必须的范围内，删除对象中仅供对象内部操作的信息。

封装是一种信息隐蔽技术，用户只能见到对象封装界面上的信息，对象内部对用户是隐蔽的。封装的目的在于将对象的使用者和设计者分开，使用者不必知道行为实现的细节，只需用设计者提供的消息来访问该对象即可。

14.1.4　类的多态性

所谓多态是指一个名字可具有多种语义，多态引用表示可引用多个类的实例。多态可为一种对象类定义一种方法的多种实现方案，这些方法是通过类型和可接受的参数来区分的。

多态性可使公共的信息传送给基类对象及所有的派生类的对象，允许每一个基类的对象按适合于其定义的方式响应信息格式。

多态性有时也指方法的重载。方法的重载是指同一个方法名在上下文中有不同的含义，是该类以统一的方式处理不同数据类型的一种手段。它是静态的，这是因为在实现类并编写方法之前需要考虑将要遇到的所有数据类型。子类在动态运行时提供了更丰富的多态性。

从对象接收消息后的处理方式看，多态性指的是同一个消息被不同的对象接收时解释为不同意义的能力。也就是说，同样的消息被不同的类对象接收时，产生完全不同的行为。利用多态性，用户能发送一般形式的消息，而将其所有实现的细节留给接收消息的对象去解决。

14.2　Visual Basic 中预定义的类和对象

对象是一组代码和数据的封装体，可以看做是一个整体处理单元。在一个 VB 工程中通常需要通过预定义的类创建若干确定的对象，然后利用对象的属性、方法和事件控制对象，从而实现应用程序的功能。

VB 中有各种对象，包括窗体、控件、屏幕、打印机等。这些对象是由 VB 系统提供的称为“预定义对象”，它们由系统建立，用户可以直接使用但不能修改。

14.2.1　通过控件类创建对象

VB 中绝大多数预定义类都以控件的形式存放在控件工具箱中，称为“控件类”。当把它们添加到窗体上后，实际上是完成了类的实例化操作，即创建了一个控件对象。

例如，工具中的命令按钮控件 CommandButton 以一个图标的形式存放在工具箱中，此时它是一个控件类，代表着不同大小、不同外观样式、不同文字提示的一组按钮。如果双击将其添加到窗体上，就完成了类的实例化操作，在窗体上创建了一个确定的按钮控件。此后可设置该对象的属性，并编写需要的事件代码或在代码中调用对象的方法等。在前面章节中进行的所有可视化程序设计都是这样的一个过程。

14.2.2　通过代码创建对象

在应用程序中可以使用代码将预定义类和自定义类实例化，从而获得一个对象。设计时首先需要在声明段声明一个对象变量，其语法格式为

Dim | Private | Public　[WithEvents]〈对象变量名〉As〈类名〉

说明：[WithEvents]选项只有在需要使用对象事件时才需要；〈类名〉可以是预定义类的名

称（如 CommandButton，TextBox 等），也可以是自定义类的名称。

在声明了一个对象变量后可以在程序中任何地方使用 Set 语句为其赋值，即将类实例化。Set 语句的语法格式为

Set 〈对象变量名〉=〈对象〉

对于控件对象可以使用 Controls 集合的 Add 方法实例化，其语法格式为

Controls.Add (ProgID, name, container)

其中，ProgID 参数是必须的，表示一个标识控件的字符串。大多数控件的 ProgID 值都可通过查看对象浏览器来决定。控件的 ProgID 是由控件的库和类组成的。例如，命令按钮控件的 ProgID 为 VB.CommandButton、文本框的 ProgID 为 VB.TextBox、标签控件的 ProgID 为 VB.Label。

name 参数也是必须的。该参数是一个，用来标识集合成员的字符串。

container 参数是可选的，它用来指定控件的容器。如果没有指定或为 NULL，默认值为 Controls 集合所属的容器。通过指定该参数，可以把一个控件放置在任何现存的容器控件（如 Frame 控件）中。

【例 14-1】通过程序代码动态地创建一个命令按钮控件，并编写该按钮的 Click 事件代码。使得按钮被单击时能弹出一个信息框，程序运行结果如图 14-1 所示。

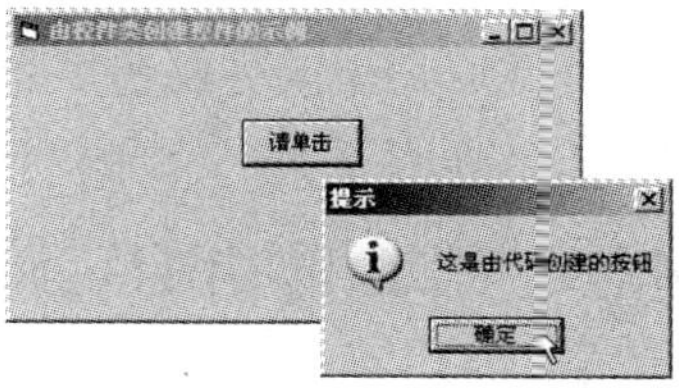

图 14-1　程序运行结果

1）新建一个 VB 工程，单击“工程资源管理器”窗口上方的“查看代码”按钮，打开代码窗口。

2）在声明段声明对象变量。

```
' 由于需要使用对象的事件，故应带有 WithEvents 关键字
Dim WithEvents ctlCommand As CommandButton          ' 声明 ctlCommand 为命令按钮类型
```

3）编写代码。

窗体装入时执行的事件代码如下：

```
Private Sub Form_Load()
' 实例化一个按钮对象
  Set ctlCommand = Controls.Add("VB.CommandButton", "ctlCommand1", Me)
' 设置 CommandButton 对象的大小及位置
  ctlCommand.Width = 1000                                    ' 设置按钮的宽度
  ctlCommand.Height = 400                                    ' 设置按钮的高度
  ctlCommand.Top = 600                                       ' 设置按钮距顶端的距离
  ctlCommand.Left = (Form1.Width - ctlCommand.Width) / 2     ' 设置按钮水平居中
' 设置 CommandButton 对象的标题属性
  ctlCommand.Caption = "请单击"
' 设置 CommandButton 为可见
  ctlCommand.Visible = True
End Sub
```

按钮控件被单击时执行的事件代码如下：

```
Private Sub ctlCommand_Click()
    MsgBox "这是由代码创建的按钮, 64, "提示"
End Sub
```

14.3 在应用程序中创建和使用类

在 VB 中一般应用程序使用系统提供的预定义类就可完成绝大多数的设计任务，但在某些特殊情况下也会需要自定义一些具有特殊功能的类来解决某个具体的问题。本节将介绍如何在应用程序中创建自己的类，如何设置类的属性、方式和事件，如何在应用程序中使用自定义类。

VB 提供了类（Class）模块让用户利用相关的属性、方法和事件创建自己的类。类模块的优点是它们可以分别编译并被其他 Windows 应用程序所使用。类模块可以看作是没有可视界面的控件。

无论是简单的类还是复杂的类，其创建步骤基本一致，一般分为四个步骤：插入一个类模块、定义类的属性、添加类的方法、响应默认事件和创建自定义事件。

14.3.1 创建和使用自定义类

创建自定义类，首先需要向 VB 工程中添加一个“类模块”。操作步骤如下：

创建一个标准 EXE 工程后，选择“工程”菜单中的“添加类模块”命令，打开“添加类模块”对话框，如图 14-2 所示，选择“新建”选项卡中的“类模块”选项后，单击“打开”按钮，就在当前工程中插入了一个类模块。在工程管理器中可以看到该类模块，如图 14-3 所示。其默认名称为“Class1”，用户可以根据需要在属性窗口中进行更改。当保存工程时类模块的信息将保存在扩展名为 cls 的文件中。

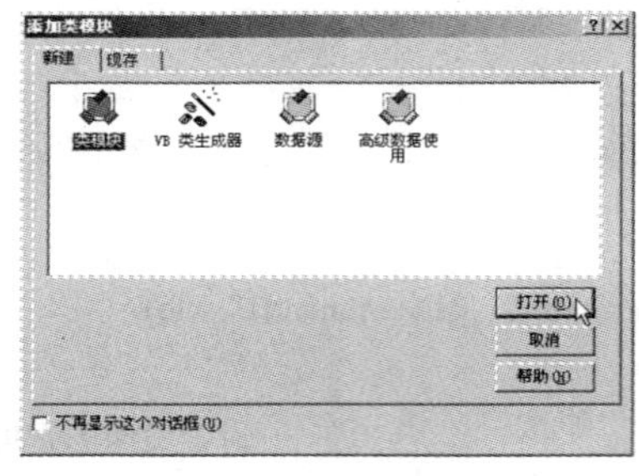

图 14-2 “添加类模块”对话框

图 14-3 工程管理器中的类模块

类模块创建后，可双击“工程资源管理器”中类模块的名称进入类代码编辑窗口，根据需要编写相应的代码。

例如，希望创建的类能实现将指定字符串逆转的功能（如，输入“0123456789”，得到“9876543210”），可在类模块中编写代码如下：

在声明段声明全局变量 Name，作为类的属性。

```
Public Name As String                    ' 声明 Name 为全局变量（对象的属性）
```

创建一个公用过程，作为类的方法。该方法用于将 Name 表示的字符串进行逆转。

```
Public Sub reverseName()                ' 公共过程（对象的方法）
  Dim i As Integer
  Dim str As String
  For i = 1 To Len(Name)
    str = Mid(Name, i, 1) & str         ' 后取出的字符放置在前面
  Next
  Name = str                            ' 将逆转后的字符串赋值给全局变量 Name
End Sub
```

如果希望在应用程序中使用自定义类，可按如下步骤操作：

按图 14-4 所示向窗体中添加两个标签控件、两个文本框控件和一个命令按钮控件。设置两个标签控件的 Caption 属性分别为“输入字符串”和“逆转后的字符串”；设置两个文本框的 Text 属性为空；设置按钮控件的 Caption 属性为“逆转”。

程序界面设计完毕后，按编写命令按钮的 Click 事件代码如下：

```
Private Sub Command1_Click()
  Dim myobject
  Set myobject = New Class1
  myobject.Name = Text1.Text
  myobject.reverseName
  Text2.Text = myobject.Name
End Sub
```

程序运行时，用户可在 Text1 中输入任意的一个字符串，单击“逆转”按钮将得到图 14-5 所示的结果。

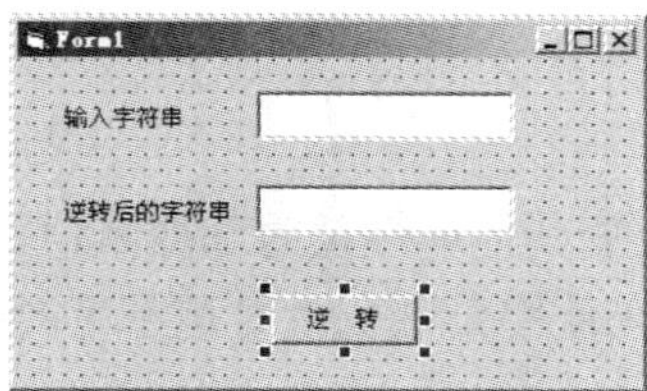

图 14-4　设计程序界面

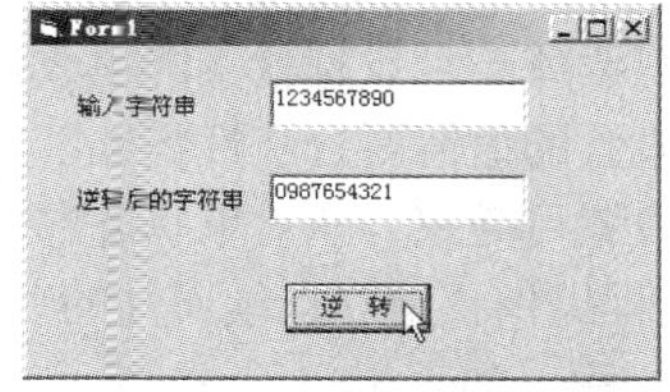

图 14-5　程序运行结果

说明如下：

代码中第一行声明了一个名为 myobject 的对象变量。第二行语句用于创建自定义类 Class1 的一个新实例。由于对象 myobject 中的 Name 变量在此处已变成私有变量，故在使用时应加上“myobject.”前缀。第三行语句将用户输入的字符串赋值给 Name 变量。第四行语句调用对象中的“reverseName”过程，将用户输入的内容逆转。第五行语句将逆转后的结果显示到文本框 Text2 中。

类模块与标准模块的不同点在于存储数据的方法不同。标准模块的数据只有一个备份，这就意味着一个公共变量的值改变后，在后面的程序中再次读取该变量时，将得到改变后的值。而类模块的数据是相对与类实例而独立存在的，不同实例中的数据是相互隔离的。类实例中的数据只存在于对象的存活期，它随对象的创建而创建，随对象的撤销而消失。

当变量在标准模块中被声明为 Public 类型时，它在整个工程的任何地方都是可见的。而类

模块中的 Public 变量只有当对象变量含有对某个类实例的引用时才能访问。因此，在类模块中所有用于外部调用的变量或过程都必须声明为 Public 型，否则在外部就无法调用它们。

通过本节的实例可以看出，在应用程序中创建和使用类的一般步骤为：

1）在 VB 工程中添加一个类模块。

2）在类模块代码窗口中编写代码，声明类的属性和创建类的方法。

3）在应用程序中使用 Set 语句将类实例化（生成一个对象）。

4）在应用程序代码中设置对象属性、调用对象的方法，从而通过类实现特定的功能。

当然，本节所举实例是十分简单的，仅为说明类的创建及应用的一般步骤。详细的说明将在下一节中介绍。

14.3.2 向类中添加属性

在创建了类之后，可以使用声明公共变量和使用属性过程的方式定义其属性。上例中使用的公共变量 Name 实际上就是类 Class1 的一个属性。

1．使用公共变量添加属性

创建类属性最简单的方法就是使用公共变量，只要在类模块的声明段声明它们即可，其语法格式为

Public〈属性名〉As〈类型〉

例如：Public Name As String　　　' 设置类的 Name 属性为字符型。

使用公共变量定义属性的缺点是无法对其有效性进行检查。一旦建立了对象，公共变量对应用程序是可见的，程序的任意部分都可以改变变量的值。

2．使用属性过程添加属性

在类中建立属性最安全、最灵活的方法是使用属性过程。属性过程具有封装功能，一般在应用于下列场合时应当使用属性过程：

1）属性为只读或一旦设置就不能更改的情况。

2）属性已设置的值需要合法性验证。

3）属性的设置可导致一些对象状态的改变或改变其他属性及内部变量值。

尤其属性过程提供了建立只读属性的功能，这在使用公共变量时是不可能的。系统提供的 3 种可用的属性过程，如表 14-1 所示。

表 14-1　可用的属性过程

过 程 名	说 明
Property Get	返回属性的值，当读取属性值时执行
Property Let	设置属性的值，当写入属性值时执行
Property Set	设置对象属性的值，这是 Property Let 的一个特例，当变量的类型为对象时使用

【例 14-2】创建一个 Rectangle（矩形）类，并声明 Width（宽）和 Height（高）两个 Public 属性。

1）添加类模块及属性过程。添加一个类模块，并在属性窗口中将其“名称”属性设置为 Rectangle。选择“工具”菜单中的“添加过程”命令，在图 14-6 所示的“添加过程”对话框的“类型”选项组中选择“属性”单选按钮，在对话框“名称”文本框中输入“Width”后单击“确

定”按钮。Height 属性的框架可参照同样的方法添加到类模块中。

此时在类模块的代码窗口中将自动出现图 14-7 所示的属性过程代码框架。属性过程一般都是成对出现（具有相同属性名的 Property Get 过程和 Property Let 过程），表示该属性可读可写。如果只有 Property Get 过程，则表示该属性为只读属性，也就是说应用程序不能直接修改该属性的值，若要更改必须通过类方法编程来实现。默认情况下 VB 认为所有的属性及参数均为 Variant 类型，可以在代码窗口中进行修改，也可以不使用添加过程对话框而直接在代码窗口中输入。

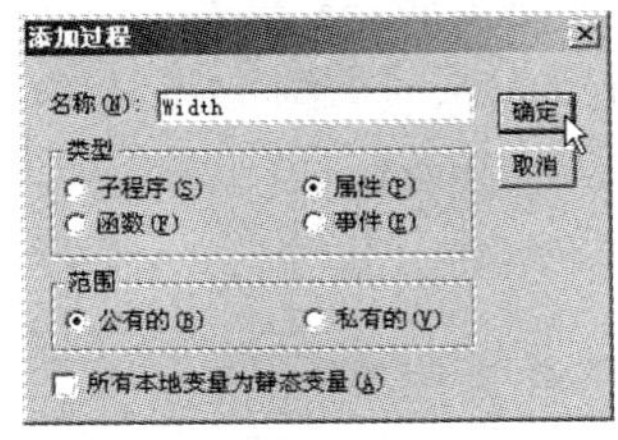

图 14-6 添加属性过程

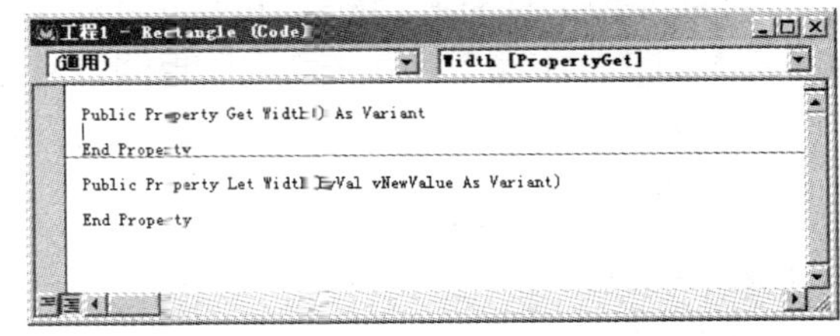

图 14-7 显示在类模块代码窗口中的属性过程代码

2）编写属性过程代码。

```
Private clsWidth As Integer          ' 声明类模块内部使用的私有变量，用于存放矩形的宽度
Private clsHeight As Integer         ' 声明类模块内部使用的私有变量，用于存放矩形的高度
Public Property Get Width() As Integer                          类的 Width 属性读取过程
  Width = clsWidth
End Property
Public Property Let Width(ByVal NewWidth As Integer) ' 类的 Width 属性写入过程
  If NewWidth <= 0 Then
    MsgBox "矩形的宽度不能小于或等于零！", vbOKOnly, "警告"
  Else
    clsWidth = NewWidth
  End If
End Property
Public Property Get Height() As Integer                         ' 类的 Height 属性读取过程
  Height = clsHeight
End Property
Public Property Let Height(ByVal NewHeight As Integer)          ' 类的 Height 属性写入过程
  If NewHeight <= 0 Then
    MsgBox "矩形的高度不能小于或等于零！", vbOKOnly, "警告"
  Else
    clsHeight = NewHeight
  End If
End Property
```

14.3.3 向类中添加方法

类的方法定义了由类创建的全部对象的行为，每个对象可以随后执行这些行为。例如，

PictureBox 控件有 Move 方法，所以在窗体上的图片框可以调用该方法将对象移动到其他位置。对用户来说，完全不必关心 Move 方法的编程是怎么实现的，只要按照该方法规定的语法格式直接调用接口来使用，这就是被封装了的方法。

用户需要为自定义类创建方法时，需要在类模块中添加公共过程。若该方法没有返回值则可以使用 Public Sub 子过程，否则就应当使用 Public Function 函数过程。在类模块内添加的 Private Sub 或 Private Function 过程，只能在模块内部调用，对类模块的使用者来说是不可见的。在 14.3.1 介绍的例子中就是使用 Public Sub 子过程定义了类的 reverseName 方法。

【例 14-3】为【例 14-2】添加一个用于返回矩形面积的 Area 方法（如图 14-8 所示）。

双击【例 14-2】中创建的*.vbp 文件重新打开工程，进入类模块编辑窗口，添加如下 Public Function 函数过程代码。

```
Public Function Area() As Integer              ' 使用 Function 创建 Area()方法
  Area = clsWidth * clsHeight                  ' 方法的行为是返回宽*高（面积）值
End Function
```

在类模块中定义了类的属性和方法后，若需要在应用程序中调用，可按图 14-9 所示创建应用程序的界面，并编写如下所示的代码。

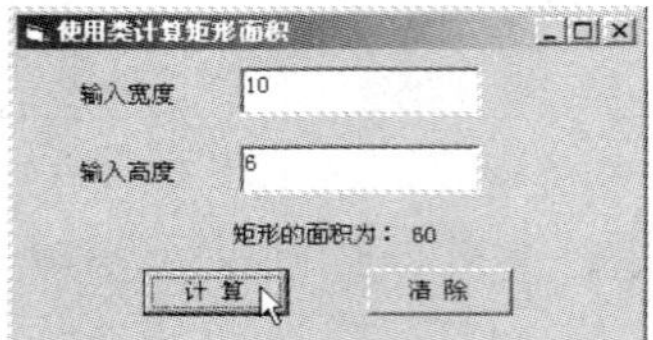

图 14-8　返回矩形面积

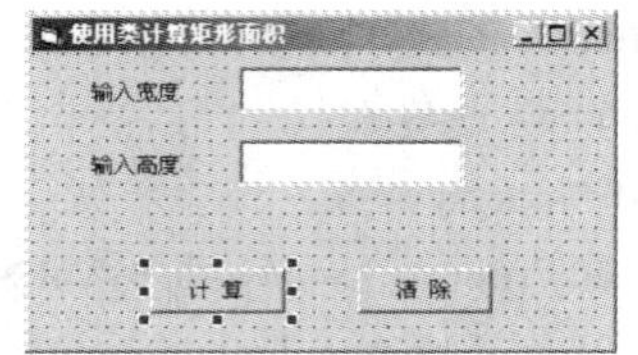

图 14-9　设计程序界面

“计算”按钮被单击时执行的事件代码如下：

```
Private Sub Command1_Click()
  Dim myobj                                      ' 声明变量用于存放对象
  Set myobj = New Rectangle                      ' 为对象变量赋值（Rectangle 类的实例化）
  If Text1.Text = "" Or Text2.Text = "" Then
    MsgBox "必须输入宽和高的值！", 48, "警告"    ' 如果用户没有输入宽和高，显示警告信息框
  Else
    myobj.Width = Val(Text1.Text)                ' 为对象的 Width 属性赋值
    myobj.Height = Val(Text2.Text)               ' 为对象的 Height 属性赋值
    Label3.Caption="矩形的面积为： " & myobj.Area ' 调用对象的 Area 方法
    Label3.Left = (Me.Width - Label3.Width) / 2  ' 将计算结果显示到窗体中央
  End If
End Sub
```

“清除”按钮被单击时执行的事件代码如下：

```
Private Sub Command2_Click()
```

```
    Text1.Text = ""
    Text2.Text = ""
    Text1.SetFocus                              ' 使 Text1 得到焦点，以方便用户下一次的输入
    Label3.Caption = ""
End Sub
```

14.3.4 响应默认事件和自定义事件

属性和方法属于“入端接口”，它是从对象外面被调用的。但是事件却在对象的内部产生，在其他地方进行处理，故被称为“出端接口”。

类支持的事件分为“默认事件”和“自定义事件”两种。默认事件是指类创建后由系统自动提供的事件。而自定义事件是指类创建后由用户根据具体的需要在类模块中定义的事件。

1. 默认事件

由系统创建的类模块默认事件有两个：Initialize（初始化）和 Terminate（结束）。前者在对象建立时被激发，领先于其他任何设置属性或执行方法的动作，后者则是在对象结束时激发。通常 Initialize 事件被应用于类属性的初始化，Terminate 事件则往往用来处理类模块的结尾工作。可以在类模块代码窗口中左边对象列表中选择“Class”选项，右边事件列表中选择对应的事件，选择后系统会自动创建该事件的代码框架。

在类 Rectangle 中可利用 Initialize 事件过程对矩形的宽和高进行初始化，指定默认的矩形宽为 10，高为 6，事件过程代码如下：

```
Public Sub Class_Initialize()
   clsWidth = 10
   clsHeight = 6
End Sub
```

当由类产生一个对象时，此对象首先要自动执行 Initialize 事件，使得 Rectangle 类中对应的属性得到初始值。

2. 自定义事件

前面介绍了向类中添加属性和方法的操作，通过属性和方法，可以与对象进行交互。但是这种交互是单方面的，对象只能被动地改变属性值或被调用方法。通过向类中添加自定义事件可以使对象具有与应用程序进行交互的能力。

事件与属性、方法最大的区别在于属性和方法对应的代码是类模块的设计者预先设计好的，类模块的使用者调用什么方法，系统就自动调用相应的代码。而对于事件，类模块的设计者只能决定何时激发事件，对于事件本身应该执行一些什么操作是由类模块的使用者来决定的。例如对于文本框控件 TextBox 来说，它的 SetFocus 方法是预先设计好的，而它的 KeyPress 事件是由 TextBox 的使用者自行处理的，使用者决定当该事件触发时执行什么操作。可以看出对象的属性和方法的具体实现步骤均被封装在对象的内部，只有事件可以被发送到对象的外部。对象可以产生不同的事件，应用程序根据不同的事件做出不同的响应。

在类模块中添加自定义事件需要完成以下两项工作：

1）在类模块的声明段使用 Event 语句声明类中的公共事件。

2）在类模块代码的适当位置使用 RaiseEvent 语句激发该事件。

【例 14-4】在前面创建的 Rectangle 类中添加一个 Warning 事件，当计算出来的矩形面积小于等于 6 或大于等于 100 时触发该事件。要求在应用程序中编写事件处理代码，显示一个信息框提醒用户注意。

程序运行结果如图 14-10 所示。

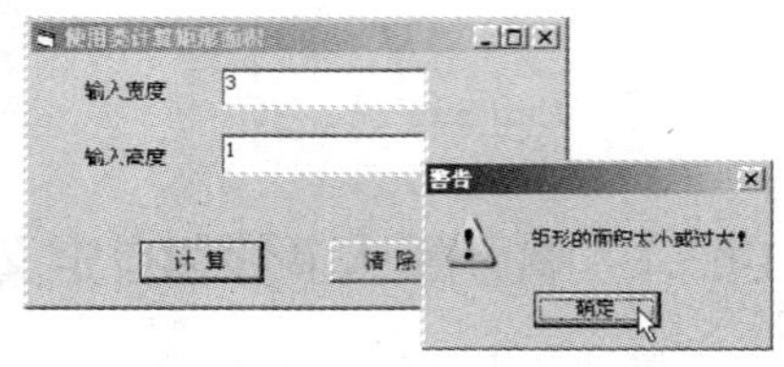

图 14-10　触发自定义事件

设计步骤如下：

在 Rectangle 类代码窗口中所有过程之外使用 Event 语句声明 Warning 事件。

```
Public Event Warning()
```

在 Rectangle 类的 Area 方法过程中添加下列代码（请注意带有下画线的部分）：

```
Public Event Warning()  ' 声明类中包含的事件
Public Function Area() As Integer                  ' 使用 Function 创建 Area()函数方法
  Area = clsWidth * clsHeight                      ' 方法的行为是返回宽×高（面积）值
' 矩形面积过小或过大时触发 Warning 事件
  If Area <= 6 Or Area >= 100 Then RaiseEvent Warning
End Function
```

修改应用程序代码如下：

由于 Rectangle 类的实例 myobj 需要在多个过程中使用，故需要在“通用”段进行声明，并将声明语句改为：

```
Dim WithEvents myobj As Rectangle              ' 使用 WithEvents 关键字，表示可以使用对象的事件
```

编写 myobj 对象的 Warning 事件代码如下：

```
Private Sub myobj_Warning()
  MsgBox "矩形的面积太小或过大！", 48, "警告"
End Sub
```

编写时可在代码窗口左侧下拉列表框中选择对象 myobj，在右侧下拉列表框中会自动出现 Warning 事件名称，且系统会自动创建事件过程的框架。

14.4　ActiveX 控件

ActiveX 控件是扩展名为 ocx 的独立文件，是 VB 工具箱的扩充部分。它保留了一些用户熟悉的属性、事件和方法，它们的作用和以前完全相同。这样就保证了程序员的基本能力。而且，ActiveX 控件特有的方法和属性大大地增强了程序员的能力和灵活性。例如，VB 专业版和企业版包括了 Windows 公共控件，用来创建具有 Windows 面貌和风格的工具栏、状态条以及目录结构树的应用程序。另外一些控件可用来创建利用 Internet 功能的应用程序。

14.4.1 ActiveX 控件概述

ActiveX 控件加入工具箱后，成为开发和运行环境的一部分，并为应用程序提供了新的功能。ActiveX 控件包括各种版本 VB 提供的控件（如 CommonDialog 控件等）和仅在专业版和企业版中提供的控件（如 Listview、Toolbar 和 Animation），另外还有许多由第三方提供和用户自己开发的 ActiveX 控件。需要注意的是，扩展名为 vbx 的控件使用了老的技术，在 VB 早期版本编写的应用程序中可能会找到这些控件。当 VB 打开包含 vbx 控件的工程时，在默认情况下会用 ocx 控件取代它。当然，这只有在这些控件的 ocx 版本存在时才可以。

14.4.2 添加删除 ActiveX 控件

ActiveX 控件在使用前需要选择“工程”菜单中的“部件”命令，在打开的“部件”对话框中选择“控件”选项卡，然后选择需要加入工具箱中的 ActiveX 控件名，单击“确定”按钮即可将控件加入到工具箱中，如图 14-11 所示。该操作将“公用对话框”（CommonDialog）控件添加到了工具箱中，如图 14-12 所示。此后就可以像使用其他标准控件一样使用“公用对话框”控件了。

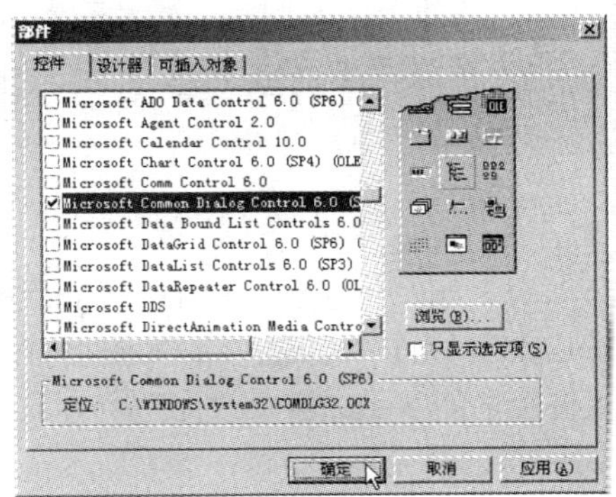

图 14-11 部件对话框

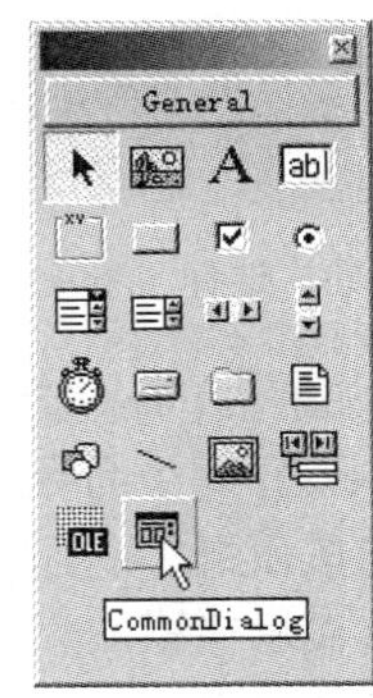

图 14-12 添加到工具箱中的 ActiveX 控件

单击“部件”对话框中的“浏览”按钮，可以通过打开的“添加 ActiveX 控件”对话框，在计算机中查找并打开需要使用的.ocx 文件，将选中的控件加入工具箱。

注意：有时一个 ocx 文件内可能包含有多个 ActiveX 控件，如“Microsoft Windows Common Controls 6.0”，对应的 C:\Windows\System\Mscomct.ocx 文件中就包含了工具栏（ToolBar）、状态栏（StatusBar）、进度条（ProgressBar）等九个控件。

若要从工具箱中删除 AcitveX 控件只需在“部件”对话框中清除要删除控件旁边的复选框，再单击“确定”按钮即可，但不能删除工程中正在使用的控件。

14.4.3 创建 ActiveX 控件

VB 允许用户自己开发需要的控件，并将其编译成.ocx 文件以便在任何工程中方便地调用。创建简单 ActiveX 控件的一般过程如下：

1）建立一个新的 ActiveX 控件工程。

2）像设计一般程序一样“画出”控件的界面。

3）编写实现控件行为的代码。

4）编写实现控件特有属性、方法和事件的代码。

5）检测并保存控件的所有文件。

6）将控件编译成 ocx 文件。

下面通过两个简单的例子说明开发 ActiveX 控件的一般方法。

【例 14-5】设计一个能计算三角函数的控件。

1）新建一个 ActiveX 控件工程。启动 VB，选择“文件”菜单中的“新建工程”命令，打开“新建工程”对话框，选择“ActiveX 控件”如图 14-13 所示，单击“打开”按钮。

此时 VB 将自动建立了一个空的、名为 UserControl1 的用户控件窗口如图 14-14 所示，此窗口与标准 EXE 工程窗口非常相似只是没有标题栏和立体的边框。

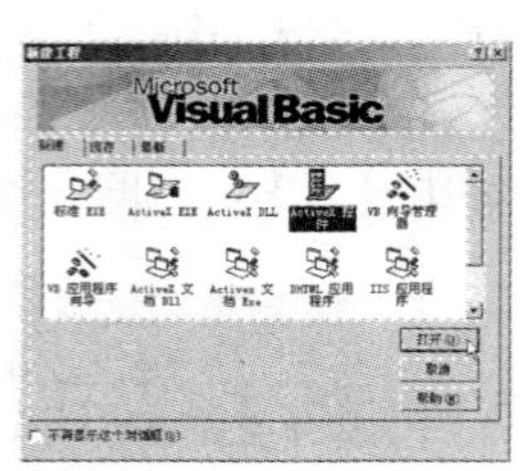

图 14-13　选择 ActiveX 控件选项

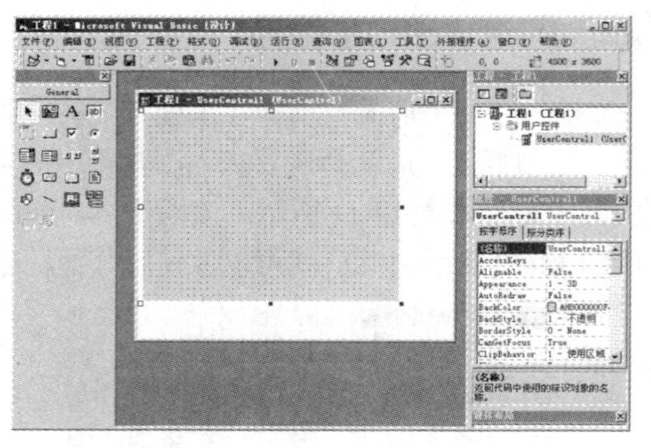

图 14-14　用户自定义控件窗体

2）添加需要的标准控件。如图 14-15 所示，添加两个标签 Label1、Label2，两个文本框 Text1、Text2，两个命令按钮 Command1、Command2，由四个单选按钮 Option1(0)～Option1(3)组成的单选按钮组，并更改相应的属性值，注意将控件的 Name 属性改为一个容易记忆的名称，该属性值将显示在添加到工具箱中的 ActiveX 控件的工具提示中。

3）编写程序代码。

```
Dim numf As Integer                ' 在声明段中定义变量用于存放单选按钮被选中的序号
```

编写单击“确定”按钮时执行的代码：

```
Private Sub Command1_Click()
  If Text1 = "" Or Val(Text1) > 360 Then
    MsgBox "请输入角度值！", 48, "注意"   ' 用户输入数据有误时弹出信息框提示，并退出过程
    Exit Sub
  End If
  Select Case numf
    Case 0
      Text2=Format(Sin(Val(Text1)*3.1415926/180),
"#0.0000")
    Case 1
      Text2 = Format(Cos(Val(Text1) * 3.1415926 / 180), "#0.0000")
    Case 2
      If Text1 = 90 Or Text1 = 270 Then
```

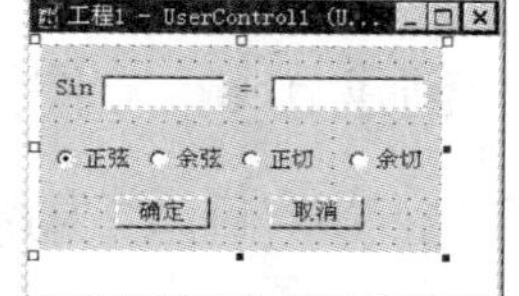

图 14-15　自定义三角函数计算控件界面

```
            Text2 = "函数值不存在"
        Else
            Text2 = Format(Tan(Val(Text1) * 3.1415926 / 180), "#0.0000")
        End If
    Case 3
        If Text1 = 0 Or Text1 = 180 Or Text1 = 360 Then
            Text2 = "函数值不存在"
        Else
            Text2 = Format(1 / (Tan(Val(Text1) * 3.1415926 / 180)), "#0.0000")
        End If
    End Select
    Text1.SetFocus
End Sub
```

单击“取消”按钮时执行的代码：

```
Private Sub Command2_Click()
    Text1 = ""
    Text2 = ""
    Text1.SetFocus
    Option1(0).Value = True
End Sub
```

单击单选按钮时执行的代码：

```
Private Sub Option1_Click(Index As Integer)
    Label1 = Option1(Index).Caption
    numf = Index
End Sub
```

编写代码的方法及规则与标准 EXE 工程中完全相同。

4）按〈F5〉键在 IE 浏览器中运行程序，并检测控件的各项功能，如图 14-16 所示。

5）选择“工程”菜单中的“工程 1 属性”命令，设置控件的名称为“trigonometric”，描述内容为“三角函数计算器”，如图 14-17 所示，描述内容将显示在“部件”对话框的控件描述中，然后单击“确定”按钮。执行“保存工程”命令，将所有的控件文件存盘，选择“文件”菜单中的“生成 xxx.ocx 文件”命令，对控件进行编译。

6）新建一个标准 EXE 工程，向工具箱中添加“三角函数计算器”控件，并将其加入窗体。这样不必编写任何代码即可得到一个具有三角函数计算功能的应用程序。

由于本例较为简单，不存在自定义的属性、事件及方法。

【例 14-6】利用向导建立一个具有自定义属性的 ActiveX 控件，该控件可以在窗体上显示一道“4 选 1”的题目，用户能够利用单选按钮选择正确答案。要求为该控件新建以下设计时可用属性：Question 用于存放题目，QuestionA、QuestionB、QuestionC、QuestionD 用于存放四个供选答案。新建以下设计时不可用属性，Answer 用于存放正确答案，UserAnswer 用于存放用户选择的答案。

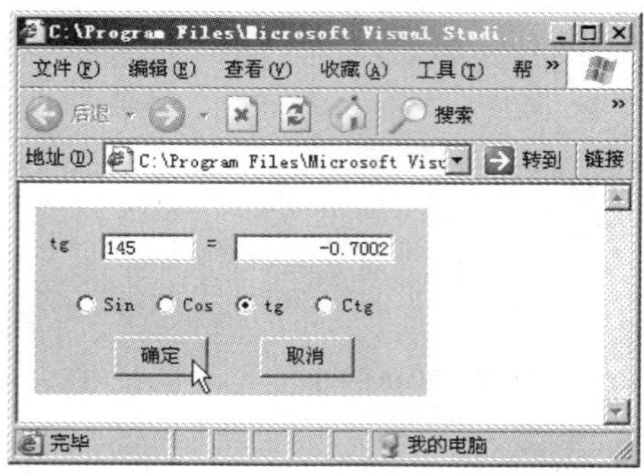

图 14-16 在 IE 浏览器中测试自定义控件

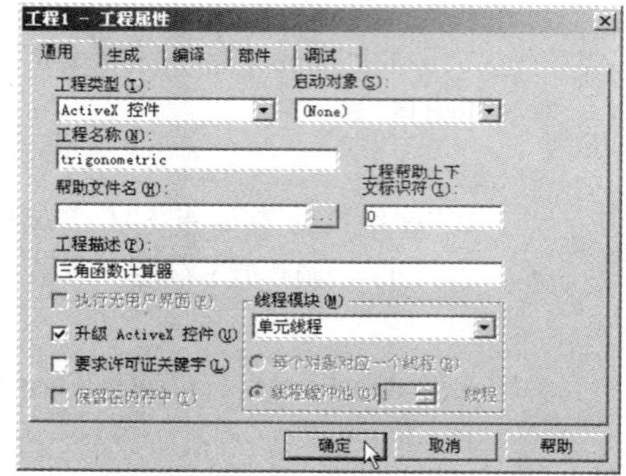

图 14-17 设置自定义控件工程属性

1）参照前例所示的方法，通过“新建工程”对话框新建一个 ActiveX 控件，并向其中添加五个标签和四个单选按钮组成的单选按钮组。将其 Name 属性分别设为 lblQuestion、lblQuestionA、lblQuestionB、lblQuestionC、lblQuestionD、optAnswer(0)、optAnswer(1)、optAnswer(2)、optAnswer(3)。按图 14-18 所示设置各控件的 Caption 属性。

2）选择“工程”菜单中的“添加用户控件”命令，打开图 14-19 所示的“添加用户控件”对话框，选择其中“VB ActiveX 控件界面向导”选项后单击“打开”按钮，将出现 ActiveX 控件接口向导介绍，单击“下一步”按钮打开如图 14-20 所示的“选定接口成员”对话框。

在该对话框中可以挑选需要用到的属性、事件和方法，选择完毕后单击“下一步”按钮打开“创建自定义接口成员”对话框，如图 14-21 所示。

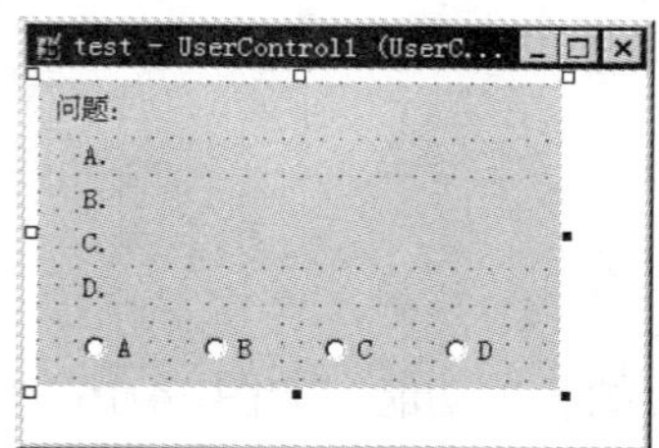

图 14-18 设置各控件的 Capton 属性

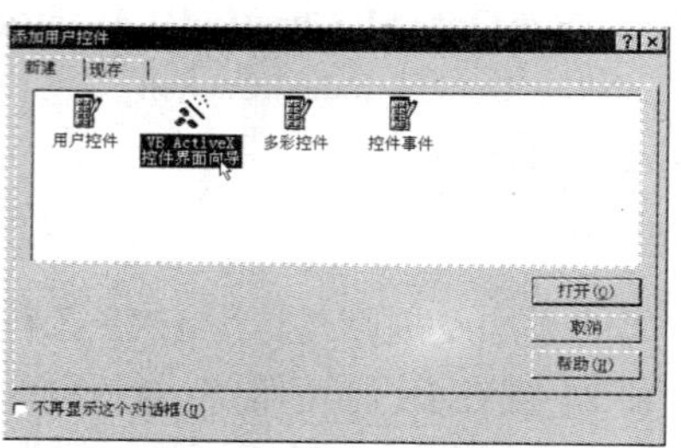

图 14-19 “添加用户控件”对话框

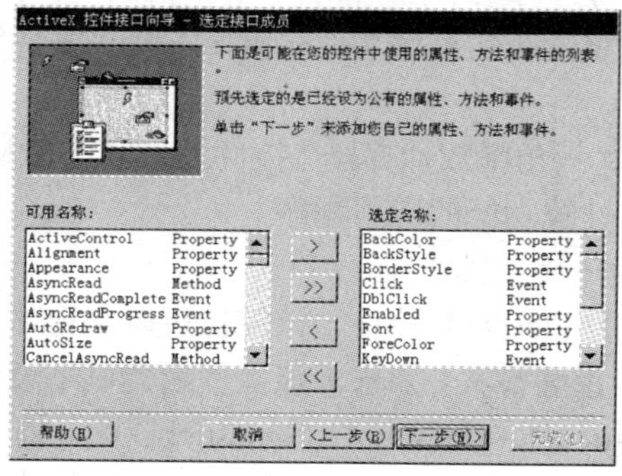

图 14-20 “选定接口成员”对话框

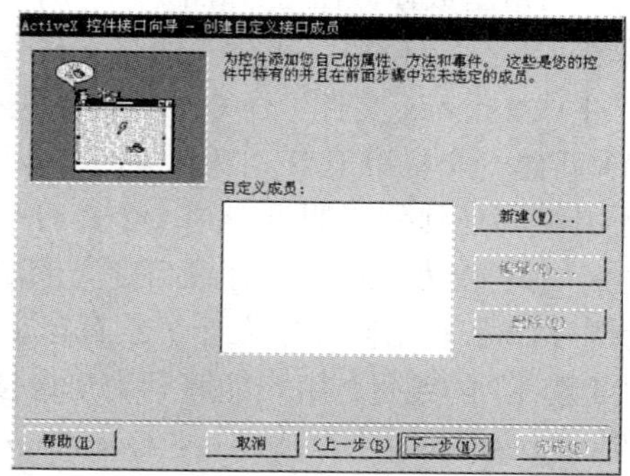

图 14-21 “创建自定义接口成员”对话框

单击“创建自定义接口成员”对话框中的“新建”按钮，打开图 14-22 所示的“添加自定义成员”对话框。在该对话框中依次输入需要的属性名称，单击“确定”按钮，结果如图 14-23 所示。

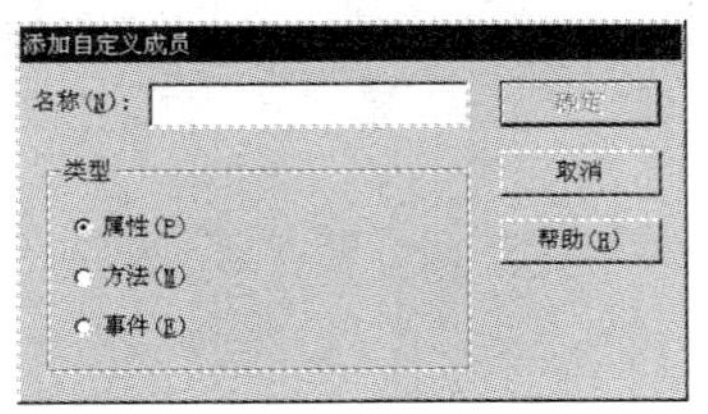

图 14-22 “添加自定义成员”对话框

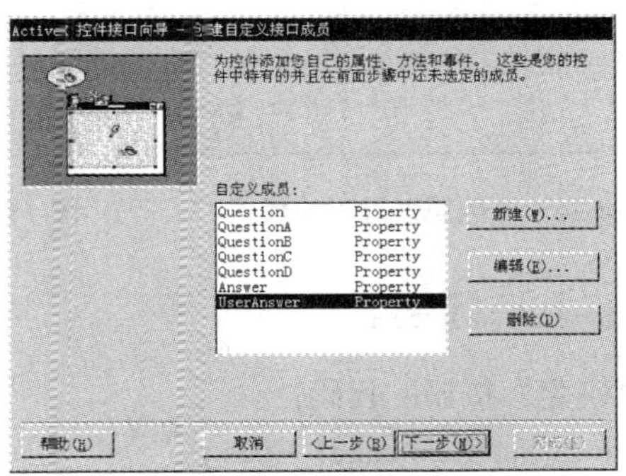

图 14-23 创建自定义接口成员

单击“下一步”按钮打开“设置映射”对话框，如图 14-24 所示，将 Question、QuestionA、QuestionB、QuestionC 和 QuestionD 属性映射到对应的标签控件的 Caption 属性上。

单击“下一步”按钮打开如图 14-25 所示的“设置属性”对话框。在该对话框中设置属性在运行时、设计时是否可读写或不可用，设置属性的数据类型及属性的说明，单击“下一步”按钮完成操作。

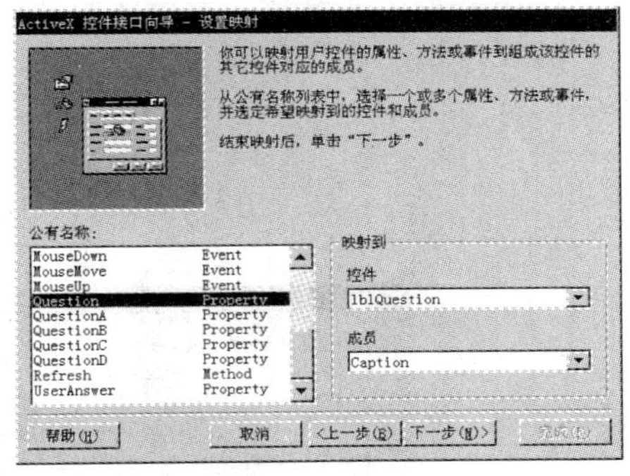

图 14-24 “设置映射”对话框

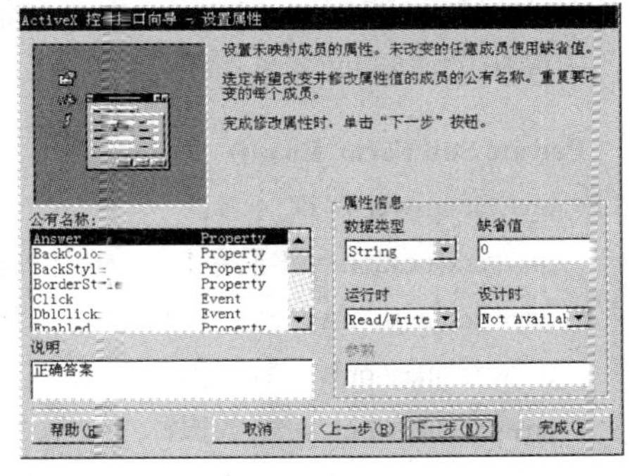

图 14-25 “设置属性”对话框

此时 VB 会根据用户的选择自动生成程序代码框架去修改完善。将获取 UserAnswer 属性的过程代码修改为图 14-26 所示的内容，使其能够获得用户选择答案的序号。

3）为测试自定义控件的正确性，可选择“文件”菜单中的“添加工程”命令，添加一个标准 EXE 工程为测试工程。

在“工程资源管理器”中选择新加入的工程，右击，将该工程指定为启动工程。关闭用户控件对象窗口，使工具箱中自定义控件可用。然后向测试工程窗体中添加自定义控件和一个标签，一个命令按钮，并将自定义控件的 Name 属性改为 answer，如图 14-27 所示。此时在属性窗口中可以看到自定义控件设计时可用的 Question、QuestionA、QuestionB、QuestionC 和 QuestionD 属性，如图 14-28 所示。

编写测试工程的代码如下：

在声明段中定义变量 result，用于累加得分：

图 14-26　修改属性过程的代码

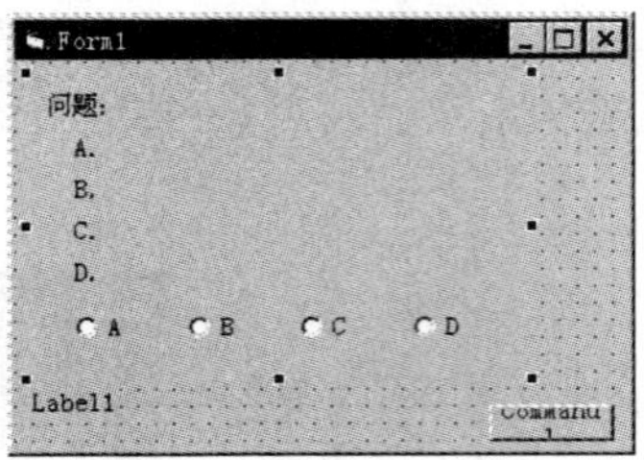

图 14-27　设计程序界面

图 14-28　设置各控件的属性

```
Dim result As Integer
```

单击“确定”按钮的代码：

```
Private Sub Command1_Click()
  If answer.UserAnswer = answer.answer Then
    result = result + 1
    Label1.Caption = "答案正确　得分：" & result
  Else
    Label1.Caption = "正确答案是：" & answer.answer & "　得分：" & result
  End If
End Sub
```

窗体装入时执行的代码，实际使用时可创建一个与网络数据库的链接，直接读取数据库，而形成一个简单的考试或学习系统。

```
Private Sub Form_Load()
  answer.answer = "D"
  answer.Question = "1.世界上第一台计算机诞生于："
  answer.QuestionA = "A.法国"
  answer.QuestionB = "B.英国"
  answer.QuestionC = "C.德国"
  answer.QuestionD = "D.美国"
  Label1.Caption = "选择你认为正确的答案后单击“确定”"
  Command1.Caption = "确定"
End Sub
```

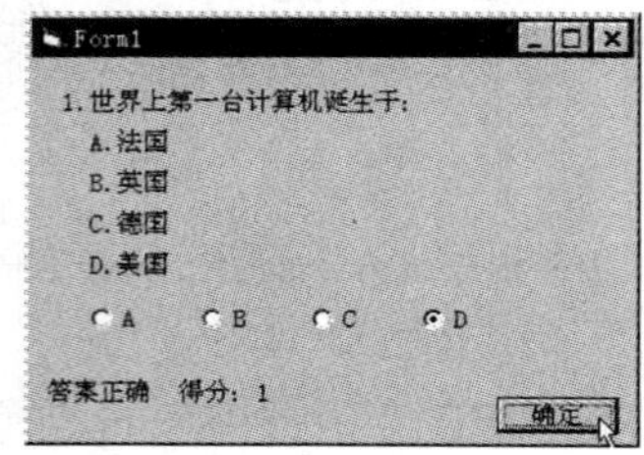

图 14-29　程序测试结果

运行程序进行测试，如图 14-29 所示。测试无误后应保存控件所有的文件，并编译生成 ocx 文件以便在其他工程中方便地调用。

14.5　习题

一、简答题

1．在一个类模块中能否定义两个类？

2．要定义一个类的 Name 属性为只读，则框架应如何表示？

3. 要通过类创建一个对象，则对象的声明中使用的类型名是类的模块名还是模块文件名？

4. 在类模块中如何声明事件？如何激发事件？

5. 简述创建一个类的一般步骤。

二、上机题

1. 创建一个类模块，将模块名设为 Customer，用于表示客户信息，该类有两个属性 CustName 和 ID，分别用来表示客户的姓名和编号，编号属性需要使用固定格式 Cxxxxx。在图 14-30 所示的应用程序中使用该类模块，将“客户姓名”文本框中的内容赋给对象的 CustName 属性，将“客户编号”文本框中的内容赋给对象的 ID 属性。单击“设置”按钮时执行赋值操作，并显示信息框，如图 14-31 所示。单击“显示”按钮时，显示对象的上述两属性赋值结果，如图 14-32 所示。

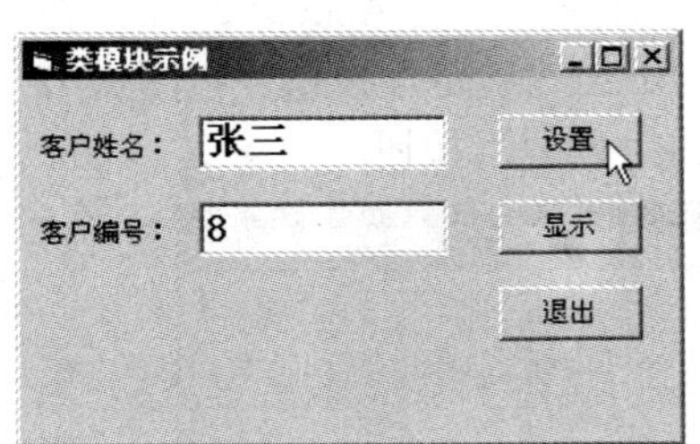

图 14-30 向对象属性赋值

图 14-31 赋值完成信息

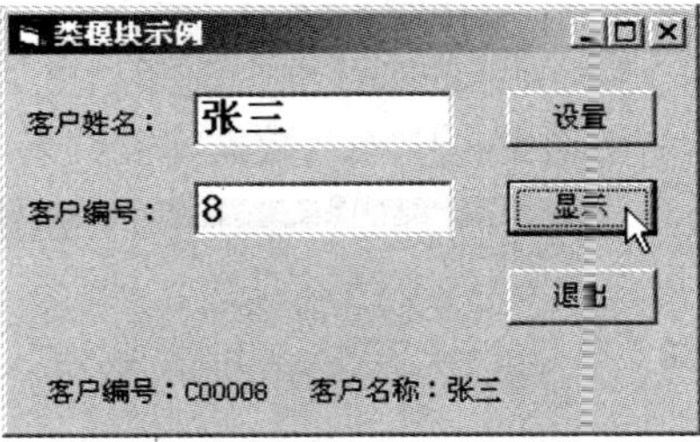

图 14-32 显示赋值结果

2. 设计一个用于登录的 ActiveX 控件，该控件可以传递用户账号（ID）和用户口令（Password）两个属性参数。自定义 ActiveX 控件在 IE 浏览器中的测试外观如图 14-33 所示，在测试工程中运行的结果如图 14-34 所示。

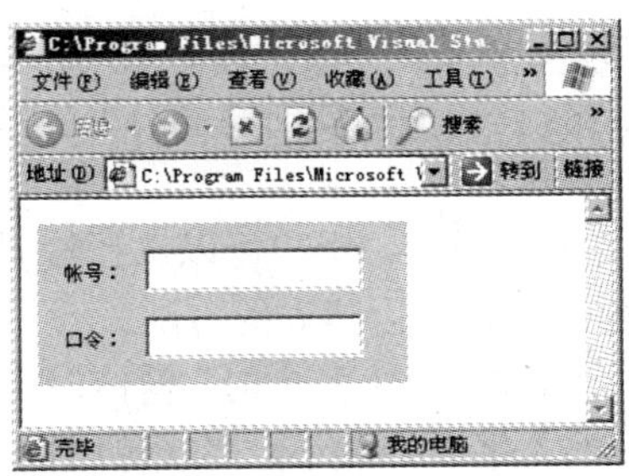

图 14-33 IE 中测试结果

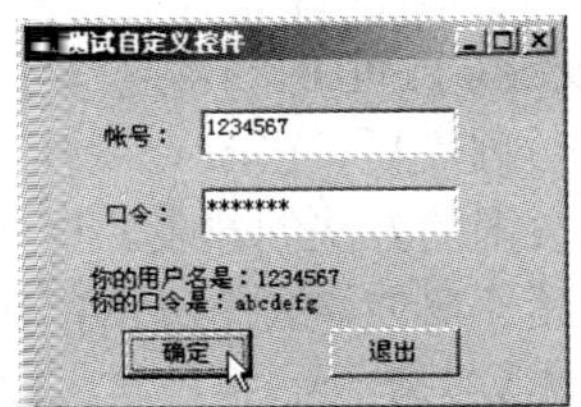

图 14-34 测试工程中的结果

第 15 章　数据库访问技术

VB 提供的数据库访问方法主要有：使用可视化数据管理器管理数据库，用 Data、ADO 数据控件访问数据库，通过 ODBC 方式访问远程数据库以及采用对象变量访问数据库等。

15.1　Access 2003 数据库

在 VB 中可以方便地使用 Data 控件和 ADO 控件，操作 Access 数据库。

1．创建 Access 数据库

执行“开始”菜单“程序”选项下的“Microsoft Access”命令，启动 Access 2003。在图 15-1 所示的对话框中选择“空 Access 数据库”单选按钮后，单击“确定”按钮。在图 15-2 所示的对话框中输入数据库文件名，并选择保存的位置后，单击“创建”按钮。

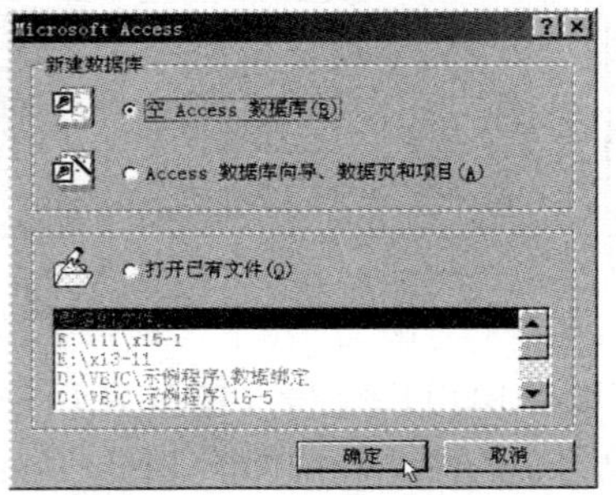

图 15-1　新建数据库对话框

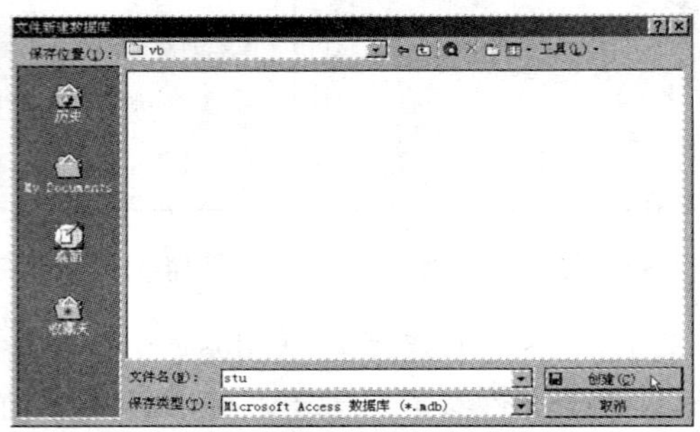

图 15-2　输入数据库文件名及保存位置

至此，一个空 Access 数据库创建完毕，并以指定的文件名（*.mdb）保存在指定的文件夹中。用户可以继续创建需要的表，也可以退出 Access 待以后需要时将其打开完成后续工作。

2．创建 Access 数据表

新建或打开数据库后，在图 15-3 所示的数据库对话框中，用户可以选择使用设计器、使用向导或通过输入数据的方法创建表。这里只介绍使用设计器创建表的方法。

双击“使用设计器创建表”选项打开图 15-4 所示的“创建表结构”窗口，在此可以依次输入各字段的名称和数据类型，在“字段属性”栏中输入字段的大小、格式等属性值。图中，“有效性规则”用来指定该字段能够接受数据的准则，“有效性文本”用来在出现违反“有效性规则”数据时显示在屏幕上的提示内容。

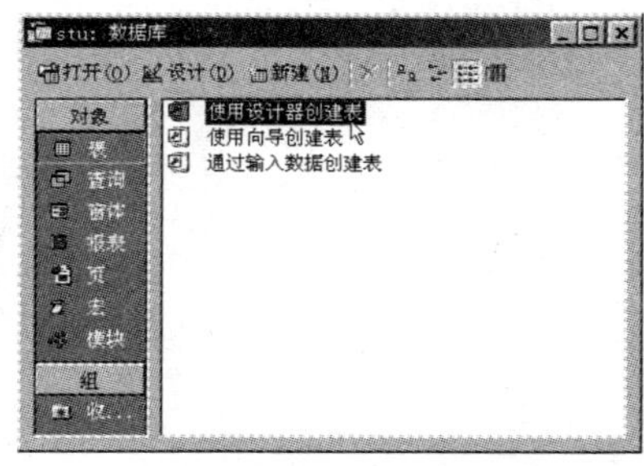

图 15-3　使用设计器创建表

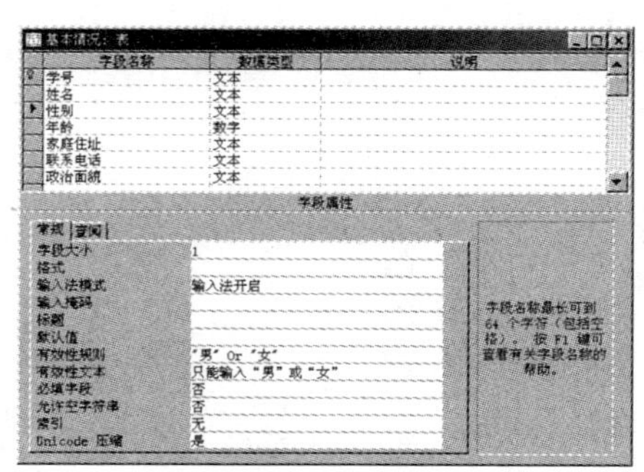

图 15-4　“创建表结构”窗口

一般在每个表中均应指定一个字段为该表的主键（如本例的“学号”字段），主键应唯一的代表一条记录，即所有记录中该字段没有重复的值。有了主键可以方便地与数据库中其他表进行关联，并利用主键值相等的规则结合多个表中的数据创建查询。

输入完毕后关闭设计表结构对话框，系统会提示为新建的表命名，此时新建的表将出现在数据库窗口中。如果需要修改表结构，可以在数据库窗口中选择了表名称后，单击工具栏中“设计”按钮，重新进入创建表结构窗口进行必要的修改。双击表名称可以打开图 15-5 所示的表数据输入窗口，依次将各种数据输入到数据表中，需要注意的是，表中主键字段的值不允许空缺。输入完毕后关闭输入窗口，将数据保存在数据库文件中。

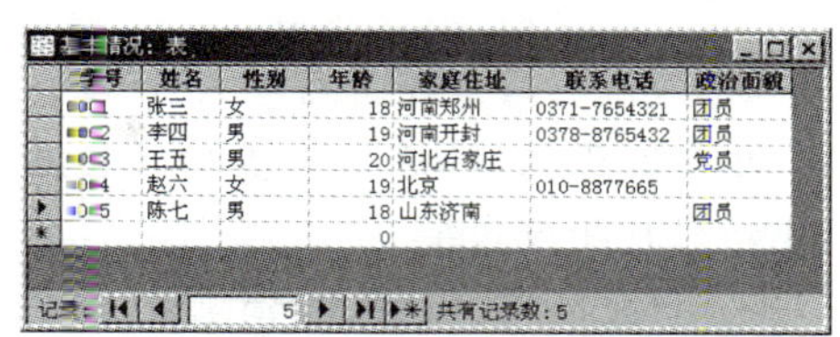

图 15-5　输入表中各字段的数据

15.2　使用数据控件

VB 通过使用数据控件（Data）、数据绑定控件（如文本框、组合框等标准控件）、数据访问对象、远程数据控件及 ADO 数据控件来实现对数据库的访问。在这些工具中 Data 控件和数据绑定控件是初学者最常用的工具，它们具有快捷、方便及功能强大等特点。甚至不需要编写任何程序代码，而通过设置几个关键属性，使用一些类似于文本框这样的数据绑定控件就可以实现对数据库的一般访问。

【例 15-1】Data 控件和数据绑定控件的使用方法示例。

新建一个 VB 标准 EXE 工程，在窗体上添加两个文本框，两个标签和一个 Data 控件。将标签的 Caption 属性分别设为“学号”和“姓名”。将数据控件 Data1 的 DatabaseName 属性设为具体的数据库文件名，如 d:\vb\stu.mdb，RecordSource 属性设为数据库中具体的表或查询，如“基本情况”表。将 Text1 和 Text2 的 DataSource 属性设为 Data1（与数据控件 Data1 绑定），DataField 属性分别设为“学号”和“姓名”（绑定到具体的字段）。

程序启动后，绑定到字段的文本框中将自动显示第一条记录的信息，单击 Data 控件的相应按钮即可在文本框中浏览数据库中的内容，如图 15-6 所示。

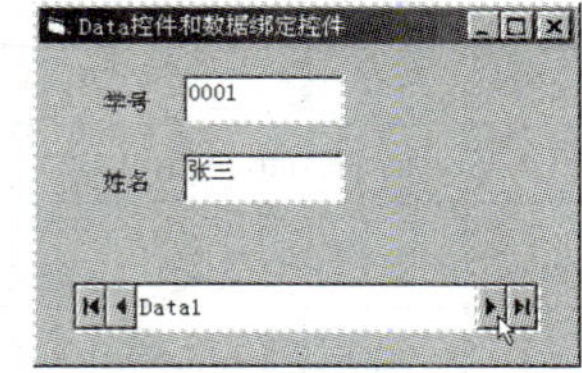

图 15-6　Data 控件和数据绑定控件使用示例

15.2.1　数据控件的属性

数据控件是 VB 的标准控件之一，可以直接从工具箱中加入窗体。Data 控件的属性中，三个基本属性（Connect、DatabaseName 和 RecordSource）决定了所要访问的数据资源。Data 控件的常用属性如下。

1. Connect（连接）属性

该属性用于定义所要连接的数据库类型，如“Access;”表示连接 Access 97 格式的数据库。“Access 2000;”表示连接 Access 2000 或 Access 2003 格式的数据库。

2. DatabaseName（数据库名）属性

该属性决定 Data 控件连接到哪个数据库上。对于多表数据库（如 Access 等），该属性为具体的数据库文件名，如：Data1.DatabaseName="d:\students.mdb"。对于单表数据库（如 FoxPro

等），该属性为数据库存放的目录，数据库文件名应存放在 Data 控件的 RecordSource 属性中。如：需要访问 FoxPro 数据库“d:\fox\abcd.dbf”时应按如下方法设置属性：

```
Data1.DatabaseName="d:\fox"
Data1. RecordSource="abcd.dbf"
```

如果在设计或运行时，改变了 Data 控件的 DatabaseName 属性，应使用 Refresh（刷新）方法重新打开新数据库。

3. RecordSource（记录源）属性

该属性主要用来设置 Data 控件打开的数据库表名或查询名。可以是一个表名、一个数据库中已存在的查询或一条 SQL 语句。如果在运行时通过代码改变了该属性值（连接到其他数据源），则必须使用 Refresh 方法使改变生效，并需要重建记录集（Recordset）。

4. BOFAction 和 EOFAction 属性

这两个属性用来指定当控件的 BOF 或 EOF 属性为 True（到达第一条记录之前或到达最后一条记录之后），而用户又单击了控件上的“◀”或“▶”按钮时，Data 控件应该执行什么操作。BOFAction 和 EOFAction 属性的取值情况如表 15-1 和表 15-2 所示。

表 15-1 BOFAction 属性的取值

值	常　数	说　明
0	vbBOFActionMoveFirst	将记录指针指向第一条记录（将第一条记录作为当前记录）（默认值）
1	vbBOFActionBOF	当 BOF 为 True 时触发 Data 控件的 Validate 事件，接着触发非法（BOF）记录上的 Reposition 事件。此时禁止 Data 控件上的“◀”按钮

表 15-2 EOFAction 属性的取值

值	常　数	说　明
0	vbEOFActionMoveLast	保持最后一条记录为当前记录（默认值）
1	vbEOFAction	在 Recordset 的结尾移过去，并且在最后一个记录上触发 Data 控件的 Validate 事件，接着触发非法（EOF）记录上的 Reposition 事件。此时禁止 Data 控件上的“▶”按钮
2	vbEOFActionAddNew	移过最后一个记录，并且在当前记录上触发 Data 控件的 Validate 事件，然后自动触发 AddNew 事件和新记录上的 Reposition 事件

注意：当使用代码来操作 Data 控件创建的 Recordset 对象时，EOFAction 属性是无效的，只有在使用鼠标操作 Data 控件的情况下它才有效。

5. ReadOnly 属性

该属性用来指定数据是否可以被编辑。如果 ReadOnly 属性设为 True，表示数据是只读的。对 Data 控件来说，该属性只是在第一次打开数据库时才使用。若应用程序随后又打开了数据库的其他实例，则该属性被忽略。为了使此属性中的改变生效，首先要关闭数据库的所有实例，然后用 Refresh 方法刷新。

6. Exclusive 属性

该属性指定是否允许其他用户访问数据库。当其值为 True 时表示单用户使用，否则表示共享存取，即允许多用户访问数据库。

15.2.2 数据控件的事件

Data 控件与其他 VB 控件一样支持许多事件，但除此之外 Data 控件还支持 Error、Reposition

及 Validate 等与数据库访问有关的事件。

1．Error 事件

该事件主要用来处理不能被任何应用程序捕获的错误。事件的语法格式为

```
Private Sub Data1_Error(DataErr As Integer, Response As Integer)
    （错误处理过程代码）
End Sub
```

其中，DataErr 返回一个错误号。Response 的值默认为 1，表示显示错误信息，该值为 0 表示程序继续执行。

2．Reposition 事件

当用户单击 Data 控件上某个箭头按钮，或者在代码中使用了某个 Move 或 Find 方法使某条新记录成为当前记录时，将激发 Reposition 事件。

3．Validate 事件

在一条不同的记录成为当前记录之前，Update 方法之前（用 UpdateRecord 方法保存数据时除外），以及 Delete、Unload 或 Close 操作之前会发生该事件。其语法格式如下：

```
Private Sub object_Validate (Action As Integer, Save As Integer)
    （事件处理代码）
End Sub
```

其中，Action 是一个整数，用来指示引发这种事件的操作。Save 是一个逻辑表达式，用来表示被连接的数据是否改变。

15.2.3　数据控件的方法

数据控件和其他控件一样也有自己的一些方法，常用的有：Refresh、UpdataRecord、UpdataControls 和 Close 方法。

1．Refresh 方法

该方法主要用来建立或重新显示与 Data 控件相连接的数据库记录集。若在程序运行时修改了数据控件的 DatabaseName、ReadOnly、Exclusive 或 Connect 属性，就必须使用该方法来刷新记录集。该方法执行后，会将记录指针指向记录集中的第一条记录。

2．UpdateRecord 方法

通过该方法可以将数据绑定控件上的当前内容写入到数据库中，即可以在修改数据后调用该方法来确认修改。用这种方法在 Validate 事件期间将被连接的当前内容保存到数据库中，而不再激发 Validate 事件。

3．UpdateControls 方法

通过该方法可以将数据从数据库中重新读入到数据绑定控件中，即可以使用该方法放弃对数据绑定控件中数据的修改。

4．Close 方法

该方法主要用于关闭数据库或记录集，并且将该对象设置为空。

注意：在关闭数据库或记录集之前，必须使用 Updata 方法更新数据库或记录集中的数据，以保证数据的正确性。

15.2.4 记录集对象（Recordset）

在 VB 数据库中，表是不能直接被访问的。VB 6.0 通过 Microsoft Jet 数据库引擎提供的记录集（Recordset）对象来检索和显示数据库记录。一个 Recordset 对象表示一个或多个数据库表中的对象集合的多个对象，或运行一次查询所得到的记录结果。一个 Recordset 对象相当于一个变量，与数据库表相似，记录集也是由行和列组成的，但不同的是记录集可以同时包含多个表中的数据。

VB 的 Jet 数据库引擎提供了大量的记录集属性和方法。通过引用 Data 控件的 Database 和 Recordset 属性，可以直接与 Data 控件一起使用这些属性和方法。

1．Recordset 对象的属性

Recordset 对象的常用属性有 BOF 和 EOF 属性、AbsolutePosition 属性、Bookmark 属性及 RecordCount 属性。

（1）BOF 和 EOF 属性

这两个属性用来指示记录指针是否指向了第一条记录之前或最后一条记录之后。如果这两个属性同时为 True 表示该记录集中无任何记录。

（2）AbsolutePosition 属性

该属性用于返回当前记录的序号。但不能将其作为记录编号的代替物，因为当执行了删除、添加、查询等操作后，记录的位置可能会改变。

（3）Bookmark 属性

该属性返回或设置当前记录集指针的书签，Bookmark 的采用的是 String 类型。在程序中可以使用该属性重定位记录集的指针。下列语句使指针移到其他位置后迅速返回原位：

```
mybookmark=Data1.Recordset.BookMark          ' 设置书签保存当前记录指针位置
Data1.Recordset.MoveFirst                    ' 将记录指针移动到第一条记录
Data1.Recordset. BookMark=mybookmark         ' 使记录指针返回到原位置
```

（4）RecordCount 属性

该属性是只读属性，用来获取记录集中记录数。在多用户环境中，该属性返回的值可能是一个不准确的数，这与记录集对象被刷新的频率有关。为了获得准确的数据，在使用该属性前应先调用 MoveLast 方法。

2．Recordset 对象的方法

Recordset 对象的常用方法有 Add New 方法、Edit 方法、Delete 方法、Move 方法和 Find 方法。

（1）AddNew 和 Edit 方法

AddNew 方法为数据库表添加一条记录。调用该方法将清除数据绑定控件中的所有内容，并且将一条空记录添加到记录集的末尾。

Edit 方法使当前记录集进入可以被修改状态。

新添加或修改后的记录，只有在执行了 Update 方法或通过 Data 控件移动当前记录时，才会添加到数据库文件中。

（2）Delete 方法

该方法删除记录集中的当前记录。记录删除后，其内容仍显示在数据绑定控件中，应使用 Move 方法移动记录指针。删除记录时应先检查与该记录相关的关系后再删除，若数据库中存在某种必要的引用，则无法删除被引用记录。

（3）Move 方法

该方法用于记录指针的移动。常用于浏览数据库中的数据。包括以下四种方法：

- MoveFirst：使记录集中的第一条记录成为当前记录。
- MoveLast：使记录集中的最后一条记录成为当前记录。
- MoveNext：下移一条记录，使下一条记录成为当前记录。
- MovePrevious：上移一条记录，使上一条记录成为当前记录。

当一个记录集刚被打开时，第一条记录为当前记录。

（4）Find 方法

该方法用于在 Dynaset 和快照类型的记录集中，查找符合指定条件的记录。若找到符合条件的记录则将记录指针指向该记录，并将 Recordset 对象的 Nomatch 属性设为 True。否则将指针指向记录集的末尾，并将 Recordset 对象的 Nomatch 属性设为 False。包括以下四种方法：

- FindFirst：查找符合条件的第一条记录。
- FindLast：查找符合条件的最后一条记录。
- FindNext：查找符合条件的下一条记录。
- FindPrevious：查找符合条件的上一条记录。

如语句：Data1.Recordset.FindFirt "姓名 like '李'"，表示查找“姓名”字段中包含“李”的第一条记录。

【例 15-2】设计一个学生成绩管理程序，程序启动后显示数据库中记录总数、当前记录号及当前记录的各项数据，如图 15-7 所示。

用户可以通过“学号”或“姓名”下拉列表框，以选择或输入后按〈Enter〉键的方法，查询指定学生的成绩，无此记录时显示提示信息，如图 15-8 所示。

单击“添加”或“修改”按钮后，显示输入口令对话框，如图 15-9 所示。回答正确的口令后（本例为空字符串，可以直接单击“确定”按钮），显示一个空白的添加数据对话框。用户输入新记录的各项数据后，单击“更新”按钮使更新有效，并继续显示下一个添加记录空对话框，单击“取消”按钮放弃数据，退出该对话框返回到初始界面。

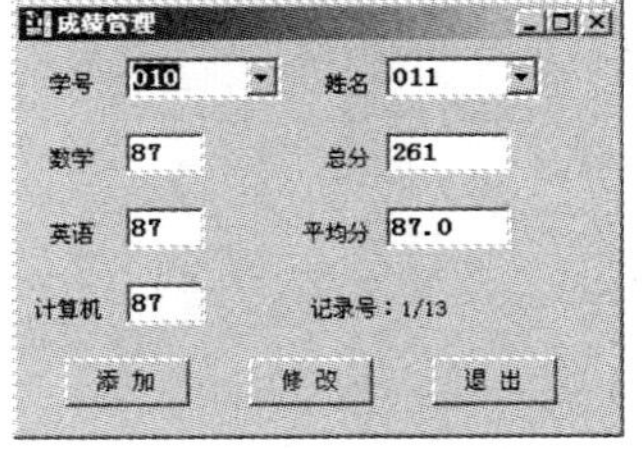

图 15-7 程序主界面

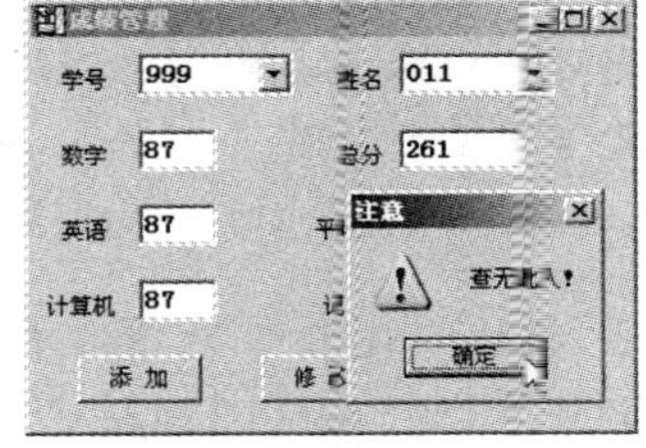

图 15-8 未找到匹配记录错误

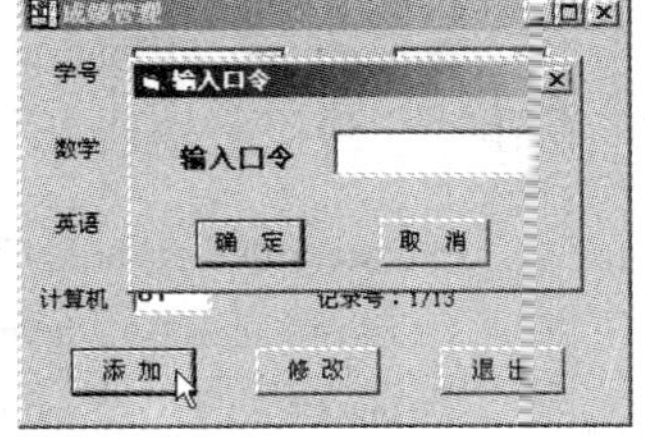

图 15-9 输入口令方可更改数据

单击“修改”按钮后，“添加”和“修改”按钮变为“删除”和“更新”按钮，用户可以通过“学号”或“姓名”找到需要修改的记录。修改后单击“更新”按钮，将打开修改确认对话框，确认后完成当前记录的修改。选择其他记录继续进行修改工作，直到单击“退出”按钮返回初始界面（注意在初始界面中单击“退出”按钮将退出程序）。

若单击“删除”按钮，将显示确认对话框，确认后当前记录将被删除。

设计步骤如下：

1）创建数据库。通过 Access 2003 建立一个名为“成绩管理.mdb”的数据库，保存在 D 盘根目录下，在库中建立一个名为“成绩”的表，并向其中添加一些数据记录，表结构如表 15-3 所示。

表 15-3　成绩表结构

字　段	类　型	大　小	字　段	类　型	大　小
学号	Text	3	数学	Single	4（系统自动设置）
姓名	Text	8	英语	Single	4
班级	Text	16（主界面未使用）	计算机	Single	4
总分	Single	4	平均分	Single	4

2）设计程序界面。本程序分为三个窗体，如图 15-10～图 15-12 所示。启动窗体为“成绩管理”。在主窗体中添加五个按钮，其中“删除”和“更新”按钮启动时不可见，并且与“添加”“修改”按钮重叠放置。其他控件的情况按图 15-10～图 15-12 设置，这里不再重复。

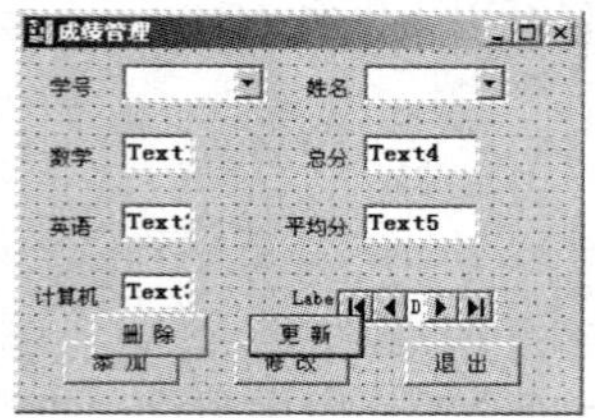

图 15-10　设计主程序界面

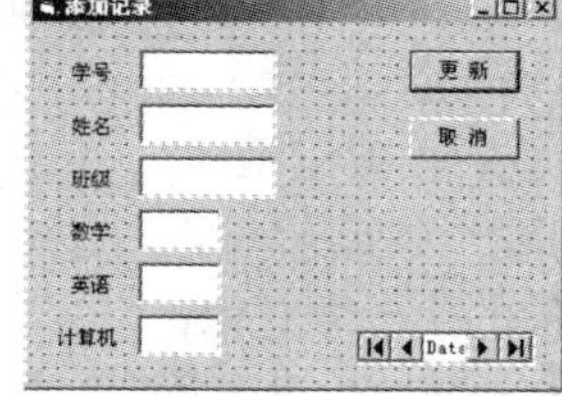

图 15-11　设计添加记录界面

图 15-12　设计输入口令界面

3）设置对象的属性。将“成绩管理”和“添加记录”窗体中的 Data 控件的 DatabaseName 属性设为数据库存放位置，如 d:\成绩管理.mdb，RecordSource 属性设为“成绩”表。

将“成绩管理”窗体上两个 ComboBox 的 DataSource 属性设为 Data1（绑定到数据控件）。文本框的 Text 属性设为空，注意无须绑定到数据表字段。

4）编写程序代码。

“成绩管理”窗体模块的代码。

定义全局变量判断用户单击的是“添加”或“修改”按钮，在“输入口令”模块中还要使用：

```
Public inNum As Integer
Dim reccount As Integer     ' 用来存放总记录条数
```

单击“学号”下拉列表框时执行的程序代码：

```
Private Sub Combo1_Click()
  Data1.Recordset.MoveFirst   ' 将记录指针指向第一条记录
  Data1.Recordset.FindFirst "学号  ='" & Combo1.Text & "'"
  ' 上句指定了查询条件为 “学号=组合框中显示的内容”，查找符合条件的第一条记录。
  ' 注意书写格式，在引号中套用引号应使用单引号。
  Combo2.Text = Data1.Recordset("姓名")
  Call refurbish
End Sub
```

在“学号”下拉列表框中按〈Enter〉键时执行的程序代码：

```
Private Sub Combo1_KeyUp(KeyCode As Integer, Shift As Integer)
  If KeyCode = 13 Then
```

```
      Data1.Recordset.MoveFirst
      Data1.Recordset.FindFirst "学号 ='" & Combo1.Text & "'"
      Combo2.Text = Data1.Recordset("姓名")
      If Data1.Recordset.NoMatch Then   ' 未找到匹配的记录，则显示提示信息
        MsgBox "查无此人！", 48, "注意"
      Else
        Call refurbish    ' 调用 refurbish 过程
      End If
    End If
End Sub
```

通过“姓名”下拉列表框中查询时执行的代码：

```
Private Sub Combo2_Click()
  Data1.Recordset.MoveFirst
  Data1.Recordset.FindFirst "姓名 ='" & Combo2.Text & "'"
  Combo1.Text = Data1.Recordset("学号")
  Call refurbish
End Sub
```

在“姓名”下拉列表框中按〈Enter〉键时执行的代码：

```
Private Sub Combo2_KeyUp(KeyCode As Integer, Shift As Integer)
  If KeyCode = 13 Then
    Data1.Recordset.MoveFirst
    Data1.Recordset.FindFirst "姓名 ='" & Combo2.Text & "'"
    Combo1.Text = Data1.Recordset("学号")
    If Data1.Recordset.NoMatch Then
      MsgBox "查无此人！", 48, "注意"
    Else
      Call refurbish    ' 调用 refurbish 过程
    End If
  End If
End Sub
```

单击“添加”按钮时执行的代码：

```
Private Sub Command1_Click()
  inNum = 1
  Form2.Show 1   ' 显示输入口令对话框
End Sub
```

单击“修改”按钮时执行的代码：

```
Private Sub Command2_Click()
```

```
    inNum = 2
    Form2.Show 1
End Sub
```

重新计算“总分”和“平均分”字段值的自定义过程：

```
Sub recalculate()
    Data1.Recordset.MoveFirst
    Do While Data1.Recordset.EOF = False
        Data1.Recordset.Edit  ' 进入编辑状态
        Data1.Recordset("总分") = Data1.Recordset("数学") + _
                    Data1.Recordset("英语") + Data1.Recordset("计算机")
        Data1.Recordset.Update  ' 将缓冲区中的数据写入数据库
        Data1.Recordset.Edit
        Data1.Recordset("平均分") = Format(Data1.Recordset("总分") / 3, "0.0")     ' 保留 1 位小数
        Data1.Recordset.Update
        Data1.Recordset.MoveNext
    Loop
End Sub
```

刷新文本框中显示信息的自定义过程：

```
Sub refurbish()
    Text1 = Data1.Recordset("数学")
    Text2 = Data1.Recordset("英语")
    Text3 = Data1.Recordset("计算机")
    Text4 = Data1.Recordset("总分")
    Text5 = Format(Data1.Recordset("平均分"), "0.0") '保留 1 位小数点
    Label8.Caption = "记录号： " & Data1.Recordset.AbsolutePosition + 1 & "/" & reccount
End Sub
```

单击“删除”按钮时执行的代码：

```
Private Sub Command3_Click()
    a = MsgBox("当前记录将被删除，确定吗？ ", 4 + 48, "警告")
    If a = vbNo Then Exit Sub
    Data1.Recordset.Delete
    Data1.Refresh
    Combo1.Clear
    Combo2.Clear
    Call initialization
End Sub
```

单击“更新”按钮时执行的代码：

```
Private Sub Command4_Click()
  a = MsgBox("当前记录将被修改，确定吗？", 4 + 48, "警告")
  If a = vbNo Then Exit Sub
  Data1.Recordset.Edit
  With Data1
   .Recordset("学号") = Combo1.Text
   .Recordset("姓名") = Combo2.Text
   .Recordset("数学") = Text1
   .Recordset("英语") = Text2
   .Recordset("计算机") = Text3
   .Recordset("总分") = Val(Text1) + Val(Text2) + Val(Text3)
   .Recordset("平均分") = Format(.Recordset("总分") / 3, "0.0") ' 使用 Format 函数，保留一位小数
  End With
  Combo1.Clear
  Combo2.Clear
  Data1.Refresh
  Call initialization
  Call refurbish
End Sub
```

单击“退出”按钮时执行的代码：

```
Private Sub Command5_Click()
   ' 如果在“修改”状态下单击“退出”返回初始界面，否则结束程序
  If Command1.Visible = False Then
    Command1.Visible = True
    Command2.Visible = True
    Command3.Visible = False
    Command4.Visible = False
  Else
    End
  End If
End Sub
```

窗体初始化时执行的代码：

```
Private Sub Form_Initialize()
  Data1.Refresh
  Call recalculate
  Call initialization
End Sub
```

数据初始化自定义过程：

```
Sub initialization()
  Data1.Recordset.MoveFirst
  Do While Data1.Recordset.EOF = False
    Combo1.AddItem Data1.Recordset("学号")  ' 将学号字段的内容添加至组合框列表
    Combo2.AddItem Data1.Recordset("姓名")  ' 将姓名字段的内容添加至组合框列表
    Data1.Recordset.MoveNext
  Loop
  reccount = Data1.Recordset.RecordCount
  Data1.Recordset.MoveFirst
  Combo1.Text = Data1.Recordset("学号")
  Combo2.Text = Data1.Recordset("姓名")
  Call refurbish
End Sub
```

“输入口令”窗体模块的代码：

```
Dim times As Integer  ' 用来存放输入口令的次数
```

单击“确定”按钮时执行的代码：

```
Private Sub Command1_Click()
  If Text1 = "" Then                ' 指定密码为一个空字符串
    Unload Me
    If Form1.inNum = 1 Then         ' 用户单击了主窗体上的“添加”按钮
      Unload Form1
      Form3.Show 1
    Else
      Form1.Text1.Locked = False
      Form1.Text2.Locked = False
      Form1.Text3.Locked = False
      Form1.Command1.Visible = False
      Form1.Command2.Visible = False
      Form1.Command3.Visible = True
      Form1.Command4.Visible = True
    End If
  Else
    If times < 2 Then  ' 连续三次密码输入错误将退出本模块
      MsgBox "无效口令，请重新输入！", 48, "错误"
      Text1 = ""
      Text1.SetFocus
      times = times + 1
    Else
      MsgBox "你无权使用本功能！", 48, "警告"
      Unload Me
    End If
  End If
End Sub
```

单击“取消”按钮时执行的代码：

```
Private Sub Command2_Click()
 Unload Me
End Sub
```

“添加记录”窗体模块的代码。

单击“更新”按钮时执行的代码：

```
Private Sub Command1_Click()
  If Text1 = "" Or Text2 = "" Or Text3 = "" Or Text4 = "" Or Text5 = "" Then
    MsgBox "请输入完整的数据！", 48      ' 若有空白项则显示提示信息，退出过程
    Text1.SetFocus
    Exit Sub
  End If
  With Data1
   .Recordset.AddNew
   .Recordset("学号") = Text1
   .Recordset("姓名") = Text2
   .Recordset("班级") = Text3
   .Recordset("数学") = Text4
   .Recordset("英语") = Text5
   .Recordset("计算机") = Text6
   .Recordset("总分") = Val(Text4) + Val(Text5) + Val(Text6)
   .Recordset("平均分") = Format(.Recordset("总分") / 3, "0.0")
   .Recordset.Update
  End With
  Text1 = "" : Text2 = "" : Text3 = "" : Text4 = ""
  Text5 = "" : Text6 = "" : Text1.SetFocus      ' 清除 6 个文本框中的内容，使文本框 1 得到焦点
End Sub
```

单击“取消”按钮时执行的代码：

```
Private Sub Command2_Click()
  Unload Me
  Form1.Show
  Call Form1.initialization
End Sub
```

15.3 使用 ADO 控件

ADO（ActiveX Data Object）数据访问接口是美国微软公司提出的长期的数据访问策略，它实现了 RDO 的绝大多数功能，另外还增加了一些新的特征，它将逐步取代 DAO 和 RDO 成为主要的数据访问接口。VB 6.0 可以很好地支持 ADO 和 OLE DB 数据访问模式。用户可以使用 ADO 快速建立数据库连接，并通过它方便地操作数据库。

15.3.1　ADO 数据控件的属性、方法和事件

ADO 数据控件和 VB 的内部控件 Data 控件很相似，用户可以利用其属性、方法和事件快速地创建与数据库的连接。

1. ADO 数据控件与数据库相关的属性

（1）ConnectionString 属性

该属性是一个字符串，可以包含一个连接所需的所有设置值，在该字符串中所传递的参数是与驱动程序相关的。例如 ODBC 驱动程序允许该字符串包含驱动程序、提供者、默认的数据库、服务器、用户名称以及密码等。该属性的参数如表 15-4 所示。

表 15-4　ConnectionString 属性的参数

参　数	说　明
Provider	指定用于连接的数据源名称
File Name	指定基于数据源的文件名（如一个永久性数据源对象）
Remote Provider	指定在打开一个客户端连接时使用的数据源名称
Remote Server	指定打开客户端连接时使用的服务器的路径与名称

（2）UserName

当数据库受密码保护时，需要指定该属性。和 Provider 属性类似，这个属性可以在 ConnectionString 中指定。如果同时提供了一个 ConnectionString 属性以及一个 UserName 属性，则 ConnnectionString 中的值将覆盖 UserName 属性的值。

（3）Password

该属性在访问一个受保护的数据库时是必须的。和 Provider 属性和 UserName 属性类似，如果在 ConnectionString 属性中指定了密码，则将覆盖在这个属性中指定的值。

（4）RecordSource

该属性通常包含一个数据库表名、一个查询或一个存储过程调用，用于决定从数据库中检索什么信息。

（5）Mode

该属性决定用记录集进行什么操作。例如只是想要创建一个浏览界面，可以将该属性设为只读来获得性能的改善。

（6）CommandType

该属性用于指定 RecordSource 属性的取值类型是一个表的名称、一个查询、一个存储过程还是一个未知的类型，如表 15-5 所示。

表 15-5　CommandType 属性的取值

值	常　数	说　明
8	adCmdUnknown	CommandText 属性中的命令类型未知（默认值）
1	adCmdText	为一条 SQL 语句
2	adCmdTable	为一个数据库表名
4	adCmdStoredProc	为一个存储过程

（7）BOFAction、EOFAction

这两个属性用来指定当记录指针指向开始和末尾时的行为。提供的选择包括停留在开始或

末尾、移动到第一个或最后一个记录或在末尾添加一个新记录。

ADO 控件的属性一般可以通过控件的属性页进行设置。

【例 15-3】使用 ADO 控件设计一个简单的数据库浏览程序。程序启动后界面如图 15-13 所示，用户可以通过单击窗体下方 ADO 控件的移动箭头改变文本框中显示的记录信息。

1）设计程序界面。在窗体中添加四个标签、四个文本框和一个 ADO 控件。ADO 是一个 ActiveX 控件，需要通过“部件”对话框，选择“Microsoft ADO Data Control 6.0”将其加入窗体。

2）设计对象属性。将四个标签的 Caption 属性分别设为：“学号”“姓名”“总分”和“平均分”。四个文本框的 Text 属性设为空。

鼠标指向窗体中的 ADO 控件，右击，在弹出的快捷菜单中选择“ADODC 属性”命令，打开图 15-14 所示的 ADO“属性页”对话框。

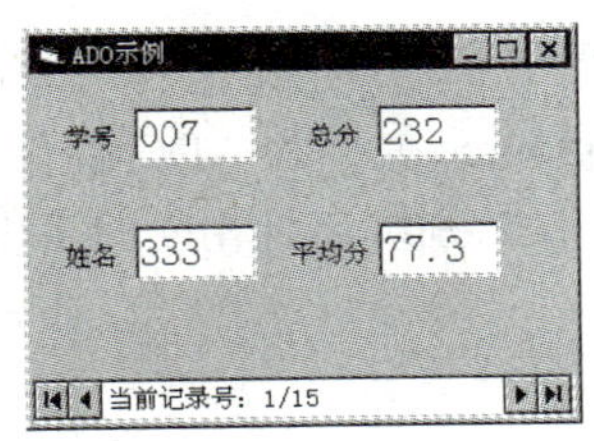

图 15-13　程序启动后的界面

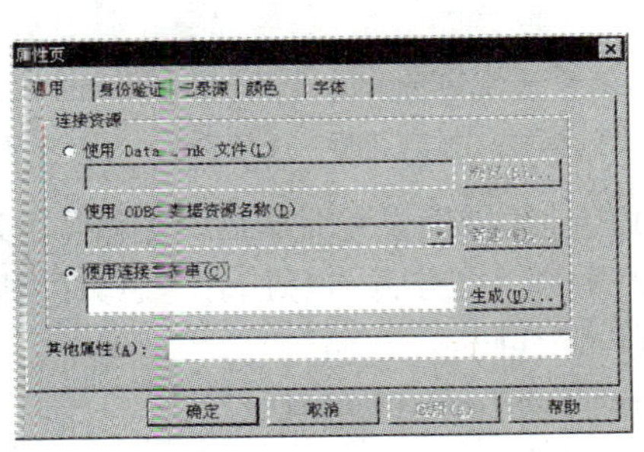

图 15-14　ADO “属性页”对话框

在“通用”选项卡中选择“使用连接字符串”单选按钮，单击“生成”按钮，打开图 15-15 所示的“数据链接属性”对话框，在其中可以设置 ADO 控件的 ConnectionString 属性。在“数据链接属性”对话框的“提供者”选项卡中，选择适当的 OLE DB 的提供者（可选择 Microsoft Jet 3.51 OLE DB Provider 或更高版本）后单击“下一步”按钮，进入“数据链接属性”对话框的“连接”选项卡。在其中选择需要使用的数据库文件（本例选择了前面建立的“成绩管理.mdb”），然后单击“测试连接”按钮，验证连接的正确性。

在“数据链接属性”对话框的“高级”选项卡中可以设置访问权限，在“数据链接属性”对话框的“所有”选项卡中可以查看、编辑生成的连接字符串的所有内容，如图 15-16 所示。最后单击“确定”按钮完成 ConnectionString 属性的设置。

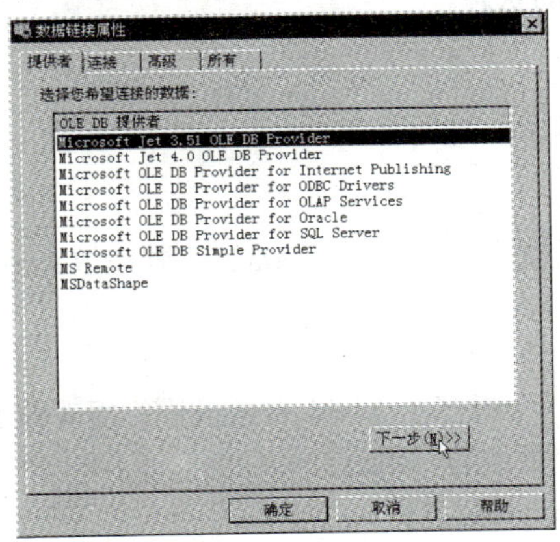

图 15-15　“数据链接属性”对话框

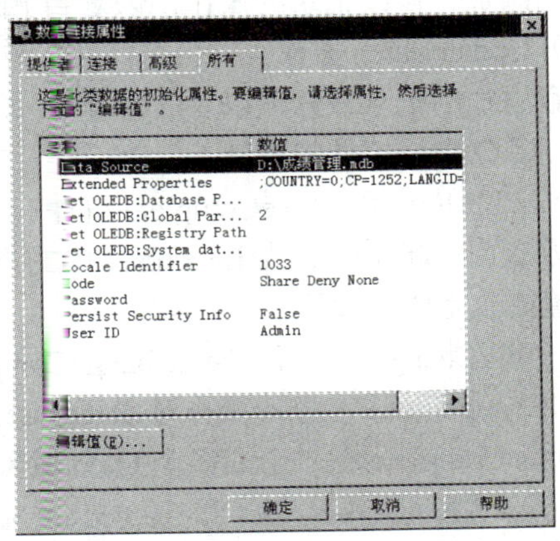

图 15-16　数据链接属性的“所有”选项卡

在 ADO 控件“属性页”对话框的“记录源”选项卡中，设置 CommandType 为 2（表类型），设置控件的 RecordSource 属性为“成绩”表，如图 15-17 所示。在 ADO 控件“属性页”对话框的“身份验证”选项卡中可以设置控件的“用户名称”（UserName）属性和“密码”（Password）属性，如图 15-18 所示。

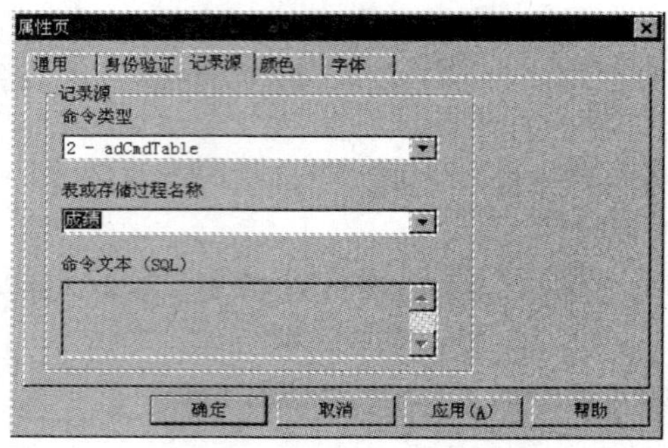

图 15-17 “记录源”选项卡

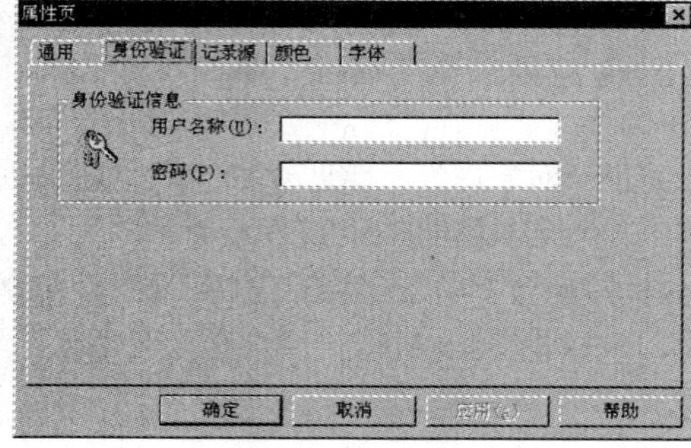

图 15-18 “身份验证”选项卡

在 ADO 控件的属性设置完毕后，设置四个文本框 DataSource 属性为 ADO 控件（Adodc1），DataField 属性分别为“学号”“姓名”“总分”和“平均分”（分别绑定到相应的字段）。

3）编写程序代码。

```
Private Sub Text1_Change()
    a = Adodc1.Recordset.AbsolutePosition      ' 当前记录号
    b = Adodc1.Recordset.RecordCount           ' 数据源中记录的总数
    Adodc1.Caption = "当前记录号： " & a & "/" & b
End Sub
```

2. ADO Recordset 对象的方法

除了与 Data 数据控件相似的 UpDateControls 方法、UpDataRecord 方法、AddNew 方法、Delete 方法和 Move 方法外，ADO 常用的方法还有 CancelUpdate 和 UpdateBatch 方法。

（1）UpdateControls、UpdateRecord、AddNew、Delete、Move 方法

这一组方法与前面介绍过的 Data 控件对应方法基本一致，此处不再赘述。

（2）CancelUpdate 方法

取消添加、修改记录的操作，恢复到更改以前的状态。

（3）UpdateBatch 方法

保存添加的记录或修改以后的内容。

3. ADO 数据控件的事件

（1）WillMove 和 MoveComplete 事件

该方法在挂起操作更改 Recordset 中的当前位置前调用，MoveComplete 则在 Recordset 的当前位置更改完成时调用。

（2）WillChangeField 和 FieldChangeComplete 事件

WillChangeField 在挂起操作对 Recordset 中的一个或多个 Field 对象值进行更改前调用。FieldChangeComplete 在一个或多个 Field 对象值已经更改后调用。

（3）WillChangeRecordset 和 RecordsetChangeComplete 事件

WillChangeRecordset 在挂起的操作更改 Recordset 前调用，RecordsetChangeComplete 在

Recordset 更改后调用。

15.3.2　高级数据绑定控件

1．DataGrid 控件

DataGrid 控件是一种类似于电子表格的数据绑定 ActiveX 控件（Microsoft DataGrid Control 6.0），需要配合 ADO 控件一起使用。它用若干行、列来表示 Recordset 对象的记录和字段。可以使用 DataGrid 创建一个允许用户阅读和写入到绝大多数数据库的应用程序。DataGrid 控件可以在设计时快速进行配置，只需少量代码或无需代码。当在设计时设置了 DataGrid 控件的 DataSource 属性后，就会用数据源的记录集来自动填充该控件，以及自动设置该控件的列标头。可以编辑该网格的列，删除、重新安排、添加列标头或者调整任意一列的宽度。

在运行时，可以在程序中切换 DataSource 来查看不同的表或修改当前数据库的查询，以返回一个不同的记录集合。

DataGrid 控件的大多数属性都可以通过其属性页进行设置，操作方法如下：

如图 15-22 所示，鼠标指向添加到窗体上的 DataGrid 控件，右击，在弹出的快捷菜单中选择“属性”命令，此时将打开如图 15-20 所示的 DataGrid 控件“属性页”对话框。

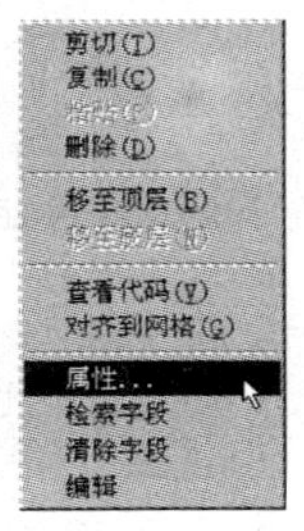

图 15-19　执行快捷菜单中的“属性”命令

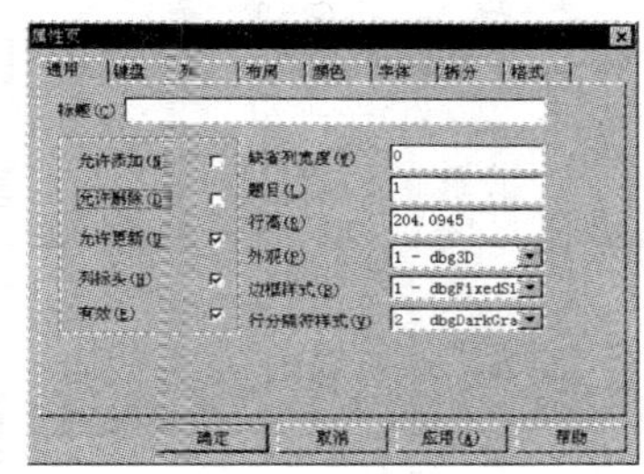

图 15-20　DataGrid 控件的“属性页”对话框

【例 15-4】利用 DataGrid 控件设计一个具有数据库浏览、修改、添加及删除记录等功能的程序。使用前面已经建立的“成绩管理.mdb”数据库，要求不显示“班级”字段。“总分”及“平均分”字段的内容不允许编辑，且数据能够自动计算。调整网格各列的宽度，使之能够在屏幕宽度内显示所有列的内容。

1）设计程序界面。在窗体上添加一个 ADO 数据控件和一个 DataGrid 数据网格控件。

2）设置对象属性。参照前面介绍的方法，建立 ADO 控件与数据库“d:\成绩管理.mdb”的连接。设置 DataGrid 控件的 DataSource 为 Adodc1（连接到 ADO 控件），将 ADO 控件设为不可见。

在图 15-19 所示的快捷菜单中选择“检索字段”命令，当出现“检索字段”对话框，提问“是否要以新的字段定义替换现有网格布局？”时，回答“是”，使数据源中所有字段名显示在数据网格的列标头中。而后在图 15-19 所示的快捷菜单中执行“编辑”命令。然后鼠标指向“班级”列右击，在弹出的快捷菜单中选择“删除”命令，如图 15-21 所示，使网格中不显示该字段（注意此时鼠标的外观样式及菜单内容）。

在编辑状态下，用鼠标拖动各字段列标题的交界线可以改变各列的宽度。调整窗体的宽度，使之与网格同宽。

在 DataGrid 属性页的“通用”选项卡内，选中“允许添加”和“允许删除”复选框，在“键盘”选项卡中选择“Tab 键动作”为 1（按〈Tab〉键时可以横向移动到下一单元格），选择“允许箭头”复选框（可以使用方向箭头键移动单元格位置），如图 15-22 所示。

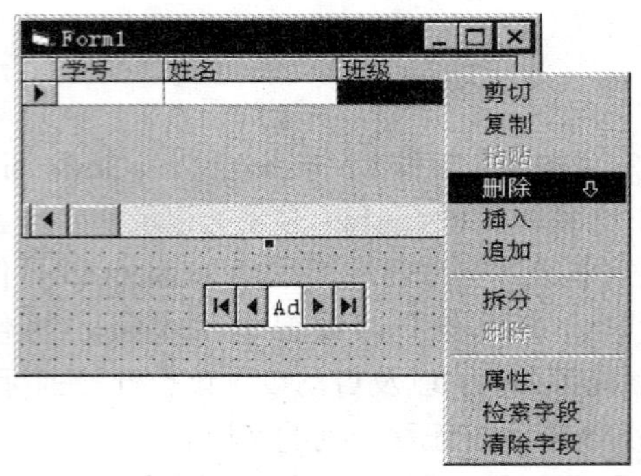

图 15-21 删除班级字段

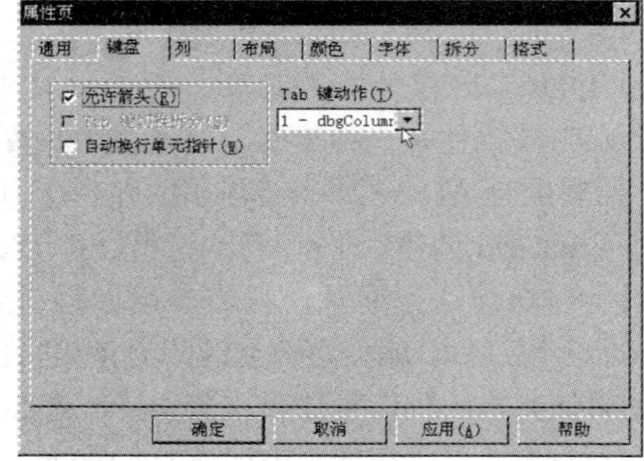

图 15-22 设置〈Tab〉键动作

在“布局”选项卡分别选择“总分”和“平均分”列，并设为“锁定”，如图 15-23 所示。在“格式”选项卡内，选择“平均分”列，并设置数据格式，如图 15-24 所示。

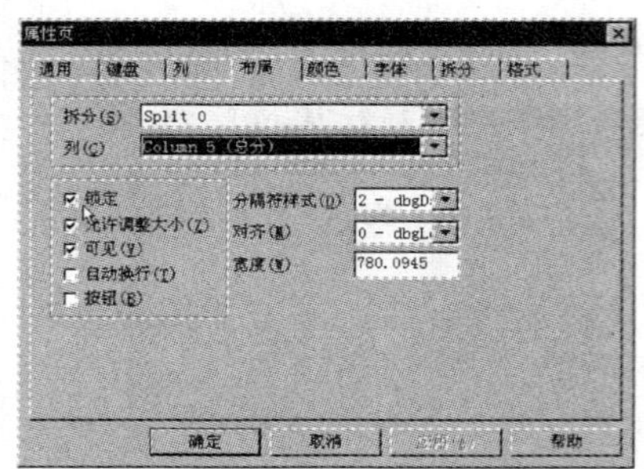

图 15-23 设置布局

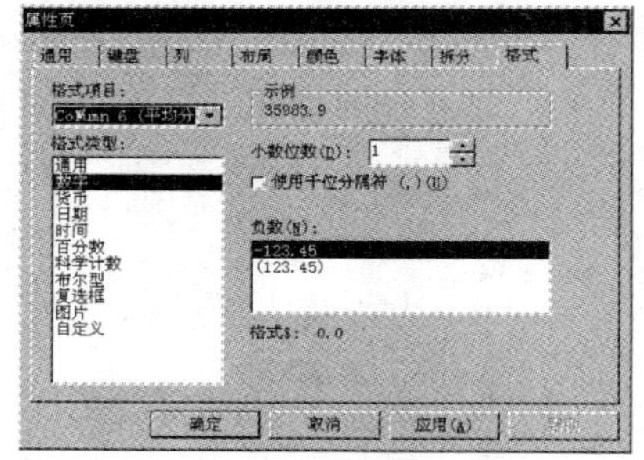

图 15-24 设置数据格式

另外在“列”选项卡内，可以设置某一字段显示在 DataGrid 中的列标题，这对数据源中为英文字段名的情况十分有用。在“字体”选项卡中可以分别设置标题和数据的字体、字号及简单效果（如加粗、斜体等）。在“颜色”选项卡内，可以设置前景色和背景色。在“拆分”选项卡内，可以设置由图 15-30 所示的“拆分”命令建立的各个网格块的属性。

3）编写程序代码。

```
Private Sub Form_Resize()                          ' 窗体大小变化时执行的代码
  DataGrid1.Align = 1                              ' 使数据网格顶端对齐到窗体
  DataGrid1.Height = Form1.ScaleHeight             ' 使数据网格的宽度自适应与窗体
  Form1.Caption = "DataGrid 控件应用示例"
End Sub
```

网格中数据被编辑后执行的程序代码如下：

```
Private Sub DataGrid1_AfterColEdit(ByVal ColIndex As Integer)
' 若被编辑的是 2、3、4 列（计算机、英语或数学），则重新计算 5、6 列（总分和平均分）的值
 If ColIndex = 2 Or ColIndex = 3 Or ColIndex = 4 Then
  DataGrid1.Columns(5) = Val(DataGrid1.Columns(2)) + Val(DataGrid1.Columns(3)) + _
                         Val(DataGrid1.Columns(4))
```

```
        DataGrid1.Columns(6) = DataGrid1.Columns(5) / 3
    End If
End Sub
Private Sub DataGrid1_BeforeDelete(Cancel As Integer)    ' 删除记录操作前执行的代码
    ' 记录被删除前显示警告信息，用户选择“否”则取消删除操作
    a = MsgBox("记录将被删除，确定吗？", 48 + 4, "警告")
    If a = vbNo Then Cancel = True
End Sub
```

光标已指向了最后一条记录，若按下了下移箭头键或者直接单击图 15-25 所示的最后空行中的某一单元格，则在结尾处自动添加一条记录，并进入编辑状态。输入具体数据后按〈Enter〉键或将光标移至他处，数据将被写入数据库。

如图 15-26 所示，在某条记录的最左端单击可以选中整条记录（注意此时鼠标的外观），按〈Delete〉键可以删除选中的记录。

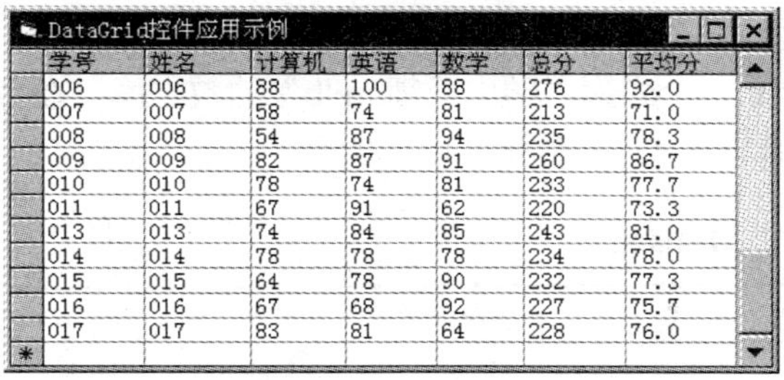

DataGrid控件应用示例

学号	姓名	计算机	英语	数学	总分	平均分
006	006	88	100	88	276	92.0
007	007	58	74	81	213	71.0
008	008	54	87	94	235	78.3
009	009	82	87	91	260	86.7
010	010	78	74	81	233	77.7
011	011	67	91	62	220	73.3
013	013	74	84	85	243	81.0
014	014	78	78	78	234	78.0
015	015	64	78	90	232	77.3
016	016	67	68	92	227	75.7
017	017	83	81	64	228	76.0

图 15-25　DataGrid 控件示例

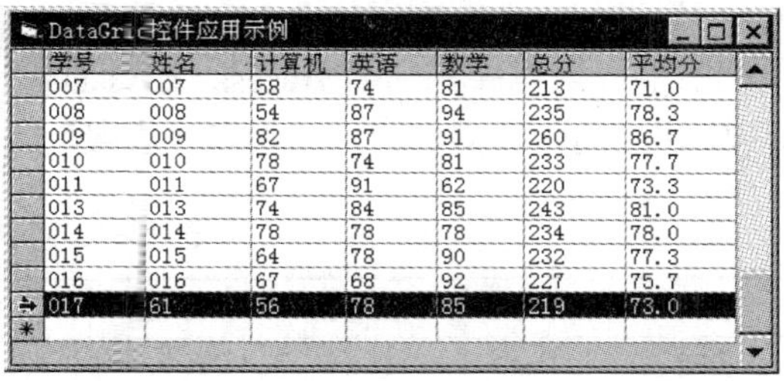

DataGrid控件应用示例

学号	姓名	计算机	英语	数学	总分	平均分
007	007	58	74	81	213	71.0
008	008	54	87	94	235	78.3
009	009	82	87	91	260	86.7
010	010	78	74	81	233	77.7
011	011	67	91	62	220	73.3
013	013	74	84	85	243	81.0
014	014	78	78	78	234	78.0
015	015	64	78	90	232	77.3
016	016	67	68	92	227	75.7
017	61	56	78	85	219	73.0

图 15-26　选中记录

在【例 15-4】中主要使用了 DataGrid 控件的属性页，进行控件属性的设置。也可以在程序中用代码进行同样的设置，详细情况请参阅 MSDN 帮助系统。

2．DataList 控件和 DataCombo 控件

DataList 和 DataCombo 控件是类似于 ListBox 和 ComboBox 的 ActiveX 数据绑定控件（Microsoft DataList Control 6.0），这两个控件常用于如下方面：

1）在关系型数据库中，可用这两个控件将数据从一个表输入到另一个表中。例如，在一个商品管理数据库中，每种商品的生产厂商和产品编号存放在一个表中，商品的库存数量及包括编号在内的其他情况存放在另一个表中。在提供产品编号给商品表时，利用 DataList 控件可以显示厂商的名称。

2）通过下拉列表中选择或输入条件，可缩小搜索范围。

DataList 和 DataCombo 控件的作用及属性基本相同，都是直接从 ADO 控件中得到信息的（这一点与 ListBox 和 ComboBox 需要使用 AddItem 方法不同），只是 DataCombo 控件支持用户的输入操作。DataList 和 DataCombo 控件的主要属性，如表 15-6 所示。

表 15-6　DataList 和 DataCombo 的主要属性

属　性	说　明
RowSource	设置指定 Data 控件的值，DataList 控件和 DataCombo 控件的列表由这个 Data 控件填充。运行时不可用
ListField	返回或设置 Recordset 对象中的字段名，这个对象由 RowSource 属性指定，用于填充 DataCombo 控件或 DataList 控件的列表部分

（续）

属　性	说　明
BoundColumn	返回或设置一个 Recordset 对象的源字段的名称，该 Recordset 对象用来为另一个 Recordset 提供数据值
DataSource	返回或设置一个数据源，通过该数据源，数据使用者被绑定到一个数据库
SelectedItem	返回一个值，包含 DataCombo 控件或 DataList 控件中选中记录的书签
MatchEntry	返回或设置一个值，它指示 DataCombo 控件或 DataList 控件如何在用户输入的基础上执行查找

如果需要使用带单个 ADO 控件的 DataList 或 DataCombo 控件，应将 DataSource 属性与 RowSource 属性设置为同一个 ADO 控件，并将 DataField 与 BoundColumn 设为该 ADO 控件记录集中的相同字段。在这种情况下，列表就会用已更新的同一记录集中的 ListField 来填充。如果指定了 ListField 属性，却没有指定 BoundColunm 属性，则 BoundColunm 属性会自动设置为 ListField 属性。

【例 15-5】利用 DataCombo 控件设计一个能够按班级进行成绩查询的程序。用户从 DataCombo 控件中选择某一班级名称，或直接输入班级名称并按〈Enter〉键后，在下面的 DataGrid 控件中显示相应的内容，如图 15-27 所示。

1）建立数据库。利用 Access 或 VisData 建立一个名为“学生成绩.mdb”的数据库。在数据库中建立两张数据表“成绩”和“班级”，其结构如表 15-7 和表 15-8 所示。

表 15-7　“成绩”数据表结构

字段名	学号	姓名	班级代码	计算机	数字电路	高等数学	总分	平均分
类型	Text	Text	Text	Single	Single	Single	Single	Single
大小	6	8	5	4	4	4	4	4

表 15-8　“班级”数据表结构

字 段 名	班 级 代 码	班 级 名 称
类型	Text	Text
大小	5	10

数据表建立后，录入一些模拟数据。成绩表中的“总分”和“平均分”字段值可以通过 SQL 语句在数据库中计算，本程序由于篇幅所限不具有计算、添加及修改等功能，有兴趣的读者也可以自行对本程序进行修改。

2）设计程序界面。在窗体上添加两个 ADO 控件，一个 DataCombo 控件，一个 DataGrid 控件和一个标签，如图 15-28 所示。

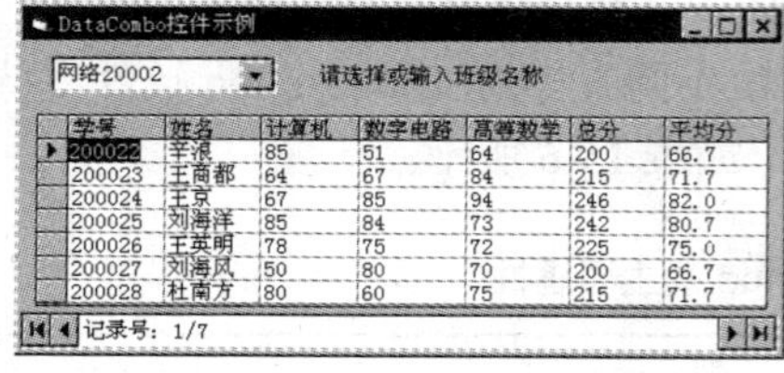

图 15-27　DataCombo 控件使用示例

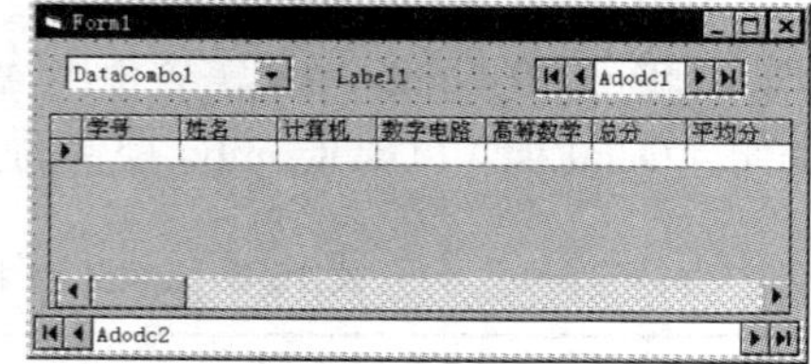

图 15-28　设计程序界面

3）设置对象属性。

将 Adodc1 连接到“学生成绩”数据库，在“数据源”选项中设置命令类型为 2（表类型），数据表选择“班级”。Adodc2 连接到学生数据库，设置命令类型为 8（未知类型），命令文本设置为一条 SQL 语句“Select * From 成绩”。设置 Adodc2 的 Align 属性为 2（底端对齐）。

设置 DataCombo 控件的 RowSource 属性为 Adodc1，ListField 属性为“班级名称”。

按例 15-4 介绍的方法在 DataGrid 中屏蔽“班级代码”字段的显示，调整各列的宽度，锁定所有字段（只允许查询），设置“总分”及“平均分”字段的数据格式为保留一位小数。

4）编写程序代码。

在 DataCombo 中发生单击事件时执行的代码：

```
Private Sub DataCombo1_Click(Area As Integer)
  If Area = 2 Then      ' 单击选项区，而非箭头或文本输入区
    Call myQuery
' 数据网格得到焦点使用户可以用方向键查询记录
    DataGrid1.SetFocus
  End If
End Sub
```

在 DataCombo 中按键时执行的代码：

```
Private Sub DataCombo1_KeyPress(KeyAscii As Integer)
  If KeyAscii = 13 Then
    Call myQuery
  End If
End Sub
```

自定义查询过程：

```
Sub myQuery()
  myClass = DataCombo1.BoundText
  Adodc1.Recordset.MoveFirst
  Adodc1.Recordset.Find ("班级名称='" & myClass & "'")
  ' 以上代码使程序从当前记录中得到所选班级的班级代码
If Adodc1.Recordset.EOF Then
    MsgBox "未查到指定班级", 48, "注意"
    Exit Sub
  End If
  strSQL = "select * from 成绩 where 班级代码='" & Adodc1.Recordset("班级代码") & "'"
  ' SQL 语句，用于返回班级代码为指定值的所有记录
  Adodc2.RecordSource = strSQL
  Adodc2.Refresh
  Adodc2.Caption = "记录号：" & Adodc2.Recordset.AbsolutePosition & "/" &_
                Adodc2.Recordset.RecordCount
End Sub
```

窗体激活时执行的代码：

```
Private Sub Form_Activate()
  ' 在 DataCombo 中显示当前记录的班级名称
```

```
    DataCombo1.BoundText = Adodc1.Recordset("班级名称")
    ' 使数据网格得到焦点
    DataGrid1.SetFocus   ' 不执行该语句会使程序启动后直接显示成绩表中的所有记录
    Call caxun
    Adodc1.Visible = False    ' 使 Adodc1 控件不可见
    Label1.Caption = "请选择或输入班级名称"
    Form1.Caption = "DataCombo 控件示例"
End Sub
```

15.3.3 使用数据窗体向导

VB 提供的数据窗体向导可以帮助用户快速建立一般化的数据库应用程序，它可以根据用户的选择自动设置前面介绍过的 ADO 控件和数据绑定控件。

数据窗体向导是作为外接程序存在的，因此当一个新工程启动时，它并没有出现在系统菜单中。在使用之前应选择“外接程序”菜单中的“外接程序管理器”命令，在打开的对话框中，选择“数据窗体向导”并选择加载方式后单击“确定”按钮，将其加入到系统菜单中。

如果数据窗体仅是程序的一部分，也可以通过选择“工程”菜单中的“添加窗体”命令，在打开的对话框中选择“VB 窗体向导”来启动该向导。

使用数据窗体向导的步骤如下：

1）从“外接程序”菜单或“添加窗体”对话框中启动“数据窗体向导”，若以前使用过该向导，并保存了配置文件，在图 15-29 所示的“数据窗体向导-介绍”对话框中可以装载原来的设置，并单击“下一步”按钮。

2）在打开的“数据窗体向导-数据库”对话框中选择本地数据库 Access 或远程数据库 Remote(ODBC)的数据库类型，选择完毕后单击“下一步”按钮。

3）根据上面用户的选择，将打开不同的对话框。如图 15-30 所示为 Access 的“数据窗体向导-数据库”对话框，图 15-31 所示为 Remote(ODBC)的“数据窗体向导-连接信息”对话框。本例选择了本地硬盘上的“成绩管理.mdb” Access 数据库，单击“下一步”按钮。

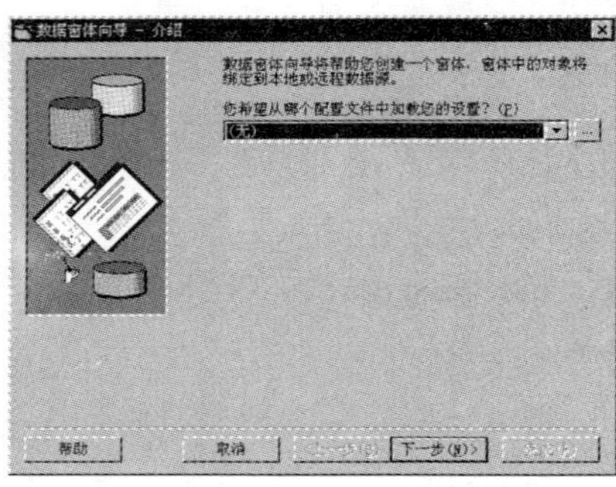

图 15-29 “数据窗体向导-介绍”对话框

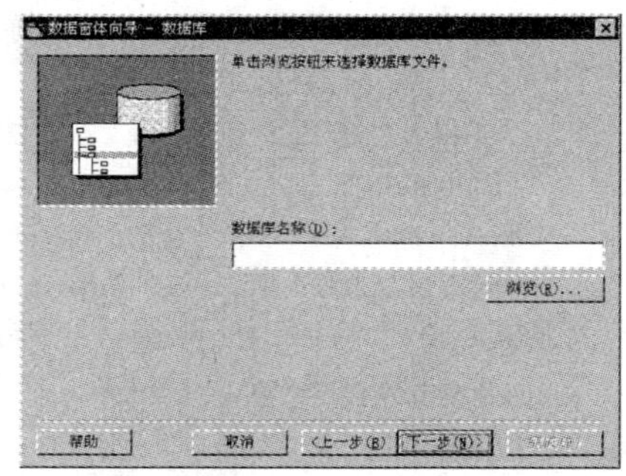

图 15-30 “数据窗体向导-数据库”对话框

4）在打开的“数据窗体向导-From”对话框中，用户可以指定窗体名称、窗体布局样式和绑定类型。在该对话框中 VB 为用户提供了五种窗体布局方式：单个记录、网格、主表/细表、MsHFlexGrid（分层表格）和 MS Chart（图表），当选择了某种样式后，在预览区可以看到大体的外观，如图 15-32 所示。

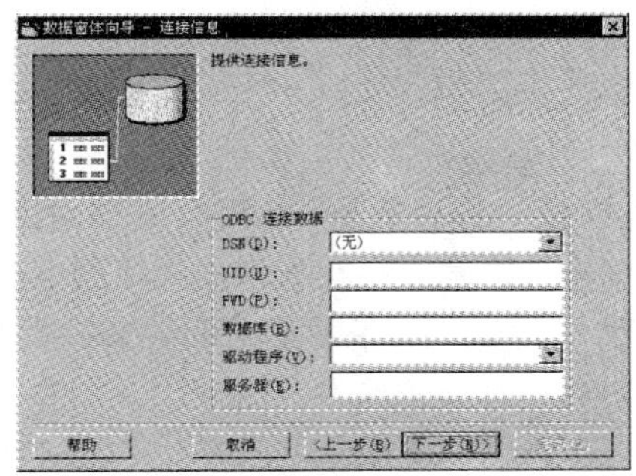

图 15-31 “数据窗体向导-连接信息”对话框

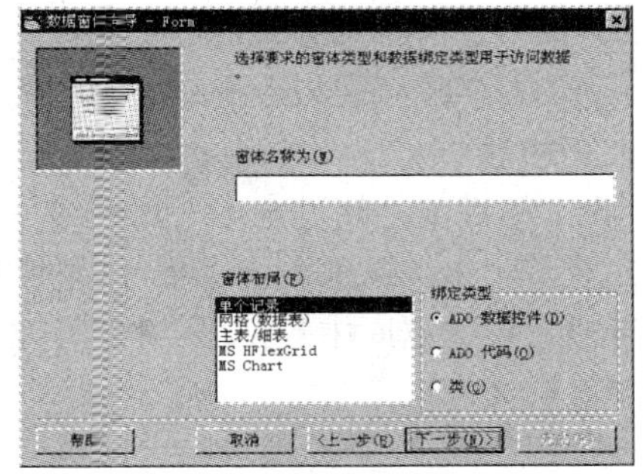

图 15-32 “数据窗体向导-Form”对话框

在该对话框中 VB 为用户提供了三种绑定类型：

- ADO 数据控件：使用 ADO 数据控件和数据绑定控件。
- ADO 代码：不使用任何 ADO 控件，由数据窗体向导自动生成所有操作控件的代码（使用 ADO 对象）。
- 类：创建一个提供数据访问功能的类模块。

本例选择了单个记录、ADO 数据控件，窗体名为 frmResult（代码中用），单击“下一步”按钮。

5）在打开的“数据窗体向导-数据源”对话框中，用户需要指定某一表为数据源，并从可用字段中选择需要显示在窗体中的字段，调整显示字段的排列顺序，设置排序依据，设置完毕后单击“下一步”按钮。

6）在打开的“数据窗体向导-控件选择”对话框中，用户可以选择窗体中出现的可选按钮控件（删除、添加、刷新等）。单击“下一步”按钮。

7）在“数据窗体向导-已完成”对话框中，用户可以将以上各项设置保存成配置文件以备今后继续使用。最后单击“完成”按钮，VB 将自动生成窗体及主要代码，如图 15-33 和图 15-34 所示。

至此一个具有基本数据库管理功能的应用程序设计完毕，用户可以在此基础上对代码或窗体控件进行修改，以增强程序的功能。若希望程序启动时直接显示数据窗体，应在“工程”菜单中设置“工程属性”选项，将数据窗体指定为启动窗体。

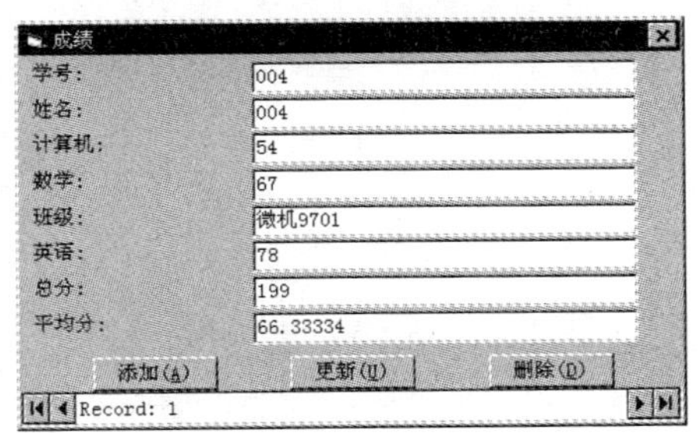

图 15-33 自动生成的程序界面

图 15-34 自动生成的程序代码

15.4 习题

一、简答题

1. 简述数据库、数据库管理系统、数据库应用程序和数据库系统的概念。

2．关系型数据库有哪些特点？

3．记录、字段、表与数据库之间的关系是什么？

二、上机题

1．设某校规定，超过全班平均成绩 10%者可以享受一等奖学金，超过全班平均成绩 5%者享受二等奖学金。试编制一个程序，使用 Data 数据控件，建立与存放学生成绩的 Access 数据库的链接，设数据库中包括“学号”“姓名”“成绩”三个字段。程序执行后，输出奖学金等级一览表。

2．使用 Data 数据控件，结合 Access 数据库设计一个“通讯录”程序。程序启动后显示图 15-35 所示的界面，用户可以使用“姓名”和“地址”下拉列表框查询需要的记录。单击“更新”按钮时，显示图 15-36 所示的“验证口令”对话框。

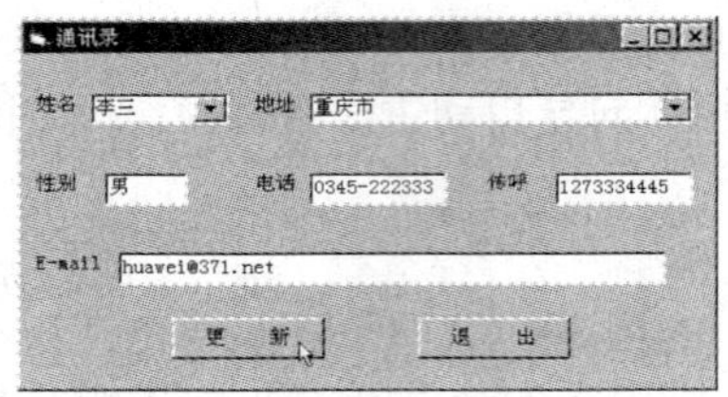

图 15-35　程序启动时的界面

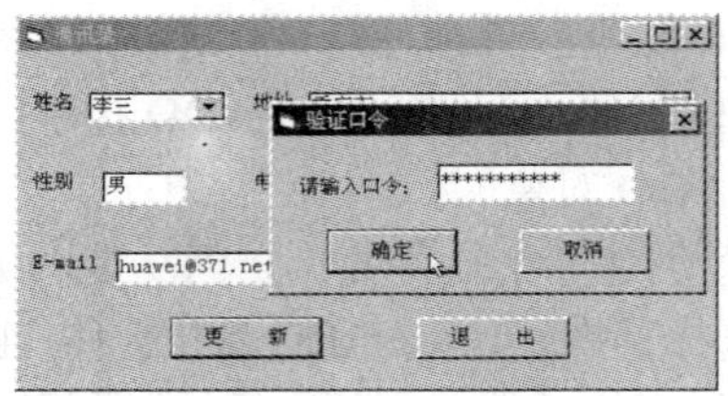

图 15-36　“验证口令”对话框

用户在正确回答了口令之后，显示网格式更新、删除、添加记录窗体，修改完毕后单击“更新”按钮将新数据写入数据库，单击“删除”按钮，将删除当前记录，将光标移到最后的空白记录处，输入新的数据可以添加记录。

3．使用 DBGrid 控件和数据绑定技术，创建一个数据库浏览程序。要求使用 Access 创建一个数据库“15-3.mdb”，该数据库包含有一个“学生成绩”表，表中有“学号”“姓名”“班级”“年龄”“性别”“数学”“语文”“英语”和“计算机”几个字段。